高等职业教育土木建筑类专业新形态教材

基础工程施工

（第3版）

主　编　朱艳丽　苏　强

副主编　张　青　刘　欣　董淑云　王　文

主　审　牟培超

北京理工大学出版社

BEIJING INSTITUTE OF TECHNOLOGY PRESS

内 容 提 要

　　本书以地基基础工程施工过程为主线进行编写，主要内容包括岩土工程勘察、土方工程施工、基坑工程施工、浅基础设计与施工、桩基础设计与施工和地基处理工程施工六个项目。每个项目根据具体内容分为若干个任务，每个任务又由学习任务、知识链接和任务实施三部分组成。全书将土力学的基本理论渗透到各个施工过程，主要研究建筑工程中地基基础的施工工艺流程、施工方法、施工技术要求、质量检查验收等，注重反映地基基础领域的新规范、新规程及推广应用的新技术、新工艺，内容精练，注重实践，突出应用。

　　本书可作为高等院校建筑工程技术专业相关课程的教材，也可作为相关专业工程技术人员、施工管理人员的参考用书。

图书在版编目（CIP）数据

　　基础工程施工 / 朱艳丽，苏强主编. --3版.--北京：北京理工大学出版社，2021.8（2021.9重印）

　　ISBN 978-7-5763-0148-9

　　Ⅰ.①基… Ⅱ.①朱… ②苏… Ⅲ.①基础施工一高等学校－教材 Ⅳ.①TU753

　　中国版本图书馆CIP数据核字（2021）第164317号

出版发行 / 北京理工大学出版社有限责任公司

社　　　址 / 北京市海淀区中关村南大街5号

邮　　　编 / 100081

电　　　话 / （010）68914775（总编室）

　　　　　　（010）82562903（教材售后服务热线）

　　　　　　（010）68944723（其他图书服务热线）

网　　　址 / http://www.bitpress.com.cn

经　　　销 / 全国各地新华书店

印　　　刷 / 北京紫瑞利印刷有限公司

开　　　本 / 787毫米×1092毫米　1/16

印　　　张 / 21　　　　　　　　　　　　　　　　　　　　　责任编辑 / 钟　博

字　　　数 / 563千字　　　　　　　　　　　　　　　　　　文案编辑 / 钟　博

版　　　次 / 2021年8月第3版　2021年9月第2次印刷　　　责任校对 / 周瑞红

定　　　价 / 55.00元　　　　　　　　　　　　　　　　　　责任印制 / 边心超

图书出现印装质量问题，请拨打售后服务热线，本社负责调换

　　本书第1版于2013年9月出版，第2版于2016年3月出版，自出版发行以来，深受广大高等院校师生的喜爱。为更好地适应高等院校人才培养的需要，编者结合应用型、技能型人才培养的教育教学改革实践经验，在第2版的基础上对本书进行修订。

　　本次修订时，结合新版《建筑地基基础施工质量验收规范》（GB 50202—2018），对书中土方开挖、土方回填、无筋扩展基础、扩展基础、筏形基础、钢筋混凝土预制桩、钢筋混凝土灌注桩基础、地基处理等分部分项工程施工工艺及质量验收标准内容进行了更新和完善。为进一步突出教材的实用性和可操作性，本次修订时增加了基坑验槽的内容；并根据《混凝土结构施工图平面整体表示方法制图规则和构造详图（独立基础、条形基础、筏形基础、桩基础）》（16G101-3），增加了条形基础、独立基础、筏形基础和桩基础施工图的识读等相关内容。同时，土工试验作为地基与基础分部工程重要的实践内容，也是学习本课程土力学基本理论不可缺少的一个重要教学环节，故本次修订时在附录中增加了土工试验指导书。

　　本书由山东城市建设职业学院朱艳丽、苏强担任主编，由张青、刘欣、董淑云、王文担任副主编。具体编写分工如下：朱艳丽编写绪论、项目五及附录，刘欣编写项目一，苏强编写项目二、项目三，张青、王文编写项目四，董淑云编写项目六。全书由朱艳丽负责统稿、整理。山东城市建设职业学院牟培超审阅了本书，并对书稿提出了许多宝贵意见，在此表示衷心的感谢。

　　由于编者水平有限，书中难免存在不妥及疏漏之处，恳请广大读者批评指正。

编　者

第2版前言 FOREWORD

本书是根据高等院校人才培养方案和建筑工程技术专业的培养目标，参照有关国家职业资格标准和行业岗位要求编写的。

为适应高等院校培养高端技能型人才的需要，本书结合我国地基基础工程施工技术的新发展成果，依据《建筑地基基础设计规范》（GB 50007—2011）、《建筑基坑支护技术规程》（JGJ 120—2012）、《建筑桩基技术规范》（JGJ 94—2008）、《建筑地基处理技术规范》（JGJ 79—2012）、《建筑地基基础施工质量验收规范》（GB 50202—2002）等新规范和标准进行编写。

本书的编写力图打破以传授知识为主要特征的传统学科课程模式，而着力开发基于工作过程的项目课程，以地基基础工程施工过程为主线，构建出岩土工程勘察、土石方工程施工、基坑工程施工、浅基础设计与施工、桩基础设计与施工、地基处理工程施工六个项目。

每个项目的内容均紧紧围绕工作任务完成的需要，同时融合相关职业资格证书对知识、技能和素质的要求及满足学生可持续发展的需求选取。本书遵循"先提出学习任务，针对该任务提出问题；带着问题去学习知识链接（为任务实施服务），然后对学习任务提出的问题用所学知识进行解决，即任务实施"的思路编写，使学生在各种教学活动任务中树立质量、安全、责任意识，实现知识与能力并进。

本书由山东城市建设职业学院朱艳丽、苏强担任主编。编写人员分工如下：朱艳丽编写绪论及项目五；刘欣编写项目一；苏强编写项目二、项目三；张青编写项目四；董淑云编写项目六。济南银丰唐冶房地产开发有限公司仝海祥、山东津单幕墙有限公司曹丽、宁波市轨道交通集团有限公司吴强参与编写部分内容。全书由朱艳丽负责统稿、整理。山东城市建设职业学院牟培超、济南恒源混凝土有限公司王炳营审阅了本书，并对书稿提出了许多宝贵意见，在此表示衷心的感谢。

本书在编写过程中参阅了相关教材和技术文献，在此一并致以诚挚的谢意。

由于编写人员水平有限，书中不妥之处在所难免，敬请使用本书的读者批评指正。

编　者

FOREWORD 第1版前言

本书是根据高等院校人才培养方案和建筑工程技术专业的培养目标,参照有关国家职业资格标准和行业岗位要求编写的。

本书结合我国地基基础工程施工技术的新发展成果,依据《建筑地基基础设计规范》(GB 50007—2011)、《建筑基坑支护技术规程》(JGJ 120—2012)、《建筑桩基技术规范》(JGJ 94—2008)、《建筑地基处理技术规范》(JGJ 79—2012)、《建筑地基基础工程施工质量验收规范》(GB 50202—2002)等新规范和标准进行编写。

本书的编写力求打破以传授知识为主要特征的传统学科课程模式,而着力开发基于工作过程的项目课程。本书以地基基础工程施工过程为主线,构建出岩土工程勘察、土方工程施工、基坑工程施工、浅基础设计与施工、桩基础设计与施工、地基处理工程施工六个项目。每个项目的内容均紧紧围绕工作任务完成的需要,同时融合相关职业资格证书对知识、技能和素质的要求及满足学生可持续发展的需求选取。本书遵循"先提出学习任务,针对该任务提出问题;然后带着问题去学习(知识链接,为任务实施服务);最后对学习任务提出的问题用所学知识进行解决(任务实施)"的思路编写,使学生在各种教学活动任务中树立质量、安全、责任意识,实现知识与能力并进。

本书由山东城市建设职业学院朱艳丽、苏强担任主编。具体编写人员及分工如下:朱艳丽编写绪论及项目五;刘欣编写项目一;苏强编写项目二、项目三;张青编写项目四;董淑云编写项目六。山东津单幕墙有限公司曹丽、宁波市轨道交通集团有限公司吴强、山东城市建设职业学院沈子贞和滕永彪参与编写部分内容。全书由朱艳丽负责统稿、整理。山东城市建设职业学院牟培超、济南恒源混凝土有限公司王炳营、济南银丰唐冶房地产开发有限公司全海祥审阅了本书,并提出了许多宝贵意见,在此表示衷心的感谢。

本书在编写过程中参阅了相关教材和技术文献,在此对有关专家和作者致以诚挚的谢意。

由于编写人员水平有限,书中不妥之处在所难免,敬请读者批评指正。

编 者

CONTENTS 目录

绪　论

基础工程是土木工程的重要组成部分，它是研究结构物地基与基础设计与施工的学科。基础工程施工是将土力学的基本理论渗透到地基基础的设计和施工中，主要研究建筑工程中地基基础的设计、地基基础的施工工艺流程、施工方法、施工技术要求和质量检查验收等。

一、基本概念

1. 土力学

地基与基础工程和土力学是密不可分的，尤其是基础设计部分，它是建立在土力学基础上的设计理论与计算方法。研究地基与基础工程，必然会涉及大量的土力学问题。

土力学是一门工程应用科学，主要研究在建筑物荷载作用下土的应力、变形、强度和稳定性等特性，并将研究成果应用于工程实践，解决工程实际问题。

在本教材的各个项目中，均涉及部分土力学的基本原理和理论。

2. 基础

基础是指埋入土层一定深度的建筑物下部承重结构，起着上承下传的作用。

从室外设计地面到基础底面的垂直距离称为基础的埋置深度。根据埋深不同，基础可分为浅基础和深基础。通常把埋深不大（5 m 以内），经挖槽、排水等一般施工方法即可建成的基础称为浅基础；而将埋深较大（超过 5 m），需通过特殊施工方法和施工机械才能完成的基础称为深基础（如桩基础、沉井、地下连续墙等）。

3. 地基

地基是指承受建筑物荷载并受其影响的那部分地层。将直接与基础底面接触的土层称为持力层；在地基范围内持力层以下的土层统称为下卧层(图 0-1)。

地基可分为天然地基和人工地基。天然地基是未经人工处理就可满足设计要求的地基；人工地基是当地基土层承载力不能满足上部结构荷载要求时，经人工加固处理的地基。

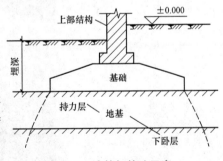

图 0-1　地基与基础示意

4. 地基与基础设计的基本条件

为保证建筑物的安全和正常使用，建筑物地基与基础应满足以下基本条件：

(1)强度条件。要求建筑物的地基应有足够的承载力，在荷载作用下，不发生剪切破坏或失稳。

(2)变形条件。要求建筑物的地基不产生过大的变形，即地基变形值必须控制在允许的范围内，保证建筑物的正常使用。

(3)基础结构本身应具有足够的强度和刚度，在地基反力作用下不会发生强度破坏，并且具有改善地基沉降与不均匀沉降的能力。

二、地基与基础的重要性

地基与基础是建筑物的根基,其勘察、设计和施工质量直接影响建筑物的安全和正常使用。工程实践经验表明,很多建筑工程事故都与地基和基础有关,其重要性主要表现在以下三个方面。

(1)地基基础问题是土木工程领域普遍存在的问题。基础设计与施工是整座建筑物设计与施工中必不可少的一环,掌握基础工程的设计理论和方法、了解施工原理和过程是学习土木工程不可缺少的训练。当地基条件复杂或者恶劣时,基础工程经常会成为工程中的难点和首先需要解决的问题。而由于土的复杂性、勘测工作的有限性等造成岩土工程的不定性和经验性,基础工程问题又往往成为最难把握的问题。

(2)地基与基础造价、工期在土建总造价、总工期中占相当大的比例。在软土地区,其造价和工期可达百分之十几甚至百分之几十,如包括地下室则更高。这既要求地基与基础工程的设计和施工必须保证建筑物的安全和正常使用,同时也要求应尽可能地选择最合适的设计方案和施工方法,以降低基础部分的造价和工期。

(3)工程实践中地基与基础工程事故屡见不鲜,有时甚至造成重大损失。一旦发生了事故,加固和修复所需的费用也非常高。

【案例 0-1】 意大利比萨(Pisa)斜塔(图 0-2)自 1173 年 9 月 8 日动工,至 1178 年建至第 4 层中部,高度为 29 m 时,因塔身明显倾斜而停工。94 年后,即 1272 年复工,经过 6 年时间建造完成第 7 层(高 48 m)后,再次停工中断 82 年。1360 年再次复工,1370 年竣工,前后历经近 200 年。

图 0-2 意大利比萨斜塔

比萨斜塔共 8 层,高 55 m,全塔总荷重为 145 MN,相应的地基平均压力约为 50 kPa。地基持力层为粉砂,下部为粉土和黏土层。由于地基的不均匀下沉,塔身向南倾斜,南北两端的沉降差达 1.8 m,塔顶离中心线已达 5.27 m,倾斜约 5.5°。

事故原因: 塔身建立在深厚的高压缩性土之上(地基持力层为粉砂,下面为粉土和黏土层),地基的不均匀沉降导致塔身的倾斜。

【案例 0-2】 加拿大 Transcona 谷仓(图 0-3)，南北长 59.44 m，东西宽 23.47 m，高 31.00 m。基础为钢筋混凝土筏形基础，厚 2 m，埋深 3.66 m。谷仓 1911 年动工，1913 年秋完成。谷仓自重 20 000 t，相当于装满谷物后总重的 42.5%。1913 年 9 月装谷物，至 31 822 m³ 时，发现谷仓 1 h 内竖向沉降达 30.5 cm，并向西倾斜，24 h 后倾倒，西侧下陷 7.32 m，东侧抬高 1.52 m，倾斜 27°。地基虽破坏，但钢筋混凝土筒仓却安然无恙，后用 388 个 50 t 千斤顶纠正后继续使用，但位置较原先下降 4 m。

图 0-3 加拿大 Transcona 谷仓

事故原因：设计时未对谷仓地基承载力进行调查研究，而采用了邻近建筑地基 352 kPa 的承载力，事后 1952 年的勘察试验与计算表明，该地基的实际承载力为 193.8~276.6 kPa，远小于谷仓地基破坏时 329.4 kPa 的地基压力，地基因超载而发生强度破坏。

【案例 0-3】 1972 年 7 月某日清晨，香港宝城路附近，两万立方米残积土从山坡上下滑，巨大滑动体正好冲过一幢高层住宅——宝城大厦，顷刻间宝城大厦被冲毁倒塌并砸毁相邻一幢大楼一角约五层住宅(图 0-4)，死亡 120 人。

图 0-4 香港宝城大厦被冲毁倒塌

事故原因：山坡上残积土本身强度较低，加之雨水入渗使其强度进一步大大降低，使得土体滑动力超过土的强度，于是山坡土体发生滑动。

【**案例 0-4**】 2009 年 6 月 27 日 6 时左右，上海闵行区"莲花河畔小区"一栋在建 13 层住宅楼整体倒塌(图 0-5)，造成一名工人死亡。该栋楼整体朝南侧倒下，大多数的玻璃没有破碎，但楼房底部原本应深埋地下的数十根管桩被整齐地折断后裸露在外，令人触目惊心。调查结果称，原地质勘察报告经现场补充勘察和复核，复合规范要求；原设计结构和大楼所用的 PHC 管桩也均符合规范要求。

图 0-5 上海莲花河畔景苑小区
在建住宅楼倒塌事故

事故原因：紧贴该住宅楼北侧在短期内堆土过高，最高处达 10 m 左右；同时，该住宅楼南侧正在开挖深为 4.6 m 的地下车库基坑；住宅楼两侧的压力差导致土体产生水平位移，对 PHC 桩产生很大的偏心弯矩。过大的水平力超过了桩基的抗侧能力，最终破坏桩基，引起楼房整体倒覆。

三、本课程的基本内容与目标要求

根据建筑工程技术专业及其他相关专业的人才培养方案要求，教学内容设计以工程需求为导向，以真实工作任务及工作过程为依据，将地基基础理论教学、实践实训教学融入相应项目中。每个项目的学习都以工作任务为中心整合理论与实践知识，实现理论与实践的一体化。教材注重引入现代施工新技术，引导学生掌握基础工程设计理论与施工技术的"实践→认识→再实践→再认识"的认知规律，培养学生的工程意识和综合运用所学知识解决问题的能力。

在岩土工程勘察项目中，将原来的"土力学与地基基础"课程中关于土的物理性质指标、物理状态指标、力学性质指标与岩土工程勘察报告进行有机组合，同时，在内容上延续原有的土的性质指标试验部分。

在土方工程施工项目中，将原来的"建筑施工技术"课程中关于土方机械化施工、土方开挖工程量计算、土方回填与压实等内容，结合具体的施工任务进行深化和拓展。

在基坑工程施工项目中，将原来的"土力学与地基基础"课程中地基应力计算、抗剪强度的计算、土压力与边坡稳定的计算等内容，结合基坑支护计算进行有机整合；同时，增加各种基坑支护方法的施工工艺和基坑降水排水内容。

在浅基础设计与施工项目中，将原来的"土力学与地基基础"课程中地基承载力计算、地基变形计算、扩展基础设计计算等内容融合到浅基础的设计中；同时，结合具体的施工任务，增加无筋扩展基础、钢筋混凝土独立基础、条形基础、筏形基础施工，以及各种浅基础施工质量检查与验收内容。

在桩基础设计与施工项目中，依照桩基础设计步骤，融入桩基础的基本知识及设计计算内容；将原来的"建筑施工技术"课程中关于桩基础施工的内容进行深化，结合施工任务，具体介绍预制桩和灌注桩的施工，同时增加施工质量检查与验收内容。

在地基处理工程施工项目中，列举了几种实际工程中常用的地基处理方法，将原来的"建筑施工技术"课程中关于地基处理内容，结合具体施工任务进行深化，同时增加施工质量检查与验收内容。

通过本课程的学习，要求达到以下知识目标和能力目标：

1. 知识目标

(1)熟悉常规土工试验的试验步骤及其相应的设备仪器的名称和操作方法。

(2)熟练地识读工程地质勘查报告。

(3)熟悉土方施工准备的工作内容、土方开挖与填土压实的一般要求、常用土方机械的名称及其适用范围，相关的质量控制要点与构造。

(4)掌握常见基坑支护的做法。

(5)熟悉基坑防水、降水的方法及其基坑支护工程施工安全要点。

(6)熟练掌握浅基础设计的原则与方法；掌握浅基础的施工工艺。

(7)了解桩基础类型、特点及桩身、承台的构造。

(8)熟悉桩型选择和桩基参数确定(包括桩长、桩径和平面布置等)；掌握单桩承载力的确定方法。

(9)掌握钢筋混凝土预制桩的施工要点。

(10)掌握钢筋混凝土灌注桩的施工要点。

(11)掌握桩基础的检测技术与验收程序。

(12)掌握地基处理的原则，熟悉各种地基处理方式。

2. 能力目标

(1)能熟练阅读工程地质勘查报告。

(2)能够做常规土工试验，熟练填写试验报告。

(3)能够制定工程现场场地平整、基坑开挖与回填压实的施工方案。

(4)能设计天然地基上的浅基础。

(5)能根据基础施工图纸和有关图集进行条形基础、独立基础、筏形基础、桩基础的设计交底。

(6)能编制常见浅基础的施工方案，并具有组织和指导施工的能力。

(7)能运用所学知识选择桩型、确定桩基尺寸、验算桩基承载力，并进行桩基础的设计。

(8)能确定桩基础工程施工的主要工作任务及工作内容，并根据桩基础工程施工的工作任务，收集相关的资讯信息和获取相应的知识内容。

(9)能制定出预制桩基础和灌注桩基础施工的施工方案，并能合理地组织桩基础的施工。

(10)能对桩基础工程做出正确的质量检测与评价。

(11)能阅读深基坑支护与开挖的施工方案。

(12)能对基础工程施工进行质量验收。

(13)能熟练描述软弱地基处理方案。

四、本教材的特色

1. 内容选取基于工作过程，具有工学结合特色

教材内容按照基础工程的施工顺序来编写，从岩土工程勘察→土方工程施工→基坑工程施工→浅基础设计与施工→桩基础设计与施工→地基处理，每一个过程包含了所涉及的知识点和能力要求，突出与实际工程的"零距离"结合，内容比较全面，针对性、适用性较强。

2. 认识和内容上的更新

(1)认识更新。随着高层建筑和大跨度大空间结构的涌现、地下空间的开发，与之密切相关的两种技术也得到极大的重视。

1)桩基础技术。新的桩型如大直径成孔灌注桩、预应力管桩、套筒桩、微型桩等的研究开发，后注浆技术在桩基工程中的应用，桩基础的环境效应等都成为研究和开发的热点。

2)深基坑支护工程。研究的重点主要有：土、水压力的估算，基坑支护设计理论和方法的深化——优化设计、概念设计和动态设计、考虑时空效应的方法等；新的基坑支护方法，如复合土钉墙、作为主体结构应用的地下连续墙、锚杆挡墙等的开发研究；基坑开挖对环境的影响等。

(2)注重与最新规范的衔接。近年来，与地基基础工程相关的规范规程陆续更新，这些规范规程都是基础工程各个领域取得的科研成果和工程经验的高度概括，反映了近十年基础工程的发展水平。本教材的每一个项目都是紧密结合最新规范和规程编写的。

(3)注重与最新施工工艺和施工方法的衔接。随着科学技术的发展，各种新的施工工艺和方法不断涌现。本教材在编写过程中注重吸收和容纳最新施工工艺和方法。例如，深基坑支护中逆作法、复合土钉墙、支护与主体结构结合等；桩基础施工中静压预制桩施工、灌注桩后注浆施工、长螺旋钻孔压灌桩施工及旋挖钻机成孔施工方法等，以及各种地基处理方法和施工技术等。

3. 充分体现任务驱动法

本教材一改传统土力学、地基与基础课程对土力学理论知识的侧重，重点培养学生分析问题和解决问题的能力，以工作任务引领知识，每一个项目的学习，都先提出具体的任务，根据任务引领出解决问题所需要的知识，再利用所学知识来解决任务。

项目一　岩土工程勘察

知识目标

◇ 了解土的三相组成，掌握土的粒径级配的分析方法。

◇ 熟悉土的各种物理性质指标和状态指标的定义及表达式；掌握土的三相比例指标的定义和公式；了解表征土的状态指标，掌握如何利用这些指标对土的状态做出判断。

◇ 熟悉规范对地基土的工程分类方法；掌握砂土、黏性土的分类标准。

◇ 熟悉岩土工程勘察的常用方法；掌握岩土工程勘察的任务及工作内容。

◇ 掌握勘察报告的编制要点。

能力目标

◇ 学会测定土的物理性质和物理状态指标，并进行有关指标换算。

◇ 能根据土的物理性质指标和状态指标判别土的性状，并对土体分类、定名。

◇ 能阅读和使用岩土工程勘察报告。

任何建筑物都是建造在地基之上的，地基土的工程地质条件将直接影响建筑物的安全。而地基土是由岩石通过物理、化学、生物风化作用，并经过剥蚀、搬运、沉积交错复杂作用，所生成的分类沉积物。土的这种形成过程决定了土的三个主要特征：碎散性、三相体系和自然变异性，使得土与其他工程材料相比具有压缩性大、强度低、渗透性大的特点。因此，在对建筑物进行设计之前，必须通过各种测试方法和勘察手段进行地基勘察，为设计和施工提供可靠的岩土工程地质资料。

学习任务

岩土工程勘察的最终成果是岩土工程勘察报告。勘察报告反映了勘察的目的、内容和方法等具体内容，并针对建筑场地和上部建筑特征，提出选择地基基础方案的依据和设计计算参数，指出存在的问题以及解决问题的可能方法或途径。下面通过阅读《××小区岩土工程勘察报告》的工程概况和场区自然地理概况及气象部分，先对勘察报告进行初步了解。

《××小区岩土工程勘察报告》

一、工程概况

拟建的××小区住宅项目位于 Y 市南山区胡家滩村东北，南靠学院路，东靠规划路，交通十分便利，环境较好。建筑物平面形状及尺寸如图 1-1 所示。

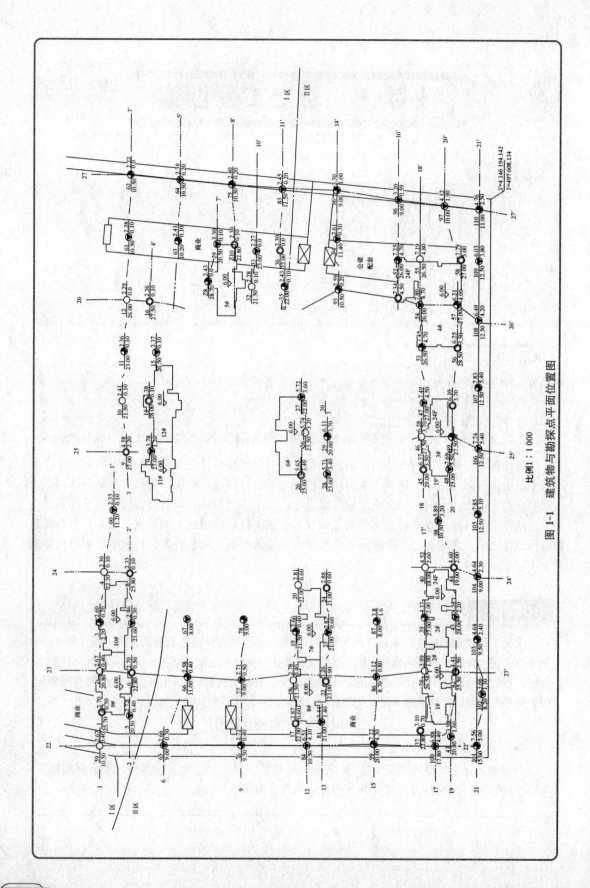

比例1：1 000

图 1-1　建筑物与勘探点平面位置图

按照《高层建筑岩土工程勘察标准》(JGJ/T 72—2017)、《岩土工程勘察规范(2009年版)》(GB 50021—2001)的规定,根据工程的规模和特征,以及由于岩土工程问题造成工程破坏或影响正常使用的后果,本工程为一般工程,破坏后果严重,故工程重要性等级为二级。

根据场地复杂程度,该场地为二级场地(中等复杂场地)。

根据地基复杂程度,该地基为二级地基(中等复杂场地)。

根据规范综合确定,该岩土工程勘察等级为乙级。

按照《建筑工程抗震设防分类标准》(GB 50223—2008)规定,本次勘察的拟建物抗震设防类别均为丙类。

二、场区自然地理概况及气象

Y市地处华北平原,东经$121°16'\sim121°29'$,北纬$37°24'\sim37°38'$。本市与同纬度的地区相比,具有雨水丰富、空气湿润、气候温和的特点,年平均气温12.7 ℃,极端最高气温38.4 ℃(1992年7月25日),极端最低气温—13.1 ℃(1970年1月4日)。无霜期年平均为190天。降水量时空分布不均匀,季节性明显,多集中在7、8两个月,多年平均降水量706 mm,最大降雨量965.0 mm(1951年),最小降水量375.2 mm。

Y市主要季风为南风或西南风,最大平均风速为25 m/s,极大风速为39.6 m/s,风向为东北东,大风日数分布为:春季(3~5月份)最多、夏季(6~8月份)次之、冬季(12~次年2月份)较少、秋季(9~11月份)最少,年平均风速为4.0 m/s。

提出问题:

1. 为什么要进行岩土工程勘察?
2. 岩土勘察常用的方法有哪些?
3. 岩土工程勘察的任务及工作内容是什么?
4. 如何阅读岩土工程勘察报告?阅读岩土工程勘察报告重点应注意哪些问题?

知识链接

一、土的成因与组成

土是连续、坚固的岩石在风化作用下形成的大小悬殊的颗粒,经过不同的搬运方式,在各种自然环境中生成的沉积物。岩石经历风化、剥蚀、搬运、沉积生成土,而土历经压密固结、胶结硬化也可再生成岩石。土由固体颗粒、水和气体三者组成。土的物理性质主要取决于土的固体颗粒的矿物成分及大小、土的三相组成比例、土的结构以及土所处的物理状态。

微课:土的生成

(一)土的成因

地球表面的整体岩石在大气中经过漫长的历史年代,受到风、雨、雪、霜的侵蚀和生物活动的破坏作用——风化作用,使其崩解破碎而形成大小不同、形状不一的松散颗粒堆积物,在建筑工程中称为土。

地壳表层的岩石长期暴露在大气中,经受气候的变化,会逐渐崩解,破碎成大小和形状不同的一些碎块,这个过程称为物理风化。物理风化作用只改变颗粒的大小与形状,不改变矿物成分，形成的土颗粒较大，称为原生矿物。物理风化后形成的碎块与水、氧气、二氧化碳等物质接触，使岩石碎屑发生化学变化，这个过程称为化学风化。化学风化作用可使岩石的矿物成分发生改变，土的颗粒变细，产生次生矿物。由于动、植物的生长使岩石破碎的属于生物风化，这种风化作用具有物理风化和化学风化的双重作用。

风化后残留在原地的土称为残积土，主要分布在岩石暴露地面并受到强烈风化的山区和丘陵地带。由于残积土未经分选作用，无层理，厚度非常不均匀，因此在残积土地基上进行工程建设时，应注意其不均匀性，防止建筑物的不均匀沉降。在漫长的地质年代里，沉积的土层逐渐加厚，在自重作用下逐渐压密，这样形成的土称为沉积土。陆地上大部分平原地区的土都属于沉积土。一般情况下，沉积土粗颗粒的土层压缩性较低，承载力较高；细颗粒的土层压缩性较高，承载力较低。在沉积土的地基上进行工程建设时，应尽量选择粗颗粒土层作为基础的持力层。

(二)土的组成

自然界中的土是由固体颗粒及颗粒间孔隙中的水和气体组成的，是一个多相、分散、多孔的系统，一般为三相体系，即固态相、液态相与气态相，有时是二相的(干燥或饱水)。土的三相比例不同，其状态和工程性质也不相同。

1. 土的固体颗粒

土的固体颗粒是由大小不等、形状不同的矿物颗粒或岩石碎屑组成的，它们按照各种不同的排列方式组合在一起，构成土的骨架。习惯上简称为"土粒"，是土中最稳定、变化最小的成分。

(1)粒组划分。为了研究土中各种大小土粒的相对含量及其与土的工程地质性质的关系，人们将工程地质性质相似的土粒归并成组。按其粒径的大小划分的若干组别，称为粒组；划分粒组的分界尺寸称为界限粒径。根据界限粒径 200 mm、60 mm、2 mm、0.075 mm 和 0.005 mm 把土粒分为六大粒组：漂石(块石)颗粒、卵石(碎石)颗粒、圆砾(角砾)颗粒、砂粒、粉粒及黏粒(表 1-1)。

表 1-1　土的粒组划分方案

粒组统称	粒组名称		粒径 d 范围/mm	主要特征
巨粒	漂石(块石)颗粒		$d > 200$	透水性很大，压缩性极小，颗粒间无黏结，无毛细水
	卵石(碎石)颗粒		$60 < d \leqslant 200$	
粗粒	圆砾(角砾)颗粒	粗砾	$20 < d \leqslant 60$	透水性大，颗粒间无黏结，毛细水上升高度不超过粒径大小
		细砾	$2 < d \leqslant 20$	
	砂粒	粗砂	$0.5 < d \leqslant 2$	透水性大，压缩性小，无黏性，有毛细水
		中砂	$0.25 < d \leqslant 0.5$	
		细砂	$0.075 < d \leqslant 0.25$	
细粒	粉粒		$0.005 < d \leqslant 0.075$	透水性小，压缩性中等，毛细上升高度大，微黏性
	黏粒		$d \leqslant 0.005$	透水性极弱，压缩性变化大，具黏性和可塑性

工程上常以土中各个粒组的相对含量(各粒组占土粒总重的百分数)表示土中颗粒的组成情况，称为土的颗粒级配。土的颗粒级配直接影响土的性质，如土的密实度、土的透水性、土的强度和土的压缩性等。

土的颗粒级配是通过土的颗粒大小分析试验测定的。实验室常用的有筛分法和沉降分析法。筛分法是用一套不同孔径的标准筛把各种粒组分离出来，适用于粒径大于 0.075 mm 的土。沉降分析法包括密度计法(也称比重计法)和移

微课：土的颗粒级配

液管法，是利用不同大小的土粒在水中的沉降速度不同来确定小于某粒径的土粒含量，适用于粒径小于 0.075 mm 的土。

根据颗粒分析试验结果，可以绘制如图 1-2 所示颗粒级配曲线，判断土的级配状况。颗粒级配曲线一般用纵坐标表示小于某粒径的土粒含量百分比，横坐标表示粒径，单位是 mm。由于土粒粒径相差悬殊，常在百倍、千倍以上，且细粒土的含量对土的性质影响很大，必须清楚标示，因此采用对数坐标形式。从曲线中可直接求得各粒组的颗粒含量及粒径分布的均匀程度，进而估测土的工程性质。图 1-2 中曲线 a 平缓，表示粒径大小相差较大，土粒不均匀，级配良好；相反，曲线 b 较陡，表示粒径的大小相差不大，土粒较均匀，级配不良。

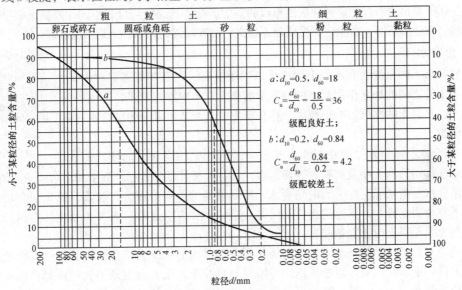

图 1-2　颗粒级配曲线

工程上常采用不均匀系数 C_u 和曲率系数 C_c 两个级配指标，来定量反映土颗粒的组成特征。

粒径分布的均匀程度用不均匀系数 C_u 表示，表达式为：

$$C_u = \frac{d_{60}}{d_{10}} \tag{1-1}$$

土颗粒级配的连续程度可用粒径分布曲线的形状曲率系数 C_c 表示，表达式为：

$$C_c = \frac{d_{30}^2}{d_{60} \cdot d_{10}} \tag{1-2}$$

式中　d_{10}——土中小于某粒径的土的质量占总质量的 10% 时相对应的粒径，称为有效粒径；

d_{30}——土中小于某粒径的土的质量占总质量的 30% 时相对应的粒径；

d_{60}——土中小于某粒径的土的质量占总质量的 60% 时相对应的粒径，称为限制粒径。

C_u 越大，d_{10} 与 d_{60} 相距越远，则曲线越平缓，表示土中的粒组变化范围宽，土粒不均匀；反之，C_u 越小，d_{10} 与 d_{60} 相距越近，则曲线越陡，表示土中的粒组变化范围窄，土粒均匀。工程中，把 $C_u > 10$ 的土视为级配良好的土（图 1-2 中曲线 a），$C_u < 5$ 的土视为级配不良的土（图 1-2 中曲线 b）。

若曲率系数 C_c 较大，表示粒径分布曲线的台阶出现在 d_{10} 与 d_{30} 范围内；反之，若曲率系数 C_c 较小，表示粒径分布曲线的台阶出现在 d_{30} 与 d_{60} 范围内。经验表明，当级配连续时，C_c 的范围在 1～3 之间。因此，当 $C_c < 1$ 或 $C_c > 3$ 时，均表示级配曲线不连续。

由上可知，土的级配优劣可由土粒的不均匀系数和粒径分布曲线的形状曲率系数确定。《土的工程分类标准》(GB/T 50145—2007)规定：对于纯净的砂、砾石，当 $C_u \geq 5$ 且 $C_c = 1 \sim 3$ 时，级配良好；不能同时满足上述条件时，级配不良。级配良好的土，较粗颗粒间的孔隙被较细的颗粒所填充，因而土的密实度较好，相应的地基土的强度和稳定性也较好，透水性和压缩性较小，是填方工程的良好用料。

(2)土粒的矿物成分。土粒的矿物成分取决于母岩的矿物成分及风化作用，可分为原生矿物和次生矿物。原生矿物由岩石经过物理风化形成，其矿物成分与母岩相同，常见的如石英、长石和云母等。一般较粗颗粒的砾石、砂等都是由原生矿物组成。这种矿物成分的性质较稳定，由其组成的土具有无黏性、透水性较大、压缩性较低的特征。

次生矿物是由岩石经化学风化后所形成的新的矿物，其成分与母岩不同，如黏土矿物的高岭石、伊利石和蒙脱石等。次生矿物性质较不稳定，具有较强的亲水性，遇水易膨胀，失水易收缩。

2. 土中水

自然状态下的土都含有水，土中水可以处于液态、固态和气态三种形态。土中水与土粒之间的相互作用对土的性质影响很大，土中细粒越多，即土的分散度越大，水对土的性质影响也越大。存在于土中的液态水可分为结合水和自由水两大类。

微课：土中的
水和气体

(1)结合水。结合水是指由带电分子引力吸附于土粒表面呈薄膜状的水。根据受电场作用力的大小及离颗粒表面远近，结合水又可以分为强结合水和弱结合水两类。

强结合水是指紧靠土粒表面的结合水，所受电场的作用力很大，极其牢固地结合在土粒表面，几乎完全固定排列，其性质接近于固体。强结合水的冰点为 $-78\ ℃$，密度比自由水大，在温度达到 $105\ ℃$ 以上时才能被蒸发。

弱结合水是指在强结合水以外，电场作用范围以内的水。弱结合水也受颗粒表面电荷所吸引呈定向排列于颗粒四周，但电场作用力随着与颗粒距离增大而逐渐消失过渡到自由水，这种水不能传递静水压力，它是一种黏滞水膜，可以因电场引力从一个土粒的周围转移到另一个土粒的周围，即结合水膜能发生变形，但不因重力作用而流动。弱结合水对黏性土的性质影响最大，它的存在是黏性土在某一含水量范围内表现出可塑性的根本原因。

(2)自由水。自由水是存在于土粒表面电场影响范围以外的水。它的性质和普通水一样，能传递静水压力，冰点为 $0\ ℃$，有溶解能力。自由水按其移动所受作用力的不同，可以分为毛细水和重力水。

毛细水是受到水与空气交界面处表面张力作用的自由水。它位于地下水位以上的透水层中，容易湿润地基造成地陷，特别在寒冷地区要注意因毛细水上升产生冻胀现象，地下室要采取防潮措施。

重力水是存在于地下水位以下透水层中的地下水，对于土粒和结构物水下部分起浮力作用。施工时，重力水对土中的应力状态和开挖基槽、基坑以及修筑地下构筑物时所采取的排水、防水措施有重要的影响。

3. 土中气体

土中气体存在于空隙中未被水占据的部分，可分为与大气相通的非封闭气体和不相通的封闭气体两种。非封闭气体成分与空气相似，受外荷作用时易被挤出土体外，对土的力学性质影响不大。封闭气体不能逸出，在压力作用下可被压缩或溶解于水中，压力减小时又能有所复原，所以对土的性质有较大的影响，可使土的渗透性减小，弹性增大并延长土体受力后变形达到稳定的时间。

(三)土的结构与构造

1. 土的结构

土的结构是指由土粒单元的大小、形状、矿物成分、空间排列及其联结形式等因素形成的综合特征。一般分为单粒结构、蜂窝结构和絮状结构三种基本类型。

单粒结构是由较粗矿物颗粒在水或空气中在自重作用下沉落形成的结构，如图1-3所示。单粒结构是无黏性土的主要结构形式，其特点是土粒间存在点与点的接触，因颗粒较大，土粒间的分子吸引力相对很小，所以颗粒之间几乎没有联结。

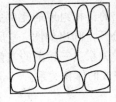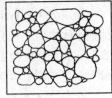

图1-3　土的单粒结构

呈紧密状单粒结构的土，强度较大，压缩性较小，可作为良好的天然地基。呈疏松单粒结构的土，其骨架不太稳定，当受到振动或其他外力作用时，土粒易发生移动而引起很大的变形，这种土层如未经处理一般不宜作为建筑物的地基。

当粒径为0.005～0.075 mm的土粒在水中因自重作用而下沉时，碰到其他正在下沉或已经下沉稳定的土粒，由于土粒间的引力大于下沉土粒的重力，下沉的土粒就停留在最初的接触点上不再继续下沉，逐渐形成链环状单元。很多这样的链环联结起来，便形成孔隙较大的蜂窝状结构，如图1-4所示。蜂窝结构是以粉粒为主的土所具有的结构形式。

絮状结构又称絮凝结构，是由黏粒(粒径小于0.005 mm)集合体组成的结构形式。细微的黏粒大都呈针状或片状，由于质量极轻，能够在水中长期悬浮。当这些悬浮在水中的黏粒被带到电解质浓度较大的环境中(如海水)时，黏粒表面的弱结合水厚度减薄，黏粒相互接近，凝聚成絮状物下沉，从而形成孔隙较大的絮状结构，如图1-5所示。絮状结构是黏性土的主要结构形式。

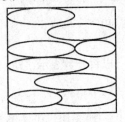

图1-4　土的蜂窝状结构　　　　　图1-5　土的絮状结构

蜂窝结构和絮状结构的土中存在大量孔隙，压缩性高，抗剪强度低，透水性弱，但土粒间的联结强度会由于压密和胶结作用而逐渐得到加强，称为结构强度。

天然条件下，任何一种土类的结构并不是单一的，往往呈现以某种结构为主，混杂各种结构的复合形式。

2. 土的构造

土的构造是指土体中各种结构单元之间的关系，如层状土体、裂隙土体、软弱夹层、透水层与不透水层等。其主要特征是土的成层性和裂隙性，即层理构造和裂隙构造，两者都造成了土的不均匀性。层理构造是在土的形成过程中，由于不同阶段沉积的物质成分、颗粒大小或颜色不同，而沿竖向呈现的成层特征。常见的有水平层理构造和交错层理构造。土中裂隙的存在大大降低了土体的强度和稳定性，增大了透水性，对工程不利。

二、土的物理性质指标

描述土的三相物质在体积和质量上的比例关系的有关指标，称为土的三相比例指标。三相比例指标反映着土的物理状态，如干湿、软硬、松密等，是评价土的工程性质最基本的物理指标，也是工程地质报告中不可缺少的基本内容。

(一)土的三相图

为了便于分析土的三相组成的比例关系，通常抽象地把土体中的三相分开，画出如图 1-6 所示的三相图来表示它们之间的数量关系。三相图的左侧表示组成的质量关系，右侧表示组成的体积关系。

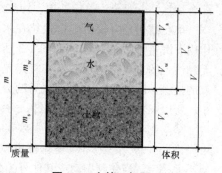

图 1-6　土的三相图

(二)基本指标

土的物理性质指标中有三个基本指标可直接通过土工试验测定，亦称直接测定指标。

1. 土的密度 ρ

单位体积内土的质量称为土的密度 $\rho(\text{g/cm}^3)$，即

$$\rho = \frac{m}{V} = \frac{m_s + m_w}{V_s + V_w + V_a}\tag{1-3}$$

土的密度取决于土粒的质量、孔隙体积的大小和孔隙中水的质量，综合反映了土的组成和结构特征。对具有一定成分的土而言，结构越疏松，孔隙体积越大，密度值将越小。土的密度可用环刀法测定。天然状态下土的密度变化范围较大，其参考值为：一般黏性土 $\rho = 1.8 \sim 2.0 \text{ g/cm}^3$；砂土 $\rho = 1.6 \sim 2.0 \text{ g/cm}^3$。

工程中常用重度 γ 来表示单位体积土的重量，它与土的密度有如下关系

$$\gamma = \rho g\tag{1-4}$$

式中　g——重力加速度，$g = 9.8 \text{ m/s}^2$，近似取 $g = 10 \text{ m/s}^2$。

2. 土的含水量 w

土中水的质量与土粒质量之比，称为土的含水量，以百分数表示，即

$$w = \frac{m_w}{m_s} \times 100\% = \frac{W_w}{W_s} \times 100\%\tag{1-5}$$

含水量是标志土的干湿程度的一个重要物理指标，一般采用烘干法测定。天然状态下土层的含水量变化范围较大，砂土从 0 到 40%，黏土可达 60% 或更大；同一类土，含水量越高说明土越湿，一般来说也就越软。

3. 土粒相对密度(土粒比重)d_s

土粒质量与同体积的 4 ℃时水的质量之比，称为土粒相对密度(无量纲)，亦称为土粒比重，即

$$d_s = \frac{m_s}{V_s \rho_w} = \frac{\rho_s}{\rho_w}\tag{1-6}$$

式中　ρ_s——土粒的密度(g/cm^3)，即单位体积土粒的质量；

　　　ρ_w——4 ℃时纯水的密度，一般取 $\rho_w = 1 \text{ g/cm}^3$。

土粒相对密度取决于土的矿物成分，黏性土一般在 2.7～2.75 之间，砂土一般在 2.65 左右，常用比重瓶法测定。

(三)换算指标

测出上述三个基本试验指标后，就可根据图 1-6 所示的三相图，计算出三相组成各自体积和质量上的含量，经过换算确定的其他物理性质指标，称为换算指标。

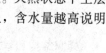

1. 土的干密度 ρ_d 和干重度 γ_d

土单位体积中固体颗粒的质量称为土的干密度 $\rho_d(\text{g/cm}^3)$；单位体积中固体颗粒的重量称为

土的干重度 ρ_d(kN/m³)，即

$$\rho_d = \frac{m_s}{V} \tag{1-7}$$

$$\gamma_d = \frac{W_s}{V} = \rho_d g \tag{1-8}$$

在工程上常把干重度作为评定土体紧密程度的标准，以控制填土工程的施工质量。

2. 土的饱和密度 ρ_{sat} 和饱和重度 γ_{sat}

土孔隙中充满水时，单位体积的质量称为饱和密度，单位体积的重量称为饱和重度，即

$$\rho_{sat} = \frac{m_s + V_v \rho_w}{V} \tag{1-9}$$

$$\gamma_{sat} = \frac{W_s + V_v \gamma_w}{V} = \rho_{sat} g \tag{1-10}$$

3. 土的有效密度 ρ' 和有效重度 γ'

在地下水位以下，单位土体积中土粒的质量扣除土体排开同体积水的质量称为土的有效密度；在地下水位以下，单位土体积中土粒所受的重力扣除水的浮力即为土的有效重度，即

$$\rho' = \frac{m_s - V_s \rho_w}{V} \tag{1-11}$$

$$\gamma' = \frac{W_s - V_s \gamma_w}{V} = \rho' g \tag{1-12}$$

4. 土的孔隙比 e 和孔隙率 n

土中孔隙体积与土粒的体积之比称为土的孔隙比，用小数表示，即

$$e = \frac{V_v}{V_s} \tag{1-13}$$

孔隙比是评价土密实程度的重要指标。一般孔隙比 $e < 0.6$ 的土是低压缩性的土，$e > 1.0$ 的土是高压缩性的土。

孔隙率为土中孔隙体积与土的总体积之比，即单位体积的土体中孔隙所占的体积，以百分数表示，即

$$n = \frac{V_v}{V} \times 100\% \tag{1-14}$$

孔隙率亦可用来表示同一种土的松、密程度，其值随土形成过程中所受的压力、粒径级配和颗粒排列的状况而变化。一般粗粒土的孔隙率小，细粒土的孔隙率大。黏性土的孔隙率为 $30\% \sim 60\%$，无黏性土的孔隙率为 $25\% \sim 45\%$。

5. 土的饱和度 S_r

土中被水充满的孔隙体积与孔隙总体积之比，称为土的饱和度，用百分数表示，即

$$S_r = \frac{V_w}{V_v} \times 100\% \tag{1-15}$$

饱和度可描述土体中孔隙被水充满的程度。显然，干土的饱和度 $S_r = 0$，当土处于完全饱和状态时 $S_r = 100\%$。砂土根据饱和度可划分为下列三种湿润状态：

$$S_r \leqslant 50\% \qquad 稍湿$$
$$50\% < S_r \leqslant 80\% \qquad 很湿$$
$$S_r > 80\% \qquad 饱和$$

(四)三相比例指标之间的换算关系

在土的三相比例指标中，土的密度、土的含水量和土粒相对密度三个基本指标是通过试验

测定的，其他相应各项指标可以通过土的三相比例关系换算求得。各项指标之间的常用换算公式见表1-2。

表1-2　土的三相比例指标常用换算公式

名称	符号	三相比例表达式	常用换算公式	单位	常见的数值范围
土粒相对密度	d_s	$d_s = \dfrac{m_s}{V_s \rho_w}$	$d_s = \dfrac{S_r e}{w}$	—	黏性土：2.72～2.75 粉　土：2.70～2.71 砂　土：2.65～2.69
含水量	w	$w = \dfrac{m_w}{m_s} \times 100\%$	$w = \dfrac{S_r e}{d_s}$ $w = \dfrac{\rho}{\rho_d} - 1$	—	—
密度	ρ	$\rho = \dfrac{m}{V}$	$\rho = \rho_d(1+w)$ $\rho = \dfrac{d_s(1+w)}{1+e}\rho_w$	g/cm³	1.6～2.0
干密度	ρ_d	$\rho_d = \dfrac{m_s}{V}$	$\rho_d = \dfrac{\rho}{1+w}$ $\rho_d = \dfrac{d_s}{1+e}\rho_w$	g/cm³	1.3～1.8
饱和密度	ρ_{sat}	$n = \dfrac{V_v}{V} \times 100\%$ $\rho_{sat} = \dfrac{m_s + V_v \rho_w}{V}$	$\rho_{sat} = \dfrac{d_s + e}{1+e}\rho_w$	g/cm³	1.8～2.3
重度	γ	$\gamma = \dfrac{m}{v}g = \rho g$	$\gamma = \dfrac{d_s(1+w)}{1+e}\gamma_w$	kN/m³	16～20
干重度	γ_d	$\gamma_d = \dfrac{W_s}{V} = \rho_d g$	$\gamma_d = \dfrac{d_s}{1+e}\gamma_w$	kN/m³	13～18
饱和重度	γ_{sat}	$\gamma_{sat} = \dfrac{m_s + V_v \rho_w}{V}g = \rho_{sat} g$	$\gamma_{sat} = \dfrac{d_s + e}{1+e}\gamma_w$	kN/m³	18～23
有效重度	γ'	$\gamma' = \dfrac{m_s - V_s \rho_w}{V}g = \rho' g$	$\gamma' = \dfrac{d_s - 1}{1+e}\gamma_w$	kN/m³	8～13
孔隙比	e	$e = \dfrac{V_v}{V_s}$	$e = \dfrac{d_s \rho_w}{\rho_d} - 1$ $e = \dfrac{d_s(1+w)\rho_w}{\rho} - 1$	—	黏性土和粉土：0.4～1.2 砂土：0.3～0.9
孔隙率	n	$n = \dfrac{V_v}{V} \times 100\%$	$n = \dfrac{e}{1+e}$ $n = 1 - \dfrac{\rho_d}{d_s \rho_w}$	—	黏性土和粉土：30%～60% 砂土：25%～45%
饱和度	S_r	$S_r = \dfrac{V_w}{V_v} \times 100\%$	$S_r = \dfrac{w d_s}{e}$ $S_r = \dfrac{w \rho_d}{n \rho_w}$	—	0～100%

三、土的物理状态指标

土的物理状态，对于无黏性土是指土的密实程度，对于黏性土则是指土的软硬程度，也称为黏性土的稠度。

(一)无黏性土的密实度

土的密实度是指单位体积中固体颗粒充满的程度，是反映无黏性土工程性质的主要指标。无黏性土一般是指具有单粒结构的碎石土和砂土，土粒之间无黏结力，呈松散状态。密实的无黏性土由于压缩性小，抗剪强度高，可作为建筑物的良好地基；处于疏松状态的黏性土，尤其是细砂和粉砂，强度较低，压缩性较大，为不良地基。如果位于地下水位以下，在动荷载作用下还有可能由于超静水压力的产生而发生液化。因此，当工程中遇到无黏性土时，首先要注意的就是它的密实度。

判别砂土密实状态的指标通常有下列三种。

1. 孔隙比 e

采用孔隙比 e 的大小来判断砂土的密实度是一种较简便的方法。对于同一种土，当其孔隙比小于某一限度时，处于密实状态，随着孔隙比的增大，则处于中密、稍密直到松散状态。无黏性土的这种特性，是由它所具有的单粒结构所决定的。用孔隙含量表示密实度的方法虽然简便但有明显的缺陷，即没有考虑到颗粒级配这一重要因素对砂土密实状态的影响。另外，由于取原装砂样和测定孔隙比存在实际困难，故在实用上也存在问题。

微课：无黏性土的密实度

2. 相对密度 D_r

为了较好的表明无黏性土所处的密实状态，可采用将现场土的孔隙比 e 与该种土所能达到最密实时的孔隙比 e_{min} 和最疏松时的孔隙比 e_{max} 相对比的方法，来表示孔隙比为 e 时土的密实度。这种度量密实度的指标称为相对密度 D_r。即

$$D_r = \frac{e_{max} - e}{e_{max} - e_{min}} \tag{1-16}$$

式中　e_{max}——最大孔隙比，即砂土在最疏松状态下的孔隙比；

　　　e_{min}——最小孔隙比，即砂土在最紧密状态下的孔隙比；

　　　e——砂土在天然状态下的孔隙比。

砂土的天然孔隙比界于最大和最小孔隙比之间，故相对密度 $D_r=0\sim1$。当 $e=e_{max}$ 时，则 $D_r=0$，砂土处于最疏松状态；当 $e=e_{min}$ 时，则 $D_r=1$，砂土处于最紧密状态。按相对密度值可将砂土分为三种密实状态：

$$D_r \leqslant 0.33 \qquad 疏松$$
$$0.33 < D_r \leqslant 0.67 \qquad 中密$$
$$D_r > 0.67 \qquad 密实$$

砂土的最疏松与最密实的状态可在实验室由人工制备。实际上，由于砂土原状样不易取得，测定天然孔隙比较为困难，加上实验室测定砂土的 e_{max} 与 e_{min} 精度有限，因此计算的相对密度值误差较大。

3. 标准贯入锤击数 N

在实际工程中，利用标准贯入试验、静力触探、动力触探等原位测试方法来评价无黏性土的密实度得到了广泛应用。天然砂土的密实度，可按原位标准贯入试验的锤击数 N 进行评定。

天然碎石土的密实度，可按原位重型圆锥动力触探的锤击数 $N_{63.5}$ 进行评定。《建筑地基基础设计规范》(GB 50007—2011)分别给出了判别标准，见表1-3。

表1-3　砂石和碎石土密实度评定

密实度	松散	稍密	中密	密实
按 N 评定砂土的密实度	$N \leqslant 10$	$10 < N \leqslant 15$	$15 < N \leqslant 30$	$N > 30$
按 $N_{63.5}$ 评定碎石土的密实度	$N_{63.5} \leqslant 5$	$5 < N_{63.5} \leqslant 10$	$10 < N_{63.5} \leqslant 20$	$N_{63.5} > 20$

(二)黏性土的物理状态指标

黏性土的主要成分是黏粒；土粒细，土的比表面积大，土粒表面与水相互作用的能力强。黏性土的物理状态可以用稠度表示。稠度是指土的软硬程度或土受外力作用所引起变形或破坏的抵抗能力。

微课：黏性土的稠度

1. 黏性土的界限含水量

黏性土从一种状态过渡到另一种状态的分界含水量称为界限含水量。黏性土由于其含水量的不同，可以分为固态、半固态、可塑状态及流动状态四种状态。可塑状态是当黏性土在某含水量范围内时，可用外力塑成任何形状而不发生裂纹，并当外力移去后仍能保持既得的形状。土的这种性能叫作可塑性。黏性土由可塑状态转到流动状态的界限含水量称为液限 w_L；由半固态转到可塑状态的界限含水量称为塑限 w_P；由固态转到半固态的界限含水量称为缩限 w_S，如图1-7所示。

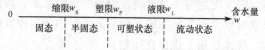

图1-7　黏性土物理状态与含水量的关系

《土工试验方法标准》(GB/T 50123—2019)规定：液、塑限的测定方法可采用"联合测定法"。试验时取代表性试样，加不同量的纯水，调成三种不同稠度的试样，用电磁落锥法分别测定圆锥在自重下沉入试样5 s时的下沉深度。以含水率为横坐标，圆锥沉入深度为纵坐标，在双对数坐标纸上绘制关系直线。三点连一直线，当三点不在一直线时，通过高含水量的一点与其余两点连成两条直线，作其平均值连线。试验方法标准规定，下沉深度为17 mm所对应的含水量为液限；下沉深度为2 mm所对应的含水量为塑限，以百分数表示。

2. 黏性土的塑性指数和液性指数

塑性指数是指液限 w_L 和塑限 w_P 的差值，即土处于可塑状态的含水量变化范围，用符号 I_P 表示，即

$$I_P = w_L - w_P \tag{1-17}$$

塑性指数表示土处于可塑状态的含水量变化范围，其值的大小取决于土颗粒吸附结合水的能力，亦即与土中黏粒含量有关。黏粒含量越多，土的比表面积越大，塑性指数就越高。塑性指数是描述黏性土物理状态的重要指标之一，工程上普遍根据其值高低对黏性土进行分类。《建筑地基基础设计规范》(GB 50007—2011)规定：塑性指数 $I_P > 10$ 的土为黏性土，其中 $10 < I_P \leqslant 17$ 为粉质黏土；$I_P > 17$ 为黏土。

液性指数是指黏性土的天然含水量和塑限的差值与塑性指数之比，用符号 I_L 表示，即

$$I_L = \frac{w - w_P}{w_L - w_P} = \frac{w - w_P}{I_P} \tag{1-18}$$

液性指数表征了黏性土软硬程度(稠度)的物理指标。由式(1-18)可知，当土的天然含水量

$w < w_P$ 时，I_L 小于 0，土处于坚硬状态；当 $w > w_L$ 时，I_L 大于 1，土处于流动状态；当 w 在 w_P 与 w_L 之间时，即 I_L 在 0～1 之间时，则土处于可塑状态。因此，根据 I_L 值可以直接判定土的软硬状态。《建筑地基基础设计规范》(GB 50007—2011)给出了划分标准，见表1-4。

表1-4　黏性土状态的划分

液性指数 I_L	$I_L \leqslant 0$	$0 < I_L \leqslant 0.25$	$0.25 < I_L \leqslant 0.75$	$0.75 < I_L \leqslant 1$	$I_L > 1$
稠度状态	坚硬	硬塑	可塑	软塑	流塑

3. 黏性土的灵敏度和触变性

天然状态下的黏性土，通常都具有一定的结构性。当受到外来因素的扰动时，土的结构被破坏，强度降低，压缩性增大。土的结构性对强度的这种影响一般用灵敏度来衡量。土的灵敏度 S_t 是以原状土的无侧限抗压强度 q_u 与重塑土（在含水量不变的条件下土样完全扰动）的无侧限抗压强度 q_0 之比，即

$$S_t = \frac{q_u}{q_0} \tag{1-19}$$

根据灵敏度可将饱和黏性土分为三类：

低灵敏土　　　$1 < S_t \leqslant 2$
中灵敏土　　　$2 < S_t \leqslant 4$
高灵敏土　　　$S_t > 4$

土的灵敏度越高，其结构性越强，受到扰动后土的强度降低就越多。所以，在基础施工中应尽量减少基槽土结构的扰动。

黏性土的结构受到扰动，导致强度降低，但当扰动停止后，土的强度经过一段时间的静止后逐渐恢复的现象称为土的触变性。土的触变性是土结构中联结形态发生变化引起的，是土微观结构随时间变化的宏观表现。例如，在黏性土中打桩时，桩侧土的结构受到破坏而强度降低，停止打桩后，土的强度渐渐恢复，桩的承载力逐渐增加，这就是受土触变性影响的结果。

四、地基土(岩)的工程分类

微课：地基土的
工程分类

地基土(岩)的工程分类是根据工程实践经验和土的主要特征，把工程性能近似的土(岩)划分为一类，这样既便于正确选择对土的研究方法，又可以根据分类名称大致判断土(岩)的工程特性，评价土(岩)作为建筑材料或地基的适宜性。

土(岩)的分类方法很多，根据《建筑地基基础设计规范》(GB 50007—2011)的规定，作为建筑地基的岩土分为岩石、碎石土、砂土、粉土、黏性土和人工填土六类。

1. 岩石

岩石是指颗粒间牢固黏结，呈整体或具有节理裂隙的岩体。

岩石的坚硬程度根据岩块的饱和单轴抗压强度 f_{rk}，可分为坚硬岩、较硬岩、较软岩、软岩和极软岩，见表1-5。

表1-5　岩石坚硬程度的划分

坚硬程度级别	坚硬岩	较硬岩	较软岩	软岩	极软岩
饱和单轴抗压强度标准值 f_{rk}/MPa	$f_{rk} > 60$	$60 \geqslant f_{rk} > 30$	$30 \geqslant f_{rk} > 15$	$15 \geqslant f_{rk} > 5$	$f_{rk} \leqslant 5$

岩石的风化程度可分为未风化、微风化、中风化、强风化和全风化。

岩石的完整程度可按表1-6划分为完整、较完整、较破碎、破碎和极破碎。

表1-6 岩石完整程度的划分

完整程度等级	完整	较完整	较破碎	破碎	极破碎
完整性指数	＞0.75	0.75～0.55	0.55～0.35	0.35～0.15	＜0.15

注：完整性指数为岩体纵波波速与岩块纵波波速之比的平方。选定岩体、岩块测定波速时应有代表性。

2. 碎石土

碎石土为粒径大于 2 mm 的颗粒含量超过全重 50% 的土，根据粒组含量及颗粒形状分为漂石或块石、卵石或碎石、圆砾或角砾，见表1-7。

表1-7 碎石土的分类

土的名称	颗粒形状	粒组含量
漂石 块石	圆形及亚圆形为主 棱角形为主	粒径大于 200 mm 的颗粒超过总质量的 50%
卵石 碎石	圆形及亚圆形为主 棱角形为主	粒径大于 20 mm 的颗粒超过总质量的 50%
圆砾 角砾	圆形及亚圆形为主 棱角形为主	粒径大于 2 mm 的颗粒超过总质量的 50%

注：分类时应根据粒组含量由大到小以最先符合者确定。

3. 砂土

砂土是指粒径大于 2 mm 的颗粒含量不超过全重 50% 及粒径大于 0.075 mm 的颗粒超过全重 50% 的土。砂土按粒组含量分为砾砂、粗砂、中砂、细砂和粉砂，见表1-8。

表1-8 砂土的分类

土的名称	颗粒级配
砾砂	粒径大于 2 mm 的颗粒占土总质量的 25%～50%
粗砂	粒径大于 0.5 mm 的颗粒占土总质量的 50%
中砂	粒径大于 0.25 mm 的颗粒占土总质量的 50%
细砂	粒径大于 0.075 mm 的颗粒占土总质量的 85%
粉砂	粒径大于 0.075 mm 的颗粒占土总质量的 50%

4. 粉土

粉土是指粒径大于 0.075 mm 的颗粒含量不超过全重的 50%，塑性指数 $I_P \leqslant 10$ 的土，它的性质介于砂土和黏性土之间。必要时可根据颗粒级配分为砂质粉土(粒径小于 0.005 mm 的颗粒含量不超过全重 10%)和黏质粉土(粒径小于 0.005 mm 的颗粒含量超过全重 10%)。

5. 黏性土

黏性土是指塑性指数 $I_P > 10$ 的土，可分为黏土和粉质黏土，见表1-9。

表 1-9　黏性土的分类

塑性指数 I_P	土的名称
$I_\mathrm{P}>17$	黏土
$10<I_\mathrm{P}\leqslant17$	粉质黏土

6. 人工填土

人工填土是指由于人类活动而形成的堆积物。其物质成分较杂乱,均匀性较差。人工填土根据其物质组成和成因,可分为素填土、压实填土、杂填土和冲填土。

素填土是由碎石、砂土、粉土和黏性土等一种或几种材料组成的填土,其中不含杂质或杂质很少。

压实填土是经过压实或夯实的素填土。

杂填土是由建筑垃圾、工业废料和生活垃圾等杂物组成的填土。

冲填土是由水力冲填泥沙形成的填土。

7. 特殊土

除了上述六种土类之外,还有一些特殊土,包括软土、红黏土、湿陷性土、膨胀土和多年冻土等,它们在特定的地理环境、气候等条件下形成,具有特殊的工程性质。

微课:特殊土

(1)软土。软土是指沿海的滨海相、三角洲相、湖泊相、沼泽相等主要由细粒土组成的土,具有孔隙比大(一般大于1)、天然含水量高(接近或大于液限)、压缩性高和强度低的特点。软土包括淤泥、淤泥质黏性土和淤泥质粉土等。

淤泥和淤泥质土是工程建设中经常会遇到的软土。淤泥是天然含水量大于液限,天然孔隙比大于等于 1.5 的黏性土。淤泥质土是天然孔隙比小于 1.5,但大于或等于 1.0 的黏性土。

当土中有机质含量大于 5% 时称为有机质土,大于 60% 时则称为泥炭。泥炭往往以夹层构造的形式存在于一般黏性土层中,含水量极高,压缩性很大且不均匀,对工程十分不利,必须引起足够的重视。

(2)红黏土。红黏土是指碳酸盐岩系的岩石经红土化作用形成并覆盖于基岩上的棕红、褐黄色的高塑性黏土。其液限一般大于 50,上硬下软,具有明显的收缩性,经裂隙发展及坡积、洪积再搬运后仍保留红黏土的基本特征,液限大于 45 且小于 50 的土称为次生红黏土。我国的红黏土以贵州、云南、广西等省区最为典型,分布较广。

(3)湿陷性土。湿陷性土是指土体在一定压力下受水浸湿时产生湿陷变形量达到一定数值的土(湿陷变形量按野外浸水荷载试验确定)。湿陷性土有湿陷性黄土、干旱和半干旱地区的具有崩解性的碎石土和砂土,主要分布在甘肃、陕西、山西、河南、河北等省份的部分地区。

(4)膨胀土。膨胀土一般是指黏粒成分主要由亲水性黏土矿物(以蒙脱石和伊利石为主)所组成的黏性土。当环境的温度和湿度变化时,可产生强烈的胀缩变形,具有吸水膨胀和失水收缩的特性。

(5)多年冻土。多年冻土是指土的温度等于或低于 0 ℃,含有固态水且这种状态在自然界连续保持 3 年或 3 年以上的土。当自然条件改变时,产生冻胀、融陷、热融滑塌等特殊不良地质现象及发生物理力学性质的变化。

五、岩土工程勘察

建筑场地岩土工程勘察是指根据建设工程的要求,查明、分析、评价建筑场地的地质环境和地基的岩土工程条件,编制勘察文件的一系列工作。对于不同的地区,建筑场地的工程地质条件可能存在很大的差别，所以岩土工程勘察应该广泛研究整个工程在建设施工和使用期间，在建筑场地内可能发生的工程地质条件，包括岩土的类型、工程性质、地质构造、地形地貌、水文地质条件、不良地质现象和可利用的天然建筑材料等。

（一）岩土工程勘察的目的

微课：岩土工程
勘察的目的
与任务

建筑场地岩土工程勘察是工程建设的先行工作，其目的是以各种勘察手段和方法，调查研究和分析评价建筑场地和地基的工程地质条件，为工程建设规划、设计和施工提供所需的工程地质依据，以充分利用有利的自然地质条件，避开或改造不利的地质，保证建筑物的安全和正常使用。

岩土工程勘察的最终目的是使工程设计结合实际来进行。优良的设计方案，必须以准确的岩土工程勘察资料为依据。设计工程师对地基土层的分布、土的松密、压缩性高低、强度大小，尤其是均匀性，以及地下水的埋深与水质和土的性质等进行全面和深入的研究，才能做好设计，防止地基事故的发生，确保工程质量。

（二）岩土工程勘察的主要任务

岩土工程勘察的主要任务是按照工程建设的要求，正确反映工程地质条件，查明不良地质作用和地质灾害，提出资料完整、评价正确的勘察报告。

(1)查明与场地的稳定性和适宜性有关的不良地质现象，如强震区的重大工程场地的断裂类型，尤其是断裂的活动性及其地震效应；岩溶及其伴生土洞的发育规律和发育程度，预测其危害性；滑坡的范围、规模、稳定程度，进而预测其发展趋势和危害程度；崩塌的产生条件、范围、规模与危害性；泥石流的产生及其类型、规模、发育程度和活动规律以及地下采空区、大面积地面沉降、河岸冲刷和沼泽相沉积等。

(2)查明场地的地层类别、成分、厚度和坡度变化等，特别是基础下持力层和软弱下卧层的工程地质性质。

(3)查明场地的水文地质条件：河流水位及其变化、地表径流条件、地下水的埋藏类型、蓄存方式、补给来源、排泄途径、水力特征、化学成分及污染程度等。

(4)提供满足设计、施工所需的土的物理性质和力学性质指标等。

(5)在地震设防区划分场地土类型和场地类别，并进行场地和地基的地震效应评价。

(6)推荐承载力和变形计算参数，提出地基基础设计和施工的建议，尤其是不良地质现象的处理对策。

（三）岩土工程勘察的等级

微课：岩土工程
勘察等级

岩土工程勘察工作具体内容、工作量、工作方法等应以岩土勘察等级为依据。根据《岩土工程勘察规范(2009年版)》(GB 50021—2001)的规定，岩土工程勘察等级应根据工程重要性等级、场地复杂等级和地基复杂程度等级综合分析确定。

1. 建筑工程重要性等级

根据工程的规模和特征，以及由于岩土工程问题造成工程破坏或影响正常使用的后果，工程重要性等级按表1-10划分为三个级别。

表1-10 建筑工程重要性等级划分

工程重要性等级	破坏后果	工程类型
一级	很严重	重要工程
二级	严重	一般工程
三级	不严重	次要工程

2. 建筑场地等级

建筑场地等级应根据场地的复杂程度分为三个级别，见表1-11。

表1-11　建筑场地复杂程度等级划分

场地等级	场地条件
一级场地 （复杂场地）	符合下列条件之一： (1)对建筑抗震危险的地段； (2)不良地质现象强烈发育； (3)地质环境已经或可能受到强烈破坏； (4)地形地貌复杂； (5)有影响工程的多层地下水、岩溶裂隙或其他水文地质条件复杂，需专门研究的场地
二级场地 （中等复杂场地）	符合下列条件之一： (1)对建筑抗震不利的地段； (2)不良地质作用一般发育； (3)场地环境已经或可能受到一般破坏； (4)地形地貌较复杂； (5)基础位于地下水位以下的场地
三级场地 （简单场地）	符合下列条件之一： (1)地震设防烈度等于或小于6度，或对建筑抗震有利的地段； (2)不良地质作用不发育； (3)地质环境基本未受破坏； (4)地形地貌简单； (5)地下水对工程无影响

注：场地与地基等级的确定，从一级开始，向二级、三级推定，以最先满足的为准。

3. 建筑地基等级

建筑地基等级应根据地基的复杂程度分为三级，见表1-12。

表1-12　建筑地基复杂程度等级划分

地基等级	场地条件
一级地基（复杂地基）	符合下列条件之一： (1)岩土种类很多，很不均匀，性质变化大，需特殊处理； (2)严重湿陷、膨胀、盐渍、污染的特殊性岩土，以及其他情况复杂，需作专门处理的岩土
二级地基（中等复杂地基）	符合下列条件之一： (1)岩土种类较多，不均匀，性质变化较大； (2)除一级地基规定以外的特殊性岩土
三级地基（简单地基）	符合下列条件之一： (1)岩土种类单一，均匀，性质变化不大； (2)无特殊性岩土

4. 岩土工程勘察等级

根据工程重要性、场地复杂程度等级和地基复杂程度等级，可按下列条件区分岩土工程勘察等级：

甲级：在工程重要性、场地复杂程度和地基复杂程度等级中，有一项或多项为一级。

乙级：除勘察等级为甲级和丙级以外的勘察项目。

丙级：工程重要性、场地复杂程度和地基复杂程度均为三级。

注：建筑在岩质地基上的一级工程，当场地复杂程度等级和地基复杂程度等级为三级时，岩土工程勘察等级可定为乙级。

(四)岩土工程勘察的内容

建筑工程的设计分为场址选择、初步设计和施工图设计三个阶段，为了对应各阶段所需的工程地质资料，勘察工作也相应地分为可行性研究勘察、初步勘察和详细勘察三个阶段。

《岩土工程勘察规范(2009年版)》(GB 50021—2001)第4.1.2条规定：建筑物的岩土工程勘察宜分阶段进行，可行性研究勘察应符合选择场址方案的要求；初步勘察应符合初步设计的要求；详细勘察应符合施工图设计的要求；场地条件复杂或有特殊要求的工程，宜进行施工勘察。

场地较小且无特殊要求的工程可合并勘察阶段。当建筑物平面布置已经确定，且场地或其附近已有岩土工程资料时，可根据实际情况，直接进行详细勘察。

1. 可行性研究勘察阶段(选址勘察阶段)

可行性研究勘察也称为选址勘察。根据工程建设项目规划阶段应对几个建筑场址做比较的要求，进行可行性研究勘察。

可行性研究勘察的目的是取得几个场址方案的主要工程地质资料，对拟选场地的稳定性和适宜性做出工程地质评价和方案比较，从总体上判定拟建场地的工程地质条件能否适宜进行工程建设。

微课：岩土工程勘察阶段

可行性研究阶段的勘察工作，主要侧重于收集和分析区域地质、地形地貌、地震、矿产和附近地区的工程地质资料及当地的建筑经验，并在收集和分析已有资料的基础上，抓住主要问题，通过踏勘，了解场地的地层岩性、地质构造、岩石和土的性质、地下水情况以及不良地质现象等工程地质条件。当收集的资料不满足要求或工程地质条件复杂时，也可以进行工程地质测绘并辅以必要的勘探工作。根据《岩土工程勘察规范(2009年版)》(GB 50021—2001)第4.1.3条的规定，可行性研究勘察，应对拟建场地的稳定性和适宜性做出评价，并应符合下列要求：

(1)收集区域地质、地形地貌、地震、矿产、当地的工程地质、岩土工程和建筑经验等资料。

(2)在充分收集和分析已有资料的基础上，通过踏勘了解场地的地层、构造、岩性、不良地质作用和地下水等工程地质条件。

(3)当拟建场地工程地质条件复杂，已有资料不能满足要求时，应根据具体情况进行工程地质测绘和必要的勘探工作。

(4)当有两个或两个以上拟选场地时，应进行比选分析。

2. 初步勘察阶段

在场址选定批准后进行初步勘察，其应符合初步设计或扩大初步设计的要求。

初步勘察的目的是对拟建建筑场地的稳定性做出评价，以满足初步设计阶段对初步勘察的要求。

初勘(初步设计勘察)的任务之一就在于，查明建筑场地不良地质现象的成因、分布范围、危害程度及其发展趋势，以便使场地内主要建筑物的布置避开不良地质现象发育的地段，确定建筑总平面布置。另外，还要初步查明地层及其构造、岩石和土的物理力学性质，地下水埋藏条件以及土的冻结深度，为主要建筑物的地基基础方案，以及对不良地质现象的防治方案提供工程地质资料。

根据《岩土工程勘察规范(2009年版)》(GB 50021—2001)第4.1.4条的规定，初步勘察应对场地内拟建建筑地段的稳定性做出评价，并进行下列主要工作：

(1)收集拟建工程的有关文件、工程地质和岩土工程资料以及工程场地范围的地形图。

(2)初步查明地质构造、地层结构、岩土工程特性和地下水埋藏条件。

(3)查明场地不良地质作用的成因、分布、规模、发展趋势，并对场地的稳定性做出评价。

(4)对抗震设防烈度大于或等于6度的场地，应对场地和地基的地震效应做出初步评价。

(5)对季节性冻土地区，应调查场地土的标准冻结深度。

(6)初步判定水和土对建筑材料的腐蚀性。

(7)当对高层建筑初步勘察时，应对可能采取的地基基础类型、基坑开挖与支护、工程降水方案进行初步分析、评价。

3. 详细勘察阶段

详细勘察是在建筑总平面确定后，针对具体建筑物地基或具体工程地质问题，为进行施工图设计和施工提供可靠的依据和设计参数，即把勘察工作的主要对象缩小到具体建筑物的地基范围内。因此，必须查明建筑物范围内的地层结构、岩石和土的物理力学性质，对地基的稳定性及承载能力做出评价，并提供不良地质现象防治工作所需的计算指标及资料。此外，还要查明有关地下水的埋藏条件和腐蚀性、地层的透水性和水位变化规律等情况。

微课：详细
勘察阶段

根据《岩土工程勘察规范(2009年版)》(GB 50021—2001)第4.1.11条的规定，详细勘察应按单体建筑物或建筑群提出详细的岩土工程资料和设计、施工所需的岩土参数；对建筑地基做出岩土工程评价，并对地基类型、基础形式、地基处理、基坑支护、工程降水和不良地质作用的防治等提出建议。详细勘察阶段主要应进行下列工作。

(1)收集附有坐标和地形的建筑总平面图，场区的地面整平标高，建筑物的性质、规模、荷载、结构特点、基础形式、埋置深度和地基允许变形等资料。

(2)查明不良地质作用的类型、成因、分布范围、发展趋势和危害程度，提出整治方案的建议。

(3)查明建筑范围内岩土层的类型、深度、分布、工程特性，分析和评价地基的稳定性、均匀性和承载力。

(4)对需进行沉降计算的建筑物，提供地基变形计算参数，预测建筑物的变形特征。

(5)查明埋藏的河道、沟浜、墓穴、防空洞、孤石等对工程不利的埋藏物。

(6)查明地下水的埋藏条件，提供地下水位及其变化幅度。

(7)在季节性冻土地区，提供场地土的标准冻结深度。

(8)判定水和土对建筑材料的腐蚀性。

4. 施工勘察阶段(补充勘察阶段)

对于地质条件复杂或有特殊施工要求的重大建筑物地基，应进行施工勘察。施工勘察过程是对地基勘察报告的验证过程，既可弥补地基勘察报告的不足，同时也为后续施工阶段提供更详细的地质资料。施工勘察主要由勘测单位与建设单位、设计施工监理单位共同进行。

《岩土工程勘察规范(2009年版)》(GB 50021—2001)第4.1.21条规定：基坑或基槽开挖后，岩土条件与勘察资料不符或发现必须查明的异常情况时，应进行施工勘察；在工程施工或使用期间，当地基土、边坡体、地下水等发生未曾估计到的变化时，应进行监测，并对工程和环境的影响进行分析、评价。

(五)岩土工程勘察的方法

勘探是在岩土工程勘察过程中，查明地质情况，定量评价建筑场地工程地质条件的一种必要手段。下面就岩土工程中常用的几种方法做简要介绍。

1. 钻探

钻探是勘探方法中应用最广泛的一种，它采用钻探机具向下钻孔，用以鉴别和划分地层、测定地下水位，并采取原状土样和水样以供室内试验，确定土的物理、力学性质指标和地下水的化学成分。需要时还可以在钻孔中进行原位测试。

微课：岩土工程
勘探方法

钻探的钻进方式可分为回转式、冲击式、振动式和冲洗式四种。每种钻进方法有其独自的特点，分别适用于不同的地层，可根据岩土类别和勘察要求按表 1-13 选用。

表 1-13　钻探方法的适用范围

钻探方法		钻进地层						
		黏性土	粉土	砂土	碎石土	岩石	直观鉴别、采取不扰动试样	直观鉴别、采取扰动试样
回转	螺旋钻探	++	+	+	−	−	++	++
	无岩芯钻探	++	++	++	+	++		−
	岩芯钻探	++	++	++	+		++	++
冲击	冲击钻探	−	+	++	++			
	锤击钻探	++	++	++	++			++
振动钻探		++	++	++	−	+	++	
冲洗钻探		+	++	++	−	−	−	

注："＋＋"表示适用，"＋"表示部分适用，"－"表示不适用。

除了机械钻探外还有人力钻探，适用于勘探浅部土层，通常为 6 m 左右。常用的人力钻探工具有洛阳铲、麻花钻、锥钻和小螺纹钻等。

2. 坑探

坑探是在建筑场地上用人工开挖探井、探槽或平洞，直接观察、了解槽壁土层情况与性质，从而获取土层物理力学性质资料的一种方法。坑探不需要使用专门的机具，而且当场地地质条件比较复杂时，可以直接观察地层的结构和变化；其适用于土层埋藏不深，且地下水位较低的情况，如图 1-8 所示。

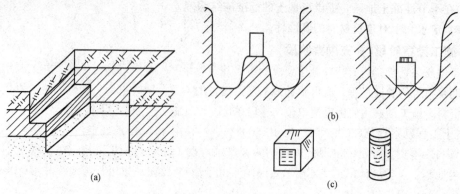

图 1-8　坑探示意
(a)探井；(b)在探井中取原状土；(c)原状土样

坑探是在钻探方法难以准确查明地下情况时采用探井、探槽进行勘探的一种方法。为减少开挖土方量，断面尺寸不宜过大，一般圆形直径或方形边长为 0.8～1.2 m，当需要适当放坡或分级开挖时，井口可大于上述尺寸。探井深度超过地下水埋深时，应能实施有效降水。在开挖探井或探槽时，应采取措施来防止侧壁坍塌。当采用人工开挖时，更应采取严格措施，保证井、槽中工作人员的安全。

对于坑探，除了对探井、探槽的位置、长度、宽度、深度，地层土质分布、密度、含水量、稠度以及颗粒成分与级配、含有物及土层特征、地层异常情况、地下水位等进行详细的文字描述记录外，还应绘制具有代表性的剖面图或整个探井、探槽的展示图等，以反映井、槽、洞壁和底部的岩性、地层分界、构造特征、取样和原位测试位置等，并对代表性部位辅以彩色照片以真实展示。

3. 触探

触探法是通过钻杆采用静力或动力方式将金属探头贯入土中，根据探头所受阻力探测土层工程性质的勘探方法。触探既是一种勘探方法，也是一种现场测试方法。但是测试结果所提供的指标并不是概念明确的物理量，通常需要将它与土的某种物理力学参数建立统计关系后才能使用。这种统计关系因土而异，并有很强的地区性。

触探法不但能较准确地划分土层，还能在现场快速、经济、连续地测定土的某种性质，以估算地基的承载力、土的变形指标及地基土的抗液化能力等。

根据探头结构和入土方式的不同，触探法可分为静力触探(CPT)和动力触探(DPT)两大类。

(1)静力触探(CPT)。静力触探是将金属探头用静力压入土中，利用电测技术测定探头所受到的阻力，通过以往试验资料所归纳得出的比贯入阻力与土的某些物理力学性质的相关关系，定量确定土的某些指标，如砂土的密实度、黏性土的不排水强度、土的压缩模量，以及地基的承载力和液化可能性等静力触探。静力触探具有连续、快速、灵敏、精确和方便等优点，在我国各地区应用广泛。

静力触探的探头可分为单桥探头和双桥探头。单桥探头所测量的是贯入过程中包括锥尖阻力和侧壁摩阻力在内的总贯入阻力 Q。而双桥探头则能分别测定锥尖的总阻力 Q_p 和侧壁的总摩阻力 Q_s。

(2)动力触探(DPT)。动力触探是用具有一定重量的穿心锤，从一定高度自由下落，将探头贯入土中，然后记录探头贯入土中一定深度所需的锤击数，以锤击数的多少来判定被测土层的性质。根据探头的形式可以分为两种类型：圆锥动力触探和标准贯入试验。

圆锥动力触探是用标准质量的铁锤提升至标准高度自由下落，将特制的圆锥探头贯入地基土层标准深度，用所需的锤击数 N 值的大小来判定土的工程性质的好坏。N 值越大，表明贯入阻力越大及土质越密实，岩土体的工程性质也就越好。圆锥动力触探类型见表1-14。

表 1-14　圆锥动力触探类型

类型		轻型	重型	超重型
落锤	锤的质量/kg	10	63.5	120
	落距/cm	50	76	100
探头	直径/mm	40	74	74
	锥角/(°)	60	60	60
探杆直径/mm		25	42	50～60
贯入指标		贯入 30 cm 的读数 N_{10}	贯入 10 cm 的读数 $N_{63.5}$	贯入 10 cm 的读数 N_{120}
主要适用岩土		浅部的填土、砂土、粉土、黏性土	砂土、中密以下的碎石土、极软岩	密实和很密的碎石土、软岩、极软岩

标准贯入设备的探头形状如图 1-9 所示，它是一种管状探头，采用这种探头的动力触探法称为标准贯入试验(SPT)。标准贯入试验是动力触探的一种，它利用一定的锤击动能(锤重 63.5 kg，落距 76 cm)，将一定规格的对开管式的贯入器打入钻孔孔底的土层中。贯入器打入土 15 cm 后，开始记录每打入 10 cm 的锤击数，根据累计贯入 30 cm 的锤击数 $N_{63.5}$ 来判别土层的工程性质。当锤击数已达 50 而贯入深度未达 30 cm 时，可记录实际贯入深度并终止试验。

标准贯入试验适用于砂土、粉土和一般黏性土。根据标准贯入试验的锤击数值可对砂土、粉土、黏性土的物理状态、土的强度、变形参数、地基承载力、砂土和粉土的液化、成桩的可能性等做出评价。

4. 地球物理勘探

地球物理勘探简称为物探。它是利用仪器在地面、空中、水上测量物理场的分布情况，通过对测得的数据分析和判断，并结合有关的地质资料推断地质性状的勘探方法。各种地球物理场有电场、重力场、磁场、弹性波应力场和辐射场等。

近年来发展起来的物探方法主要有多道瞬态面波法、地震 CT 法和电磁波 CT 法等。当前常用的工程物探方法有电法、电磁法、地震波法和声波法、地球物理探井等。其中最普遍的是电法探测，常在初期的岩土工程勘察中使用，初步了解勘察地区的地下地质情况，配合工程地质测绘用。另外，电法探测还常用于古河道、暗浜、洞穴和地下管线等勘测的具体查明。

(六)岩土工程勘察报告

岩土工程勘察的最终成果是勘察报告书。当现场勘察工作和室内试验完成后，应对各种原始资料进行整理、检查、分析、鉴定，然后编制成勘察报告，提供给设计和施工单位使用。

1. 勘察报告的编制

岩土工程勘察报告书通常包括文字部分和图表部分。

一个单项工程的勘察报告书的文字部分一般包括下列内容：

(1)工程概况、勘察任务、勘察基本要求、勘察技术要求及勘察工作概况。

(2)场地位置、地形地貌、地质构造、不良地质现象及地震设防烈度等。

(3)场地的岩土类型、地层分布、岩土结构构造或风化程度、场地土的均匀性、岩土的物理力学性质、地基承载力以及变形和动力等其他设计计算参数或指标。

(4)地下水的埋藏条件、分布变化规律、含水层的性质类型、其他水文地质参数、场地土或地下水的腐蚀性以及地层的冻结深度。

(5)关于建筑场地及地基的综合工程地质评价以及场地的稳定性和适宜性等结论。

(6)针对工程建设中可能出现或存在的问题，提出相关的处理方案，以及防治措施和施工建议。

随报告所附图表一般包括下列内容：

(1)勘察点(线)的平面布置图和场地位置示意图。

(2)钻孔柱状图。

(3)工程地质剖面图。

(4)综合地质柱状图。

(5)土工试验成果总表和其他测试成果图表。

图 1-9　标准贯入设备

微课：勘察
报告识读

2. 岩土工程勘察报告的阅读与使用

岩土工程勘察报告书是建(构)筑物基础设计和基础施工的依据，因此对设计和施工人员来说，正确阅读、理解和使用勘察报告是非常重要的。应当全面熟悉勘察报告的文字和图表内容，了解勘察的结论建议和岩土参数的可靠程度，把拟建场地的工程地质条件与拟建建筑物的具体情况和要求联合起来进行综合分析。在确定基础设计方案时，要结合场地具体的工程地质条件，充分挖掘场地有利的条件，通过对若干方案的对比、分析、论证，选择安全可靠、经济合理且在技术上可以实施的较佳方案。以下几点应当引起设计人员的重视。

(1)场地稳定性评价。这涉及区域稳定性和场地稳定性两个方面的问题。前者是指一个地区或区域的整体稳定，如有无新的、活动的构造断裂带通过。后者是指一个具体的工程建筑场地有无不良地质现象及其对场地稳定性的直接或潜在的危害。原则上采取区域稳定性和地基稳定性相结合的观点。当地区的区域稳定性条件不利时，寻找一个地基好的场地，会改善区域稳定性条件。对勘察中指明宜避开的危险场地，则不宜布置建筑物，如不得不在其中较为稳定的地段进行建筑，须事先采取有效的防范措施，以免中途更改场地或花费极高的处理费用。对建筑场地可能发生的不良地质现象，如泥石流、滑坡、崩塌、岩溶和塌陷等，应查明其成因、类型、分布范围、发展趋势及危害程度，采取适当的整治措施。因此，勘察报告的综合分析首先是评价场地的稳定性和适宜性，然后才是评价地基土的承载力和变形问题。

(2)持力层的选择。如果建筑场地是稳定的，或在一个不太利于稳定的区域选择了相对稳定的建筑地段，地基基础的设计必须满足地基承载力和基础沉降要求；如果建筑物受到的水平荷载较大或建在倾斜场地上，应考虑地基的稳定性问题。基础的形式有深、浅之分，前者主要把所承受的荷载相对集中地传递到地基深部，而后者则通过基础底面，把荷载扩散分布于浅部地层，因而基础形式不同，持力层选择时侧重点也不一样。

对浅基础(天然地基)而言，在满足地基稳定和变形要求的前提下，基础应尽量浅埋。如果上层土的地基承载力大于下层土，尽量利用上层土做基础持力层。若遇软弱地基，有时可利用上部硬壳层作为持力层。冲填土、建筑垃圾和性能稳定的工业废料，当均匀性和密实度较好时，亦可考虑作为持力层而不应一概予以挖除。如果荷载影响范围内的地层不均匀，有可能产生不均匀沉降，应采取适当的防治措施，或加固处理，或调整上部荷载的大小。如果持力层承载力不能满足设计要求，则可采取适当的地基处理措施，如软弱地基的深层搅拌、预压堆载、化学加固和湿陷性地基的强夯密实等。需要指出的是，由于勘察详细程度有限，加之地基土特殊的工程性质和勘察手段本身的局限性，勘察报告不可能做到完全准确地反映场地的全部特征，因而在阅读和使用勘察报告时，应注意分析和发现问题，对有疑问的关键性问题应设法进一步查明，布置补充勘察，确保工程万无一失。

对于深基础而言，主要的问题是合理选择桩端持力层。一般来说，桩端持力层宜选择层位稳定的硬塑、坚硬状态的低压缩性黏性土层和粉土层，中密以上的砂土和碎石土层，中、微风化的基岩。当以第四系松散沉积层做桩端持力层时，持力层的厚度宜超过 6～10 倍桩身直径或桩身宽度。持力层的下部不应有软弱地层和可液化地层。当持力层下的软弱地层不可避免时，应从持力层的整体强度及变形要求考虑，保证持力层有足够的厚度。此外，还应结合地层的分布情况和岩土层特征，考虑成桩时穿过持力层以上各地层的可能性。

地基的承载力和变形特性是选择持力层的关键，而地基承载力和变形特性实际上由众多的因素所决定，单纯依靠某种方法确定承载力指标和变形参数未必十分合理，因此其取值可以通过多种测试手段，并结合当地的实践经验适当予以调整。

(3)考虑环境效应。任何一个基础设计方案的实施不可能仅局限于拟建场地范围内，它或多或少，或直接或间接地要对场地周围的环境甚至工程本身产生影响。例如，降排水时地下水位要下降，基坑开挖时要引起坑外土体的位移变形和坑底土的回弹，打桩时产生挤土效应，灌注桩施工时泥浆排放对环境产生污染等。因此，当选定基础方案时就要预测到施工过程中可能出现的岩土工程问题，并提出相应的防治措施和合理的施工方法。《岩土工程勘察规范（2009 年版）》(GB 50021—2001)已经对这些问题的分析、计算与论证做了相应的规定，设计和施工人员在阅读和使用勘察报告时，应不仅仅局限于掌握有关的工程地质资料，而要从工程建设的全过程出发来分析和考虑问题。

🔊 任务实施

通过阅读《××小区岩土工程勘察报告》(续)来学习怎样熟悉勘察报告的主要内容，了解勘察结论和计算指标的可靠程度，进而判断报告中的建议对该项工程的适用性，做到正确使用岩土勘察报告。

《××小区岩土工程勘察报告》(续)

三、场地位置、地形地貌及地下水概况

拟建工程场地位于 Y 市南山区胡家滩村东北。场区原地形较平坦，现部分回填而形成起伏不定的缓坡状，现地面标高最大值7.85 m，最小值2.22 m，地表相对高差5.64 m。场地所处地貌类型为冲积平原。

该场地勘察深度内地下水类型为上层滞水，主要含水层为(2)层粉质黏土、(3)层淤泥质粉质黏土、(3—1)细砂层及(4)层粉质黏土，地下水埋藏较浅，低洼地段地表为水体汇集，该场区地下水主要受大气降水和地下水的侧向径流补给，以大气蒸发和地下径流为主要排泄方式。地下水年变幅为 0.5～1.0 m。抗浮设防设计水位标高建议采用 3.35 m。

场区地下水对混凝土结构具有弱腐蚀性；对钢筋混凝土结构中钢筋在长期浸水时具有微腐蚀性，干湿交替时具有弱腐蚀性；水、土对建筑材料腐蚀的防护建议按现行国家标准《工业建筑防腐蚀设计规范》(GB 50046—2008)的规定进行防腐设计。

四、场地地层结构及其主要物理力学性质

根据场地野外钻探、现场鉴定和原位测试结果，该场区在勘探深度范围内所揭露的地层主要由第四系人工堆积物、第四系全新统、上更新统堆积物组成，基底岩性为下元古界荆山群禄格庄组云母片岩(PT_1, jl)，且有燕山晚期花岗岩穿插。现自上而下分述如下：

(1)杂填土(耕土)(Q_4^{pd})。黄褐～灰褐色，松散，稍湿，主要成分为黏性土、碎石及建筑垃圾，含块石及生活垃圾等。局部为耕土，含植物根系等。场区普遍分布，厚度：0.30～6.50 m，平均 2.27 m；层底标高：0.06～3.79 m，平均 2.06 m；层底埋深：0.30～6.50 m，平均 2.27 m。该层结构欠固结，工程性质差。

(2)粉质黏土(Q_4^{dl+pl})。黄褐～灰褐色，软塑～可塑，很湿～饱和，稍有光泽，中等干强度，中等韧性，含少量砂粒。场区多数地段分布，厚度：0.50～3.90 m，平均 1.60 m；层底标高：—1.68～2.75 m，平均 0.55 m；层底埋深：1.20～6.50 m，平均 3.31 m。该层土为中等压缩黏性土。

(3)淤泥质粉质黏土(Q_4^{m+h})。灰黑色，流塑～软塑，饱和，低干强度，低韧性，含较多粉细砂及有机质，局部为淤泥质粉土。场区部分地段分布，厚度：0.40～3.10 m，平均 1.42 m；层底标高：—3.790～0.290 m，平均—1.490 m；层底埋深：2.30～8.20 m，平均 4.22 m。

(3—1)细砂(Q_4^{mc})。该层以透镜体形式赋存于(3)层淤泥质粉质黏土下部，少数地段分布。灰黑～灰白～灰褐色，松散～中密，饱和，石英质，分选一般，磨圆较好，含较多粉土，局部相变为粉土。厚度：0.40～2.30 m，平均 1.05 m；层底标高：—2.830～1.690 m，平均 0.44 m；层底埋深：1.70～8.60 m，平均 5.44 m。

（4）粉质黏土（Q_4^{dl+el}）。灰～黄褐～棕褐色，可塑，稍有光泽，中低干强度，中低韧性，含砂粒及角砾。场区少数地段分布，主要见于 10～16#、32～33#、Z1#、Z5#、Z7～Z10# 孔，厚度：0.60～2.40 m，平均 1.33 m；层底标高：−3.940～−0.990 m，平均 −2.750 m；层底埋深：4.00～6.20 m，平均 5.30 m。

（5—1）全风化云母片岩（Pt_1，jl）。黄褐～灰褐～灰黑色，稍湿，极破碎，极软岩，手捏易碎，轻柔呈粉状，浸水易软化，可捏成团状，主要矿物成分为云母、石英及次生黏土矿物，大部分云母已风化成土状，原岩结构基本上破坏，但尚可辨认出残余结构。场区多数地段分布，局部缺失，厚度：0.50～4.80 m，平均 1.76 m；层底标高：−8.740～1.720 m，平均 −2.220 m；层底埋深：1.70～11.00 m，平均 6.00 m。

（5—2）全风化花岗岩（γ_5^2）。黄白～灰白色，稍湿，极破碎，极软岩，手捏易碎，岩芯呈砂状，主要矿物成分为长石、石英、黑云母。仅见于场区 14#、21# 孔，厚度：1.50～1.70 m，平均 1.60 m；层底标高：−5.310～0.740 m，平均 −2.280 m；层底埋深：2.70～7.70 m，平均 5.20 m。

（6—1）强风化云母片岩（Pt_1，jl）。灰褐～灰黑色，风化程度很强，其中 22#、23# 孔夹 0.9～2.0 m 厚的石英岩脉，灰白色，风化程度较云母片岩弱。岩石的风化程度随着深度的加深而逐渐减弱，结构构造已部分破坏，碎裂片状构造，鳞片变晶结构，手可掰碎，节理裂隙极发育，裂隙面常为铁锰质矿物及石英填充，主要矿物成分为云母、石英，岩石坚硬程度为极软岩，岩体完整程度为极破碎，岩体基本质量等级为Ⅴ级。场区普遍分布，厚度：5.50～19.00 m，平均 10.86 m；层底标高：−19.110～−4.130 m，平均 −12.340 m；层底埋深：10.00～23.00 m，平均 16.71 m。

（6—2）强风化花岗岩（$\delta\gamma_5^2$）。灰白色，风化裂隙很发育，原岩结构构造已部分破坏，块状构造，粒状结构，手可掰碎，节理裂隙很发育，主要矿物成分为长石、黑云母、石英，岩石坚硬程度为软岩，岩体完整程度为较破碎，岩体基本质量等级为Ⅴ级，岩体结构呈碎裂结构，仅少数地段分布，主要见于 14#、15#、21～23#、46#、Z5# 钻孔。厚度：0.80～10.00 m，平均 5.06 m；层底标高：−15.130～−0.060 m，平均 −10.020 m；层底埋深：3.50～21.00 m，平均 13.33 m。

（7—1）中风化云母片岩（Pt_1，jl）。灰褐～浅灰色，鳞片变晶结构，片状构造，主要矿物成分为黑云母、绢云母、白云母、石英等，少量角闪石，结构部分破坏，沿节理面有次生矿物，风化裂隙发育，岩石锤击声哑，稍有回弹，易击碎，岩芯可采取，采取率 30%～50%。岩石坚硬程度等级为软岩，岩体完整程度等级为破碎，岩体基本质量等级为Ⅴ级。场区普遍分布，厚度：3.50～4.00 m，平均 3.75 m；层底标高：−13.720～−7.630 m，平均 −10.680 m；层底埋深：13.50～16.50 m，平均 15.00 m。

（7—2）中风化花岗岩（γ_5^2）。灰白色，粒状结构，块状构造，主要矿物成分为钾长石、斜长石、石英、黑云母等，结构部分破坏，岩石锤击声脆，回弹，岩芯可采取，采取率 50%～80%。岩石坚硬程度等级为软岩，岩体完整程度等级为较完整，岩体基本质量等级为Ⅳ级。少数地段分布，主要见于 15#、16#、18#、22#、30#、38#、46#、Z5# 钻孔。该层未穿透。

五、岩土工程分析评价

根据区域地质调查和本次勘察结果表明，场地内及附近无活动断层通过，也不存在大断裂构造，无影响工程安全的诸如岩溶、滑坡、崩塌、采空区、泥石流等不良地质作用，也无影响地基稳定性的如古河道、墓穴、防空洞、孤石及人工地下设施等不利埋藏物，场地内有水塘、沟渠等需处理的地质情况，但规模较小，因此，场地适当处理后适宜拟建物的建设。

拟建场地的等效剪切波速值 V_{se} 为 228.4～338.0 m/s，该场地土类型为中软～中硬场地土，建筑场地类别为Ⅱ类。场地存在液化土层和软弱淤泥质土层，因此该场地属建筑抗震不利地段。

根据《建筑抗震设计规范》（GB 50011—2010）的规定，场地的抗震设防烈度为 7 度，设基本地震加速度为 0.10g，设计地震分组为第一组。

根据《建筑工程抗震设防分类标准》(GB 50223—2008)的规定，该场地所有拟建建筑物抗震设防类别均为丙类建筑。

根据现场钻探取样岩性鉴定，原位测试和室内土(岩)工试验，对其诸参数进行数理统计综合确定各(岩)土层的地基承载力特征值 f_{ak}(kPa)、压缩模量 E_s(MPa)、压缩模量经验值 E_s'(MPa)、变形模量经验值 E_o'(MPa)(表1-15)。

表1-15　各(岩)土层参数

地层名称	f_{ak}	E_s	E_s'	E_o'
(2)粉质黏土	95	4.05		
(3)淤泥质粉质黏土	80	3.54		
(3-1)细砂	130		12	
(4)粉质黏土	140	4.97		
(5-1)全风化云母片岩	250			20.0
(5-2)全风化花岗岩	300			25.0
(6-1)强风化云母片岩	380			40.0
(6-2)强风化花岗岩	500			50.0
(7-1)中风化云母片岩	800(f_a)			
(7-2)中风化花岗岩	2 300(f_a)			

六、地基与基础工程评价

根据场区(6-1)层强风化云母片岩层顶标高及设计基础底标高的关系，将场区分为Ⅰ区(设计基础底标高位于基岩面以上0.5~4.0 m)及Ⅱ区(设计基础底标高位于基岩面以下)，详见勘探点平面位置图。

1. 天然地基方案

地下车库，基础底标高约为-1.500 m，Ⅱ区基础持力层可采用第(5-1)层全风化云母片岩或第(6-1)层强风化云母片岩做天然地基持力层；Ⅰ区则须深挖1.0~2.0 m至第(5-1)层全风化云母片岩或第(6-1)层强风化云母片岩，回填砂石垫层或以毛石混凝土垫至设计标高，以砂石或以毛石混凝土垫层为直接基础持力层。

1#~4#、6#~8#楼位于场地Ⅱ区，基础底标高约为-1.5 m，基础持力层可考虑采用第(6-1)层强风化云母片岩为天然地基持力层，局部超挖部分以毛石混凝土回填至设计基础底标高。该层土承载力特征值为 f_{ak}=380 kPa，根据《建筑地基基础设计规范》(GB 50007—2011)中5.2.4条规定，经修正后的地基承载力特征值为636 kPa。

5#、9#~12#楼位于场地Ⅰ区，基础底标高约为-1.5 m，(6-1)层强风化云母片岩顶板标高为-2.0~-6.0 m，若采用第(6-1)层强风化云母片岩为天然地基持力层，则需超挖0.5~4.5 m，以毛石混凝土回填至设计基础底标高。该层土承载力特征值为 f_{ak}=380 kPa，经修正后的地基承载力特征值为636 kPa。

拟建物采用(6-1)层强风化云母片岩做天然地基持力层，经变形验算可以满足要求。因此建议采用天然地基，筏形基础形式，超挖部分以毛石混凝土回填至设计基础底标高。采用天然地基时，地基承载力特征值以现场荷载试验结果为准。Ⅰ区5#、9#~12#楼采用天然地基若不能满足设计要求，建议采用桩基础。

2. 桩基础

根据本场地地质特征，适合采用的桩基形式为钻孔灌注桩。钻孔灌注桩宜入(7-1)层中风化云母片岩1.5 m以上，桩长15.0~21.0 m，桩径、桩长及桩间距等参数宜通过现场试验确定。

桩基设计参数见表1-16。

表 1-16 桩基设计参数

地层名称	钻(冲)孔灌注桩		干作业钻孔灌注桩	
	桩极限侧阻力标准值 q_{si}/kPa	桩极限端阻力标准值 q_p/kPa	桩极限侧阻力标准值 q_{si}/kPa	桩极限端阻力标准值 q_p/kPa
(1)杂填土	20		20	
(2)粉质黏土	40		40	
(3)淤泥质粉质黏土	20		20	
(3—1)细砂	22		22	
(4)粉质黏土	55		55	
(5—1)全风化云母片岩	80		80	
(5—2)全风化花岗岩	100		100	
(6—1)强风化云母片岩	150	1 600	150	2 200
(6—2)强风化花岗岩	200	2 200	200	2 400
(7—1)中风化云母片岩	240	3 000	240	3 400

结合场地岩土工程条件及水文条件,场地基岩面差异较大,坡度不均匀,地下水埋深较浅,因此建议拟建物首先选用水下钻(冲)孔灌注桩桩基。

采用桩基时,开工前须先进行试桩,根据试桩结果设计出经济合理的方案,桩径、桩长及桩间距等参数应根据现场试验结果调整确定,单桩竖向承载力特征值应通过现场荷载试验确定,经过设计单位重新验算后再进行桩基础施工。

七、基坑边坡支护方案

由于拟建场地较开阔,周围无已建建筑物,基坑开挖深度4.0～7.5 m,因此可采用自然放坡开挖,放坡比例应通过计算确定。基坑开挖后应采用土钉挂网喷混凝土护坡,以防雨水冲刷。

因基坑开挖较深,建议建设单位委托有相关资质的单位进行基坑支护方案设计,并将方案呈报建设局评审,按评审通过的基坑方案进行施工。

因该拟建场地地下水位较高,基槽开挖时应先进行降水,降水方案可采用轻型井点降水法结合基坑明排的方式进行施工。施工中地下水位应保持在基坑底面以下0.5～1.50 m,以防基坑底基岩被水浸泡降低 f_{ak} 值。施工期间应确保不间断连续降水,降水停止时,必须能满足防水和建筑物抗浮设计要求。基坑支护设计所需要的参数参考值见表1-17。

表 1-17 基坑支护设计所需要的参数参考值

土层编号及名称	天然重度 γ/(kN·m^{-3})	黏聚力 c/kPa	内摩擦角 /(°)	渗透系数 k/(cm·s^{-1})
(1)杂填土	17.5	12	10	3×10^{-8}
(2)粉质黏土	18.9	16.1	10.8	5×10^{-5}
(3)淤泥质粉质黏土	18.0	10.6	7.4	2×10^{-4}
(4)粉质黏土	19.8	17.4	15.0	2×10^{-5}
(3—1)细砂	20	0	30.0	2×10^{-8}
(5—1)全风化云母片岩	21.0	20.0	22.0	
(5—2)全风化花岗岩	21.0	30.0	25.0	
(6—1)强风化云母片岩	21.0	45.0	30.0	
(6—2)强风化花岗岩	21.0	50.0	35.0	

八、施工监测

本基坑工程安全等级为二级，基础施工周期长，基坑施工进行开挖，将不可避免地在周围地面产生变形影响。同时，拟建建筑最低为24层高层建筑，根据《建筑地基基础设计规范》(GB 50007—2011)第10.3.8条的规定，该建筑在施工及使用过程中应进行变形观测。因此，在基础施工过程中，应加强对建筑施工和周边环境的监测，以指导信息化施工，及时采取相应措施，防患于未然。为此建议进行以下监测项目：

(1)建筑基坑回弹及建筑物施工与使用阶段的沉降观测，观测直至沉降稳定为止。

(2)周边环境变形[地表、线路轨道沉降、临近建(构)筑物沉降、倾斜]监测。

(3)挡土支护体系、基坑内外土体变形(水平、垂直)监测。

九、结论及建议

1. 结论

(1)场地内及附近无全新的、活动的断层通过，无影响工程安全的诸如岩溶、滑坡、崩塌、泥石流等不良地质作用，也无影响地基稳定性的如古河道、墓穴、防空洞等不利埋藏物，作为拟建物地基是稳定的、适宜的。但场区内存在水塘、沟渠等，基础设计及施工时应采取必要的处理措施。

(2)场区各土层的承载力及变形参数指标见第五部分。

(3)场区位于抗震设防烈度7度区，设计地震分组为第一组，基本地震加速度为0.10g，场地土类型为中硬土，场地覆盖层厚度大于5 m，故综合判定，建筑场地类别为Ⅱ类，特征周期为0.35 s。在7度地震烈度区，(3—1)层细砂为轻微～中等液化土层，位于基础埋深以上，施工时宜挖除干净，故不考虑液化影响。

(4)场区地下水对混凝土结构具有弱腐蚀性；对钢筋混凝土结构中钢筋在长期浸水时具有微腐蚀性，干湿交替时具有弱腐蚀性；水、土对建筑材料腐蚀的防护建议按现行国家标准《工业建筑防腐蚀设计规范》(GB 50046—2008)的规定进行防腐设计。

(5)抗浮设防设计水位标高建议采用3.350 m。

(6)基坑开挖建议采用自然放坡，放坡比例应通过计算确定。基坑降水可采用井点降水法结合基坑明排的方式进行施工。

(7)Y市标准冻结深度为0.5 m。

2. 建议

(1)基坑土方开挖应分段、分块、分层开挖，严禁无序大开挖作业，在基坑外侧严禁堆放弃土。基坑开挖时，确认达到基底设计标高后应及时浇灌混凝土垫层封底，坑底土层应避免被水浸泡及扰动。

(2)地下室施工时应控制好地下室外墙和基坑坑壁之间填土的回填质量，建议采用黏性土回填并分层压实，压实系数应满足规范要求，严禁回填建筑垃圾，并做好地面硬化封闭和排水，防止地表水渗入到地下室外墙和坑壁间，形成积水，产生浮力，对地下室底板及侧壁产生不良后果。

(3)建议进行基坑变形监测及建筑物沉降观测。

(4)建议在工程施工前，建设单位组织人员进行详细的管线调查，并提供给基坑设计部门作为设计依据。

(5)基坑支护应委托有相应资质而且经验丰富的设计单位进行专项设计，将基坑方案报呈Y市建设局评审。

(6)基槽开挖后需通知我院勘察设计人员到现场验槽。当采用天然地基，用机械开挖基槽时，应挖至基底设计标高以上0.3 m止，而后采用人工清基，以防对地基土结构扰动，浇基前严禁基坑被水浸泡，以防降低 f_{ak} 值。采用天然地基时，地基承载力特征值以现场荷载试验结果为准。

附：图表部分(由于篇幅关系仅截取部分图表内容)(图1-10～图1-14、表1-18)。

工程名称				××工程			工程编号	YK2010-67	稳定水位	0.50 m
孔 号	1	坐	X=497 376.2 m		钻孔直径	130 mm				
孔口标高	2.70 m	标	Y=4 146 372 m		初见水位	0.50 m	测量日期	2010.08.03		

地质时代	层号	层底标高 /m	层底深度 /m	分层厚度 /m	柱状图 1:150	岩性描述	标贯中点深度 /m	标贯实测击数	附注
Q$_4^{ml}$	1	2.20	0.50	0.50		耕土：灰褐色,松散,湿,主要成分为粉土,含植物根系等			
Q$_4^{al+pl}$	2	-1.40	4.10	3.60		粉质黏土：灰褐色,软塑～可塑,很湿～饱和,稍有光泽,中等干强度,中等韧性,含砂粒	2.10 / 3.30	3.0 / 2.0	
P$_{tl,jl}$	5—1	-3.90	6.60	2.50		全风化云母片岩：黄褐～灰褐～灰黑色,稍湿,极破碎,极软岩,手捏易碎,轻柔呈粉状,主要矿物成分为云母、石英	4.80 / 6.30	35.0 / 50.0	
	6—1	-16.30	19.00	12.40		强风化云母片岩：灰褐～灰黑色,风化裂隙很发育,结构构造已部分破坏,碎裂片状构造,鳞片变晶结构,手可掰碎,节理、裂隙极发育,裂隙常为铁锰质矿物及石英充填,主要矿物成分为云母、石英	7.65	78.0	
	7—1	-23.00	25.70	6.70		中风化云母片岩：浅灰色,变晶结构,片状构造,主要矿物成分为黑云母、绢云母、白云母、石英等,少量角闪石,岩石锤击易击碎,岩心可采取,采取率30%~40%			

××市勘测设计研究院

外业日期：2010.07.28

图号：z1

图 1-10 钻孔柱状图-1

工程名称				××工程					工程编号	YK2010-67
孔号	31	坐	X=497 553 m			钻孔直径	130 mm		稳定水位	0.20 m
孔口标高	2.50 m	标	Y=4 146 301 m			初见水位	0.20 m		测量日期	2010.08.03

地质时代	层号	层底标高 /m	层底深度 /m	分层厚度 /m	柱状图 1:120	岩性描述	标贯中点深度 /m	标贯实测击数	附注
Q_4^{ml}	1	1.80	0.70	0.70		耕土:黄褐～灰褐色,松散,稍湿,主要成分为粉土、碎石及建筑垃圾,含少量块石及生活垃圾			
Q_4^{al+pl}	2	1.00	1.50	0.80		粉质黏土:黄褐～灰褐色,软塑～可塑,很湿～饱和,稍有光泽,中等干强度,中等韧性,含少量砂粒	1.80	1.0	
Q_4^{h+m}	3	-0.50	3.00	1.50					
						淤泥质粉质黏土:灰黑色,稍密,很湿,摇振反应中等,低干强度,低韧性,含较多粉细砂,局部为细砂	3.30	16.0	
$P_{t1,jl}$	5—1	-2.30	4.80	1.60			5.15	53.0	
						全风化云母片岩:黄褐～灰褐～灰黑色,稍湿,极破碎,极软岩,手捏易碎,轻柔呈粉状,浸水易软化,可捏成团状,主要矿物成分为云母、石英,大部分云母已风化成土状			
						强风化云母片岩:黄褐～灰黑色黑,风化裂隙很发育,碎裂片状构造,鳞片变晶结构,主要矿物成分为云母、石英			
	6—1	-8.00	10.50	5.70					
						中风化云母片岩:灰褐～浅灰色,变晶结构,片状构造,主要矿物成分为黑云母、绢云母、白云母、石英等,少量角闪石,风化裂隙发育,岩石锤击声哑,稍有回弹,易击碎,岩心可采取			
	7—1	-18.00	20.50	10.00					

××市勘测设计研究院
外业日期:2010.07.16

图号:z12

图 1-11　钻孔柱状图-31

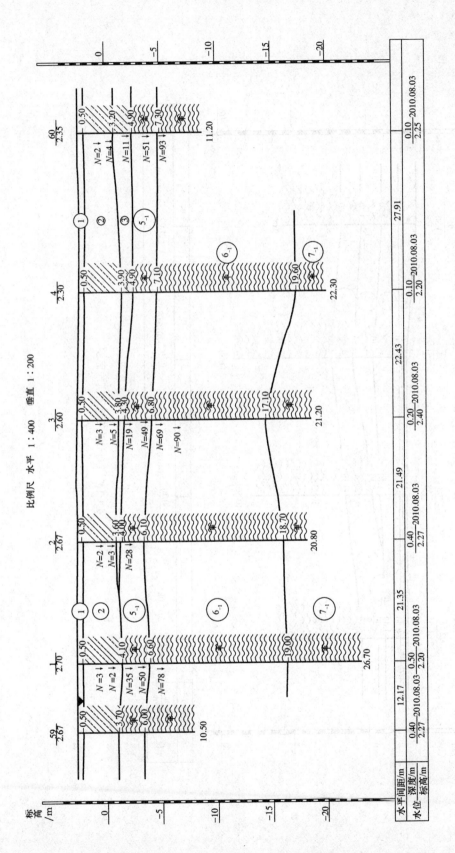

比例尺 水平 1：400　垂直 1：200

水平间距/m	12.17		21.35		21.49		22.43		27.91	
水位	深度/m	0.40		0.50		0.40		0.20		0.10		0.10
	标高/m	2.27	2.20	2.27	2.40	2.20	2.25

图 1-12　1—1′ 工程地质剖面图

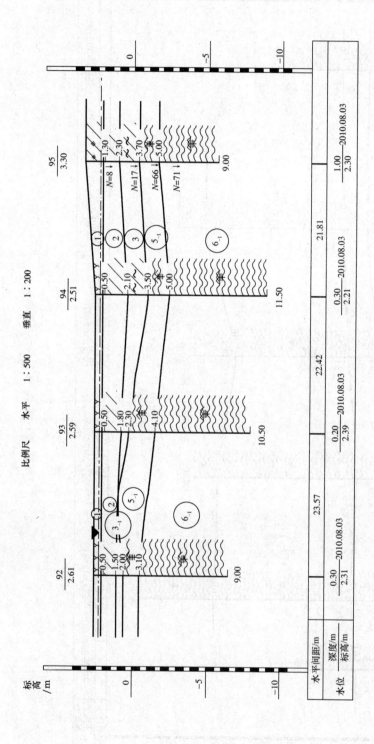

图 1-13 14—14′工程地质剖面图

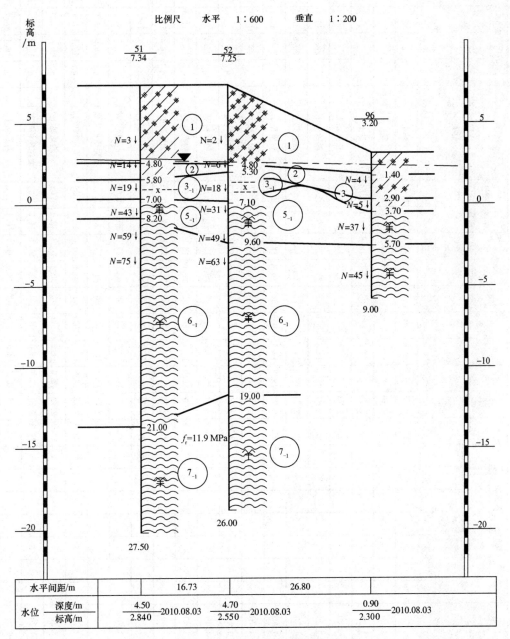

图 1-14 16—16′工程地质剖面图

表1-18 分层土工试验报告表

序号	野外土样编号	取样深度/m	颗粒分析大小/mm 砾粒/%	砂粒/%	粉粒/%	黏粒/%	含水率 w/%	相对密度 d_s	重度 γ/(kN/m³)	干重度 γ_d/(kN/m³)	孔隙比 e_0	饱和度 S_r/%	液限 w_L/%	塑限 w_P/%	塑性指数 I_P	液性指数 I_L	土样分类	剪切试验 试验方法	黏聚力 c/kPa	内摩擦角 φ/(°)	压缩试验 试验方法	压缩系数 a_{1-3}/MPa⁻¹	压缩模量 E_s/MPa
2	15—1	1.30~1.50					29.5	2.75	18.9	14.6	0.845	96	40.2	21.4	18.8	0.43	黏土				天然	0.54	3.42
2	18—1	0.80~1.00					16.7	2.70	17.5	13.6	0.991	80	20.5	11.8	8.7	0.55	黏土				天然	0.58	3.43
2	32—1	1.00~1.20					28.9	2.75		13.6	0.856	96	37.5	18.8	18.7	0.54	黏土				天然	0.42	4.42
2	35—1	1.00~1.20					26.2	2.73					35.3	19.9	15.4	0.41	粉质黏土						
2	3—2	3.00~3.20					30.1	2.71	18.6	14.3	0.779	93	35.7	25.7	10.0	0.44	粉质黏土	q	28.1	11.4	天然	0.41	4.34
2	1—1	1.50~1.70					26.7	2.71	18.9	14.9	0.659	96	28.9	18.2	10.7	0.79	粉质黏土	q	20.8	8.8	天然	0.49	3.39
2	2—1	1.50~1.70					23.2	2.72	19.8	16.1	0.900	96	30.4	18.0	12.4	0.42	粉质黏土	q	23.9	12.4	天然	0.46	4.13
2	3—1	1.50~1.70					31.3	2.72	18.4	14.0	0.811	95	39.7	26.6	13.1	0.36	粉质黏土	q	22.1	13.4	天然	0.39	4.64
2	62—1	1.20~1.40					28.3	2.71	18.8	14.7	0.689	99	28.9	17.4	11.5	0.95	粉质黏土	q	16.2	15.8	天然	0.39	4.33
2	8—1	1.20~1.40					25.3	2.71	19.7	15.7	0.807	97	26.9	15.7	11.2	0.86	粉质黏土	q	25.4	2.3	天然	0.45	4.02
2	Z10—1	1.20~1.40					28.9	2.72	19.0	14.7	0.752	89	29.9	18.2	11.7	0.91	粉质黏土	q	13.2	12.3	天然	0.49	3.58
2	19—1	1.20~1.40					24.5	2.72	18.9	15.3	0.762	89	28.0	17.9	10.1	0.65	粉质黏土	q	16.4	15.1	天然	0.36	4.89
2	Z8—1	1.50~1.70					25.0	2.75		15.1			27.1	16.8	10.3	0.80	粉质黏土						
3	15—2	3.50~3.70					42.3	2.73	17.4	12.2	1.211	96	33.2	20.0	13.2	1.60	淤泥质粉质黏土	q	11.2	10.1	天然	0.69	3.20
3	Z10—2	2.80~3.00					36.1	2.73	18.0	13.2	1.030	96	34.3	25.7	8.6	1.21	淤泥质粉质黏土	q	16.3	6.7	天然	0.55	3.69
3	61—1	2.50~2.70					34.6	2.72	17.7	13.2	1.041	91	30.9	20.6	10.3	1.36	淤泥质粉质黏土	q	10.1	7.5	天然	0.68	3.00
3	8—2	3.00~3.20					31.2	2.71	18.6	14.2	0.878	97	30.4	20.3	10.1	1.08	粉质黏土	q	9.9	10.4	天然	0.66	2.85
3	9—1	4.00~4.20					39.3	2.71	18.1	13.0	1.041	100	38.8	27.4	11.5	1.03	淤泥质粉质黏土	q	11.2	8.8	天然	0.53	3.85
3	Z8—3	4.00~4.20					30.5	2.73	18.2	13.9	0.915	91	28.0	17.9	10.1	1.25	粉质黏土	q	16.4	15.1	天然	0.49	3.91

续表

序号	野外土样编号	取样深度/m	颗粒分析大小/mm 砾粒 %	砂粒 %	砂粒 %	粉粒 %	黏粒 %	含水率 w %	相对密度 d_s	重度 γ kN/m³	干重度 γ_d kN/m³	孔隙比 e_s	饱和度 S_r %	液限 w_L %	塑限 w_P %	塑性指数 I_P	液性指数 I_L	土样分类	剪切试验 试验方法	黏聚力 c kPa	内摩擦角 φ °	压缩试验 试验方法	压缩系数 a_{1-3} MPa⁻¹	压缩模量 E_s MPa
3	ZB-2	3.00~3.20						32.0	2.72	18.0	13.6	0.962	90	32.9	26.8	6.1	0.85	粉土	q	18.2	11.1	天然	0.46	4.27
3-1	88-1	3.20~3.40		23.9	17.8	50.0	8.3											细砂						
3-1	90-1	4.70~4.90		18.8	16.6	56.4	8.2											细砂						
3-1	53-1	6.20~6.40		26.0	17.4	49.0	7.6											细砂						
3-1	5C-1	4.70~4.90		22.4	17.3	46.8	13.5											细砂						
3-1	108-1	4.70~4.90		22.3	22.3	47.2	8.2											细砂						
3-1	70-1	6.20~6.40		16.8	26.2	53.4	3.6											细砂						
3-1	28-1	4.20~4.40	1.9	23.4	21.1	46.0	7.6											细砂						
4	10-1	4.50~4.70						27.2	2.74	18.9	14.9	0.806	92	37.0	20.2	16.8	0.42	粉质黏土				天然	0.35	5.16
4	11-1	4.00~4.20						20.5	2.72	19.9	16.5	0.615	91	28.0	14.9	13.1	0.43	粉质黏土	q	16.4	15.1	天然	0.39	4.14
4	12-1	4.50~4.70						20.0	2.73	19.9	16.6	0.614	89	28.1	13.8	14.3	0.43	粉质黏土	q	21.1	16.1	天然	0.36	4.48
4	15-3	5.50~5.70						19.0	2.73	19.6	16.5	0.624	83	28.4	12.6	15.8	0.41	粉质黏土				天然	0.30	5.41
4	63-1	5.80~6.00						23.3	2.71	19.7	16.0	0.662	95	29.9	15.7	14.2	0.54	粉质黏土	q	25.4	12.3	天然	0.31	5.36
4	Z5-1	4.20~4.40						25.9	2.72	19.6	15.6	0.712	99	31.9	18.2	13.7	0.56	粉质黏土	q	33.2	15.3	天然	0.35	4.89
4	72-1	4.20~4.40						23.0	2.73	19.9	16.2	0.654	96	28.1	13.8	14.3	0.64	粉质黏土	q	21.1	16.1	天然	0.31	5.34

1. 岩土工程勘察的目的和任务是什么?
2. 岩土工程勘察分哪几个阶段进行? 各阶段的勘察工作主要有哪些?
3. 常见的勘探方法有哪些? 请比较各种方法的优缺点。
4. 如何阅读和使用岩土工程勘察报告?
5. 简述土的几种主要成因。
6. 土中的三相比例变化对土的性质有何影响?

项目二　土方工程施工

土方工程包括一切土的挖掘、填筑、运输等过程以及排水降水、土壁支护等准备工作和辅助工程。常见的土方工程施工内容有：

(1)场地平整：包括障碍物拆除、场地清理、确定场地设计标高、计算挖填土方量、合理进行土方平衡调配等；

(2)开挖沟槽、基坑(竖井、隧道、修筑路基、堤坝)：包括测量放线、施工排水降水、土方边坡和支护结构等；

(3)土方回填与压实：包括土料选择、运输、填土压实的方法及密实度检验等。

土方工程的施工特点：

(1)工程量大；

(2)工期长；

(3)劳动强度大；

(4)施工条件复杂；

(5)受气候、水文、地质等影响大。

任务一　土方规划

学习任务

某建筑场地方格网如图 2-1 所示，方格边长为 20 m×20 m，填方区边坡坡度系数为 1.0，挖方区边坡坡度系数为 0.5。

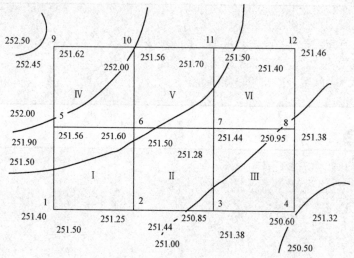

图 2-1　某建筑场地方格网

提出问题：计算挖方和填方的总土方量。

知识链接

微课：土的工程
分类及可松性

一、背景知识

1. 土的工程分类

土的工程分类见表 2-1。

表 2-1　土的工程分类

土的分类	土的名称	密度/(kg·m⁻³)	开挖方法
一类土 （松软土）	砂土；粉土；冲积砂土层；疏松的种植土；淤泥	600～1 500	用锹、锄头
二类土 （普通土）	粉质黏土；潮湿的黄土；夹有碎石、卵石的砂；粉土混卵（碎）石；种植土；填土	1 100～1 600	用锹、锄头，少许用镐

土的分类	土的名称	密度/(kg·m⁻³)	开挖方法
三类土 (坚土)	软及中等密实黏土;重粉质黏土;砾石;干黄土;含碎(卵)石的黄土;粉质黏土;压实的填土	1 750~1 900	主要用镐,少许用锹、锄头,部分用撬棍
四类土 (砂砾坚土)	坚实密实的黏性土或黄土;中等密实的含碎(卵)石黏性土或黄土;粗卵石;天然级配砂石;软泥灰岩	1 900	用镐或撬棍,部分用锲子及大锤
五类土 (软石)	硬质黏土;中密的页岩、泥灰岩、白垩土;胶结不紧的砾岩;软石灰岩及贝壳石岩	1 100~2 700	用镐或撬棍、大锤,部分用爆破方法
六类土 (次坚石)	泥岩;砂岩;砾岩;坚实的页岩、泥灰岩;密实的石灰岩;风化花岗岩、片麻岩	2 200~2 900	用爆破方法,部分用风镐
七类土 (坚石)	大理岩;辉绿岩;粉岩;粗、中粒花岗岩;坚实的白云岩、砂岩、砾岩、片麻岩、石灰岩	2 500~3 100	用爆破方法
八类土 (特坚石)	安山岩;玄武岩;花岗片麻岩;坚实的细粒花岗岩、闪长岩、石英岩、辉长岩、辉绿岩	2 700~3 300	用爆破方法

2. 土的渗透性

土的渗透性是指水流通过土中空隙的难易程度,用渗透系数 k 表示,单位为 m/d。

3. 土的可松性

自然状态下的土经开挖后,其体积因松散而增加,以后虽经回填压实,仍不能恢复到原来的体积,称为土的可松性。土的可松性用可松性系数 K_s 表示。

土的最初可松性系数 $\qquad\qquad K_s = V_2 / V_1 \qquad\qquad$ (2-1)

土的最后可松性系数 $\qquad\qquad K_s' = V_3 / V_1 \qquad\qquad$ (2-2)

式中 V_1 ——土在天然状态下的体积;

$\quad\quad V_2$ ——土经开挖后的松散体积;

$\quad\quad V_3$ ——土经回填压实后的体积。

土的最初可松性系数 K_s 是计算挖掘机械生产率、运土车辆数量及弃土坑容积的重要参数,最后可松性系数 K_s' 是计算场地平整标高及填方所需的挖方体积等的重要参数(表2-2)。

表2-2　土的可松性参考值

土的类别	体积增加百分数		可松性系数	
	最初	最后	最初 K_s	最后 K_s'
一类土(种植土除外)	8~17	1~2.5	1.08~1.17	1.01~1.03
二类土(植物土、泥炭)	20~30	3~4	1.20~1.30	1.03~1.04
二类土	14~28	2.5~5	1.14~1.28	1.02~1.05
三类土	24~30	4~7	1.24~1.30	1.04~1.07
四类土(泥灰岩、蛋白石除外)	26~32	6~9	1.26~1.32	1.06~1.09
四类土(泥灰岩、蛋白石)	33~37	11~15	1.33~1.37	1.11~1.15
五~七类土	30~45	10~20	1.30~1.45	1.10~1.20
八类土	45~50	20~30	1.45~1.50	1.20~1.30

4. 土方边坡

合理地选择基坑、沟槽、路基、堤坝的断面和留设边坡,是减少土方量的有效措施。边坡的表示方法为 $1:m$,即

$$土方边坡坡度 = \frac{h}{b} = \frac{1}{b/h} = 1 : m \tag{2-3}$$

式中，$m = b/h$，称为坡度系数。其意义为：当已知边坡高度为 h 时，其边坡宽度则等于 mh。

边坡的坡度允许值，应根据当地经验，参照同类土层的稳定坡度确定；当土质良好且均匀、无不良地质现象、地下水不丰富时，可按表 2-3 确定。

表 2-3　土质边坡坡度允许值

土的类别	密实度或状态	坡度允许值（高宽比）	
		坡高在 5 m 以内	坡高为 5～10 m
碎石土	密实	1∶0.35～1∶0.50	1∶0.50～1∶0.75
	中密	1∶0.50～1∶0.75	1∶0.75～1∶1.00
	稍密	1∶0.75～1∶1.00	1∶1.00～1∶1.25
黏性土	坚硬	1∶0.75～1∶1.00	1∶1.00～1∶1.25
	硬塑	1∶1.00～1∶1.25	1∶1.25～1∶1.50

注：1. 表中碎石土的充填物为坚硬或硬塑状态的黏性土；
　　2. 对于砂土或充填物为砂土的碎石土，其边坡坡度允许值均按自然休止角确定。

土方边坡可分为三种类型：直线边坡、不同土层折线边坡和相同土层折线边坡，如图 2-2 所示。

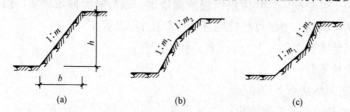

图 2-2　不同类型的边坡
(a)直线边坡；(b)不同土层折线边坡；(c)相同土层折线边坡

二、土方量计算的基本方法

土方量计算的基本方法有平均高度法和平均断面法两种。

微课：土方量计算

1. 平均高度法

（1）四方棱柱体法：将施工区域划分为若干个边长等于 a 的方格网，每个方格网的土方体积 V 等于底面积 a^2 乘以四个角点高度的平均值（图 2-3），即

$$V = \frac{a^2}{4}(h_1 + h_2 + h_3 + h_4) \tag{2-4}$$

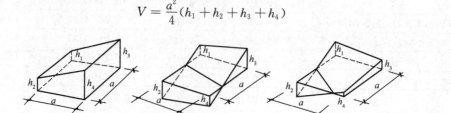

图 2-3　四方棱柱体的体积计算
(a)角点全填全挖；(b)角点二填二挖；(c)角点一填(挖)三挖(填)

（2）三角棱柱体法：将每一个方格顺地形的等高线沿对角线划分为两个三角形，然后分别计算每一个三角棱柱体的土方量(图 2-4)。

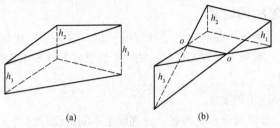

图 2-4　三角棱柱体的体积计算
(a)全填或全挖；(b)有填有挖(锥体部分为填方)

2. 平均断面法

基坑、基槽、管沟、路堤的土方量计算可采用平均断面法(图 2-5)。即

$$V = \frac{H}{6}(F_1 + 4F_0 + F_2) \tag{2-5}$$

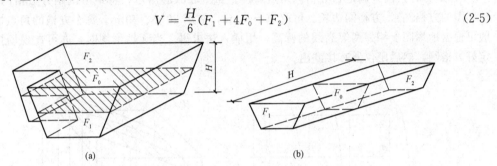

图 2-5　基坑、基槽的体积计算
(a)基坑土方量计算；(b)基槽、路堤土方量计算

三、场地平整土方量计算

场地平整是将需进行建设范围内的自然地面，通过人工或机械挖填平整，改造成设计所需的平面，以利于现场平面布置和文明施工。平整场地要考虑满足总体规划、生产施工工艺、交通运输和场地排水等要求，并尽量使土方挖填平衡，减少运土量和重复挖运。

(一)场地平整的要求与程序

1. 场地平整的一般要求

(1)清理好作业现场，做好地面排水；场地的表面坡度应符合设计要求，或不小于 0.2% 的坡度。

(2)逐点检查，每 $100 \sim 400$ m² 取 1 点，但不少于 10 点，长度、宽度和边坡每 20 m 取 1 点，每边不少于 1 点。

(3)经常测量和校核平面位置、标高和边坡坡度；保护控制桩，定期复查；土方不应堆在边坡外缘。

2. 场地平整的原则和程序

场地平整的原则：在符合生产工艺和运输的条件下，尽量利用地形，以减少挖方量；场地内的挖方与填方量尽可能达到平衡，以降低土方运输费用；同时应考虑最高洪水位的影响；使场地内的土方在平整前和平整后相等。

场地平整的一般施工工艺程序是：现场勘察→清除地面障碍物→标定整平范围→设置水准基点→设置方格网→测量标高→计算土方挖填工程量→平整土方→场地碾压→验收。

(二)场地设计标高 H_0 的确定

场地设计标高是进行场地平整和土方量计算的依据，也是总图规划和竖向设计的依据。合理地确定场地设计标高，对减少土方工程量、加速工程进度、降低工程造价有着重要意义。

1. H_0 的确定原则

(1)满足生产工艺和运输的要求。

(2)充分利用地形，分区或分台阶布置，分别确定不同的设计标高。

(3)考虑挖填平衡，弃土运输或取土回填的土方量最少。

(4)要有合理的泄水坡度(≥0.2%)，满足排水要求。

(5)考虑最高洪水位的影响。

2. H_0 的确定步骤

(1)划分方格网并确定各方格网角点高程。如图 2-6(a)所示，将地形图划分方格网(或利用地形图的方格网)，方格网边长 a 可取 10～50 m，常用 20 m、40 m。每个方格的角点标高，一般可根据地形图上相邻两等高线的标高，用插入法求得。当无地形图时，亦可在现场打设木桩定好方格网，然后用仪器直接测出。

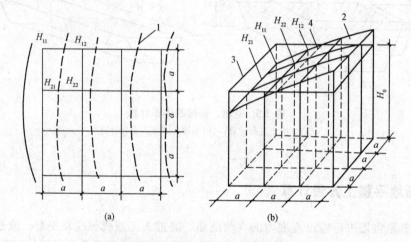

(a)   (b)

图 2-6 场地设计标高计算简图

(a)地形图上划分方格；(b)设计标高示意图

1—等高线；2—自然地坪；3—设计标高平面；4—自然地面与设计标高平面的交线(零线)

a—方格网边长(m)；H_{11}，…，H_{22}—方格的四个角点的标高(m)

(2)按挖填平衡确定设计标高 H_0。按每一个方格的角点的计算次数(权数)，即方格的角点为几个方格共有的情况，确定设计标高 H_0 的实用公式，即

$$H_0 = \frac{\sum H_1 + 2\sum H_2 + 3\sum H_3 + 4\sum H_4}{4N} \tag{2-6}$$

式中 N——方格网数(个)；

　　　H_1——一个方格共有的角点标高(m)；

　　　H_2——两个方格共有的角点标高(m)；

　　　H_3——三个方格共有的角点标高(m)；

　　　H_4——四个方格共有的角点标高(m)。

（3）场地设计标高 H_0 的调整。式(2-6)计算的 H_0，为一理论数值，实际尚需考虑：土的可松性；设计标高以下各种填方工程用土量，或设计标高以上的各种挖方工程量；边坡填挖土方量不等；部分挖方就近弃土于场外，或部分填方就近从场外取土等因素。考虑这些因素所引起的挖填土方量的变化后，适当提高或降低设计标高。

调整后的设计标高是一个水平面的标高，而实际施工中要根据泄水坡度的要求（单坡泄水或双坡泄水）计算出场地内各方格网角点实际设计标高。其计算公式如下：

单向排水时
$$H_n = H_0 + l \cdot i \tag{2-7}$$

双向排水时
$$H_n = H_0 \pm l_x i_x \pm l_y i_y \tag{2-8}$$

式中　l——该点至 H_0 的距离(m)；

　　　i——x 方向或 y 方向的排水坡度(不少于 0.2%)；

　　　l_x、l_y——该点于 $x-x$、$y-y$ 方向距场地中心线的距离(m)；

　　　i_x、i_y——分别为 x 方向和 y 方向的排水坡度；

　　　　　该点比 H_0 高则取"＋"号，反之取"－"号。

(三)场地土方量的计算

（1）求各方格网角点的施工高度 h_n。

$$h_n = 场地设计标高 H_n - 自然地面标高 H$$

（2）计算"零点"位置，确定零线（图 2-7）。方格边线一端施工高程为"＋"，若另一端为"－"，则沿其边线必然有一不挖不填的点，即为"零点"。

$$x_1 = \frac{h_1}{h_1 + h_2} \times a \quad ; \quad x_2 = \frac{h_2}{h_1 + h_2} \times a \tag{2-9}$$

用图解法也可以确定零点位置：用尺在各角点上标出挖填施工高度相应比例，然后相连，与方格相交点即为零点位置。将相邻的零点连接起来，即为零线（图 2-8）。

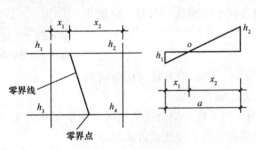

图 2-7　确定零线

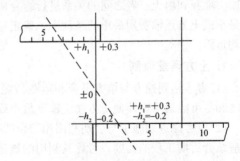

图 2-8　图解法确定零线

（3）计算方格土方工程量。按方格底面积图形和表 2-4 所列计算公式，逐格计算每个方格内的挖方量或填方量。

表 2-4　常用方格网计算公式

项目	图示	计算公式
一点填方或挖方 （三角形）		$V = \dfrac{1}{2}bc\,\dfrac{\sum h}{3} = \dfrac{bch_3}{6}$ 当 $b = c = a$ 时， $V = \dfrac{a^2 h_3}{6}$

项目	图示	计算公式
两点填方或挖方（梯形）		$V_- = \dfrac{b+c}{2}a\dfrac{\sum h}{4} = \dfrac{a}{8}(b+c)(h_1+h_3)$ $V_+ = \dfrac{d+e}{2}a\dfrac{\sum h}{4} = \dfrac{a}{8}(b+c)(h_2+h_4)$
三点填方或挖方（五角形）		$V = \left(a^2-\dfrac{bc}{2}\right)\dfrac{\sum h}{5} = \left(a^2-\dfrac{bc}{2}\right)\dfrac{h_1+h_2+h_3}{5}$
四点填方或挖方（正方形）		$V = \dfrac{a^2}{4}\sum h = \dfrac{a^2}{4}(h_1+h_2+h_3+h_4)$

(4)计算土方总量。将挖方区(或填方区)所有方格计算的土方量和边坡土方量汇总，即得该场地挖方和填方的总土方量。

四、土方调配

土方量计算完成后，就可以进行土方调配工作。土方调配，就是对挖土的利用、堆弃和填土三者之间的关系进行综合协调处理，其目的在于使土方运输量最小或土方运输费用最小的条件下，确定挖填方区土方的调配方向、数量及平均运距。

微课：土方调配

1. 土方调配原则

(1)力求达到挖方与填方平衡和运距最短的原则。使得挖方量与运距的乘积之和尽可能最小，即使土方总运输量最小或土方运输费用最少。

(2)应考虑近期施工与后期利用相结合的原则。当工程分期分批施工时，先期工程的土方余土应结合后期工程的需要，考虑其利用的数量和堆方位置，以便就近调配。

(3)应考虑分区与全场相结合的原则。分区土方的调配，必须配合全场性的土方调配进行。

(4)应尽可能与大型地下建筑物的施工相结合，避免土方的重复开挖、回填和运输。

(5)合理布置挖、填方分区线，选择恰当的调配方向、运输线路，使土方施工机械和运输车辆的性能得到充分发挥。

2. 土方调配的步骤及方法

(1)划分调配区(图 2-9)。在场地平面图上先画出零线，确定挖、填方区；根据地形及地理条件，把挖方区和填方区再适当地划分为若干个调配区，其大小应满足土方施工机械的操作要求。

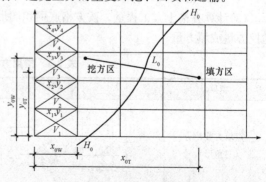

图 2-9 划分土方调配区

(2)计算各调配区的土方量并在图上进行标注。

(3)计算各挖、填方调配区之间的平均运距。按下式计算出各挖方或填方区土方的重心坐标 X_0、Y_0。

$$X_0 = \frac{\sum x_i V_i}{\sum V_i}; Y_0 = \frac{\sum y_i V_i}{\sum V_i} \tag{2-10}$$

式中　x_i、y_i——i 块方格的重心坐标；

　　　V_i——i 块方格的土方量。

则挖、填方调配区之间的平均运距 L_0 为：

$$L_0 = \sqrt{(x_{0T} - x_{0w})^2 + (y_{0T} - y_{0w})^2} \tag{2-11}$$

(4)确定土方最优调配方案。

(5)绘制土方调配图(图 2-10)。

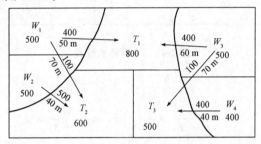

图 2-10　土方调配图

在土方调配图上要注明挖填调配区、调配方向、土方数量和每对挖填方调配区之间的平均运距。图 2-10 中的土方调配，仅考虑场内挖方、填方平衡。W 为挖方，T 为填方。

🔊 **任务实施**

一、计算施工标高

计算施工标高如图 2-11 所示。

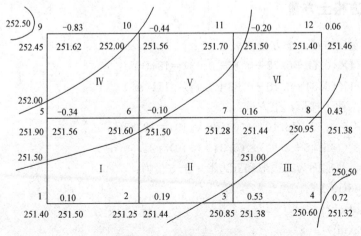

图 2-11　计算施工标高

二、计算零点位置并画出零线

计算零点位置如图 2-12 所示。

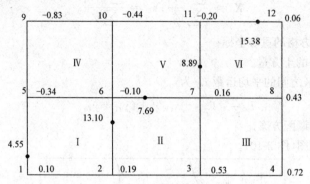

图 2-12　计算零点位置

其计算公式为：

$$x_1 = \frac{h_1}{h_1 + h_2} \times a \qquad x_2 = \frac{h_2}{h_1 + h_2} \times a$$

画出零线如图 2-13 所示。

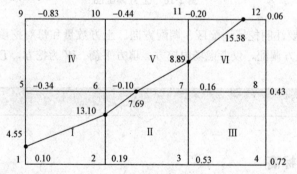

图 2-13　画出零线

三、计算方格土方量

方格Ⅲ、Ⅳ为正方形，土方量：

$V_{\text{Ⅲ}(+)} = 20^2 / 4 \times (0.53 + 0.72 + 0.16 + 0.43) = 184 (\text{m}^3)$

$V_{\text{Ⅳ}(-)} = 20^2 / 4 \times (0.34 + 0.10 + 0.83 + 0.44) = 171 (\text{m}^3)$

方格Ⅰ底面为两个梯形，土方量：

$V_{\text{Ⅰ}(+)} = 20 / 8 \times (4.55 + 13.10) \times (0.10 + 0.19) = 12.80 (\text{m}^3)$

$V_{\text{Ⅰ}(-)} = 20 / 8 \times (15.45 + 6.90) \times (0.34 + 0.10) = 24.59 (\text{m}^3)$

方格Ⅱ、Ⅴ、Ⅵ底面为三边形和五边形，土方量为：

$V_{\text{Ⅱ}(+)} = 65.73 (\text{m}^3)$

$V_{\text{Ⅱ}(-)} = 0.88 (\text{m}^3)$

$V_{\text{Ⅴ}(+)} = 2.92 (\text{m}^3)$

$V_{V(-)}=51.10(\mathrm{m}^3)$

$V_{VI(+)}=40.89(\mathrm{m}^3)$

$V_{VI(-)}=5.70(\mathrm{m}^3)$

方格网总填方量：

$$\sum V_+ = 184+12.80+65.73+2.92+40.89 = 306.34(\mathrm{m}^3)$$

方格网总挖方量：

$$\sum V_- = 171+24.59+0.88+51.10+5.70 = 253.26(\mathrm{m}^3)$$

四、边坡土方量计算

除图 2-14 中④、⑦按三角棱柱体计算外，其余均按三角棱锥体计算。

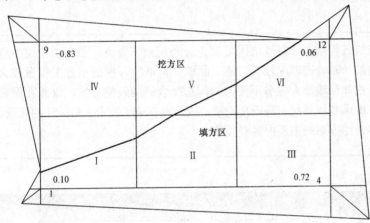

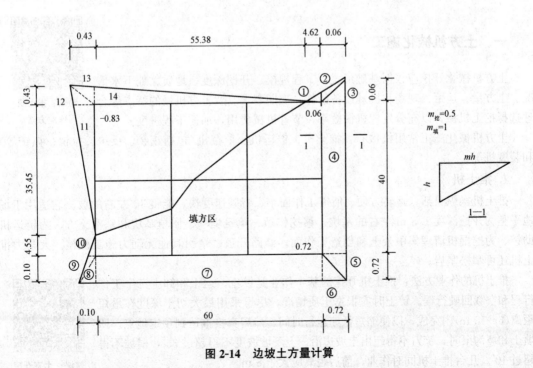

图 2-14　边坡土方量计算

依式计算可得：

$V_{①(+)}=0.003(\mathrm{m}^3)$；$V_{②(+)}=V_{③(+)}=0.0001(\mathrm{m}^3)$；$V_{④(+)}=5.22(\mathrm{m}^3)$；$V_{⑤(+)}=V_{⑥(+)}=0.06(\mathrm{m}^3)$；$V_{⑦(+)}=7.93(\mathrm{m}^3)$；$V_{⑧(+)}=V_{⑨(+)}=0.01(\mathrm{m}^3)$；$V_{⑩}=0.01(\mathrm{m}^3)$；$V_{⑪}=2.03(\mathrm{m}^3)$；$V_{⑫}=V_{⑬}=0.02(\mathrm{m}^3)$；$V_{⑭}=3.18(\mathrm{m}^3)$。

边坡总填方量：$\sum V_+ = 0.003+0.0001+5.22+2\times0.06+7.93+2\times0.01+0.01$
$= 13.29(\mathrm{m}^3)$

边坡总挖方量：$\sum V_- = 2.03+2\times0.02+3.18 = 5.25(\mathrm{m}^3)$

任务二　土方开挖

学习任务

　　随着我国高层建筑日益增多，深基坑因可以充分利用地下资源，在高层建筑中得到广泛应用。由于高层建筑基础普遍埋深较大，施工面积广，基坑开挖的土方工程量较大，这给施工现场的土方开挖和运输带来很多不便。如何选择合适的开挖方案，以便在保证施工工期要求的前提下，确保基坑开挖工程安全质量，成为现在施工技术人员关注的问题。

　　提出问题：土方开挖方案的主要内容有哪些？

知识链接

一、土方机械化施工

　　土方机械化开挖应根据基础形式、工程规模、开挖深度、地质、地下水情况、土方量、运距、现场和机具设备条件、工期要求以及土方机械的特点等合理选择挖土机械，以充分发挥机械效率，节省机械费用，加速工程进度。

动画：推土机
作业方法

　　土方机械化施工常用机械有：推土机、铲运机、挖掘机（包括正铲、反铲、拉铲、抓铲等）和装载机等。

1. 推土机

　　推土机操纵灵活、运转方便、所需工作面小、行驶速度快，能爬 30°左右的坡。它适用于场地平整、开挖深度 1.5 m 左右的基坑、移挖作填、填筑堤坝、回填基坑和基槽土方、为铲运机助铲、为挖掘机清理集中余土和创造工作面，修路开道、牵引其他无动力施工机械。大马力推土机还可犁松坚岩。

　　推土机的作业方法：推土机开挖的基本作业是铲土、运土和卸土三个工作行程和空载回驶行程。铲土时应根据土质情况，尽量采用最大切土深度在最短距离（6～10 m）内完成，以便缩短低速运行时间，然后直接推运到预定地点。回填土和填沟渠时，铲刀不得超出土坡边沿。上下坡坡度不得超过 35°，横坡不得超过 10°。几台推土机同时作业，前后距离应大于 8 m。

微课：土方开挖
机械及选用

推土机提高生产率的方法有以下几种：

(1)下坡推土法。在斜坡上，推土机顺下坡方向切土与堆运(图2-15)，借机械向下的重力作用切土，增大切土深度和运土数量，可提高生产率30%~40%，但坡度不宜超过15°，避免后退时爬坡困难。

(2)槽形挖土法。推土机重复多次在一条作业线上切土和推土，使地面逐渐形成一条浅槽(图2-16)，再反复在沟槽中进行推土，以减少土从铲刀两侧漏散，可增加10%~30%的推土量。槽的深度以1 m左右为宜，槽与槽之间的土坑宽约50 m。此法适于运距较远、土层较厚时使用。

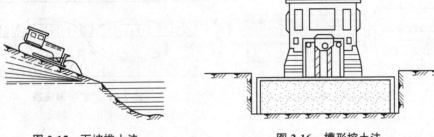

图 2-15　下坡推土法　　　　　　　图 2-16　槽形挖土法

(3)并列推土法。用2台或3台推土机并列作业(图2-17)，以减少土体漏失量。铲刀相距15~30 cm，一般采用两机并列推土，可增大推土量15%~30%。此法适用于大面积场地平整及运送土。

(4)分堆集中法。此法又称波浪式推土法，是指在硬质土中，切土深度不大，将土先积聚在一个或数个中间点，然后再整批推送到卸土区，使铲刀前保持满载(图2-18)。堆积距离不宜大于30 m，推土高度以2 m内为宜。此法能提高生产效率15%左右，适于运送距离较远而土质又比较坚硬，或长距离分段送土时采用。

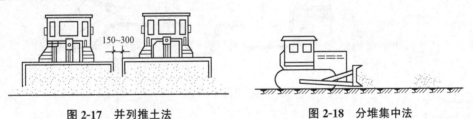

图 2-17　并列推土法　　　　　　　图 2-18　分堆集中法

2. 铲运机

铲运机(图2-19)操作简单、运转方便、行驶速度快、生产效率高，是能独立完成铲土、运土、卸土、填筑、压实等全部土方施工工序的施工机械。它适用于坡度为20°以内的大面积场地平整、大型基坑开挖和填筑路基堤坝。

动画：拉铲作业方法

图 2-19　铲运机

铲运机按行走方式可分为牵引式铲运机和自行式铲运机；按铲斗操作系统分为液压操作铲运机和机械操作铲运机。为了提高铲运机的生产效率，可以采取下坡铲土、推土机推土助铲等方法，缩短装土时间，使铲斗的土装得较满。

助铲法是根据填、挖方区分布情况，结合当地具体条件，合理选择运行路线，提高生产率。一般有环形路线（图 2-20）和"8"字形路线（图 2-21）两种形式。

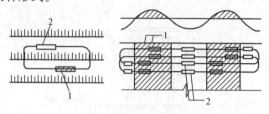
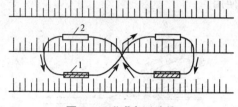

图 2-20　环形路线
1—铲土；2—卸土

图 2-21　"8"字形路线
1—铲土；2—卸土

3. 挖掘机

挖掘机主要用于挖掘基坑、沟槽、清理和平整场地，更换工作装置后还可进行装卸、起重、打桩等其他作业，能一机多用、工效高、经济效果好。挖掘机是工程建设中的常用机械。

挖掘机按行走方式可分为履带式和轮胎式；按工作装置可分为正铲、反铲、抓铲、拉铲（图 2-22），斗容量为 $0.1 \sim 2.5 \ \mathrm{m}^3$。常用的挖掘机是正铲（图 2-23）和反铲挖掘机（图 2-24）。

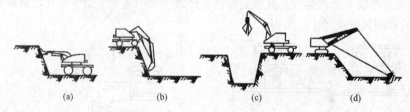

图 2-22　挖掘机类型
(a)正铲；(b)反铲；(c)抓铲；(d)拉铲

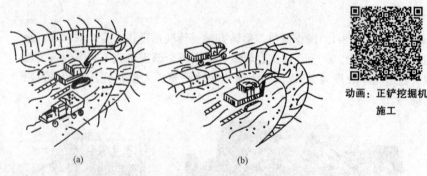

图 2-23　正铲挖掘机挖土和卸土方式
(a)正向挖土，反向卸土；(b)正向挖土，侧向卸土

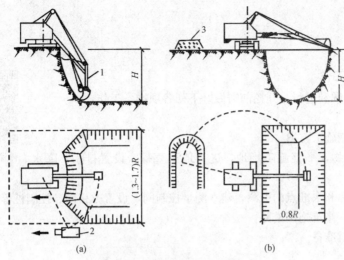

动画：反铲挖掘机
施工

(a) (b)

图 2-24　反铲挖掘机开挖方式

(a)沟端开挖；(b)沟侧开挖

1—反铲挖土；2—自卸汽车；3—弃土堆

4. 其他土方施工机械

(1)装载机。装载机(图 2-25)主要用来铲、装、卸、运土与砂石类散装物料，也可对岩石、硬土进行轻度铲掘，更换工作装置后可推土、起重、装卸等作业。铲容量一般为 1.5～6.1 m^3。

图 2-25　装载机

(2)平地机。平地机(图 2-26)是利用刮刀平整地面的土方机械。刮刀装在机械前后轮轴之间，能升降、倾斜、回转和外伸。动作灵活准确，操作方便，平整场地有较高的精度，广泛用于公路、机场等大面积的地面平整作业。

图 2-26　平地机

二、土方开挖

1. 土方施工准备工作

为保证土方开挖的顺利进行，开挖前需做好下列各项准备工作：

(1)踏勘现场。

(2)熟悉图纸、编制施工方案。

(3)清除现场障碍物，平整施工场地，进行地下墓探，设置排水、降水设施。

(4)永久性控制坐标和水准点的引测，建立测量控制网，设置方格网、控制桩等。

(5)搭设临时设施、修筑施工道路。

(6)施工机具、用料准备。

微课：土方开挖

2. 边坡开挖

场地边坡开挖应采取沿等高线自上而下、分层、分段依次进行。在边坡上采取多台阶同时进行开挖时，上台阶应比下台阶开挖进深不少于 30 m，以防塌方。

边坡台阶开挖，应做成一定坡势以利泄水。边坡下部设有护脚矮墙及排水沟时，在边坡修完后，应立即进行护脚矮墙和排水沟的砌筑和疏通，以保证坡面不被冲刷和坡脚范围内不积水。

3. 基坑(槽)开挖

基坑(槽)土方开挖应遵循"开槽支撑，先撑后挖，分层开挖，严禁超挖"的原则。基坑(槽)开挖的一般程序为：测量放线→切线分层开挖→排降水→修坡→整平→留足预留土层等。相邻基坑(槽)开挖时应遵循先深后浅或同时进行的施工程序，挖土应自上而下水平分段分层进行，边挖边检查坑(槽)底宽度及坡度，每 3 m 左右修一次坡，至设计标高再统一进行一次修坡清底。基坑(槽)开挖过程中应注意以下几个施工要点：

(1)基坑(槽)开挖前应做好地面排水和降低地下水水位工作。基坑(槽)上部应有排水措施，防止地表水流入基坑(槽)内冲刷边坡，造成塌方和破坏基土。在地下水水位以下挖土，应在基坑(槽)内设置排水沟、集水井或其他施工降水措施，地下水水位应降低至坑底以下 0.5～1.0 m 后方可开挖。降水工作应持续到基础施工完成。

动画：盆式挖土

(2)基坑(槽)开挖前，应进行测量定位、抄平放线，定出开挖宽度，根据土质和水文情况确定在四周或两侧、直立或放坡开挖，基坑(槽)底宽度应注意预留施工操作面。

(3)应根据开挖深度、土体类别及工程性质等综合因素确定保持基坑(槽)土壁稳定的方法和措施。挖出的土除预留一部分用作回填外，其余运至弃土区。弃土应及时运出，在基坑(槽)边缘上侧临时堆土、材料或移动施工机械时，应与基坑(槽)上边缘保持 1 m 以上的距离，以保证坑(槽)壁或边坡的稳定。

动画：深基坑开挖

(4)基坑(槽)开挖应防止对地基持力层的扰动。基坑(槽)开挖完成后，若不能立即进入下道施工工序，坑(槽)底应预留15(人工)～30 cm(机械)厚的土层不进行开挖，待下道施工工序开始前再挖至设计标高，以防止地基持力层土壤被阳光曝晒或雨水浸泡。

(5)雨期施工时，基坑(槽)应分段开挖，挖好一段浇筑一段垫层。

动画：中心岛式
开挖

4. 验槽

验槽是基坑(槽)开挖后的重要工序,指基坑或基槽开挖至坑底设计标高后,检验地基是否符合设计和相关规范要求的活动。当施工单位完成基槽(槽)开挖并普遍钎探后,由建设单位约请勘察、设计、监理与施工单位技术负责人共同参与进行基坑(槽)验槽,并报质量监督单位验证,符合要求后方可进入下一道工序。

(1)验槽的目的。进行验槽的目的主要包括:

1)检验岩土工程勘察成果及结论建议是否正确,是否与基坑(槽)开挖后的实际情况一致。

2)根据坑(槽)开挖后的直接揭露,设计人员可以掌握第一手工程地质和水文地质资料,对出现的异常情况及时进行分析,并及时提出处理意见。

3)解决勘察报告中未解决的遗留问题和新发现的问题,必要时布置施工勘察项目。

(2)验槽的内容。验槽主要以细致的观测为主,并辅以钎探等手段,主要包括以下内容:

1)校核基坑(槽)开挖的平面位置与坑(槽)底标高是否符合勘察、设计要求。

2)校核坑(槽)底持力层土质与勘察报告是否相同。参加验槽的各单位负责人需到坑(槽)底,依次逐段进行检验,发现可疑之处,用铁铲铲出新鲜土面,用野外土的鉴定方法进行鉴定。

3)当发现基坑(槽)平面土质显著不均匀,或局部有空穴、古墓、古井、暗沟、防空掩体及地下埋设物的情况,并应查明其位置、深度和性状。

4)检查基坑(槽)钎探结果。钎探位置:条形基槽宽度小于 800 mm 时,可沿中心线打一排钎探孔;槽宽大于 800 mm 时,可打两排错开孔,钎探孔间距 1.5~2.5 m,深度每 300 mm 为一组,通常为 5 组,深度为 1.5 m。

钎探可采用轻型圆锥型动力触探,钎探数据可反映基坑(槽)平面土质的均匀性,且可以校核地基各点的承载力特征值。

(3)验槽注意事项。

1)验槽前应全部完成钎探并合格,提供验槽的相关数据。

2)验槽时间应抓紧,基坑(槽)开挖完成后应立即组织验槽,尤其是雨期要避免下雨浸泡,冬期要防止冰冻,不可拖延时间形成隐患。

3)基坑(槽)底设计标高位于地下水水位以下较深时,必须做好基坑(槽)排水,保证基坑(槽)底不被水浸泡。

4)验槽时应验看新鲜土面,清除超挖回填的虚土。冬季冻结地表土或夏季晒干土,都是虚假状态,均应铲除表层土后再检验。

5)验槽结束后应填写地基验槽记录,并由参加验槽的各单位负责人签字,作为施工处理的依据,地基验槽记录应存档并长期保存。

5. 土方开挖质量验收及标准

(1)土方开挖施工前应检查支护结构质量、定位放线、排水和地下水控制系统,以及对周边影响范围内地下管线和建(构)筑物保护措施的落实,并应合理安排土方运输车辆的行走路线及弃土场。附近有重要保护设施的基坑,应在土方开挖前对围护体的止水性能通过预降水进行检验。

(2)土方开挖施工中应检查平面位置、水平标高、边坡坡率、压实度、排水系统、地下水控制系统、预留土墩、分层开挖厚度、支护结构的变形,并随时观测周围环境变化。

(3)土方开挖施工结束后应检查平面几何尺寸、水平标高、边坡坡率、表面平整度和基底土性等。

(4)临时性挖方工程的边坡坡率允许值应符合表 2-5 的规定或经设计计算确定。

表 2-5 临时性挖方工程的边坡坡率允许值

序	土的类别		边坡坡率(高∶宽)
1	砂土	不包括细砂、粉砂	1∶1.25～1∶1.50
2	黏性土	坚硬	1∶0.75～1∶1.00
		硬塑、可塑	1∶1.00～1∶1.25
		软塑	1∶1.50 或更缓
3	碎石土	充填坚硬黏土、硬塑黏土	1∶0.50～1∶1.00
		充填砂土	1∶1.00～1∶1.50

(5)土方开挖工程的质量检验标准应符合表 2-6～表 2-9 的规定。

表 2-6 柱基、基坑、基槽土方开挖工程质量检验标准

项	序	项目	允许值或允许偏差		检查方法
			单位	数值	
主控项目	1	标高	mm	0，－50	水准测量
	2	长度、宽度(由设计中心线向两边量)	mm	＋200，－50	全站仪或用钢尺量
	3	坡率	设计值		目测法或用坡度尺检查
一般项目	1	表面平整度	mm	±50	用 2 m 靠尺
	2	基底土性	设计要求		目测法或土样分析

表 2-7 挖方场地平整土方开挖工程质量检验标准

项	序	项目	允许值或允许偏差			检查方法
			单位	数值		
主控项目	1	标高	mm	人工	±30	水准测量
				机械	±50	
	2	长度、宽度(由设计中心线向两边量)	mm	人工	＋300，－100	全站仪或用钢尺量
				机械	＋500，－150	
	3	坡率	设计值			目测法或用坡度尺检查
一般项目	1	表面平整度	mm	人工	±20	用 2 m 靠尺
				机械	±50	
	2	基底土性	设计要求			目测法或土样分析

表 2-8 管沟土方开挖工程质量检验标准

项	序	项目	允许值或允许偏差		检查方法
			单位	数值	
主控项目	1	标高	mm	0，－50	水准测量
	2	长度、宽度(由设计中心线向两边量)	mm	＋100，0	全站仪或用钢尺量
	3	坡率	设计值		目测法或用坡度尺检查
一般项目	1	表面平整度	mm	±20	用 2 m 靠尺
	2	基底土性	设计要求		目测法或土样分析

表 2-9　地(路)面基层土方开挖工程质量检验标准

项	序	项目	允许值或允许偏差		检查方法
			单位	数值	
主控项目	1	标高	mm	0，−50	水准测量
	2	长度、宽度(由设计中心线向两边量)	设计值		全站仪或用钢尺量
	3	坡率	设计值		目测法或用坡度尺检查
一般项目	1	表面平整度	mm	±20	用 2m 靠尺
	2	基底土性	设计要求		目测法或土样分析

注：地(路)面基层的偏差只适用于直接在挖、填方上做地(路)面的基层。

◆)) 任务实施

土方开挖方案的编制内容如下：

第一部分　综合说明

一、工程概况

二、编制依据

三、总体施工部署

　　1. 质量目标

　　2. 工期目标

　　3. 安全文明施工目标

　　4. 施工部署

第二部分　土方开挖方案

一、施工准备

　　1. 工程投入的主要物资

　　2. 拟投入的机械设备情况及进出场计划

　　3. 劳动力计划

二、主要施工方法

三、确保工程质量的技术组织措施

四、确保安全生产的技术组织措施

五、确保文明施工的技术组织措施

六、确保工期的技术组织措施及施工网络图

　　1. 进度安排及进度控制

　　2. 组织措施

　　3. 技术、设备、劳力保证措施

　　4. 资金、材料工期保证措施

　　5. 外围环境工期保证措施

七、减少噪声、降低环境污染技术措施

八、地上、地下管线及道路和绿化带的保护措施

九、与其他施工队伍友好配合措施

任务三　土方回填

学习任务

　　某小区南区独栋楼一层车库地面业主在入住时发现有下陷问题，混凝土水泥地面有裂缝，局部有下陷，雨期赶上大雨地下水上涨，车库地面下回填土下沉，导致混凝土地面大面积下沉。经查原因：此地面为混凝土地面，下部为回填土，因回填土回填质量差，没有逐步夯实，导致下沉情况，雨期时情况更加严重。

　　提出问题：试描述回填土施工工艺。

知识链接

一、填土的要求

微课：土方回填

1. 土料要求

填方土料应符合设计要求，设计无规定时应符合以下规定：

(1)碎石类土、砂土和爆破石碴(粒径不大于每层铺厚的2/3)，可用于表层以下的填料。

(2)含水量符合压实要求的黏性土，可用作各层填料。

(3)碎块草皮和有机质含量大于8%的土，仅用于无压实要求的填方。

(4)淤泥和淤泥质土，一般不能用作填料，但在软土或沼泽地区，经过含水量处理符合压实要求后，可用于填方中的次要部位。含有大量有机物的土壤、石膏或水溶性硫酸盐含量大于2%的土壤、冻结或液化状态的土壤不能作填土之用。

2. 最佳含水量

回填土含水量过大或过小都难以夯压密实，当土壤在最佳含水量条件下压实时，能获得最大的密实度。当土壤过湿时，可先晒干或掺入干土；当土壤过干时，应洒水湿润以取得较佳的含水量。土的最优含水量和最大密实度参考数值见表2-10。黏性土料施工含水量与最优含水量之差可控制在-4%～+2%范围内(使用振动碾时，可控制在-6%～+2%范围内)。

表2-10　土的最优含水量和最大干密度参考值

项次	土的种类	变动范围	
		最优含水量/%(质量比)	最大干密度/(t·m⁻³)
1	砂土	8～12	1.80～1.88
2	黏土	19～23	1.58～1.70
3	粉质黏土	12～15	1.85～1.95
4	粉土	16～22	1.61～1.80

注：1. 表中土的最大干密度应以现场实际达到的数字为准；

　　2. 一般性的回填，可不做此项测定。

土料含水量一般以手握成团，落地开花为适宜。当含水量过大时，应采取翻松、晾干、风干、换土回填、掺入干土或其他吸水性材料等措施；如土料过干，则应预先洒水润湿，每立方米铺好的土层需要补充水量(L)按下式计算：

$$V = \frac{\rho_w}{1+w}(w_{op} - w) \tag{2-12}$$

式中 V——单位体积内需要补充的水量(L)；

      w——土的天然含水量(%)(以小数计)；

      w_{op}——土的最优含水量(%)(以小数计)；

      ρ_w——填土碾压前的密度(kg/m³)。

当含水量小时，亦可采取增加压实遍数或使用大功率压实机械等措施。

当气候干燥时，须采取加速挖土、运土、平土和碾压过程，以减少土的水分散失。

当填料为碎石类土(充填物为砂土)时，碾压前应充分洒水湿透，以提高压实效果。

3. 填土的分层厚度

填方工程应分层铺土压实，分层厚度和压实遍数根据压实机具而定(表 2-11)。

表 2-11   填方分层的铺土厚度和压实遍数表

压实机具	每层铺土厚度/mm	每层压实遍数/mm
平碾	250～300	6～8
羊足碾	250～350	8～15
振动压实机	250～350	3～4
柴油打夯机	200～250	3～4
人工打夯	不大于 200	3～4

4. 填方施工注意事项

(1)填土应从场地最低部分开始，由一端向另一端自下而上分层铺筑。

(2)斜坡上的土方回填应将斜坡改成阶梯形，以防填方滑动。

(3)填方区如有积水、杂物和软弱土层等，必须进行换土回填，换土回填亦分层进行。

(4)回填基坑、墙基或管沟时，应从四周或两侧分层、均匀、对称进行，以防基础、墙基或管道在土压力下产生偏移和变形。

二、填土的压实方法

1. 碾压法

碾压法适用于大面积的场地平整和路基、堤坝工程，用压路机进行填方压实时，填土厚度不应超过 25～30 cm，碾压遍数一样，碾轮重量先轻后重，碾压方向应从两边逐渐压向中央，每次碾压应有 15～25 cm 的重叠。

2. 夯实法

夯实法俗称"打夯"，是利用夯锤自由下落的冲击力来夯实土壤。中国传统的"打夯"方法有木夯、石夯、飞硪等。

常用的蛙式打夯机、振动打夯机、内燃打夯机适用于黏性较低的土，常用于基坑(槽)、管沟部位小面积的回填土的夯实，也可配合压路机对边缘或边角碾压不到之处进行夯实。填土厚度不大于 25 cm，一夯压半夯、依次夯打。

3. 强夯法

强夯法(图 2-27)是利用起重机械和重锤进行软土地基处理的施工方法，可夯实较厚的土层。

4. 振动法

振动法适用于非黏性土壤的振动夯实。此法的主要施工机械是振动压路机、平板振动器。双钢轮驱动振动压路机(图 2-28)压实效果好、影响深度大、生产效率高，适用于各类土壤的压实，是大型土石方压实的首选设备。

图 2-27　强夯法　　　　　　　　　图 2-28　双钢轮驱动振动压路机

三、土方回填质量验收标准

(1)施工前应检查基底的垃圾、树根等杂物清除情况，测量基底标高、边坡坡率，检查验收基础外墙防水层和保护层等。回填料应符合设计要求，并应确定回填料含水量控制范围、铺土厚度、压实遍数等施工参数。

(2)施工中应检查排水系统，每层填筑厚度、辗迹重叠程度、含水量控制、回填土有机质含量、压实系数等。回填施工的压实系数应满足设计要求。当采用分层回填时，应在下层的压实系数经试验合格后进行上层施工。填筑厚度及压实遍数应根据土质、压实系数及压实机具确定。无试验依据时，应符合表 2-11 的规定。

(3)填方工程质量检验标准应符合表 2-12、表 2-13 的规定。

表 2-12　柱基、基坑、基槽、管沟、地(路)面基础层填方工程质量检验标准

项	序	项目	允许值或允许偏差		检查方法
			单位	数值	
主控项目	1	标高	mm	0，−50	水准测量
	2	分层压实系数	不小于设计值		环刀法、灌水法、灌砂法
一般项目	1	回填土料	设计要求		取样检查或直接鉴别
	2	分层厚度	设计值		水准测量及抽样检查
	3	含水量	最优含水量±2%		烘干法
	4	表面平整度	mm	±20	用 2 m 靠尺
	5	有机质含量	≤5%		灼烧减量法
	6	辗迹重叠长度	mm	500～1 000	用钢尺量

表 2-13　场地平整填方工程质量检验标准

项	序	项目	允许值或允许偏差			检查方法
			单位	数值		
主控项目	1	标高	mm	人工	±30	水准测量
				机械	±50	
	2	分层压实系数	不小于设计值			环刀法、灌水法、灌砂法
一般项目	1	回填土料	设计要求			取样检查或直接鉴别
	2	分层厚度	设计值			水准测量及抽样检查
	3	含水量	最优含水量±4%			烘干法
	4	表面平整度	mm	人工	±20	用 2 m 靠尺
				机械	±30	
	5	有机质含量	≤5%			灼烧减量法
	6	辗迹重叠长度	mm	500～1 000		用钢尺量

◀》 任务实施

一、操作流程

基坑(槽)底地坪上清理→检验土质→分层铺土、耙平→夯打、分层碾压密实→检验密实度→修整找平验收。

二、操作工艺

(1)当填方基底为积土或耕植土时,如设计无要求,可采用推土机或工程机械压实 5～6 遍。

(2)填筑黏性土,应在填土前检验填料的含水率。含水量偏高时,可采用翻松晾晒、均匀掺入干土等措施;含水量偏低,可预先洒水湿润,也可采用增加压实遍数或使用大功率压实机械等措施。

(3)使用碎石类土或爆破石碴作填料时,其最大粒径不得超过每层铺填厚度的 2/3;当使用振动碾压时,不得超过每层铺填厚度的 3/4;铺填时,大块料不应集中,且不得填在分段接头处或填方与山坡连接处。

若填方场内有打桩或其他特殊工程时,块(漂)石填料的最大粒径不应超过设计要求。

(4)填料为砂土或碎石土(充填物为砂土)时,回填前宜充分洒水湿润,可用较重的平板振动器分层振实,每层振实不少于 3 遍。

(5)回填土应水平分层找平夯实,分层厚度和压实遍数应根据土质、压实系数和机具的性能确定。

(6)路基和密实度要求较高的大型填方,宜用振动平碾压实。使用自重 8～15 t 的振动平碾压实爆破石碴类土时,铺土厚度一般为 0.6～1.5 m,宜先静压后振压。碾压遍数应由现场试验确定,一般为 6～8 遍。

(7)墙柱基回填应在相对两侧或四侧对称同时进行。两侧回填高差要控制,以免把墙挤歪;深浅两基坑(槽)相连时,应先填夯深基础,填至浅基坑标高时,再与浅基坑一起填夯。

(8)分段分层填土，交接处应填成阶梯形，每层互相搭接，其搭接长度应不少于每层填土厚度的 2 倍，上下层错缝距离不少于 1 m。

(9)挡土墙墙背的填土，应选用透水性较好的土，如石屑或掺入碎石等，并按设计要求做好滤水层和排水盲沟。

(10)混凝土、砖、石砌体挡土墙，必须在混凝土或砂浆达到设计强度后才能回填土方，否则要做护壁支撑方案，以防挡土墙变形倾覆。

(11)管沟内填土，应从管道两边同时进行回填和夯实。填土超过管顶 0.5 m 厚时，方准用动力打夯，但不宜用振动平碾压实。

(12)对有压实要求的填方，在打夯或碾压时，如出现弹性变形的土(俗称橡皮土)，应将该部分土方挖除，另用砂土或含砂石较多的土回填。

(13)采用机械压实的填土，在角隅用人工加以夯实。人工填土，每层填土厚度为 150 mm，夯重应为 30～40 kg；每层厚度为 200 mm，夯重应为 60～70 kg。打夯要领为"夯高过膝，一夯压半夯，夯排三次"。夯实基坑(槽)、地坪的行夯路线由四边开始，夯向中间。

(14)填方基土为杂填土，应按设计要求加固地基，并妥善处理基底下的软硬点、空洞、旧基及暗塘等。填方基土为软土，应根据设计要求进行地基处理。如设计无要求时，应按现行规范的规定施工。

(15)每层填土压实后都应做干重度试验，用环刀法取样，基坑每 20～50 m 长度取样一组(每个基坑不少于一组)；基槽或管沟回填，按长度 20～50 m 取样一组；室内填土按 100～500 m² 取样一组；场地平整按 400～900 m³ 取样一组。

采用灌砂(或灌水)法取样时，取样数量可较环刀法适当减少，并注意正确取样的部位和随机性。

思考与练习

1. 土的可松性对土方施工有何影响？
2. 试述场地平整土方量计算步骤及方法。
3. 场地平整和土方开挖施工机械有哪几类？
4. 填土压实的方法主要有哪些？影响填土压实的主要因素有哪些？
5. 填土压实的质量标准有哪些？

项目三 基坑工程施工

📌 **知识目标**

◇ 熟悉土的抗剪强度基本理论：库仑定律、土的极限平衡条件及其判定方法。
◇ 掌握边坡稳定及基坑支护的基本原理及主要方法。
◇ 掌握基坑降水的相关知识。
◇ 熟悉基坑监测的主要内容。

📌 **能力目标**

◇ 能够应用土的抗剪强度理论及极限平衡条件。
◇ 能够读懂基坑开挖及支护结构的施工方案。
◇ 能够制订基坑降水方案。
◇ 能够读懂基坑监测方案。

近年来，随着我国经济建设和城市建设的快速发展，地下工程越来越多。高层建筑的多层地下室、地铁车站、地下车库、地下商场、地下仓库和地下人防工程等施工时都需开挖较深的基坑，有的高层建筑多层地下室平面面积达数万平方米，有的深度达几十米，施工难度较大。

大量深基坑工程的出现，促进了设计计算理论的提高和施工工艺的发展，通过大量的工程实践和科学研究，逐步形成了基坑工程这一新的学科。它涉及多个学科，是土木工程领域内目前发展最迅速的学科之一，也是工程实践要求最迫切的学科之一。对基坑工程进行正确的设计和施工，能带来巨大的经济和社会效益，对加快工程进度和保护周围环境能发挥重要作用。

任务一　基坑支护

▶ **学习任务**

某工程设计为29层住宅，两层地下室，总高度为93.3 m，剪力墙结构，基坑开挖深度为11.2 m，地下水不流动。自地表往下第一层为填土，厚度为2 m；第二层为粉质黏土，厚度为8 m；第三层为黏土，厚4 m。

如图3-1所示，基坑开挖前，在西侧做了28根直径700 mm的钢筋混凝土灌注桩，中心距1.4 m。桩体通长布置20Φ22的螺纹钢筋，并在基坑地面上、下各2 m范围内加配10Φ22的螺纹钢筋。

基坑分三层开挖，每层挖深 4.0 m，当挖到 11.5 m 时，粉质黏土层丧失稳定，成片土方滑移 3.5 m 左右，同时有 10 根灌注桩倾倒并折断，造成 1 000 m² 的塌方，工期拖延 40 d，直接经济损失 100 万元，塌方现场如图 3-2 所示。

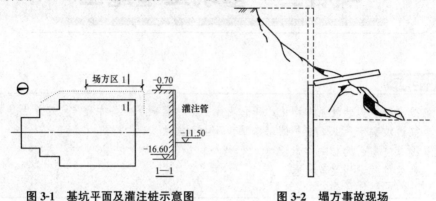

图 3-1　基坑平面及灌注桩示意图　　　　图 3-2　塌方事故现场

提出问题：

1. 分析发生塌方事故的原因。
2. 提出解决方案。

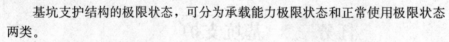

知识链接

一、基坑工程的设计原则与基坑安全等级

(一)基坑支护结构的极限状态

根据中华人民共和国现行行业标准《建筑基坑支护技术规程》(JGJ 120—2012)的规定，基坑支护结构应采用以分项系数表示的极限状态设计方法进行设计。

基坑支护结构的极限状态，可分为承载能力极限状态和正常使用极限状态两类。

微课：基坑工程的设计原则与安全等级

1. 承载能力极限状态

(1)支护结构构件或连接因超过材料强度而破坏，或因过度变形而不适于继续承受荷载，或出现压屈、局部失稳。

(2)支护结构及土体整体滑动。

(3)坑底土体隆起而丧失稳定。

(4)对支挡式结构，坑底土体丧失嵌固能力而使支护结构推移或倾覆。

(5)对锚拉式支挡结构或土钉墙，土体丧失对锚杆或土钉的锚固能力。

(6)重力式水泥土墙整体倾覆或滑移。

(7)重力式水泥土墙、支挡式结构因其持力土层丧失承载能力而破坏。

(8)地下水渗流引起的土体渗透破坏。

2. 正常使用极限状态

(1)造成基坑周边建(构)筑物、地下管线、道路等损坏或影响其正常使用的支护结构位移。

(2)因地下水位下降、地下水渗流或施工因素而造成基坑周边建(构)筑物、地下管线、道路等损坏或影响其正常使用的土体变形。

(3)影响主体地下结构正常施工的支护结构位移。

(4)影响主体地下结构正常施工的地下水渗流。

(二)基坑支护结构的安全等级

根据《建筑基坑支护技术规程》(JGJ 120—2012)的规定，其坑侧壁的安全等级分为三级，不同等级采用相对应的重要性系数 γ_0，基坑侧壁的安全等级分级见表 3-1。

表 3-1　基坑侧壁安全等级及重要性系数

安全等级	破坏后果	重要性系数 γ_0
一级	支护结构破坏、土体失稳或过大变形对基坑周边环境及地下结构施工影响很严重	1.10
二级	支护结构破坏、土体失稳或过大变形对基坑周边环境及地下结构施工影响一般	1.00
三级	支护结构破坏、土体失稳或过大变形对基坑周边环境及地下结构施工影响不严重	0.90
注：有特殊要求的建筑基坑侧壁安全等级可根据具体情况另行确定。		

支护结构设计，应考虑其结构水平变形、地下水的变化对周边环境的水平与竖向变形的影响。对于安全等级为一级的和对周边环境变形有限定要求的二级建筑基坑侧壁，应根据周边环境的重要性，对变形适应能力和土的性质等因素，确定支护结构的水平变形限值。

当地下水位较高时，应根据基坑及周边区域的工程地质条件、水文地质条件、周边环境情况和支护结构形式等因素，确定地下水的控制方法。当基坑周围有地表水汇流、排泄或地下水管渗漏时，应对基坑采取保护措施。

对于安全等级为一级及对支护结构变形有限定的二级建筑基坑侧壁，应对基坑周边环境及支护结构变形进行验算。

基坑工程分级的标准，各种规范和各地也不尽相同，各地区、各城市根据自己的特点和要求做了相应的规定，以便于进行岩土勘察、支护结构设计和审查基坑工程施工方案等。

二、土中应力计算

(一)土层自重应力的计算

土层自重应力是指由土体重力引起的应力。自重应力一般是从土体形成就在土中产生，它与是否修建建筑物无关。

微课：土中自重应力

1. 竖向自重应力

假想天然地基为一无限大的均质同性半无限体，各土层分界面为水平面。于是，在自重力作用下只能产生竖向变形，而无侧向位移及剪切变形存在。因此，地基中任意深度 z 处的竖向自重应力就等于单位面积上的土柱自重(图 3-3)。

对于均质土(土的重度 γ 为常数)，在地表以下深度 z 处的竖向自重应力为

$$\sigma_{cz} = \frac{\gamma z A}{A} = \gamma \cdot z \qquad (3\text{-}1)$$

所以，均质土层中的自重应力随深度线性增加，呈三角形分布。

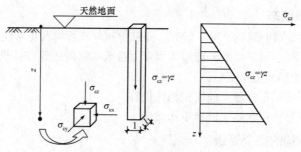

图 3-3 均质土的自重应力

2. 水平自重应力

地基中除存在作用于水平面上的竖向自重应力 σ_{cz} 外，还存在作用于竖直面上的水平向应力 σ_{cx} 和 σ_{cy}。根据弹性理论和土体侧限条件可知，土中任意深度 z 处的水平自重应力 σ_{cx} 和 σ_{cy} 为

$$\sigma_{cx} = \sigma_{cy} = K_0 \sigma_{cz} \tag{3-2}$$

式中 σ_{cx}, σ_{cy} —— x、y 方向的水平自重应力；

K_0 —— 土的侧压力系数，也称土的静力影响系数，通常通过试验测定。

式（3-2）表明土体水平自重应力与竖向自重应力成正比。

3. 不透水层的影响

在地下水位以下如果存在不透水层，如基岩或只含结合水的坚硬黏土层，由于不透水层中不存在水的浮力，作用在不透水层及层面以下的土的自重应力应等于上覆土和水的总重。

4. 地下水对自重应力的影响

处于地下水位以下的土，由于受到水的浮力作用，土的重度减轻，计算时采用土的有效重度 $\gamma' = \gamma_{sat} - \gamma_w$。

地下水位的升降会引起土中自重应力的变化，如图 3-4 所示。当水位下降时，原水位以下自重应力增加；当水位上升时，对设有地下室的建筑或地下建筑工程地基的防潮不利。

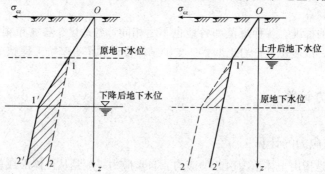

图 3-4 地下水位的升降对自重应力的影响

一般情况下，天然地基往往由若干层土组成，则 z 处的竖向自重应力为各层土竖向自重应力之和，即

$$\sigma_{cz} = \gamma_1 h_1 + \gamma_2 h_2 + \cdots + \gamma_n h_n = \sum_{i=1}^{n} \gamma_i h_i \tag{3-3}$$

式中 n —— 从天然地面到深度 z 处的土层数；

γ_i —— 第 i 层土的重度（ kN/m³），地下水位线以上的土层一般取天然重度，地下水位线以下的土层取有效重度；

h_i —— 第 i 层土的厚度。

由式(3-3)可知，成层土的竖向自重应力沿深度呈折线分布，转折点位于 γ 值发生变化的土层界面上，如图 3-5 所示。

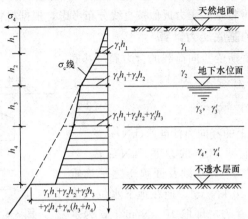

图 3-5　成层土中竖向自重应力沿深度的分布

(二)基底压力的计算

微课：基底压力和
基底附加压力

建筑物上部结构荷载和基础自重通过基础传递，在基础底面处施加于地基上的单位面积压力(方向向下)，称为基底压力。同时，也存在着地基对基础的反作用力(方向向上)，称为地基反力。两者大小相等。在计算地基土中某点的应力以及确定基础结构时，必须研究基底压力的计算方法和分布规律。

试验和理论都证明，基底压力的分布形态与基础的刚度、平面形状、尺寸、埋置深度、基础上作用荷载的大小及性质和地基土的性质等因素有关。

当基础为完全柔性时，就像放在地上的薄膜一样，在垂直荷载作用下没有抵抗弯矩变形的能力，基础随着地基一起变形。基底压力的分布与作用在基础上的荷载分布完全一致，如图 3-6 所示。在中心受压时，为均匀受压。实际工程中并没有完全柔性的基础，常把土坝(堤)及用钢板做成的储油罐底板等视为柔性基础。

对绝对刚性基础，本身刚度很大，在外荷载作用下，基础底面保持不变形，即基础各点的沉降是相同的，为了使基础与地基的变形保持协调一致，刚性基础基底压力的分布要重新调整。通常在中心荷载作用下，基底压力呈马鞍形分布，中间小而两边大，如图 3-7(a)所示。当基础上的荷载较大时，基础边缘因为应力很大，使土产生塑性变形，边缘应力不再增大，而使中间部分继续增大，基底压力分布呈抛物线形，如图 3-7(b)所示。当作用在基础上的荷载继续增大，接近地基的破坏荷载时，应力图形又变成中部凸出的钟形，如图 3-7(c)所示。通常把块式整体基础和素混凝土基础视为刚性基础。

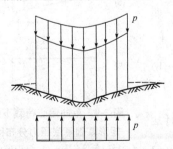

图 3-6　柔性基础基底压力分布

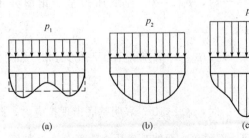

图 3-7　刚性基础基底压力分布
(a)马鞍形分布；(b)抛物线形分布；(c)钟形分布

一般建筑物基础是介于柔性基础与绝对刚性基础之间的，具有一定的抗弯刚度。作用在基础上的荷载一般不会很大，基底压力分布大多呈马鞍形。因此，精确地确定基底压力是一个相当复杂的问题，工程中通常将基底压力近似按直线分布考虑，根据材料力学公式进行简化计算。

1. 轴心荷载作用下的基底压力计算

轴心荷载作用下的基底所受竖向荷载的合力通过基底形心，如图 3-8 所示。基底压力按下式计算：

$$p_k = \frac{F_k + G_k}{A} \tag{3-4}$$

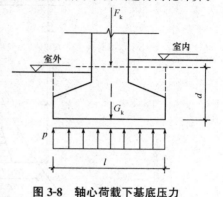

图 3-8　轴心荷载下基底压力

式中　F_k——作用于基础上的竖向力标准值(kN)；

G_k——基础及其上回填土的总重(kN)；$G_k = \gamma_G A d$，其中 γ_G 为基础及回填土之平均重度，一般取 20 kN/m^3，但在地下水位以下部分应扣去浮力，即取 10 kN/m^3；d 为基础埋深，当室内外设计地面不同时取平均值(m)；

A——基底面积(m^2)，对矩形基础 $A = l \cdot b$，l 和 b 分别为基础的长和宽。

对于荷载沿长度方向均匀分布的条形基础，取单位长度 1 m 进行基底平均压力 p_k 的计算，A 改为 b (m)，而 F_k 及 G_k 则为沿基础延伸方向 1 m 截面内的相应值(kN/m)。

2. 偏心荷载作用下的基底压力计算

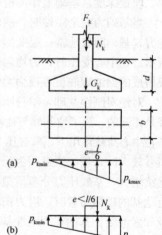

微课：基底压力的
简化计算

常见的偏心荷载作用在矩形基础的一个主轴上(称为单向偏心)，为了抵抗荷载的偏心作用，设计时通常把基础底面的长边放在偏心方向。此时两短边边缘最大压力 p_{kmax} 与最小压力 p_{kmin} 按材料力学公式计算：

$$\frac{p_{kmax}}{p_{kmin}} = \frac{F_k + G_k}{A} \pm \frac{M_k}{W} \tag{3-5}$$

式中　M_k——相应于荷载效应标准组合时，作用在基底形心上的力矩值，$M_k = (F_k + G_k) \cdot e$，$e$ 为偏心距；

W——基础底面的抵抗矩，$W = bl^2/6$。

将偏心距 $e = \dfrac{M_k}{F_k + G_k}$ 和 $W = bl^2/6$ 代入式(3-5)，得：

$$\frac{p_{kmax}}{p_{kmin}} = \frac{F_k + G_k}{lb}\left(1 \pm \frac{6e}{l}\right) \tag{3-6}$$

由式(3-6)可知，按荷载偏心距 e 的大小，基底压力的分布可能出现下述三种情况(图 3-9)：

(1)当 $e = \dfrac{l}{6}$ 时，$p_{kmin} = 0$，基底压力呈三角形分布，如图 3-9(a)所示。

(2)当 $e < \dfrac{l}{6}$ 时，$p_{kmin} > 0$，基底压力呈梯形分布，如图 3-9(b)所示。

(3)当 $e > \dfrac{l}{6}$ 时，$p_{kmin} < 0$，表明基底出现拉应力，此时基底与地基之间局部脱离，而使基底压力重新分布，如图 3-9(c)所示。根据偏心荷载与基底反力平衡的条件，荷载合力 $F_k +$

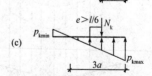

图 3-9　单向偏心荷载下的
矩形基础基底压力分布图

(a)呈三角形分布；(b)呈梯形分布；
(c)使基底压力重新分布

G_k 应通过三角形反力分布图的形心,由此可得:

$$p_{kmax} = \frac{2(F_k + G_k)}{3ab} \tag{3-7}$$

式中　a——荷载作用点至基底边缘的距离,$a = \frac{l}{2} - e$。

对于条形基础:

$$p_{kmax} = \frac{2(F_k + G_k)}{3a} \tag{3-8}$$

注意:当计算得到 $p_{kmin} < 0$ 时,一般应调整结构设计和基础尺寸设计,以避免基底与地基间局部脱离的情况。

【案例 3-1】 柱基础底面尺寸为 1.2 m×1.0 m,作用在基础底面的偏心荷载 $F+G=$ 150 kN,如图 3-10 所示。如果偏心距分别为 0.1 m、0.2 m、0.3 m,试确定基础底面压力数值,并绘出压力分布图。

【解】 (1)当偏心距 $e = 0.1$ m 时,因为 $e = 0.1$ m $< l/6 = 1.2/6 =$ 0.2 m,故最大和最小应力可按式(3-6)计算:

$$p_{max} = \frac{F+G}{lb}\left(1 + \frac{6e}{l}\right) = \frac{150}{1.2 \times 1.0}\left(1 + \frac{6 \times 0.1}{1.2}\right) = 187.5 \ (kN/m^2)$$

$$p_{min} = \frac{F+G}{lb}\left(1 - \frac{6e}{l}\right) = \frac{150}{1.2 \times 1.0}\left(1 - \frac{6 \times 0.1}{1.2}\right) = 62.5 \ (kN/m^2)$$

应力分布图如图 3-11(a)所示。

(2)当偏心距 $e = 0.2$ m 时,因为 $e = 0.2$ m $= l/6 = 0.2$ m,最大和最小应力仍可按式(3-6)计算:

$$p_{max} = \frac{150}{1.2 \times 1.0}\left(1 + \frac{6 \times 0.2}{1.2}\right) = 250 \ (kN/m^2)$$

$$p_{min} = \frac{150}{1.2 \times 1.0}\left(1 - \frac{6 \times 0.2}{1.2}\right) = 0 \ (kN/m^2)$$

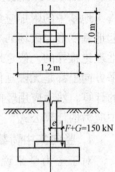

图 3-10　应用案例 3-1

应力分布图如图 3-11(b)所示。

(3)当偏心距 $e = 0.3$ m 时,因为 $e = 0.3$ m $> l/6 = 0.2$ m,故基底应力需按式(3-7)计算:

$$p_{max} = \frac{2(F+G)}{3\left(\frac{l}{2} - e\right)b} = \frac{2 \times 150}{3 \times \left(\frac{1.2}{2} - 0.3\right) \times 1.0} = 333.3 \ (kN/m^2)$$

基础受压宽度:

$$b' = 3 \times \left(\frac{1.2}{2} - 0.3\right) = 0.9 \ (m)$$

应力分布图如图 3-11(c)所示。

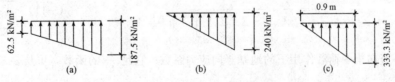

图 3-11　案例 3-1 应力分布图

(a)$e = 0.1$ m 时;(b)$e = 0.2$ m 时;(c)$e = 0.3$ m 时

说明:由[案例 3-1]可见,偏心受压基础底面的压力分布,随偏心距而变化,偏心距越大,基底压力分布越不均匀。所以,在设计偏心受压基础时,应当注意选择合理的基础底面尺寸,尽量减小偏心距以保证建筑物的荷载比较均匀地传递给地基,以免基础过分倾斜。

3. 基底附加压力

综上所述，一般天然土层，土的自重应力不会引起地基变形，只有新增建筑物的荷载，即作用于地基表面的附加压力才能引起地基产生附加应力和变形。通常，基础总是埋置于天然地面下一定深度处，该处原有的自重应力因基坑开挖而卸除。因此，在计算由建筑物造成的基底附加压力时，应扣除基底标高处土中原有的自重应力后，

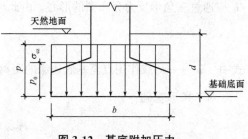

图 3-12　基底附加压力

才是基底平面处新增加于地基的基底附加压力，如图 3-12 所示。基底平均附加压力值按式（3-9）计算：

$$p_0 = p_k - \sigma_{cz} = p - \gamma_0 d \tag{3-9}$$

（三）竖向荷载作用下地基附加应力的计算

地基中的附加应力是指由新增外加荷载在地基中引起的应力增量，它是引起地基变形与破坏的主要因素。目前，我国采用的附加应力计算方法是根据弹性理论推导的。假定地基土是各向同性、均质的线性变形体，而且在深度和水平方向上都是无限延伸的。本节首先讨论在竖向集中荷载作用下地基附加应力的计算，然后应用竖向集中力的解答，通过积分的方法得到矩形均布荷载下土中应力的计算公式。

微课：竖向集中荷载作用下的附加应力

1. 竖向集中荷载作用下土中附加应力的计算

对于土力学来说，σ_z 具有特别重要的意义，它是使地基土产生压缩变形的原因。由式（3-9）可知，垂直应力 σ_z 只与荷载 p 和点的位置有关，而与地基土变形性质无关（μ, E）。

当半极限弹性体表面上作用着竖向集中力 p 时，弹性体内部任意点 $M(x, y, z)$ 的六个应力分量分别为 $\sigma_x, \sigma_y, \sigma_z, \tau_{xy} = \tau_{yx}, \tau_{yz} = \tau_{zy}, \tau_{xz} = \tau_{zx}$，如图 3-13 所示。

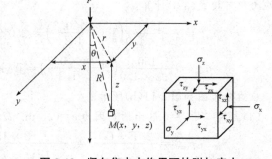

图 3-13　竖向集中力作用下的附加应力

由弹性力学知识和几何关系可以得到：

$$\sigma_z = \frac{3p}{2\pi} \cdot \frac{z^3}{R^5} = \frac{3p}{2\pi \cdot z^2} \cdot \frac{1}{\left[1 + \left(\frac{r}{z}\right)^2\right]^{5/2}} = \alpha \cdot \frac{p}{z^2} \tag{3-10}$$

$$\alpha = \frac{3}{2\pi} \cdot \frac{1}{\left[1 + \left(\frac{r}{z}\right)^2\right]^{5/2}} \tag{3-11}$$

微课：土中附加应力基本概念

式中　α ——竖向集中荷载作用下的地基竖向应力系数；它是 $\frac{r}{z}$ 的函数，可从表 3-2 中查取。

表 3-2　集中荷载作用下地基附加应力系数 α

$\frac{r}{z}$	α	$\frac{r}{z}$	α	$\frac{r}{z}$	α	$\frac{r}{z}$	α	$\frac{r}{z}$	α
0.00	0.48	0.40	0.33	0.80	0.14	1.20	0.05	1.60	0.02
0.01	0.48	0.41	0.32	0.81	0.14	1.21	0.05	1.61	0.02

$\frac{r}{z}$	α	$\frac{r}{z}$	α	$\frac{r}{z}$	α	$\frac{r}{z}$	α	$\frac{r}{z}$	α
0.02	0.48	0.42	0.32	0.82	0.13	1.22	0.05	1.62	0.02
0.03	0.48	0.43	0.31	0.83	0.13	1.23	0.05	1.63	0.02
0.04	0.48	0.44	0.31	0.84	0.13	1.24	0.05	1.64	0.02
0.05	0.47	0.45	0.30	0.85	0.12	1.25	0.05	1.65	0.02
0.06	0.47	0.46	0.30	0.86	0.12	1.26	0.04	1.66	0.02
0.07	0.47	0.47	0.29	0.87	0.12	1.27	0.04	1.67	0.02
0.08	0.47	0.48	0.28	0.88	0.11	1.28	0.04	1.68	0.02
0.09	0.47	0.49	0.28	0.89	0.11	1.29	0.04	1.69	0.02
0.10	0.47	0.50	0.27	0.90	0.11	1.30	0.04	1.70	0.02
0.11	0.46	0.51	0.27	0.91	0.11	1.31	0.04	1.72	0.02
0.12	0.46	0.52	0.26	0.92	0.10	1.32	0.04	1.74	0.01
0.13	0.46	0.53	0.26	0.93	0.10	1.33	0.04	1.76	0.01
0.14	0.45	0.54	0.25	0.94	0.10	1.34	0.04	1.78	0.01
0.15	0.45	0.55	0.25	0.95	0.10	1.35	0.04	1.80	0.01
0.16	0.45	0.56	0.24	0.96	0.09	1.36	0.03	1.82	0.01
0.17	0.44	0.57	0.24	0.97	0.09	1.37	0.03	1.84	0.01
0.18	0.44	0.58	0.23	0.98	0.09	1.38	0.03	1.86	0.01
0.19	0.44	0.59	0.23	0.99	0.09	1.39	0.03	1.88	0.01
0.20	0.43	0.60	0.22	1.00	0.08	1.40	0.03	1.90	0.01
0.21	0.43	0.61	0.22	1.01	0.08	1.41	0.03	1.92	0.01
0.22	0.42	0.62	0.21	1.02	0.08	1.42	0.03	1.94	0.01
0.23	0.42	0.63	0.21	1.03	0.08	1.43	0.03	1.96	0.01
0.24	0.42	0.64	0.20	1.04	0.08	1.44	0.03	1.98	0.01
0.25	0.41	0.65	0.20	1.05	0.07	1.45	0.03	2.00	0.01
0.26	0.41	0.66	0.19	1.06	0.07	1.46	0.03	2.10	0.01
0.27	0.40	0.67	0.19	1.07	0.07	1.47	0.03	2.20	0.01
0.28	0.40	0.68	0.18	1.08	0.07	1.48	0.03	2.30	0.00
0.29	0.39	0.69	0.18	1.09	0.07	1.49	0.03	2.40	0.00
0.30	0.38	0.70	0.18	1.10	0.07	1.50	0.03	2.50	0.00
0.31	0.38	0.71	0.17	1.11	0.06	1.51	0.02	2.60	0.00
0.32	0.37	0.72	0.17	1.12	0.06	1.52	0.02	2.70	0.00
0.33	0.37	0.73	0.16	1.13	0.06	1.53	0.02	2.80	0.00
0.34	0.36	0.74	0.16	1.14	0.06	1.54	0.02	2.90	0.00
0.35	0.36	0.75	0.16	1.15	0.06	1.55	0.02	3.00	0.00
0.36	0.35	0.76	0.15	1.16	0.06	1.56	0.02	3.50	0.00
0.37	0.35	0.77	0.15	1.17	0.06	1.57	0.02	4.00	0.00
0.38	0.34	0.78	0.15	1.18	0.05	1.58	0.02	4.50	0.00
0.39	0.34	0.79	0.14	1.19	0.05	1.59	0.02	5.00	0.00

由式(3-10)可知：

(1)在集中力作用线上$\left(r=0, \alpha=\dfrac{3}{2\pi}, \sigma_z=\dfrac{3}{2\pi}\cdot\dfrac{p}{z^2}\right)$，附加应力 σ_z 随着深度 z 的增加而递减(图 3-14)。

(2)当离集中力作用线某一距离 r 时，在地表处的附加应力 $\sigma_z = 0$，随着深度的增加，σ_z 逐渐递增，但到一定深度后，σ_z 又随着深度 z 的增加而减小(图 3-14)。

(3)当 z 一定时，即在同一水平面上，附加应力 σ_z 随着 r 的增大而减小(图 3-14)。

(4)若在空间将 σ_z 相等的点连成曲面，就可以得到 σ_z 的等值线，其空间曲面的形状如同泡状，所以也称为应力泡(图 3-14)。

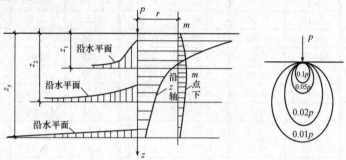

图 3-14　集中荷载作用下土中应力 σ_z 的分布

2. 竖向矩形均布荷载作用下土中附加应力的计算

在工程实际中荷载很少以集中荷载的形式作用在地基上，一般都是通过一定尺寸的基础传递给地基的。对矩形基础，基础底面的形状和荷载分布都有规律，可利用对上述集中荷载引起的附加应力进行积分的方法，计算地基中任意点的附加应力。

(1)矩形均布荷载角点下的附加应力(图 3-15)。假设一竖向矩形均布荷载，长边为 L，短边为 B，荷载强度为 p，则矩形基础底面角点下任意深度 z 处的附加应力：

$$\sigma_z = \alpha_c \cdot p \qquad (3\text{-}12)$$

式中　α_c ——竖向矩形均布荷载作用下矩形基底角点下的附加应力系数，应用时可按 $m = L/B$ 和 $n = z/B$ 查表 3-3 取值。

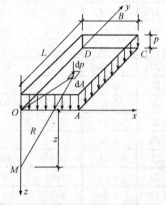

图 3-15　竖向矩形均布荷载
作用时角点下的附加应力

表 3-3　矩形均布荷载角点下的附加应力系数

$n = z/B$	$m = L/B$										
	1.0	1.2	1.4	1.6	1.8	2.0	3.0	4.0	5.0	6.0	10.0
0.0	0.250 0	0.250 0	0.250 0	0.250 0	0.250 0	0.250 0	0.250 0	0.250 0	0.250 0	0.250 0	0.250 0
0.2	0.248 6	0.248 9	0.249 0	0.249 1	0.249 1	0.249 2	0.249 2	0.249 2	0.249 2	0.249 2	0.249 2
0.4	0.240 1	0.242 0	0.242 9	0.243 4	0.243 7	0.243 9	0.244 2	0.244 3	0.244 3	0.244 3	0.244 3
0.6	0.222 9	0.227 5	0.230 0	0.235 1	0.232 4	0.232 9	0.233 9	0.234 1	0.234 2	0.234 2	0.234 2
0.8	0.199 9	0.207 5	0.212 0	0.214 7	0.216 5	0.217 6	0.219 6	0.220 0	0.220 2	0.220 2	0.220 2
1.0	0.175 2	0.185 1	0.191 1	0.195 5	0.198 1	0.199 9	0.203 4	0.204 2	0.204 5	0.204 5	0.204 6
1.2	0.151 6	0.162 6	0.170 5	0.175 8	0.179 3	0.181 8	0.187 0	0.188 2	0.188 5	0.188 7	0.188 8
1.4	0.130 8	0.142 3	0.150 8	0.156 9	0.161 3	0.164 4	0.171 2	0.173 0	0.173 5	0.173 8	0.174 0
1.6	0.112 3	0.124 1	0.132 9	0.143 6	0.144 5	0.148 2	0.156 7	0.159 0	0.159 8	0.160 1	0.160 4

$n=z/B$	$m=L/B$										
	1.0	1.2	1.4	1.6	1.8	2.0	3.0	4.0	5.0	6.0	10.0
1.8	0.096 9	0.108 3	0.117 2	0.124 1	0.129 4	0.133 4	0.143 4	0.146 3	0.147 4	0.147 8	0.148 2
2.0	0.084 0	0.094 7	0.103 4	0.110 3	0.115 8	0.120 2	0.131 4	0.135 0	0.136 3	0.136 8	0.137 4
2.2	0.073 2	0.083 2	0.091 7	0.098 4	0.103 9	0.108 4	0.120 5	0.124 8	0.126 4	0.127 1	0.127 7
2.4	0.064 2	0.073 4	0.081 2	0.087 9	0.093 4	0.097 9	0.110 8	0.115 6	0.117 5	0.118 4	0.119 2
2.6	0.056 6	0.065 1	0.072 5	0.078 8	0.084 2	0.088 7	0.102 0	0.107 3	0.109 5	0.110 6	0.111 6
2.8	0.050 2	0.058 0	0.064 9	0.070 9	0.076 1	0.080 5	0.094 2	0.099 9	0.102 4	0.103 6	0.104 8
3.0	0.044 7	0.051 9	0.058 3	0.064 0	0.069 0	0.073 2	0.087 0	0.093 1	0.095 9	0.097 3	0.098 7
3.2	0.040 1	0.046 7	0.052 6	0.058 0	0.062 7	0.066 8	0.080 6	0.087 0	0.090 0	0.091 6	0.093 3
3.4	0.036 1	0.042 1	0.047 7	0.052 7	0.057 1	0.061 1	0.074 7	0.081 4	0.084 7	0.086 4	0.088 2
3.6	0.032 6	0.038 2	0.043 3	0.048 0	0.052 3	0.056 1	0.069 4	0.076 3	0.079 9	0.081 6	0.083 7
3.8	0.029 6	0.034 8	0.039 5	0.043 9	0.047 9	0.051 6	0.064 5	0.071 7	0.075 3	0.077 3	0.079 6
4.0	0.027 0	0.031 8	0.036 2	0.040 3	0.044 1	0.047 4	0.060 3	0.067 4	0.071 2	0.073 3	0.075 8
4.2	0.024 7	0.029 1	0.033 3	0.037 1	0.040 7	0.043 9	0.056 3	0.063 4	0.067 4	0.069 6	0.072 4
4.4	0.022 7	0.026 8	0.030 6	0.034 3	0.037 6	0.040 7	0.052 7	0.059 7	0.063 9	0.066 2	0.069 6
4.6	0.020 9	0.024 7	0.028 3	0.031 7	0.034 8	0.037 8	0.049 3	0.056 4	0.060 6	0.063 0	0.066 3
4.8	0.019 3	0.022 9	0.026 2	0.029 4	0.032 4	0.035 2	0.046 3	0.053 3	0.057 6	0.060 1	0.063 5
5.0	0.017 9	0.021 2	0.024 3	0.027 4	0.030 2	0.032 8	0.043 5	0.050 4	0.054 7	0.057 3	0.061 0
6.0	0.012 7	0.015 1	0.017 4	0.019 6	0.021 8	0.023 3	0.032 5	0.038 8	0.043 1	0.046 0	0.050 6
7.0	0.009 4	0.011 2	0.013 0	0.014 7	0.016 4	0.018 0	0.025 1	0.030 6	0.034 6	0.037 6	0.042 8
8.0	0.007 3	0.008 7	0.010 1	0.011 4	0.012 7	0.014 0	0.019 8	0.024 6	0.028 3	0.031 1	0.036 7
9.0	0.005 8	0.006 9	0.008 0	0.009 1	0.010 2	0.011 2	0.016 1	0.020 2	0.023 5	0.026 2	0.031 9
10.0	0.004 7	0.005 6	0.006 5	0.007 4	0.008 3	0.009 2	0.013 2	0.016 7	0.019 8	0.022 2	0.028 0

(2)矩形均布荷载下任意点处的附加应力。利用矩形均布荷载角点下的附加应力计算公式(3-12)和应力叠加原理，可以推导出地基中任意点的附加应力，这种方法称为角点法。计算点不位于角点下的四种情况如图 3-16 所示。

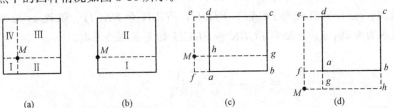

微课：矩形均布荷载下
土中附加应力

图 3-16　以角点法计算竖向矩形均布荷载作用下的地基附加应力

(a)荷载面积内；(b)荷载面积边缘；(c)荷载面积边缘外侧；(d)荷载面积角点外侧

由图 3-16 可见，通过 M 点将荷载面积划分为若干个矩形面积，然后再按式(3-12)计算每个矩形角点下同一深度 z 处的附加应力 σ_z，并求其代数和。

1)计算矩形荷载面积内任意点 M 之下的附加应力时，α_c 为

$$\alpha_c = \alpha_{cI} + \alpha_{cII} + \alpha_{cIII} + \alpha_{cIV}$$

2)计算矩形荷载面积边缘上一点 M 之下的附加应力时，α_c 为

$$\alpha_c = \alpha_{c\text{I}} + \alpha_{c\text{II}}$$

3)计算矩形荷载面积边缘外侧一点 M 之下的附加应力时，α_c 为

$$\alpha_c = \alpha_{c\text{Mecg}} + \alpha_{c\text{Mgbf}} - \alpha_{c\text{Medh}} - \alpha_{c\text{Mhaf}}$$

4)计算矩形荷载面角积点外侧一点 M 之下的附加应力时，α_c 为

$$\alpha_c = \alpha_{c\text{Mech}} - \alpha_{c\text{Medg}} - \alpha_{c\text{Mfbh}} + \alpha_{c\text{Mfag}}$$

应用角点法时应注意：M 点必须是划分出来的若干个矩形的公共角点；划分矩形的总面积应等于受荷面积；查表时，所有分块矩形都是长边为 L，短边为 B。

【案例 3-2】 现有均布荷载 $p=100 \text{ kN/m}^2$，荷载面积为 $2 \times 1 \text{ m}^2$，如图 3-17 所示，计算荷载面积上角点 A、边点 E、中心点 O 以及荷载面积外 F 点和 G 点等各点下 $z=1 \text{ m}$ 深度处的附加应力，并利用计算结果说明附加应力的扩散规律。

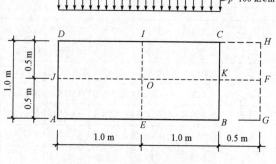

图 3-17　应用案例 3-2

【解】 (1)A 点下的附加应力。A 点是矩形 $ABCD$ 的角点，且 $m=L/B=2/1=2$；$n=\dfrac{z}{B}=1$，查表 3-3 得 $\alpha_c=0.199\ 9$。

故 $\sigma_{zA}=\alpha_c p=0.199\ 9 \times 100 = 20 \ (\text{kN/m}^2)$

(2)E 点下的附加应力。通过 E 点将矩形荷载面积划分为两个相等的矩形 $EADI$ 和 $EBCI$。求 $EADI$ 的角点应力系数 α_c：

$$m = \frac{L}{B} = \frac{1}{1} = 1 ; n = \frac{z}{B} = \frac{1}{1} = 1$$

查表 3-3 得 $\alpha_c = 0.175\ 2$

故 $\sigma_{zE} = 2\alpha_c p = 2 \times 0.175\ 2 \times 100 = 35 \ (\text{kN/m}^2)$

(3)O 点下的附加应力。通过 O 点将原矩形面积分为 4 个相等的矩形 $OEAJ$、$OJDI$、$OICK$ 和 $OKBE$。求 $OEAJ$ 角点的附加应力系数 α_c：

$$m = \frac{L}{B} = \frac{1}{0.5} = 2 ; n = \frac{z}{B} = \frac{1}{0.5} = 2$$

查表 3-3 得 $\alpha_c = 0.120\ 2$

故 $\sigma_{zO} = 4\alpha_c p = 4 \times 0.120\ 2 \times 100 = 48.1 \ (\text{kN/m}^2)$

(4)F 点下的附加应力。过 F 点作矩形 $FGAJ$、$FJDH$，$FGBK$ 和 $FKCH$。假设 $\alpha_{c\text{I}}$ 为矩形 $FGAJ$ 和 $FJDH$ 的角点应力系数；$\alpha_{c\text{II}}$ 为矩形 $FGBK$ 和 $FKCH$ 的角点应力系数。

求 $\alpha_{c\text{I}}$：

$$m = \frac{L}{B} = \frac{2.5}{0.5} = 5 ; n = \frac{z}{B} = \frac{1}{0.5} = 2$$

查表 3-3 得 $\alpha_{c\text{I}} = 0.136\ 3$

求 $\alpha_{c\text{II}}$：

$$m = \frac{L}{B} = \frac{0.5}{0.5} = 1 ; n = \frac{Z}{B} = \frac{1}{0.5} = 2$$

查表 3-3 得 $\alpha_{c\text{II}} = 0.084\ 0$

故 $\sigma_{zF} = 2(\alpha_{c\text{I}} - \alpha_{c\text{II}})p = (0.136\ 3 - 0.084\ 0) \times 100 = 10.5 \ (\text{kN/m}^2)$

(5)G 点下的附加应力。通过 G 点作矩形 $GADH$ 和 $GBCH$ 分别求出它们的角点应力系数 $\alpha_{c\text{I}}$ 和 $\alpha_{c\text{II}}$。

求 α_{cI}：

$$m = \frac{L}{B} = \frac{2.5}{1} = 2.5 ; n = \frac{z}{B} = \frac{1}{1} = 1$$

查表 3-3 得 $\alpha_{cI} = 0.201\ 6$

求 α_{cII}：

$$m = \frac{L}{B} = \frac{1}{0.5} = 2 ; n = \frac{z}{B} = \frac{1}{0.5} = 2$$

查表 3-3 得 $\alpha_{cII} = 0.120\ 2$

故 $\sigma_{zG} = (\alpha_{cI} - \alpha_{cII})p = (0.201\ 6 - 0.120\ 2) \times 100 = 8.1\ (kN/m^2)$

将计算结果绘成图，如图 3-18 所示。由图可看出，在矩形面积受均布荷载作用时，不仅在受荷面积垂直下方的范围内产生附加应力，而且在荷载面积以外的地基土中(F、G点下方)也会产生附加应力。另外，在地基中同一深度处(如 $z = 1\ m$)，离受荷面积中线越远的点，其附加应力值越小，矩形面积中点处附加应力最大。如图 3-18(a)所示。

将中点 O 和 F 点下不同深度的附加应力求出并绘成曲线，如图 3-18(b)所示，可看出地基中附加应力的扩散规律。

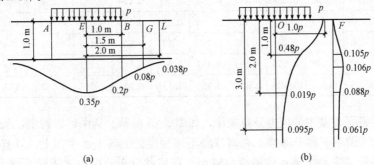

(a)　　　　　　　　　　　　(b)

图 3-18　案例 3-2 附加应力分布图

(a)同一深度处附加应力分布；(b)不同深度附加应力分布

3. 条形均布荷载下任意点处的附加应力计算

当矩形基础底面的长宽比很大，如 $L/B \geqslant 10$ 时，称为条形基础。砌体结构房屋的墙基与挡土墙等，都属于条形基础。

当条形基础在基底产生的变形荷载沿长度不变时，地基应力属于平面问题，即垂直于长度方向的任一截面上的附加应力分布规律都是相同的(基础两端另行处理)。当条形基础宽度为 b，其上作用均布荷载 p 时，取宽度 b 的中点作为坐标原点(图 3-19)，则地基中任意点 M 的竖向附加应力为：

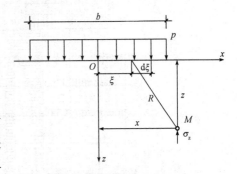

图 3-19　条形均布荷载作用下的地基附加应力计算

$$\sigma_z = \frac{p}{\pi}\left[\arctan\left(\frac{1-2m}{2n}\right) + \arctan\left(\frac{1+2m}{2n}\right) - \frac{4m(4n^2 - 4m^2 - 1)}{(4n^2 + 4m^2 - 1)^2 + 16m^2}\right]$$
$$= \alpha_s p \tag{3-13}$$

式中　α_s——条形均布荷载作用下的竖向附加应力分布系数，由表 3-4 查取；

m, n——$m = \frac{x}{B}$，$n = \frac{z}{B}$。

表 3-4　条形均布荷载作用下的竖向附加应力系数 α_s

z/B	x/B												
	0.00	1.10	0.25	0.35	0.50	0.75	1.00	1.50	2.00	2.50	3.00	4.00	5.00
0.00	1.000	1.000	1.000	1.000	0.500	0.000	0.000	0.000	0.000	0.000	0.000	0.000	0.000
0.05	1.000	1.000	0.995	0.970	0.500	0.002	0.000	0.000	0.000	0.000	0.000	0.000	0.000
0.10	0.997	0.996	0.986	0.965	0.499	0.010	0.005	0.000	0.000	0.000	0.000	0.000	0.000
0.15	0.993	0.987	0.968	0.910	0.498	0.033	0.008	0.001	0.000	0.000	0.000	0.000	0.000
0.25	0.960	0.954	0.905	0.805	0.496	0.088	0.019	0.002	0.001	0.000	0.000	0.000	0.000
0.35	0.907	0.900	0.832	0.732	0.492	0.148	0.039	0.006	0.003	0.001	0.000	0.000	0.000
0.50	0.820	0.812	0.735	0.651	0.481	0.218	0.082	0.017	0.005	0.002	0.001	0.000	0.000
0.75	0.668	0.658	0.610	0.552	0.450	0.263	0.146	0.040	0.017	0.005	0.005	0.001	0.000
1.0	0.552	0.541	0.513	0.475	0.410	0.288	0.185	0.071	0.029	0.013	0.007	0.002	0.001
1.50	0.396	0.395	0.379	0.353	0.332	0.273	0.211	0.114	0.055	0.030	0.018	0.006	0.003
2.00	0.306	0.304	0.292	0.288	0.275	0.242	0.205	0.134	0.083	0.051	0.028	0.013	0.006
2.50	0.245	0.244	0.239	0.237	0.231	0.215	0.188	0.139	0.098	0.065	0.034	0.021	0.010
3.00	0.208	0.208	0.206	0.202	0.198	0.185	0.171	0.136	0.103	0.075	0.053	0.028	0.015
4.00	0.160	0.160	0.158	0.156	0.153	0.147	0.140	0.122	0.102	0.081	0.066	0.040	0.025
5.00	0.126	0.126	0.125	0.125	0.124	0.121	0.117	0.107	0.095	0.082	0.069	0.046	0.034

　　条形均布荷载下地基中的应力分布规律，如图 3-20 所示。从中可以看出，条形均布荷载下地基中的附加应力具有扩散分布性；在离基底不同深度处的各个水平面上，以基底中心点下轴线处最大，随着距离中轴线越远附加应力越小；在荷载分布范围内之下沿垂线方向的任意点，随深度越向下附加应力越小。

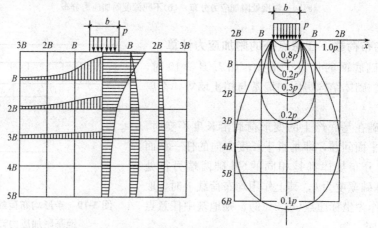

图 3-20　条形均布荷载下地基中的附加应力等值线

三、土的抗剪强度

　　在外部荷载作用下，土体中的应力将发生变化。当土体中的剪应力超过土体本身的抗剪强度时，土体将产生沿着其中某一滑裂面的滑动，而使土体丧失整体稳定性。所以，土体的破坏通常都是剪切破坏。

在工程建设实践中，基坑和堤坝边坡的滑动[图 3-21(a)]、挡土墙后填土的滑动[图3-21(b)]和地基失稳[图 3-21(c)]等丧失稳定性的例子是很多的。为了保证土木工程建设中建(构)筑物的安全和稳定，就必须详细研究土的抗剪强度和土的极限平衡等问题。

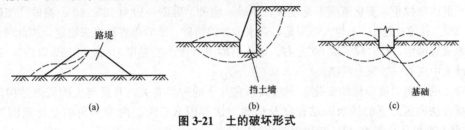

图 3-21 土的破坏形式

(a)基坑和堤坝边坡的滑动；(b)挡土墙后填土的滑动；(c)地基失稳

(一)库仑定律

微课：**库仑定律**

土的抗剪强度是指土体对外荷载所产生的剪应力的极限抵抗能力。土体发生剪切破坏时，将沿着其内部某一曲线面(滑动面)产生相对滑动，而该滑动面上的剪应力就等于土的抗剪强度。1776 年，法国科学家库仑(C. A. Coulomb)通过一系列砂土剪切试验的结果，提出土的抗剪强度表达式，即

$$\tau_f = \sigma \cdot \tan\varphi \tag{3-14}$$

后来库仑又通过黏性土的试验结果，提出更为普遍的抗剪强度表达式，即

$$\tau_f = c + \sigma \cdot \tan\varphi \tag{3-15}$$

式中　τ_f——土的抗剪强度(kPa)；

　　　σ——剪切面上的正应力(kPa)；

　　　φ——土的内摩擦角(°)；

　　　c——土的黏聚力(kPa)；对于无黏性土，$c = 0$。

式(3-14)和式(3-15)就是反映土的抗剪强度规律的库仑定律，其中 c、φ 称为土的抗剪强度指标。该定律表明对一般应力水平，土的抗剪强度与滑动面上的法向应力之间呈直线关系，如图 3-22 所示。

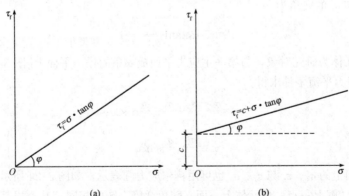

图 3-22 土的抗剪强度的与法向应力之间的关系

(a)无黏性土；(b)黏性土

对于无黏性土，其抗剪强度仅由粒间的摩擦力($\sigma\tan\varphi$)构成；对于黏性土，其抗剪强度由摩擦力($\sigma\tan\varphi$)和黏聚力(c)两部分构成。摩擦力包括土粒之间的表面摩擦力和由于土粒之间的互相

嵌入而产生的咬合力。因此，抗剪强度的摩擦力除与剪切面上的法向总应力有关外，还与土的原始密度、土粒的形状、表面的粗糙程度以及级配等因素有关。黏聚力主要是由于土粒间之间的胶结作用和电分子引力等因素形成的。因此，黏聚力通常与土中黏粒含量、矿物成分、含水量、土的结构等因素有关。

砂土的内摩擦角 φ 变化范围不是很大，中砂、粗砂、砾砂一般为 $32°\sim40°$；粉砂、细砂一般为 $28°\sim36°$。孔隙比越小，φ 越大，但是，含水饱和的粉砂、细砂很容易失去稳定，因此对其内摩擦角的取值宜慎重，有时规定取 $20°$ 左右。砂土有时也有很小的黏聚力（在 10 kPa 以内），这可能是由于砂土中夹有一些黏土颗粒。

黏性土的抗剪强度指标的变化范围很大，它与土的种类有关，并且与土的天然结构是否破坏、试样在法向压力下的排水固结程度及试验方法等因素有关。内摩擦角的变化范围为 $0°\sim30°$；黏聚力则可从小于 10 kPa 变化到 200 kPa 以上。

（二）土的极限平衡条件

当土中任意点在某一方向的平面上所受的剪应力达到土体的抗剪强度时，即

$$\tau = \tau_f \tag{3-16}$$

就称该点处于极限平衡状态。

微课：土的极限
平衡条件

式（3-16）反映土体中某点处于极限平衡状态时的应力条件，称为极限平衡条件，也称为土体的剪切破坏条件。

当土中某点可能发生剪切破坏面的位置已经确定，只要算出作用于该面上的剪应力 τ 和正应力 σ，可以用图解法利用库仑直线直接判别出该点是否会发生剪切破坏。但是，土中某点可能发生剪切破坏面的位置一般不能预先确定。该点往往处于复杂的应力状态，无法利用库仑定律直接判别是否会发生剪切破坏。为简单计，以平面应变课题为例，现研究该点是否会产生破坏。

如图 3-23（a）所示的地基中任一点 M 的应力状态，可用一微小单元体[图 3-23（b）]表示。单元体两个相互垂直的面上分别作用着最大主应力 σ_1 和最小主应力 σ_3，可以由材料力学得到：

$$\begin{matrix} \sigma_1 \\ \sigma_3 \end{matrix} = \frac{\sigma_z + \sigma_x}{2} \pm \sqrt{\left(\frac{\sigma_z - \sigma_x}{2}\right)^2 + \tau_{xz}^2} \tag{3-17}$$

第一主平面与 σ_z 的夹角为

$$\theta = \frac{1}{2}\arctan\left(\frac{2\tau_{xz}}{\sigma_z - \sigma_x}\right) \tag{3-18}$$

取该微小单元体为研究对象，与第一主应力平面成 α 角的任一平面上[图 3-23（c）]，其应力 σ_α、τ_α 可以根据静力平衡条件求得：

$$\sigma_\alpha = \frac{\sigma_1 + \sigma_3}{2} + \frac{\sigma_1 - \sigma_3}{2}\cos 2\alpha \tag{3-19}$$

$$\tau_\alpha = \frac{\sigma_1 - \sigma_3}{2}\sin 2\alpha \tag{3-20}$$

单元体各截面上的 σ_α、τ_α 与 σ_1、σ_3 也可用莫尔应力圆表示，如图 3-24 所示。单元体与莫尔应力圆的关系是："圆上一点，单元体上一面，转角 2 倍，转向相同。"其意思是：圆周上任意一点的坐标代表单元体上一截面的正应力 σ 和剪应力 τ，若该截面与第一主平面夹角为 α，则对应莫尔应力圆圆周上的一点 A 与第一主平面在圆周上的一点 B 之间的圆心角为 2α，并且有相同的转向，圆周上的点与单元体的截面一一对应。

若将某点的莫尔应力圆与库仑抗剪强度包线绘于同一坐标系中，如图 3-25 所示，圆与直线的关系有以下三种情况：

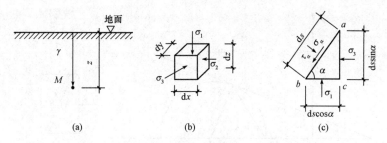

图 3-23　土中任一点的应力状态
(a)半空间体中一点的应力状态；(b)微元体；(c)任一斜截面的受力分析

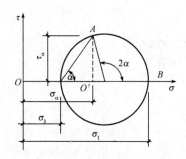

图 3-24　莫尔应力圆

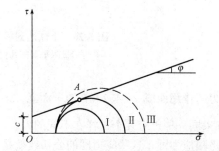

图 3-25　莫尔应力圆与库仑直线的关系

(1)应力圆与强度包线相离(圆 I)，即 $\tau < \tau_f$，说明应力圆代表的单元体上各截面的剪应力均小于抗剪强度，所以该点也处于稳定状态。

(2)应力圆与强度包线相割(圆 III)，即 $\tau > \tau_f$，说明库仑直线上方的一段弧所代表的各截面的剪应力均大于抗剪强度，即该点已有破坏面产生，实际上圆 III 所代表的应力状态是不可能存在的，因为该点破坏后，应力已超出弹性范畴。

(3)应力圆与强度包线在 A 点相切(圆 II)，说明单元体上 A 点对应的截面剪应力刚好等于抗剪强度，即 $\tau = \tau_f$，因此该点处于极限平衡状态，其余所有截面都有 $\tau < \tau_f$，此时莫尔圆也称极限应力圆。由此可知，土中一点的极限平衡的几何条件是：库仑直线与莫尔应力圆相切。

把莫尔应力圆与库仑强度包线相切的应力状态作为土的破坏准则。根据土体莫尔-库仑破坏准则，建立某点大、小主应力与抗剪强度指标间的关系。

$$\sigma_1 = \sigma_3 \tan^2\left(45° + \frac{\varphi}{2}\right) + 2c\tan\left(45° + \frac{\varphi}{2}\right) \tag{3-21}$$

$$\sigma_3 = \sigma_1 \tan^2\left(45° - \frac{\varphi}{2}\right) - 2c\tan\left(45° - \frac{\varphi}{2}\right) \tag{3-22}$$

对于无黏性土，$c = 0$，由式(3-21)和式(3-22)可得，其极限平衡条件为

$$\sigma_1 = \sigma_3 \tan^2\left(45° + \frac{\varphi}{2}\right) \tag{3-23}$$

$$\sigma_3 = \sigma_1 \tan^2\left(45° - \frac{\varphi}{2}\right) \tag{3-24}$$

由图 3-26 所示几何关系可知，土体的破坏面与第一主平面的夹角(又称破坏角)为

$$\alpha_f = \frac{1}{2}(90° + \varphi) = 45° + \frac{\varphi}{2} \tag{3-25}$$

从式(3-25)以及图 3-26 可以看到：

(1)土体剪切破坏时的破裂面不是发生在最大剪应力 τ_{max} 的作用面($\alpha = 45°$)上，而是发生在

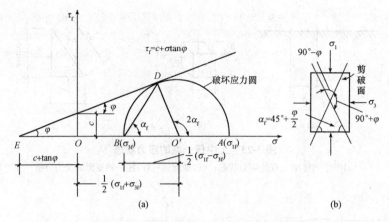

图 3-26 土体达到极限平衡状态的莫尔圆

(a)极限平衡的几何条件；(b)剪破面

与大主应力的作用面成 $\alpha = 45° + \dfrac{\varphi}{2}$ 的平面上。

(2)如果同一种土有几个试样在不同的大、小主应力组合下受剪破坏，则在 τ-σ 图上可得到几个莫尔极限应力圆，这些应力圆的公切线就是土的抗剪强度包线。从中可以确定土样的 c、φ。三轴压缩试验就是利用该原理(图 3-27)。

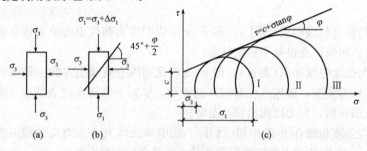

图 3-27 三轴压缩试验的强度包线

(a)试件受周围压力；(b)破坏时试件上的主应力；(c)莫尔破坏包线

(3)判断土体中一点是否处于极限平衡状态，必须同时掌握大、小主应力以及土的抗剪强度指标的大小及其关系，即为式(3-21)~式(3-24)所表达的极限平衡条件。

已知土单元体 M 实际上所受的应力 σ_{1f}、σ_{3f} 和土的抗剪强度指标 c、φ，根据极限平衡条件的关系式(3-24)~式(3-27)，可以判断该土单元体是否产生剪切破坏(图 3-28)。

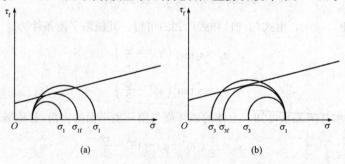

图 3-28 土中某点应力状态的判别

(a)$\sigma_1 > \sigma_{1f}$；(b) $\sigma_3 < \sigma_{3f}$

将土单元体所受的实际应力 σ_{3f} 和土的抗剪强度指标代入式(3-24)的右侧，求出土处在极限平衡状态时的大主应力，如果计算得到 $\sigma_1 > \sigma_{1f}$，表示土体达到极限平衡状态要求的最大主应力大于实际的最大主应力，则土体处于弹性平衡状态；反之，如果 $\sigma_1 < \sigma_{1f}$，表示土体已经发生剪切破坏。同理，也可以用 σ_{1f} 和 c、φ 求出 σ_{3f}，再比较 σ_3 和 σ_{3f} 的大小，来判断土体是否发生了剪切破坏。

【案例 3-3】 土样内摩擦角 $\varphi = 25°$，黏聚力 $c = 24$ kPa，承受大主应力和小主应力分别为 $\sigma_1 = 140$ kPa，$\sigma_3 = 30$ kPa，试判断该土样是否达到极限平衡状态？

【解】 由式(3-22)得小主应力的计算值为：

$$\sigma_{3f} = \sigma_1 \tan^2\left(45° - \frac{\varphi}{2}\right) - 2c \cdot \tan\left(45° - \frac{\varphi}{2}\right)$$

$$= 140 \times \tan^2\left(45° - \frac{25°}{2}\right) - 2 \times 24 \times \tan\left(45° - \frac{25°}{2}\right) = 26.24 \text{(kPa)}$$

计算结果表明，在大主应力 $\sigma_1 = 140$ kPa 的条件下，该点如处于极限平衡状态，则小主应力应为 $\sigma_{3f} = 26.24$ kPa。现在 $\sigma_3 = 30$ kPa $> \sigma_{3f} = 26.24$ kPa，故该土样未破坏，未达到极限平衡状态。

(三)土的抗剪强度指标的测定

土的抗剪强度指标的试验方法主要有室内剪切试验和现场剪切试验两大类。室内剪切试验常用的方法有直接剪切试验、三轴压缩试验和无侧限抗压强度试验等；现场剪切试验常用的方法主要有十字板剪切试验。

1. 直接剪切试验

直接剪切试验简称直剪试验，它是测定土体抗剪强度指标最简单的方法。直接剪切试验使用的仪器称为直接剪切仪(简称直剪仪)，按施加剪力的特点分为应变控制式和应力控制式两种。前者对试样采用等速剪应变测定相应的剪应力，后者则是对试样分级施加剪应力测定相应的剪切位移。两者相比，应变控制式直剪仪具有明显的优点。以我国普遍采用的应变控制式直剪仪为例，其结构如图 3-29 所示，主

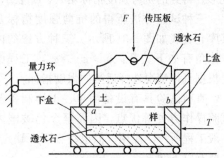

图 3-29 直接剪切仪结构示意图

要由剪力盒、垂直和水平加载系统及测量系统等部分组成。试验时，试样放在盒内上下两块透水石之间，由杠杆系统通过加压活塞和透水石对试样施加某一法向应力 σ，然后匀速旋转手轮推动下盒，使试样在沿上下盒之间的水平面上受剪直至破坏。剪应力 τ 的大小可借助与上盒接触的量力环确定，当土样受剪破坏时，受剪面上所施加的剪应力即为土的抗剪强度 τ_f。对于同一种土需要 3～4 个土样，在不同的法向应力 σ 下进行剪切试验，测出相应的抗剪强度 τ_f，然后根据 3 或 4 组相应的试验数据可以点绘出库仑直线，由此求出土的抗剪强度指标 c、φ，如图 3-30 所示。

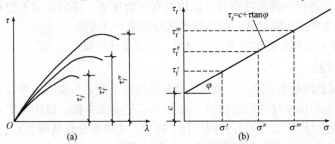

图 3-30 直接剪切试验成果图

(a)剪应力-剪切位移关系；(b)抗剪强度-法向应力关系

试验和工程实践都表明，土的抗剪强度与土受力后的排水固结状况有关，因而在土工工程设计中所需要的强度指标试验方法必须与现场的施工加荷实际相结合。例如，软土地基上快速堆填路堤，由于加荷速度快，地基土体渗透性低，则这种条件下的强度和稳定问题是处于不能排水条件下的稳定分析问题，这就要求室内的试验条件能模拟实际加荷状况，即在不能排水的条件下进行剪切试验。但是直剪仪的构造无法做到任意控制土样是否排水的要求，为了在直剪试验中能考虑这类实际需要，可通过快剪、固结快剪和慢剪三种直剪试验方法，近似模拟土体在现场受剪的排水条件。

（1）快剪。对试样施加竖向压力后，立即以 0.8 mm/min 的剪切速率快速施加剪应力使试样剪切破坏。一般从加荷到剪坏只用 3～5 min。由于剪切速率较快，可认为对于渗透系数小于 10^{-6} cm/s 的黏性土在这样短暂时间内还没来得及排水固结。得到的抗剪强度指标用 c_q、φ_q 表示。

（2）固结快剪。对试样施加压力后，让试样充分排水，待固结稳定后，再以 0.8 mm/min 的剪切速率快速施加水平剪应力使试样剪切破坏。固结快剪试验同样只适用于渗透系数小于 10^{-6} cm/s 的黏性土，得到的抗剪强度指标用 c_{cq}、φ_{cq} 表示。

（3）慢剪。对试样施加竖向压力后，让试样充分排水，待固结稳定后，再以 0.6 mm/min 的剪切速率施加水平剪应力直至试样剪切破坏，从而使试样在受剪过程中一直充分排水和产生体积变形。得到的抗剪强度指标用 c_s、φ_s 表示。

三种试验方法所得的抗剪强度指标及其库仑直线如图 3-31 所示。三种方法的内摩擦角有如下关系：$\varphi_s > \varphi_{cq} > \varphi_q$，工程中要根据具体情况选择适当的强度指标。

直剪试验具有设备简单、土样制备及试验操作方便等优点，因而至今仍被国内一般工程所广泛应用。但也存在不少缺点，主要有以下几点：

（1）剪切面限定在上下盒之间的平面，而不是沿土样最薄弱的面剪切破坏。

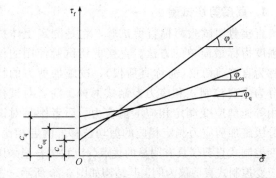

图 3-31　不同试验方法的抗剪强度指标及其库仑直线

（2）剪切过程中试样内的剪应变和剪应力分布不均匀。试样剪破时，靠近剪力盒边缘的应变最大，而试样中间部位的应变相对小得多；另外，剪切面附近的应变又大于试样顶部和底部的应变；基于同样原因，试样中的剪应力也很不均匀。

（3）在剪切过程中，土样剪切面逐渐缩小，而在计算抗剪强度时仍按土样的原截面面积计算。

（4）试验土样的固结和排水是靠加荷速度快慢来控制的，实际上无法严格控制排水，也无法测量孔隙水应力。在进行不排水剪切时，试件仍有可能排水，特别是对于饱和黏性土，由于它的抗剪强度受排水条件的影响显著，故不排水试验结果不够理想。

（5）试验时上下盒之间的缝隙中易嵌入砂粒，使试验结果偏大。

2. 三轴压缩试验

（1）三轴压缩试验的基本原理。三轴压缩试验是测定土抗剪强度的一种较为完善的方法。试验所用的仪器——三轴压缩仪的构造如图 3-32 所示，主要由主机、稳压调压系统以及量测系统三部分组成。各系统之间用管路和各种阀门开关连接。主机部分包括压力室、轴向加荷系统等。压力室是三轴仪的主要组成部分，它是一个由金属上盖、底座以及透明有机玻璃圆筒组成的密闭容器，压力室底座通常有 3 个小孔分别与稳压系统以及体积变形和孔隙水压力量测重点系统相连。稳压调压系统由压力泵、调压阀和压力表等组成。试验时通过压力室对试样施加周围压力，并在试验过程中根据不同的试验要求对压力予以控制或调节，如保持恒压或变化压力等。量测系统由排水管、体变管和孔隙水压力量测装置等组成。试验时分别测出试样受力后土中排出的水量变化以及土中孔隙水压力的变化。对于试样的竖向变形，则利用置于压力室上方的测微表或位移传感器测读。

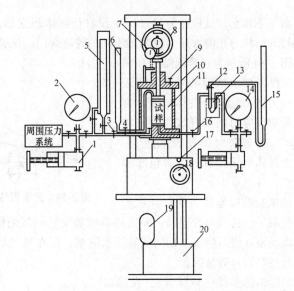

图 3-32　三轴压缩仪的构造示意图

1—调压筒；2—周围压力表；3—周围压力阀；4—排水阀；
5—体变管；6—排水管；7—变形量表；8—量力环；
9—排气孔；10—轴向加压设备；11—压力室；12—量管阀；
13—零位指示器；14—孔隙压力表；15—量管；16—孔隙压力阀；
17—离合器；18—手轮；19—马达；20—变速箱

常规试验方法的主要步骤如下：将土切成圆柱体套在橡胶膜内，放在密封的压力室中，然后向压力室内注入液压或气压，使试件在各向受到周围压力 σ_3，并使该周围压力在整个试验过程中保持不变，此时土样周围各方向均有压应力 σ_3 作用，因此不产生剪应力。然后通过加压活塞杆施加竖向应力 $\Delta\sigma_1$，并不断增加 $\Delta\sigma_1$，此时水平向主应力保持不变，而竖向主应力逐渐增大，试件最终受剪而破坏。根据量测系统的围压值 σ_3 和竖向应力增量 $\Delta\sigma_1$，可得到土样破坏时的第一主应力 $\sigma_1 = \sigma_3 + \Delta\sigma_1$，如图 3-27(a)、(b)所示，由此可绘出破坏时的极限莫尔应力圆，该圆应该与库仑直线相切。同一土体的若干土样在不同 σ_3 作用下得出的试验结果，可绘出不同的极限莫尔应力圆，其公切线就是土的库仑直线，如图 3-27(c)所示，由此求出土的抗剪强度指标 φ、c。

(2)三轴压缩试验方法。根据土样在周围压力作用下固结的排水条件和剪切时的排水条件，三轴试验可分为以下三种试验方法。

1)不固结不排水剪(UU 试验)。在试验过程中，无论是施加围压 σ_3，还是施加轴向竖直应力，始终关闭排水阀门，土样中的水始终不能排出来，不产生体积变形，因此土样中孔隙水应力大、有效应力很小，得到的抗剪强度指标用 c_u、φ_u 表示。对于饱和软黏土，不管如何改变 σ_3，所绘出的莫尔应力圆直径都相同，仅是位置不同，库仑直线是一条水平线，如图 3-33 所示。该试验指标适用于土层厚度 H 大、渗透系数 k 较小、施工快速的工程以及快速破坏的天然土坡的验算。

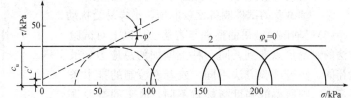

图 3-33　饱和软黏土的不排水剪试验
1—有效应力抗剪强度线；2—总应力抗剪强度线

2)固结不排水剪(CU 试验)。在施加周围压力 σ_3 时，将排水阀门打开，允许试样充分排水，待固结稳定后关闭排水阀门，然后再施加轴向竖直压应力 $\Delta\sigma_1$，使试样在不排水的条件下剪切破坏。由于不排水，试样在剪切过程中没有任何体积变形。若要在受剪过程中量测孔隙水压力，则要打开试样与孔隙水压力量测系统间的管路阀门。试验得到的抗剪强度指标用 c_{cu}、φ_{cu} 表示。

图 3-34 所示为正常固结饱和黏性土固结不排水试验结果。实线表示总应力圆和总应力破坏包线，虚线表示有效应力圆和有效应力破坏包线，u_f 为剪破时的孔隙水压力。总应力破坏包线和有效应力包线都过原点，并且 $\varphi' > \varphi_{cu}$。

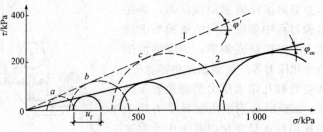

图 3-34 正常固结饱和黏性土的固结不排水剪试验结果

该试验模拟地基条件在自重或正常荷载下已达到充分固结，而后遇有施加突然荷载的情况。例如，一般建筑物地基的稳定性验算以及预计建筑物施工期间能够排水固结，但在竣工后将施加大量活载（如料仓）或可能有突然活载（如风力）等情况。

3）固结排水剪（CD 试验）。在施加周围压力和随后施加轴向竖直压应力直至剪坏的整个过程中都将排水阀门打开，并给予充分的时间让试样中的孔隙水压力能够完全消散，施加的应力即为有效应力。试验得到的抗剪强度指标用 c_d、φ_d 表示，如图 3-35 所示。

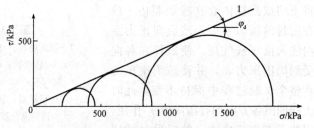

图 3-35 固结排水剪（CD）抗剪强度包线

该方法适用于土层厚度 H 小，渗透系数 k 大及施工速度慢的工程。对于先加竖向荷载，长时期后加水平向荷载的挡土墙、水闸等地基也可考虑采用固结排水剪得到的指标。

三轴压缩试验的优点是：

①能够控制排水条件以及可以量测土样中孔隙水压力的变化；

②试验中试件的应力状态也比较明确，剪切破坏时的破裂面在试件的最薄弱处，不像直接剪切仪那样限定在上下盒之间；

③三轴压缩仪还可用以测定土的其他力学性质，如土的弹性模量。

常规三轴压缩试验的主要缺点是：

①试样所受的力是轴对称的，即试样所受的三个主应力中，有两个是相等的，但在工程实际中土体的受力情况并非属于这类轴对称的情况；

②三轴试验的试件制备比较麻烦，土样易受扰动。

（3）三轴试验结果的整理与表达。从以上对试验方法的讨论可以看到，同一种土施加的总应力 σ 虽然相同，但若试验方法不同，或者说控制的排水条件不同，则所得的强度指标就不同，故土的抗剪强度与总应力之间没有唯一的对应关系（图 3-36）。有效应力原理指出，土中某点的总应力 σ 等于有效应力 σ' 与孔隙水压力 u 之和，即 $\sigma = \sigma' + u$，因此，若在试验时量测土样的孔隙水压力，据此算出土中的有效应力，从而就可以用有效应力与抗剪强度的关系式表达试验结果。

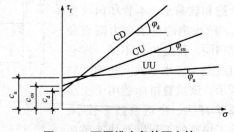

图 3-36 不同排水条件下土的强度包线与强度指标

土的抗剪强度的试验成果一般有两种表示方法。一种是在 τ_f-σ 关系图中的横坐标用总应力 σ 表示，称为总应力法，其表达式为

$$\tau_f = c + \sigma \cdot \tan\varphi \tag{3-26}$$

式中，c、φ 是以总应力法表示的黏聚力和内摩擦角，统称为总应力抗剪强度指标。另一种是在 τ_f-σ 关系图中的横坐标用有效应力 σ' 表示，称为有效应力法，其表达式为

$$\tau_f = c' + \sigma' \cdot \tan\varphi' \tag{3-27a}$$

或

$$\tau_f = c' + (\sigma - u) \cdot \tan\varphi' \tag{3-27b}$$

式中，c'、φ' 分别为有效黏聚力和有效摩擦角，统称为有效应力抗剪强度指标。

抗剪强度的有效应力法由于考虑了孔隙水压力的影响，因此对于同一种土，不论采取哪一种试验方法，只要能够准确测量出土样破坏时的孔隙水压力，则均可用式(3-27)表示土的强度关系，而且所得的有效抗剪强度指标应该是相同的。换言之，在理论上抗剪强度与有效应力应有对应关系，这一点已为许多试验所证实。但限于室内试验和现场条件，不可能所有工程都采用有效应力法分析土的抗剪强度。因此，工程中也常采用总应力法，但要尽可能模拟现场土体排水条件和固结速度。

从理论上讲，试验所得极限应力圆上的破坏点都应落在公切线即强度包线上，但由于土样的不均匀性以及试验误差等原因，做出公切线并不容易，因此往往需用经验来加以判断。另外，这里所做的强度包线是直线，由于土的强度特性会受某些因素如应力历史、应力水平等的影响，从而使得土的强度包线不一定是直线，因而给通过作图确定 c、φ 值带来困难；但非线性的强度包线目前仍未成熟到实用的程度，所以一般包线还是简化为直线。

若用有效应力法整理与表达试验成果，可将试验所得的总应力莫尔圆利用 $\sigma' = \sigma - u_f$ 的关系，改绘成有效应力莫尔圆，即把图 3-34 实线圆中的对应点向左移动一个坐标值 u_f，圆半径保持不变便可得到虚线圆。有效应力莫尔圆的半径与总应力莫尔圆的半径是相同的。

3. 无侧限抗压强度试验

无侧限抗压强度试验实际是三轴剪切试验的特殊情况，又称单轴剪切试验[图 3-37(a)]。试验时土样侧向压力 $\sigma_3 = 0$，仅在轴向施加压力 σ_1，由此测出试样在无侧限压力条件下，抵抗轴向压力的极限强度，称为土样的无侧限抗压强度 q_u。利用无侧限抗压强度试验可以测定饱和软黏土的不排水抗剪强度。由于周围压力不能变化，因而根据试验结果，只能作一个极限应力圆，难

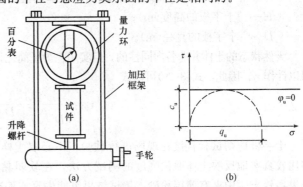

图 3-37 应变控制式无侧限抗压强度试验

(a)单轴剪切试验；(b)破坏包线图

以得到破坏包线图[3-37(b)]。饱和黏性土的三轴不固结不排水试验结果表明，其破坏包线为一水平线，即 $\varphi_u = 0$。由无侧限抗压强度试验所得的极限应力圆的水平切线就是破坏包线，即

$$\tau_f = c_u = \frac{q_u}{2} \tag{3-28}$$

式中
τ_f——土的不排水剪强度(kPa)；

c_u——土的不排水黏聚力(kPa)；

q_u——无侧限抗压强度(kPa)。

无侧限抗压强度试验仪器构造简单，操作方便，用来测定饱和黏性土的不固结不排水强度与灵敏度非常方便。

4. 现场十字板剪切试验

前面介绍的三种试验方法都是室内测定土的抗剪强度的方法，这些试验方法都要求事先取得原状土样，但由于试样在采取、运送、保存和制备等过程中不可避免地受到扰动，土的含水量也难以保持天然状态，特别是对于高灵敏度的黏性土，因此，室内试验结果对土实际情况的反映就会受到不同程度的影响。原位测试时的排水条件、受力状态与土所处的天然状态比较接近。在抗剪强度的原位测试方法中，国内广泛应用的是十字板剪切试验。这种试验方法适合于在现场测定饱和黏性土的原位不排水抗剪强度，特别适用于均匀饱和软黏土。

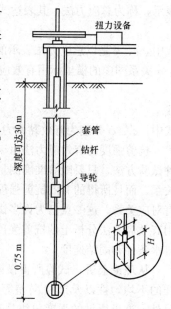

图 3-38　十字板剪切仪构造图

十字板剪切仪的构造如图 3-38 所示。试验时，先把套管打到要求测试的深度以上 75 cm，并将套管内的土清除，然后通过套管将安装在钻杆下的十字板压入土中至测试的深度。由地面上的扭力装置对钻杆施加扭矩，使埋在土中的十字板扭转，直至土体剪切破坏，破坏面为十字板旋转所形成的圆柱面。记录土体剪切破坏时所施加的扭矩为 M。土体破坏面为圆柱面（包括侧面和上下面），作用在破坏土体圆柱面上的剪应力所产生的抵抗矩应该等于所施加的扭矩 M，即

$$M=\pi DH \cdot \frac{D}{2}\tau_v+2 \cdot \frac{\pi D^2}{4} \cdot \frac{D}{3} \cdot \tau_H=\frac{1}{2}\pi D^2 H \tau_v+\frac{1}{6}\pi D^3 \tau_H \qquad (3\text{-}29)$$

式中　M——剪切破坏时的扭矩（kN/m）；

　　　τ_v，τ_H——剪切破坏时圆柱体侧面和上下面土的抗剪强度（kPa）；

　　　H——十字板的高度（m）；

　　　D——十字板的直径（m）。

天然状态的土体并非各向同性的，但实用上为了简化计算，假定土体为各向同性体，则 $\tau_v=\tau_H$，可以计作 τ_f，因此，式(3-29)可写成

$$\tau_f=\frac{2M}{\pi D^2 \left(H+\dfrac{D}{3}\right)} \qquad (3\text{-}30)$$

十字板剪切试验直接在现场进行试验，不必取土样，故土体所受的扰动较小，被认为是能够比较真实地反映土体原位强度的测试方法，在软弱黏性土的工程勘察中得到了广泛应用。但如果在软土层中夹有薄层粉砂，测试结果可能失真或偏高。

四、土压力与土坡稳定

在房屋建筑、铁路桥梁以及水利工程中，地下室的外墙、重力式码头的岸壁、桥梁接岸的桥台，以及地下硐室的侧墙等都支持着侧向土体。这些用来侧向支持土体的结构物，统称为挡土墙。而被支持的土体作用于挡土墙上的侧向压力，称为土压力。土压力是设计挡土结构物断面和验算其稳定性的主要荷载。土压力的计算是个比较复杂的问题，影响因素很多。土压力的大小和分布，除了与土的性质有关外，还和墙体的位移方向、位移量、土体与结构物间的相互作用以及挡土结构物的类型有关。

(一)土压力的类型

1. 土压力的分类

作用在挡土结构上的土压力，按挡土结构的位移方向、大小及土体所处的三种平衡状态，可分为静止土压力 E_0、主动土压力 E_a 和被动土压力 E_p 三种。

(1)静止土压力。挡土墙静止不动时，土体由于墙的侧限作用而处于弹性平衡状态，此时墙后土体作用在墙背上的土压力称为静止土压力。

(2)主动土压力。挡土墙在墙后土体的推力作用下，向前移动，墙后土体随之向前移动。土体内阻止移动的强度发挥作用，使作用在墙背上的土压力减小。当墙向前移动达到主动极限平衡状态时，墙背上作用的土压力减至最小。此时作用在墙背上的最小土压力称为主动土压力。

(3)被动土压力。挡土墙在较大的外力作用下，向后移动推向填土，则填土受墙的挤压，使作用在墙背上的土压力增大，当墙向后移动达到被动极限平衡状态时，墙背上作用的土压力增至最大。此时作用在墙背上的最大土压力称为被动土压力。

大部分情况下，作用在挡土墙上的土压力值均介于上述三种状态下的土压力值之间。

2. 影响土压力的因素

(1)挡土墙的位移。挡土墙的位移(或转动)方向和位移的大小，是影响土压力大小的最主要因素，产生被动土压力的位移量大于产生主动土压力的位移量(图3-39)。

(2)挡土墙的形状。挡土墙剖面形状，包括墙背为竖直或是倾斜，墙背为光滑或粗糙，不同的情况，土压力的计算公式不同，计算结果也不一样。

(3)填土的性质。挡土墙后填土的性质，包括填土的松密程度、重度、干湿程度等，土的强度指标内摩擦角和黏聚力的大小，以及填土的形状(水平、上斜或下斜)等，都将影响土压力的大小。

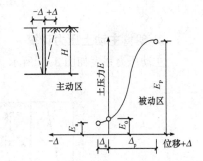

图3-39 墙身位移与土压力的关系

(二)静止土压力计算

静止土压力的计算公式：

$$E_0 = \frac{1}{2} \times K_0 \gamma h \times h \times 1 = \frac{1}{2} \gamma h^2 K_0 \qquad (3-31)$$

建筑物地下室的外墙、地下水池的侧壁、涵洞的侧壁及不产生任何位移的挡土构筑物，其侧壁所受到的土压力可按静止土压力计算(图3-40)。

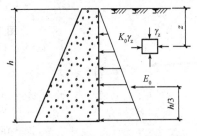

图3-40 墙背竖直时的静止土压力

(三)朗肯土压力理论

1857 年英国学者朗肯(Rankine)研究了土体在自重作用下发生平面应变时达到极限平衡的应力状态，建立了计算土压力的理论。由于其概念明确，方法简便，至今仍被广泛应用。

1. 基本原理

朗肯土压力理论的基本假设条件：

(1)挡土墙为刚体。

(2)挡土墙背垂直、光滑，其后土体表面水平并无限延伸，其上无超载。

在挡土墙后土体表面下深度为 z 处取一微元体，微元的水平和竖直面上的应力为

$$\sigma_1 = \sigma_{cz} = \gamma \cdot z \qquad \sigma_3 = \sigma_{cx} = K_0 \gamma \cdot z \qquad (3-32)$$

当挡土墙前移，使墙后土体达到极限平衡状态时，此时土体处于主动朗肯状态，σ_{cx} 达到最小值，此时的应力状态如图 3-41 所示莫尔应力圆 II，此时的应力称为朗肯主动土压力 σ_a；当挡土墙后移，使墙后土体达到极限平衡状态时，此时土体处于朗肯被动状态，σ_{cz} 达到最大值，此时的应力状态如图 3-41 所示莫尔应力圆 III，此时的应力称为朗肯被动土压力 σ_p。

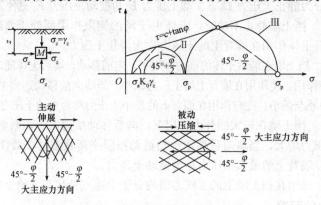

图 3-41　半无限土体的极限平衡状态

2. 朗肯主动土压力计算

主动压力强度如图 3-42 所示。

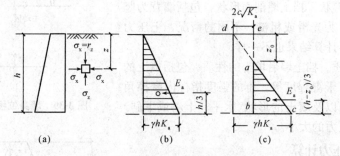

图 3-42　主动土压力强度分布图
(a)主动土压力的计算；(b)无黏性土；(c)黏性土

$$\sigma_a = \sigma_3 = \sigma_1 \tan^2\left(45° - \frac{\varphi}{2}\right) - 2c\tan\left(45° - \frac{\varphi}{2}\right)$$

$$= \gamma z \cdot \tan^2\left(45° - \frac{\varphi}{2}\right) - 2c\tan\left(45° - \frac{\varphi}{2}\right) \tag{3-33}$$

(1)无黏性土。

$$\sigma_a = \gamma z \tan^2\left(45° - \frac{\varphi}{2}\right) \quad \text{或} \quad \sigma_a = \gamma z K_a ; \quad K_a = \tan^2\left(45° - \frac{\varphi}{2}\right)$$

$$E_a = \frac{1}{2}\gamma h^2 \tan^2\left(45° - \frac{\varphi}{2}\right) \quad \text{或} \quad E_a = \frac{1}{2}\gamma h^2 K_a \tag{3-34}$$

E_a 的作用方向水平，作用点距墙基 $h/3$。

(2)黏性土。

$$\sigma_a = \gamma z \tan^2\left(45° - \frac{\varphi}{2}\right) - 2c\tan\left(45° - \frac{\varphi}{2}\right) \quad \text{或} \quad \sigma_a = \gamma z K_a - 2c\sqrt{K_a} \tag{3-35}$$

临界深度
$$z_0 = \frac{2c}{\gamma}\sqrt{K_a} \tag{3-36}$$

$$E_a = \frac{1}{2}(h - z_0)\left(\gamma h K_a - 2c\sqrt{K_a}\right) = \frac{1}{2}\gamma h^2 K_a - 2ch\sqrt{K_a} + 2\frac{c^2}{\gamma} \tag{3-37}$$

E_a 的作用方向水平，作用点距墙基$(h - z_0)/3$。

3. 几种常见情况的土压力

(1)填土表面作用均布荷载。当墙后土体表面有连续均布荷载 q 作用时(图 3-43)，均布荷载 q 在土中产生的上覆压力沿墙体方向呈矩形分布，土压力的计算方法是将垂直压力项 γz 换为 $\gamma z + q$ 计算即可。

无黏性土 　　$p_a = (\gamma z + q)K_a \tag{3-38}$

$$p_p = (\gamma z + q)K_p \tag{3-39}$$

黏性土 　　$p_a = (\gamma z + q)K_a - 2c\sqrt{K_a} \tag{3-40}$

$$p_p = (\gamma z + q)K_p + 2c\sqrt{K_p} \tag{3-41}$$

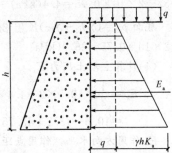

图 3-43　墙后土体表面荷载 q 作用下的土压力计算

【案例 3-4】 已知某挡土墙高 6.00 m，墙背竖直、光滑、墙后填土表面水平。填土为粗砂，重度 $\gamma = 19.0$ kN/m³，内摩擦角 $\varphi = 32°$，在填土表面作用均布荷载 $q = 18.0$ kPa。计算作用在挡土墙上的主动土压力。

【解】 (1)计算主动土压力系数。

$$K_p = \tan^2\left(45° - \frac{32°}{2}\right) = 0.307$$

(2)计算主动土压力。

$z = 0$ m，$p_{a1} = (\gamma z + q)K_a = (19 \times 0 + 18) \times 0.307 = 5.53$ (kPa)

$z = 6$ m，$p_{a2} = (\gamma z + q)K_a = (19 \times 6 + 18) \times 0.307 = 40.52$ (kPa)

(3)计算总主动土压力。

$$E_a = 5.53 \times 6 + \frac{1}{2}(40.52 - 5.53) \times 6 = 33.18 + 104.97 = 138.15 \text{ (kN/m)}$$

E_a 作用方向水平，作用点距墙基为 z，则

$$z = \frac{1}{138.15}\left(33.18 \times \frac{6}{2} + 104.97 \times \frac{6}{3}\right) = 2.24 \text{ (m)}$$

(4)主动土压力分布如图 3-44 所示。

(2)墙后填土分层。挡土墙后填土由几种性质不同的土层组成时，计算挡土墙上的土压力，需分层计算。若计算第 i 层土对挡土墙产生的土压力，其上覆土层的自重应力可视为均布荷载作用在第 i 层土上。以黏性土为例，其计算公式为

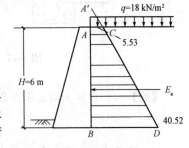

图 3-44　应用案例 3-4　主动土压力分布

$$p_{ai} = (\gamma_1 h_1 + \gamma_2 h_2 + \cdots + \gamma_i h_i)K_{ai} - 2c_i\sqrt{K_{ai}} \tag{3-42}$$

$$p_{pi} = (\gamma_1 h_1 + \gamma_2 h_2 + \cdots + \gamma_i h_i)K_{pi} + 2c_i\sqrt{K_{pi}} \tag{3-43}$$

【案例 3-5】 挡土墙高 5 m，墙背直立、光滑、墙后填土水平，共分两层，各土层的物理力学指标如图 3-45 所示，试求主动土压力并绘出土压力分布图。

【解】 (1)计算主动土压力系数。

$$K_{a1} = \tan^2\left(45° - \frac{32°}{2}\right) = 0.31; \quad K_{a2} = \tan^2\left(45° - \frac{16°}{2}\right) = 0.57$$

(2)计算第一层的土压力。

顶面 $p_{a0} = \gamma_1 z K_{a1} = 17 \times 0 \times 0.31 = 0$

底面 $p_{a1} = \gamma_1 z K_{a1} = 17 \times 2 \times 0.31 = 10.5$ (kPa)

（3）计算第二层的土压力。

顶面 $p_{a1} = (\gamma_1 h_1 + \gamma_2 z) K_{a2} - 2c\sqrt{K_{a2}} = (17 \times 2 + 19 \times 0) \times 0.57 - 2 \times 10 \times 0.75 = 4.4(\text{kPa})$

底面 $p_{a2} = (\gamma_1 h_1 + \gamma_2 z) K_{a2} - 2c\sqrt{K_{a2}} = (17 \times 2 + 19 \times 3) \times 0.57 - 2 \times 10 \times 0.75 = 36.9(\text{kPa})$

（4）计算主动土压力 E_a。

$$E_a = \frac{1}{2} \times 10.5 \times 2 + 4.4 \times 3 + \frac{1}{2}(36.9 - 4.4) \times 3$$
$$= 10.5 + 13.2 + 48.75 = 72.5(\text{kN/m})$$

E_a 作用方向水平,作用点距墙基为 z,则

$$z = \frac{1}{72.5}\left[10.5 \times \left(3 + \frac{2}{3}\right) + 13.2 \times \frac{3}{2} + 48.75 \times \frac{3}{3}\right] = 1.5(\text{m})$$

（5）挡土墙上主动土压力分布如图 3-45 所示。

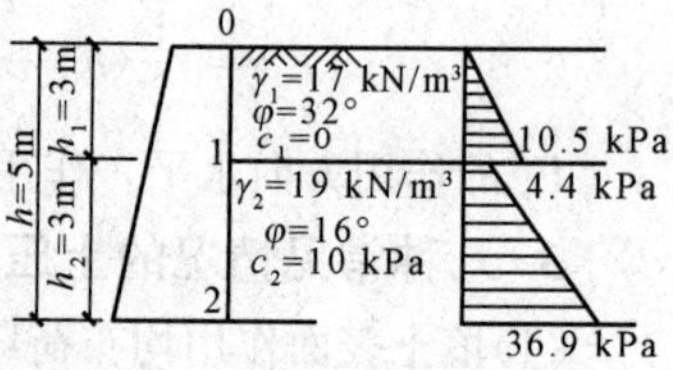

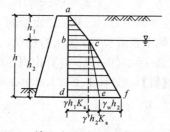

图 3-45 应用案例 3-5 主动土压力分布

（3）填土中有地下水。当墙后土体中有地下水存在时（图 3-46）,墙体除受到土压力的作用外,还将受到水压力的作用。计算土压力时,可将地下潜水面看作是土层的分界面,按分层土计算。

【案例 3-6】 计算如图 3-47 所示挡土墙上的主动土压力、水压力及其合力。

图 3-46 填土中有地下水的土压力计算

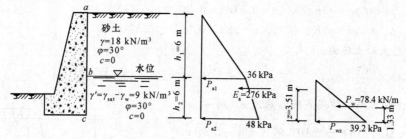

图 3-47 应用案例 3-6 主动土压力及水压力分布图

【解】 （1）计算主动土压力系数。

$$K_{a1} = \tan^2\left(45° - \frac{30°}{2}\right) = 0.333$$

（2）计算地下水位以上土层的主动土压力。

顶面 $p_{a0} = \gamma_1 z K_{a1} = 18 \times 0 \times 0.333 = 0$

$p_{a1} = \gamma_1 z K_{a1} = 18 \times 6 \times 0.333 = 36.0(\text{kPa})$

（3）计算地下水位以下土层的主动土压力及水压力。

因水下土为砂土,宜采用水土分算法。

主动土压力:

顶面 $p_{a1} = (\gamma_1 z_1 + \gamma_2 z) K_{a2} = (18 \times 6 + 9 \times 0) \times 0.333 = 36.0(\text{kPa})$

底面 $p_{a2} = (\gamma_1 h_1 + \gamma_2 z) K_{a2} = (18 \times 6 + 9 \times 4) \times 0.333 = 48.0(\text{kPa})$

水压力:顶面 $p_{w1} = \gamma_w z = 9.8 \times 0 = 0$

底面 $p_{w2} = \gamma_w z = 9.8 \times 4 = 39.2(\text{kPa})$

（4）计算总主动土压力和总水压力。

$$E_a = \frac{1}{2} \times 36 \times 6 + 36 \times 4 + \frac{1}{2} \times (48 - 36) \times 4 = 108 + 144 + 24 = 276(\text{kN/m})$$

E_a 作用方向水平，作用点距墙基为 z，则

$$z = \frac{1}{276}\left[108 \times \left(4 + \frac{6}{3}\right) + 144 \times \frac{4}{2} + 24 \times \frac{4}{3}\right] = 3.51(\text{m})$$

$$p_w = \frac{1}{2} \times 39.2 \times 4 = 78.4(\text{kN/m})$$

p_w 作用方向水平，作用点距墙基 $4/3 = 1.33$ m。

4. 朗肯被动土压力计算

(1)被动土压力计算公式。当墙体在外荷载作用下，向土体方向位移达极限平衡状态时，由极限平衡条件可得大主应力与小主应力的关系为

无黏性土 $\qquad\qquad\qquad \sigma_1 = \sigma_3 \tan^2\left(45° + \frac{\varphi}{2}\right)$ （3-44）

黏性土 $\qquad\qquad \sigma_1 = \sigma_3 \tan^2\left(45° + \frac{\varphi}{2}\right) + 2c\tan\left(45° + \frac{\varphi}{2}\right)$ （3-45）

因此，朗肯被动土压力的计算公式：

无黏性土 $\qquad\quad \sigma_p = \gamma z \tan^2\left(45° + \frac{\varphi}{2}\right)$ 或 $\sigma_p = \gamma z K_p$ （3-46）

黏性土 $\quad \sigma_p = \gamma z \tan^2\left(45° + \frac{\varphi}{2}\right) + 2c\tan\left(45° + \frac{\varphi}{2}\right)$ 或 $\sigma_p = \gamma z K_p + 2c\sqrt{K_p}$ （3-47）

式中 K_p——被动土压力系数，$K_p = \tan^2\left(45° + \frac{\varphi}{2}\right)$。

(2)被动土压力分布。无黏性土的被动土压力强度沿墙高呈三角形分布，黏性土的被动土压力强度沿墙高呈梯形分布，如图 3-48 所示。作用在单位墙长上的总被动土压力 E_p，同样可由土压力实际分布面积计算。E_p 的作用方向水平，作用线通过土压力强度分布图的形心。

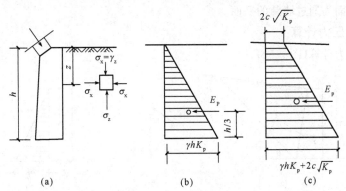

图 3-48　被动土压力计算

(a)被动土压力分布；(b)无黏性土的被动土压力分布；(c)黏性土的被动土压力分布

(四)库仑土压力理论

1776 年法国的库仑(C. A. Coulomb)根据极限平衡的概念，并假定滑动面为平面，分析了滑动楔体的力系平衡，从而求算出挡土墙上的土压力，成为著名的库仑土压力理论。该理论能适用于各种填土面和不同的墙背条件，且方法简便，有足够的精度，至今也仍然是一种被广泛采用的土压力理论。

1. 基本原理

库仑研究了回填砂土挡土墙的主动土压力，把处于主动土压力状态下的挡土墙离开土体的位移，看成是与一块楔形土体(土楔)沿墙背和土体中某一平面(滑动面)同时发生向下滑动。土楔夹在两个滑动面之间，一个面是墙背，另一个面在土中，如图 3-49 所示 AB 和 BC 面，土楔与墙背之间有摩擦作用。因为填土为砂土，故不存在黏聚力。根据土楔的静平衡条件，可以求出挡土墙对滑动土楔的支撑反力，从而可求出作用于墙背的总土压力。按照受力条件的不同，它可以是总主动土压力，也可以是总被动土压力。这种计算方法又称为滑动土楔平衡法。应该指出，应用库仑土压力理论时，要试算不同的滑动面，只有最危险滑动面 AB 对应的土压力才是土楔作用于墙背的 E_a 或 E_p。

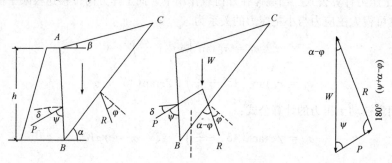

图 3-49　库仑主动土压力计算

库仑理论的基本假定为：

(1)墙后填土为均匀的无黏性土($c=0$)，填土表面倾斜($\beta > 0$)。

(2)挡土墙是刚性的，墙背倾斜，倾角为 α。

(3)墙面粗糙，墙背与土体之间存在摩擦力($\delta > 0$)。

(4)滑动破裂面为通过墙踵的平面。

2. 无黏性土压力计算

(1)主动土压力计算(图 3-50)。

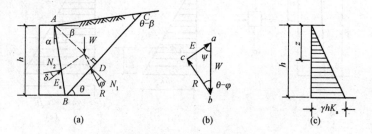

图 3-50　按库仑理论求主动土压力

(a)土楔 ABC 上的作用力；(b)力矢三角形；(c)主动土压力分布图

$$E_a = \frac{1}{2}\gamma h^2 K_a \tag{3-48}$$

$$K_a = \frac{\cos^2(\varphi-\alpha)}{\cos^2\alpha \cdot \cos(\delta+\alpha)\left[1+\sqrt{\dfrac{\sin(\delta+\varphi)\cdot\sin(\varphi-\beta)}{\cos(\delta+\alpha)\cdot\cos(\alpha-\beta)}}\,\right]^2}$$

式中　δ——墙背与填土之间的摩擦角，可用试验确定。

总主动土压力 $E_a\sigma_1$ 的作用方向与墙背法线成 δ 角，与水平面成 $\delta+\alpha$ 角，其作用点距墙底 $\dfrac{h}{3}$。

(2)无黏性土被动土压力计算(图3-51)。

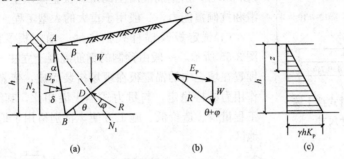

图 3-51 按库仑理论求被动土压力

(a)土楔 ABC 上的作用力；(b)力矢三角形；(c)被动土压力分布图

$$E_p = \frac{1}{2}\gamma h^2 K_p \tag{3-49}$$

式中 K_p——库仑被动土压力系数，其值为：

$$K_p = \frac{\cos^2(\varphi+\alpha)}{\cos^2\alpha \cdot \cos(\alpha-\delta)\left[1-\sqrt{\dfrac{\sin(\varphi+\delta)\cdot\sin(\varphi+\beta)}{\cos(\alpha-\delta)\cdot\cos(\alpha-\beta)}}\right]^2}$$

总被动土压力 E_p 的作用方向与墙背法线顺时针成 δ 角，作用点距墙底 $\dfrac{h}{3}$。

微课：挡土墙类型

(五)挡土墙设计

1. 挡土墙的类型

挡土墙根据其用途、高度、重要性、建筑场地的地形与地质条件等进行选型，应尽量就地取材，因地制宜。常见的挡土墙类型有重力式挡土墙、悬臂式挡土墙、扶壁式挡土墙、锚定板及锚杆式挡土墙、加筋式挡土墙等。

(1)重力式挡土墙。重力式挡土墙(图3-52)的特点是体积大，靠墙自重保持稳定性。墙背可做成仰斜、垂面和俯斜三种，一般由块石或素混凝土材料砌筑，适用于高度小于6 m，地层稳定开挖土石方时不会危及相邻建筑物安全的地段。其结构简单，施工方便，能就地取材，在建筑工程中应用最广。

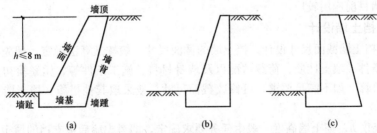

图 3-52 重力式挡土墙

(a)仰斜；(b)垂直；(c)俯斜

(2)悬臂式挡土墙。悬臂式挡土墙的特点是体积小，利用墙后基础上方的土重保持稳定性。一般由钢筋混凝土砌筑，拉应力由钢筋承受，墙高一般小于或等于8 m(图3-53)。其优点是能充

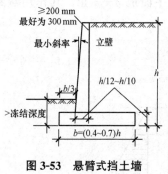

图 3-53　悬臂式挡土墙初步设计尺寸

分利用钢筋混凝土的受力特点，工程量小。

（3）扶壁式挡土墙。扶壁式挡土墙的特点是为增强悬臂式挡土墙的抗弯性能，沿长度方向每隔（0.8～1.0）h 做一扶壁（图 3-54）。由钢筋混凝土砌筑，扶壁间填土可增强挡土墙的抗滑和抗倾覆能力，一般用于重大的大型工程。

（4）锚定板及锚杆式挡土墙。锚定板及锚杆式挡土墙如图 3-55 所示，一般由预制的钢筋混凝土立柱、墙面、钢拉杆和埋置在填土中的锚定板在现场拼装而成，依靠填土与结构相互作用力维持稳定，与重力式挡土墙相比，其结构轻、高度大、工程量少、造价低、施工方便，特别适用于地基承载力不大的地区。

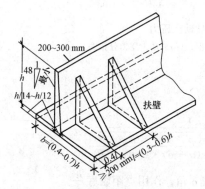

图 3-54　扶壁式挡土墙初步设计尺寸

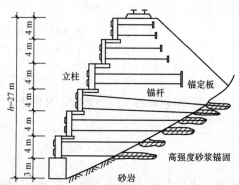

图 3-55　锚定板及锚杆挡土墙

（5）加筋式挡土墙。加筋式挡土墙（图 3-56）由墙面板、加筋材料及填土共同组成，依靠拉筋与填土之间的摩擦力来平衡作用在墙背上的土压力以保持稳定。拉筋一般采用镀锌扁钢或土工合成材料，墙面板用预制混凝土板。墙后填土需要较大的摩擦力，此类挡土墙目前应用较广。

图 3-56　加筋式挡土墙

2. 重力式挡土墙设计

（1）重力式挡土墙截面尺寸设计。挡土墙的截面尺寸一般按试算法确定，即先根据挡土墙所处的工程地质条件、填土性质、荷载情况以及墙身材料、施工条件等，凭经验初步拟定截面尺寸，然后进行验算。如不满足要求，可修改截面尺寸，或采取其他措施。挡土墙截面尺寸一般包括以下几项：

1）挡土墙高度 h。挡土墙高度一般由任务要求确定，即考虑墙后被支挡的填土呈水平时墙顶的高度。有时，对长度很大的挡土墙，也可使墙顶低于填土顶面，而用斜坡连接，以节省工程量。

2）挡土墙的顶宽和底宽。挡土墙墙顶宽度，一般块石挡土墙不应小于 400 mm，混凝土挡土墙不应小于 200 mm。底宽由整体稳定性确定，一般为 0.5～0.7 倍的墙高。

（2）重力式挡土墙的计算。重力式挡土墙的计算内容包括稳定性验算、墙身强度验算和地基承载力验算。其中，稳定性验算包括抗滑移和抗倾覆验算两个方面。

1）抗滑移稳定性验算。

在压力作用下，挡土墙的基础底面有可能发生滑移。抗滑力与滑动力之比称为抗滑移安全系数 K_s，K_s 按式（3-50）计算：

$$K_s = \frac{(G_n + E_{an})u}{E_{at} - G_t} \geqslant 1.3 \tag{3-50}$$

$$G_n = G\cos\alpha_0; \qquad G_t = G\sin\alpha_0$$

$$E_{at} = E_a\sin(\alpha - \alpha_0 - \delta); \qquad E_{an} = E_a\cos(\alpha - \alpha_0 - \delta)$$

式中　G——挡土墙每延米自重；

　　　α_0——挡土墙基底的倾角；

　　　α——挡土墙墙背的倾角；

　　　δ——土对挡土墙的摩擦角；

　　　u——土对挡土墙基底的摩擦系数。

若验算结果不满足要求，可选用以下措施来解决：

①修改挡土墙的尺寸，增加自重以增大抗滑力。

②在挡土墙基底铺砂或碎石垫层，提高摩擦系数，增大抗滑力。

③增大墙背倾角或做卸荷平台，以减小土对墙背的土压力，减小滑动力。

④加大墙底面逆坡，增加抗滑力。

⑤在软土地基上，抗滑稳定安全系数较小，采取其他方法无效或不经济时，可在挡土墙墙趾后加钢筋混凝土拖板，利用拖板上的填土重量增大抗滑力。

2）抗倾覆稳定性验算。图 3-57 所示为一基底倾斜的挡土墙，在主动土压力作用下可能绕墙趾向外倾覆，抗倾覆力矩与倾覆力矩之比称为倾覆安全系数 K_t。K_t 按下式计算：

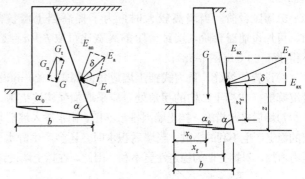

图 3-57　挡土墙稳定性验算

$$K_t = \frac{Gx_0 + E_{az}x_f}{E_{ax}z_f} \geqslant 1.6 \tag{3-51}$$

$$E_{ax} = E_a\sin(\alpha - \delta); \qquad E_{az} = E_a\cos(\alpha - \delta)$$

$$x_f = b - z\cot\alpha; \qquad z_f = z - b\tan\alpha_0$$

式中　z——土压力作用点离墙基的高度；

　　　x_0——挡土墙重心离墙趾的水平距离；

　　　b——基底的水平投影宽度。

挡土墙抗滑验算能满足要求，抗倾覆验算一般也能满足要求。若验算结果不能满足要求，可伸长墙前趾，增加抗倾覆力臂，以增大挡土墙的抗倾覆稳定性。

3）整体滑动稳定性验算，可采用圆弧滑动方法。

4）地基承载力验算。挡土墙地基承载力验算，应同时满足下列公式：

$$\frac{1}{2}(\sigma_{max} + \sigma_{min}) \leqslant f_a$$

$$\sigma_{max} \leqslant 1.2f_a \tag{3-52}$$

另外，基底合力的偏心距不应大于 0.2 倍基础的宽度。

5)墙身材料强度验算，与一般砌体构件相同。

（3）重力式挡土墙的构造。在设计重力式挡土墙时，为了保证其安全合理、经济，除进行验算外，还需采取必要的构造措施。

1）基础埋深。重力式挡土墙的基础埋深应根据地基承载力、冻结深度、岩石风化程度等因素决定，在土质地基中，基础埋深不宜小于 0.5 m；在软质岩石地基中，不宜小于 0.3 m。在特强冻胀、强冻胀地区应考虑冻胀影响。

2）墙背的倾斜形式。当采用相同的计算指标和计算方法时，挡土墙背以仰斜时主动土压力最小，直立居中，俯斜最大。墙背倾斜形式应根据使用要求、地形和施工条件等因素综合考虑确定，应优先采用仰斜墙。

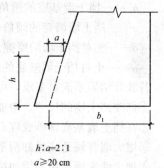

图 3-58　墙趾台阶尺寸

3）墙面坡度选择。当墙前地面较陡时，墙面可采用（1∶0.05～1∶0.2）仰斜坡度，亦采用直立载面。当墙前地形较为平坦时，对中、高挡土墙，墙面坡度可较缓，但不宜缓于 1∶0.4。

4）基底坡度。为增加挡土墙身的抗滑稳定性，基底可做成逆坡，但逆坡坡度不宜过大，以免墙身与基底下的三角形土体一起滑动。一般土质地基不宜大于 1∶10，岩石地基不宜大于 1∶5。

5）墙趾台阶。当墙高较大时，为了提高挡土墙抗倾覆能力，可加设墙趾台阶，墙趾台阶的高宽比可取 $h∶a＝2∶1$，a 不得小于 20 cm（图 3-58）。

6）设置伸缩缝。重力式挡土墙应每间隔 10～20 m 设置一道伸缩缝。当地基有变化时，宜加设沉降缝。在挡土结构的拐角处，应采取加强构造措施。

7）墙后排水措施。挡土墙因排水不良，雨水渗入墙后填土，使得填土的抗剪强度降低，对挡土墙的稳定产生不利的影响。当墙后积水时，还会产生静水压力和渗流压力，使作用于挡土墙上的总压力增加，对挡土墙的稳定性更不利。因此，在挡土墙设计时，必须采取排水措施。

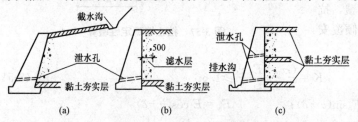

图 3-59　挡土墙排水措施

（a）截水沟；（b）滤水层；（c）泄水孔

①截水沟：凡挡土墙后有较大面积的山坡，则应在填土顶面，离挡土墙适当的距离设置截水沟，把坡上径流截断排除。截水沟的剖面尺寸要根据暴雨集水面积计算确定，并应用混凝土衬砌。截水沟出口应远离挡土墙，如图 3-59（a）所示。

②泄水孔：已渗入墙后填土中的水，则应将其迅速排出。通常在挡土墙处设置排水孔，排水孔应沿横竖两个方向设置，其间距一般取 2～3 m，排水孔外斜坡度宜为 5%，孔眼尺寸不宜小于 100 mm。泄水孔应高于墙前水位，以免倒灌。在泄水孔入口处，应用易渗的粗粒材料做滤水层，必要时做排水暗沟，并在泄水孔入口下方铺设黏土夯实层，防止积水渗入地基不利于墙体的稳定。墙前也要设置排水沟，在墙顶坡后地面宜铺设防水层，如图 3-59（c）所示。

8）填土质量要求。挡土墙后填土应尽量选择透水性较强的填料，如砂、碎石、砾石等。因这类土的抗剪强度较稳定，易于排水。当采用黏性土做填料时，应掺入适当的碎石。在季节性冻土地区，应选择炉碴、碎石、粗砂等非冻结填料，不应采用淤泥、耕植土、膨胀土等作为填料。

(六)土坡稳定分析

土坡可分为天然土坡和人工土坡，由于人工开挖和不利的自然因素，土坡可能发生整体滑动而失稳。土坡稳定性分析的目的是设计出土坡在给定条件下合理的断面尺寸或验算土坡已拟定的断面尺寸是否稳定和合理。

土坡失去稳定，发生滑动，主要是土体内抗剪强度的降低和剪应力的增加这一对矛盾相互发展和斗争的结果，抗剪强度降低的原因可能有以下几项：

(1)由于降雨或蓄水后土的湿化、膨胀以及黏土夹层因浸水而发生润滑作用。

(2)由于黏性土的蠕变。

(3)由于饱和细、粉砂因受震动而液化。

(4)由于气候的变化使土质变松等。

土中剪应力增加的原因则可能有以下几项：

(1)由于在土坡上加载。

(2)由于裂缝中的静水压力。

(3)由于雨期中土的含水量增加，使土的自重增加，并在土中渗流时产生动水力。

(4)由于地震等动力荷载等。

1. 无黏性土坡稳定性分析

无黏性土颗粒之间是没有黏聚力的，因此，位于无黏性土坡坡面上的各个土粒能保持其稳定状态，不致落下，则这个土坡也就是稳定的。图 3-60 所示为一个无黏性土坡，坡角是 β，坡高是 h。设坡面上有一个土粒 M，其自重为 G，则它的切向分力(与坡面平行)$T=G\sin\beta$，它将促使土粒 M 沿坡面向下滑动；而它的法向分力(与坡面正交)$N=G\cos\beta$，将产生一个摩擦力 $N\tan\varphi$(φ 是土的内摩擦角)来阻止它向下滑动。因此，在稳定状态时，阻止土块滑动的抗滑力必须大于土块的滑动力。

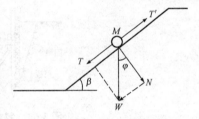

图 3-60　无黏性土坡的稳定性

故用抗滑力与滑动力之比作为评价土坡稳定的安全度。这个比值称为土坡稳定安全系数 K_s，即

$$K_s = \frac{抗滑力\ T_f}{滑动力\ T_s} = \frac{W\cos\beta\ \tan\varphi}{W\sin\beta} = \frac{\tan\varphi}{\tan\beta} \tag{3-53}$$

可见，当 $K_s \geqslant 1$，即 $\tan\beta \leqslant \tan\varphi$ 或 $\beta \leqslant \varphi$ 时，土坡就是稳定的，而且与坡高无关。当 $K_s = 1.0$ 时，土坡处于极限平衡状态，这时，坡角 β 等于土内摩擦角 φ，又称为休止角或天然坡度角。为了保证土坡稳定，必须使安全系数大于 1，但太大又不符合经济原则，一般取 1.1～1.5。

2. 黏性土坡稳定性分析

瑞典费伦纽斯等人将滑动土体分成若干土条，计算各土条在滑面上产生的滑动力和抗滑力，再根据各土条总的抗滑力矩和滑动力矩之比，求得稳定系数。与瑞典圆弧法一样，也需要假定几个可能滑动面，求出最危险滑动面和土坡稳定系数。该种方法是目前国内、外广泛应用的方法之一。它假定各土条为一刚性不变形体，不考虑土条两侧面间的作用力。

五、基坑支护方式

(一)一般基坑的支护

深度不大的三级基坑，当放坡开挖有困难时，可采用短柱横隔板支撑和临时挡土墙支撑、斜柱支撑和锚拉支撑等支护方法。

微课：基坑
支护方式

1. 简易支护

放坡开挖的基坑,当部分地段放坡宽度不够时,可采用短柱横隔板支撑(图 3-61)、临时挡土墙支撑(图 3-62)等简易支护方法进行基础施工。

图 3-61　短柱横隔板支撑　　　　图 3-62　临时挡土墙支撑

2. 斜柱支撑

先沿基坑边缘打设柱桩,在柱桩内侧支设挡土板并用斜撑支顶,挡土板内侧填土夯实。斜柱支撑(图 3-63)适用于深度不大的大型基坑。

3. 锚拉支撑

先沿基坑边缘打设柱桩,在柱桩内侧支设挡土板,柱桩上端用拉杆拉紧,挡土板内侧填土夯实。锚拉支撑(图 3-64)适用于深度不大,且不能安设横(斜)撑的大型基坑使用。

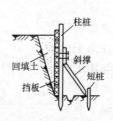

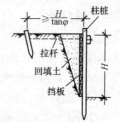

图 3-63　斜柱支撑　　　　　　图 3-64　锚拉支撑

(二)深基坑支护

深基坑支护的基本要求:确保支护结构能起挡土作用,基坑边坡保持稳定;确保相邻的建(构)筑物、道路、地下管线的安全,不因土体的变形、沉陷、坍塌受到危害;通过排降水,确保基础施工在地下水位以上进行。

支护结构选型时应综合考虑基坑深度、土的性状及地下水条件、基坑周边环境对基坑变形的承受能力及支护结构失效的后果、主体地下结构和基础形式及其施工方法、基坑平面尺寸及形状、支护结构施工工艺的可行性、施工场地条件及施工季节、经济指标、环保性能和施工工期等因素。基坑支护结构的类型及适用条件见表 3-5。

动画:支护结构
施工流程

支挡式结构是指以挡土构件(设置在基坑侧壁并嵌入基坑底面的支挡式结构竖向构件,如支护桩、地下连续墙等)和锚杆或支撑为主的,或仅以挡土构件为主的支护结构。以挡土构件和锚杆为主的支挡式结构称为锚拉式支挡结构(排桩—锚杆结构、地下连续墙—锚杆结构);以挡土构件和支撑为主的支挡式结构称为支撑式支挡结构(排桩—支撑结构、地下连续墙—支撑结构);仅以挡土构件为主的支挡式结构为悬臂式支挡结构(悬臂式排桩或地下连续墙、双排桩等)。这类支护结构都可用弹性支点法的计算简图进行结构分析。支挡式结构受力明确,计算方法和工程实践相对成熟,是目前应用较多且较为可靠的支护结构形式。

锚拉式支挡结构和支撑式支挡结构易于控制水平变形,挡土构件内力分布均匀,当基坑较深或基坑周边环境对支护结构位移的要求严格时,常采用这种结构形式。悬臂式支挡结构顶部位移较大，内力分布不理想，但可省去锚杆和支撑，当基坑较浅且基坑周边环境对支护结构位移的限制不严格时可以采用。双排桩支挡结构是一种刚架结构形式，其内力分布特性明显优于悬臂式结构，水平变形也比悬臂式结构小得多，适用的基坑深度比悬臂式支挡结构略大，但占用的场地较大，当不适合采用其他支护结构形式且在场地条件及基坑深度均满足要求的情况下，可采用双排桩支挡结构。

表 3-5　各类支护结构的适用条件

结构类型		适用条件		
		安全等级	基坑深度、环境条件、土类和地下水条件	
支挡式结构	锚拉式结构	一级二级三级	适用于较深的基坑	1. 排桩适用于可采用降水或截水帷幕的基坑。2. 地下连续墙宜同时用作主体地下结构外墙，可同时用于截水。3. 锚杆不宜用在软土层和高水位的碎石土、砂土层中。4. 当临近基坑有建筑物地下室、地下构筑物等，锚杆的有效锚固长度不足时，不应采用锚杆。5. 当锚杆施工会造成基坑周边建（构）筑物的损害或违反城市地下空间规划等规定时，不应采用锚杆
	支撑式结构		适用于较深的基坑	
	悬臂式结构		适用于较浅的基坑	
	双排桩		当锚拉式、支撑式和悬臂式结构不适用时，可考虑采用双排桩	
	支护结构与主体结构结合的逆作法		适用于基坑周边环境条件很复杂的深基坑	
土钉墙	单一土钉墙	二级三级	适用于地下水位以上或降水的非软土基坑，且基坑深度不宜大于 12 m	当基坑潜在滑动面内有建筑物、重要地下管线时，不宜采用土钉墙
	预应力锚杆复合土钉墙		适用于地下水位以上或降水的非软土基坑，且基坑深度不宜大于 15 m	
	水泥土桩复合土钉墙		用于非软土基坑时，基坑深度不宜大于 12 m；用于淤泥质土基坑时，基坑深度不宜大于 6 m；不宜用在高水位的碎石土、砂土层中	
	微型桩复合土钉墙		适用于地下水位以上或降水的基坑，用于非软土基坑时，基坑深度不宜大于 12 m；用于淤泥质土基坑时，基坑深度不宜大于 6 m	
重力式水泥土墙		二级三级	适用于淤泥质土、淤泥基坑，且基坑深度不宜大于 7 m	
放坡		三级	1. 施工场地满足放坡条件。2. 放坡与上述支护结构形式结合	

　　土钉墙与水泥土桩、微型桩及预应力锚杆组合形成的复合土钉墙，主要有下列几种形式：土钉墙＋预应力锚杆；土钉墙＋水泥土桩；土钉墙＋水泥土桩＋预应力锚杆；土钉墙＋微型桩＋预应力锚杆。不同的组合形式，其作用不同，应根据实际工程需要进行选择。

　　重力式水泥土墙一般采用搅拌桩，墙体材料是水泥土，其抗拉、抗剪强度较低。

　　下面主要介绍建筑基坑工程中比较常见的几种支护形式。

1. 排桩支护

开挖前在基坑周围设置混凝土灌注桩，桩的排列有间隔式、双排式和连续式，桩顶设置混凝土连系梁或锚桩、拉杆。排桩施工方便、安全度好、费用低（图3-65）。

动画：排桩

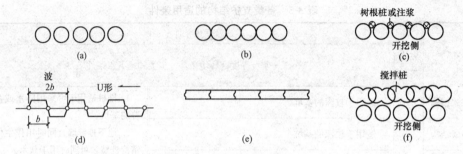

图 3-65 排桩支护的类型

(a)柱列式排桩支护；(b)～(e)连续式排桩支护；(f)组合式排桩支护

排桩桩型应根据工程与水文地质条件及当地施工条件确定，桩径应通过计算确定。一般人工挖孔桩桩径不宜小于800 mm，冲（钻）孔灌注桩桩径不宜小于600 mm。直径0.6～1.1 m的钻孔灌注桩可用于深7～13 m的基坑支护，直径0.5～0.8 m的沉管灌注桩可用于深度在10 m以内的基坑支护，单层地下室常用0.8～1.2 m的人工挖孔灌注桩作支护结构（图3-66）。

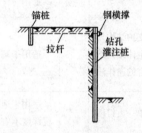

图 3-66 挡土灌注桩排桩支护

排桩中心距可根据桩受力及桩间土稳定条件确定，一般取$(1.2～2.0)d$（d 为桩径），砂性土或黏土中宜采用较小桩距。

排桩支护的桩间土，当土质较好时，可不进行处理，否则应采用横挡板、砖墙、挂钢丝网喷射混凝土面层等措施维护桩间土的稳定。当桩间渗水时，应在护面上设泄水孔。

排桩桩顶应设置钢筋混凝土压顶梁，并宜沿基坑呈封闭结构。压顶梁工作高度（水平方向）宜与排桩桩径相同，宽度（垂直方向）宜在$(0.5～0.8)d$（d 为排桩桩径）之间，排桩主筋应伸入压顶梁$(30～35)D$（D 为主筋直径），压顶梁可按构造配筋。排桩与顶梁的混凝土强度等级不宜低于C20。

在支护结构平面拐角处宜设置角撑，并可适当增加拐角处排桩间距或减少锚杆支撑数量。

支锚式排桩支护结构应在支点标高处设水平腰梁，支撑或锚杆应与腰梁连接，腰梁可用钢筋混凝土或钢梁，腰梁与排桩的连接可用预埋铁件或锚筋。

双排桩是沿基坑侧壁排列设置的由前、后两排支护桩和梁连接成的刚架及冠梁所组成的支护结构（图3-67）。其支护深度比单排悬臂式结构要大，且变形相对较小。

根据《建筑地基基础工程施工质量验收标准》（GB 50202—2018），灌注桩排桩的质量检验应符合表3-6的规定。

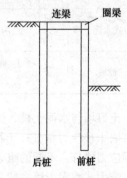

图 3-67 双排桩支护

表 3-6　灌注桩排桩质量检验标准

项	序	检查项目		允许值或允许偏差	检查方法
主控项目	1	孔深		不小于设计值	测钻杆长度或用测绳
	2	桩身完整性		设计要求	标准第7.2.4条
	3	混凝土强度		不小于设计值	28 d试块强度或钻芯法
	4	嵌岩深度		不小于设计值	取岩样或超前钻孔取样
	5	钢筋笼主筋间距		±10 mm	用钢尺量
一般项目	1	垂直度		≤1/100(≤1/200)	测钻杆、用超声波或井径仪测量
	2	孔径		不小于设计值	测钻头直径
	3	桩位		≤50 mm	开挖前量护筒，开挖后量桩中心
	4	泥浆指标		标准第5.6节	泥浆试验
	5	钢筋笼质量	长度	±100 mm	用钢尺量
			钢筋连接质量	设计要求	实验室试验
			箍筋间距	±20 mm	用钢尺量
			笼直径	±10 mm	用钢尺量
	6	沉渣厚度		≤200 mm	用沉渣仪或重锤测
	7	混凝土坍落度		180～220 mm	坍落度仪
	8	钢筋笼安装深度		±100 mm	用钢尺量
	9	混凝土充盈系数		≥1.0	实际灌注量与理论灌注量的比
	10	桩顶标高		±50 mm	水准测量，需扣除桩顶浮浆层及劣质桩体

注：垂直度项括号中数值适用于灌注桩排桩采用桩墙合一设计的情况

2. 地下连续墙支护

利用各种挖槽机械，借助于泥浆的护壁作用，在地下挖出窄而深的沟槽，并在其内浇筑适当的材料而形成一道具有防渗(水)、挡土和承重功能的连续的地下墙体。

动画：地下连续墙

(1)地下连续墙的设计。地下连续墙的墙体厚度宜按成槽机的规格，选取600 mm、800 mm、1 000 mm或1 200 mm。一字形槽段长度宜取4～6 m。当成槽施工可能对周边环境产生不利影响或槽壁稳定性较差时，应取较小的槽段长度。必要时，宜采用搅拌桩对槽壁进行加固。

地下连续墙的转角处若有特殊要求时，单元槽段的平面形状可采用L形、T形等。

地下连续墙的混凝土设计强度等级宜取C30～C40。地下连续墙用于截水时，墙体混凝土抗渗等级不宜小于P6，槽段接头应满足截水要求。

地下连续墙的纵向受力钢筋应沿墙身每侧均匀配置，可按内力大小沿墙体纵向分段配置，且通长配置的纵向钢筋不应小于50%；纵向受力钢筋宜采用HRB335级或HRB400级钢筋，直径不宜小于15 mm，净间距不宜小于75 mm。水平钢筋及构造钢筋宜选用HPB300级、HRB335级或HRB400级钢筋，直径不宜小于12 mm，水平钢筋间距宜取200～400 mm。冠梁按构造设置时，纵向钢筋锚入冠梁的长度宜取冠梁厚度。冠梁按结构受力构件设置时，桩身纵向受力钢筋伸入冠梁的锚固长度应符合现行国家标准《混凝土结构设计规范》(GB 50010—2010)对钢筋锚固的有关规定。当不能满足锚固长度的要求时，其钢筋末端可采取机械锚固措施。

地下连续墙纵向受力钢筋的保护层厚度，在基坑内侧不宜小于50 mm，在基坑外侧不宜小于70 mm。

钢筋笼两侧的端部与槽段接头之间、钢筋笼两侧的端部与相邻墙段混凝土接头面之间的间隙应不大于150 mm，纵筋下端500 mm长度范围内宜按1：10的斜度向内收口。

地下连续墙的槽段接头应按下列原则选用：地下连续墙宜采用圆形锁口管接头、波纹管接头、楔形接头、工字钢接头或混凝土预制接头等柔性接头；当地下连续墙作为主体地下结构外墙，且需要形成整体墙体时，宜采用刚性接头；刚性接头可采用一字形或十字形穿孔钢板接头、钢筋承插式接头等；在采取地下连续墙顶设置通长的冠梁、墙壁内侧槽段接缝位置设置结构壁柱、基础底板与地下连续墙刚性连接等措施时，也可采用柔性接头。

地下连续墙墙顶应设置混凝土冠梁。冠梁宽度不宜小于墙厚，高度不宜小于墙厚的0.6倍。冠梁钢筋应符合现行国家标准《混凝土结构设计规范》(GB 50010—2010)对梁的构造配筋要求。冠梁用作支撑或锚杆的传力构件或按空间结构设计时，还应按受力构件进行截面设计。

（2）地下连续墙施工与检测。地下连续墙施工常见问题、产生原因、预防措施及处理方法见表3-7。对于现浇钢筋混凝土壁板式地下连续墙，其施工工艺过程通常如图3-68所示。其中修筑导墙、泥浆制备与处理、深槽挖掘、钢筋笼制备与吊装以及混凝土浇筑是地下连续墙施工中主要的工序。

表 3-7　地下连续墙施工常见问题、产生原因、预防措施及处理方法

常见问题	原因	预防措施及处理方法	
糊钻（在黏性土层成槽，黏土附在多头钻刀片上产生抱钻现象）	在软塑黏土层钻进，进尺过快，钻渣多，出浆口堵塞；在黏性土层成孔，钻速过慢，未能将切削泥土甩开	施钻时注意控制钻进速度，发生糊钻现象，可提出槽孔清除钻头上的泥渣	
卡钻（钻机在成槽过程中被卡在槽内，难以上下或提不出来）	泥渣沉淀的钻机周围，或中途停钻，造成泥渣沉积，将钻具卡住	钻进中注意不定时将钻头慢慢下降或空转，避免泥渣淤积、堵塞，中途停止钻进，应将潜水钻机提出槽外	卡钻后不能强行提出，以防吊索破断，可采用高压水或空气排泥方法排除周围泥渣及塌方土体，再慢慢提出
	槽壁局部塌方，或遇地下障碍物被卡住，将钻机埋住	控制泥浆相对密度，探明障碍物并及时处理	
	塑性黏土遇水膨胀，槽壁缩孔卡钻槽偏斜弯曲过大	在塑料黏性土中钻进或槽孔出现偏斜弯曲，应经常上下扫孔纠正	
架钻（钻进中钻机导板箱被槽壁土体局部托住，不能钻进）	钻头磨损严重，钻头直径减小，造成槽孔宽度变小，使导板箱被搁住不能钻进	钻头直径应比导板箱宽20～30 mm；钻头磨损严重应及时补焊加大	
	钻机切削垂直铲刀或侧向拉力装置失灵，或遇坚硬土石层，功率不足，难以切去	辅以冲击钻破碎后再钻进	

常见问题	原因	预防措施及处理方法	
槽壁坍塌（局部孔壁坍塌，水位突然下降，孔口冒细密的水泡，出土量增加，而不见进尺，钻机负荷显著增加）	遇软弱土层或流砂层	慢速钻进	
	护壁泥浆选择不当，泥浆密度不够，泥浆水质不符合要求，易于沉淀，起不到护壁作用，泥浆配制不符合要求，质量不符合要求	适当加大泥浆密度成槽应根据土质情况选用合适泥浆，并通过试验确定泥浆密度	严重塌孔，要拔出钻头填入优质黏土，待沉积密实重新下钻；局部坍塌，可加大泥浆密度，已坍土体可用钻机搅成碎块抽出
	地下水位过高，或孔内出现承压水	控制槽段液面高于地下水位0.5 m以上	
	在松软砂层中钻进，进尺过快，或空转时间太长	控制进尺，不要过快或空转过久	
	成槽后搁置时间过长，泥浆沉淀	槽段成孔后，及时放钢筋笼并浇灌混凝土	
	槽内泥浆液面降低，或下雨使地下水位急剧上升	根据钻进情况，随时调整泥浆密度和液面标高	
	槽段过长，或地面附加荷载过大等	单元槽段一般不超过两个槽段，注意地面荷载不要过大	
钢筋笼难以放入（吊放钢筋笼被卡或搁住）	槽壁凹凸不平或弯曲	成孔要保持槽壁面平整	
	钢筋笼尺寸不准；纵向接头处产生弯曲，吊放时产生变形	严格控制钢筋笼外形尺寸，其长宽应比槽孔小100~120 mm；钢筋笼接长时使上段垂直对正下段，再进行焊接，并对称施焊，如因槽壁弯曲钢筋笼不能放入，应修整后再放	
钢筋笼上浮	钢筋笼太轻，槽底沉渣过多	钢筋笼在导墙上设置锚固点固定钢筋笼，清除槽底沉渣	
	导管埋入深度过大，或混凝土浇灌速度过慢，钢筋笼被托起上浮	加快浇灌速度，控制导管的最大埋深不超过6 m	
接头管拔不出（接头在混凝土灌筑后拔不出）	接头管本身弯曲，或安装不直	接头管制作垂直度应在1/1 000以内，安装时必须垂直插入，偏差不大于50 mm	
	抽拔接头管千斤顶能力不够，或不同步	拔管装置能力应大于1.5倍摩阻力	
	拔管时间未掌握好，混凝土已经终凝，摩阻力增大；混凝土浇灌时未经常上下活动接头管	接头管抽拔要掌握时机，混凝土初凝后即应上下活动，每10~15 min活动一次，混凝土浇筑后3.5~4 h，应开始顶拔，5~8 h内将管子拔出	
	接头管表面的耳槽盖漏盖	盖好上月牙槽盖	

常见问题	原因	预防措施及处理方法	
夹层（地下连续墙壁混凝土内存在夹泥层）	导管摊铺面积不够，部分位置灌注不到，被泥渣填充	多槽段灌注时，应设2或3个导管同时灌注	
	灌注管埋置深度不够，泥渣从底口进入混凝土内	导管埋入混凝土深度应不小于1.5 m	
	导管接头不严密，泥浆掺入导管内	导管接头应采用粗丝扣，设橡胶圈密封	
	首批灌注混凝土量不足	首批灌入混凝土量要足够充分，使其有一定的冲击量，能把泥浆从导管中挤出	
	混凝土未连续浇灌，造成间断或浇灌时间过长，后浇灌的混凝土顶破顶层上升，与泥渣混合	保持快速连续进行，中途停歇时间不超过15 min，槽内混凝土上升速度不应低于2 m/h	遇塌孔可将沉积在混凝土上的泥土吸出，继续灌注；如混凝土凝固，可将导管提出，将混凝土清出，重新下导管灌注混凝土；混凝土已凝固出现夹层，应在清除后采取压浆补强方法处理
	导管提升过猛，或测深错误，导管底口超出原混凝土面，底口涌入泥浆	导管上升速度不要过猛；采取快速浇灌，防止时间过长塌孔	

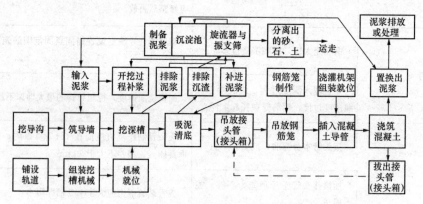

图3-68 现浇钢筋混凝土壁板式地下连续墙的施工工艺过程

地下连续墙的质量检验标准应符合表3-8～表3-10的规定。

表 3-8　泥浆性能指标

项	序	检查项目			性能指标	检查方法
一般项目	1	新拌制泥浆		比重	1.03～1.10	比重计
			黏度	黏性土	20～25 s	黏度计
				砂土	25～35 s	
	2	循环泥浆		比重	1.05～1.25	比重计
			黏度	黏性土	20～30 s	黏度计
				砂土	30～40 s	
	3	清基(槽)后的泥浆	现浇地下连续墙	比重 黏性土	1.10～1.15	比重计
				比重 砂土	1.10～1.20	
				黏度	20～30 s	黏度计
				含砂率	≤7%	洗砂瓶
	4		预制地下连续墙	比重	1.10～1.20	比重计
				黏度	20～30 s	黏度计
				pH 值	7～9	pH 试纸

表 3-9　钢筋笼制作与安装允许偏差

项	序	项目		允许值或允许偏差		检查方法
				单位	数值	
主控项目	1	钢筋笼长度		mm	±100	用钢尺量,每片钢筋网检查上中下3处
	2	钢筋笼宽度		mm	0,−20	
	3	钢筋笼安装标高	临时结构	mm	±20	
			永久结构	mm	±15	
	4	主筋间距		mm	±10	任取一断面,连续量取间距,取平均值作为1点,每片钢筋网上测4点
一般项目	1	分布筋间距		mm	±20	
	2	预埋件及槽底注浆管中心位置	临时结构	mm	≤10	用钢尺量
			永久结构	mm	≤5	
	3	预埋件及槽底注浆管中心位置	临时结构	mm	≤10	用钢尺量
			永久结构	mm	≤5	
		钢筋笼制作平台平整度		mm	±20	用钢尺量

表 3-10　地下连续墙成槽及墙体允许偏差

项目	序	项目		允许值或允许偏差		检查方法
				单位	数值	
主控项目	1	墙体强度		不小于设计值		28 d 试块强度或钻芯法
	2	槽壁垂直度	临时结构	≤1/200		20% 超声波 2 点/幅
			永久结构	≤1/300		100% 超声波 2 点/幅
	3	槽段深度		不小于设计值		测绳 2 点/幅
一般项目	1	导墙尺寸	宽度(设计墙厚+40 mm)	mm	±10	用钢尺量
			垂直度		≤1/500	用线锤测
			导墙顶面平整度	mm	±5	用钢尺量
			导墙平面定位	mm	≤10	用钢尺量
			导墙顶标高	mm	±20	水准测量
	2	槽段宽度	临时结构	不小于设计值		20% 超声波 2 点/幅
			永久结构	不小于设计值		100% 超声波 2 点/幅
	3	槽段位	临时结构	mm	≤50	钢尺 1 点/幅
			永久结构	mm	≤30	
	4	沉渣厚度	临时结构	mm	≤150	100% 测绳 2 点/幅
			永久结构	mm	≤100	
	5	混凝土坍落度		mm	180~220	坍落度仪
	6	地下连续墙表面平整度	临时结构	mm	±150	用钢尺量
			永久结构	mm	±100	
			预制地下连续墙	mm	±20	
	7	预制墙顶标高		mm	±10	水准测量
	8	预制墙中心位移		mm	≤10	用钢尺量
	9	永久结构的渗漏水		无渗漏、线流,且≤0.1L/(m² · d)		现场检验

3. 土钉墙支护

天然土体通过钻孔、插筋、注浆来设置土钉(亦称砂浆锚杆)并与喷射混凝土面板相结合,形成类似重力挡墙的土钉墙,以抵抗墙后的土压力,保持开挖面的稳定。土钉墙也称为喷锚网加固边坡或喷锚网挡墙(图 3-69)。

土钉墙支护施工工艺:

(1)基坑开挖。基坑要按设计要求严格分层、分段开挖,在完成上一层

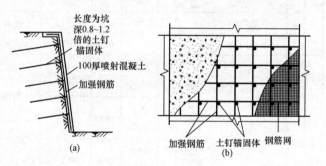

图 3-69　土钉墙支护
(a)土钉墙剖面;(b)土钉面层喷锚

作业面土钉与喷射混凝土面层达到设计强度的 70% 以前,不得进行下一层土层的开挖。每层开挖最大深度取决于在支护投入工作前土壁可以自稳而不发生滑动破坏的能力,实际工程中常取基坑每层挖深与土钉竖向间距相等。每层开挖的水平分段宽度也取决于土壁自稳能力,且与支护施工流程相互衔接,一般多为 10~20 m 长。当基坑面积较大时,允许在距离基坑四周边坡

8～10 m 的基坑中部自由开挖，但应注意与分层作业区的开挖相协调。

挖方要选用对坡面土体扰动小的挖土设备和方法，严禁边壁出现超挖或造成边壁土体松动。坡面经机械开挖后，要采用小型机械或铲锹进行切削清坡，以使坡度及坡面平整度达到设计要求。

为防止基坑边坡的裸露土体塌陷，对于易塌的土体可采取下列措施：

1）对修整后的边坡，立即喷上一层薄的砂浆或混凝土，凝结后再进行钻孔[图3-70(a)]。

2）在作业面上先构筑钢筋网喷射混凝土面层，然后进行钻孔和设置土钉。

3）在水平方向上分小段间隔开挖[图 3-70(b)]。

4）先将作业深度上的边壁做成斜坡，待钻孔并设置土钉后再清坡[图 3-70(c)]。

5）在开挖前，沿开挖面垂直击入钢筋或钢管，或注浆加固土体[图 3-70(d)]。

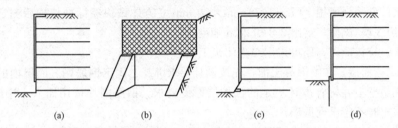

图 3-70　易塌土层的施工措施

(a)凝结后进行钻孔；(b)在水平方向上分水段间隔开挖；
(c)钻孔并设置土钉后清坡；(d)注浆加固土体

（2）喷射第一道面层。每步开挖后应尽快做好面层，即对修整后的边壁立即喷上一层薄混凝土或砂浆。若土层地质条件好，可省去该道面层。

（3）设置土钉。土钉的设置虽然可以采用专门设备将土钉钢筋击入土体，但是通常的做法是先在土体中成孔，然后置入土钉钢筋并沿全长注浆。

1）钻孔。钻孔前，应根据设计要求定出孔位并做出标记及编号。当成孔过程中遇到障碍物需调整孔位时，不得损害支护结构设计原定的安全程度。

采用的机具应符合土层特点，满足设计要求，在进钻和抽出钻杆过程中不得引起土体坍孔。而在易坍孔的土体中钻孔时宜采用套管成孔或挤压成孔。成孔过程中应由专人做成孔记录，按土钉编号逐一记载取出土体的特征、成孔质量、事故处理等，并将取出的土体及时与初步设计所认定的土质加以对比，若发现有较大的偏差，要及时修改土钉的设计参数。

土钉钻孔的质量应符合下列规定：孔距允许偏差为±100 mm；孔径允许偏差为±5 mm；孔深允许偏差为±30 mm；倾角允许偏差为±1°。

2）插入土钉钢筋。插入土钉钢筋前要进行清孔检查，若孔中出现局部渗水、坍孔或掉落松土应立即处理。土钉钢筋置入孔中前，要先在钢筋上安装对中定位支架，以保证钢筋处于孔位中心且注浆后其保护层厚度不小于 25 mm。支架沿钉长的间距可为 2～3 m，支架可为金属或塑料件，以不妨碍浆体自由流动为宜。

3）注浆。注浆前要验收土钉钢筋安设质量是否达到设计要求。

一般可采用重力、低压(0.4～0.6 MPa)或高压(1～2 MPa)注浆，水平孔应采用低压或高压注浆。压力注浆时应在孔口或规定位置设置止浆塞，注满后保持压力 3～5 min。重力注浆以满孔为止，但在浆体初凝前需补浆 1 或 2 次。

对于向下倾角的土钉，注浆采用重力或低压注浆时宜采用底部注浆方式，注浆导管底端应插至距孔底250～500 mm 处，在注浆的同时将导管匀速、缓慢地撤出。注浆过程中注浆导管口始终埋在浆体表面以下，以保证孔中气体能全部逸出。

注浆时要采取必要的排气措施。对于水平土钉的钻孔，应用口部压力注浆或分段压力注浆，此时需配排气管并与土钉钢筋绑扎牢固，在注浆前与土钉钢筋同时送入孔中。

向孔内注入浆体的充盈系数必须大于1。每次向孔内注浆时，宜预先计算所需的浆体体积并根据注浆泵的冲程数计算出实际向孔内注入的浆体体积，以确认实际注浆量超过孔内容积。

注浆材料宜用水泥浆或水泥砂浆。水泥浆的水胶比宜为0.5；水泥砂浆的配合比宜为1∶1～1∶2(质量比)，水胶比宜为0.38～0.45。需要时可加入适量速凝剂，以促进早凝和控制泌水。

水泥浆、水泥砂浆应拌和均匀，随拌随用，一次拌和的水泥浆、水泥砂浆应在初凝前用完。

注浆前应将孔内残留或松动的杂土清除干净。注浆开始或中途停止超过30 min时，应用水或稀水泥浆润滑注浆泵及其管路。

用于注浆的砂浆强度用70 mm×70 mm×70 mm立方体试块经标准养护后测定。每批至少留取3组(每组3块)试件，给出3 d和28 d强度。

为提高土钉抗拔能力，还可采用二次注浆工艺。

(4)喷第二道面层。在喷混凝土前，先按设计要求绑扎、固定钢筋网。面层内的钢筋网片应牢固地固定在边壁上并符合设计规定的保护层厚度要求。钢筋网片可用插入土中的钢筋固定，但在喷射混凝土时不应出现振动。

钢筋网片可焊接或绑扎而成，网格允许偏差为±10 mm。铺设钢筋网时每边的搭接长度应不小于一个网格边长或200 mm，如为搭焊则焊接长度不小于网片钢筋直径的10倍。网片与坡面间隙不小于20 mm。

土钉与面层钢筋网的连接可通过垫板、螺母及土钉端部螺纹杆固定。垫板钢板厚8～10 mm，尺寸为200 mm×200 mm～300 mm×300 mm。垫板下空隙需先用高强度水泥砂浆填实，待砂浆达一定强度后方可旋紧螺母以固定土钉。土钉钢筋也可通过井字加强钢筋直接焊接在钢筋网上，焊接强度要满足设计要求。

喷射混凝土的配合比应通过试验确定，粗集料的最大粒径不宜大于12 mm，水胶比不宜大于0.45，并应通过外加剂来调节所需工作度和早强时间。当采用干法施工时，应事先对操作人员进行技术考核，以保证喷射混凝土的水胶比和质量达到设计要求。

喷射混凝土前，应对机械设备、风、水管路和电路进行全面检查和试运转。

为保证喷射混凝土厚度达到均匀的设计值，可在边壁上隔一定距离打入垂直短钢筋段作为厚度标志。喷射混凝土的射距宜保持在0.6～1.0 m范围内，并使射流垂直于壁面。在有钢筋的部位可先喷钢筋的后方以防止钢筋背面出现空隙。喷射混凝土的路线可从壁面开挖层底部逐渐向上进行，但底部钢筋网搭接长度范围以内先不喷混凝土，待与下层钢筋网搭接绑扎之后，再与下层壁面同时喷混凝土。混凝土面层接缝部分做成45°斜面搭接。当设计面层厚度超过100 mm时，混凝土应分两层喷射，一次喷射厚度不宜小于40 mm，且接缝错开。混凝土接缝在继续喷射混凝土前应清除浮浆碎屑，并喷少量水润湿。

面层喷射混凝土终凝后2 h应喷水养护，养护时间宜为3～7 d，养护视当地环境条件采用喷水、覆盖浇水或喷涂养护剂等方法。

喷射混凝土强度可用边长为100 mm的立方体试块进行测定。制作试块时，将试模底面紧贴边壁，从侧向喷入混凝土，每批至少留取3组(每组3块)试件。

(5)排水设施的设置。水是土钉支护结构最为敏感的问题，不但要在施工前做好降排水工作，还要充分考虑土钉支护结构工作期间地表水及地下水的处理，设置排水构造措施。

基坑四周地表应加以修整并构筑明沟排水，严防地表水再向下渗流。可将喷射混凝土面层延伸到基坑周围地表构成喷射混凝土护顶并在土钉墙平面范围内地表做防水地面(图3-71)，可防止地表水渗入土钉加固范围的土体中。

基坑边壁有透水层或渗水土层时，混凝土面层上要做泄水孔，即按间距 1.5～2.0 m 均匀铺设长 0.4～0.6 m、直径不小于 40 mm 的塑料排水管，外管口略向下倾斜，管壁上半部分可钻些透水孔，管中填满粗砂或圆砾作为滤水材料，以防止土颗粒流失（图 3-72）。另外，也可在喷射混凝土面层施工前预先沿土坡壁面每隔一定距离设置一条竖向排水带，即用带状皱纹滤水材料夹在土壁与面层之间形成定向导流带，使土坡中渗出的水有组织地导流到坑底后集中排除，但施工时要注意每段排水带滤水材料之间的搭接效果，必须保证排水路径畅通无阻。

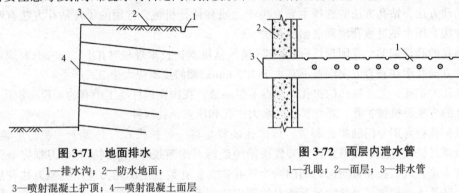

图 3-71　地面排水

1—排水沟；2—防水地面；
3—喷射混凝土护顶；4—喷射混凝土面层

图 3-72　面层内泄水管

1—孔眼；2—面层；3—排水管

为了排除积聚在基坑内的渗水和雨水，应在坑底设置排水沟和集水井。排水沟应离开坡脚 0.5～1 m，严防冲刷坡脚。排水沟和集水井宜用砖衬砌并用砂浆抹内表面，以防止渗漏。坑中积水应及时排除。

4. 锚杆支护

锚杆支护（图 3-73）是在未开挖的土层立壁上钻孔至设计深度，孔内放入拉杆，灌入水泥砂浆与土层结合成抗拉力强的锚杆，锚杆一端固定在坑壁结构上，另一端锚固在土层中，将立壁土体侧压力传至深部的稳定土层。锚杆支护适于较硬土层或破碎岩石中开挖较大、较深基坑，邻近有建筑物时须保证边坡稳定时采用。

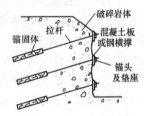

图 3-73　锚杆支护

锚杆施工包括钻孔、安放拉杆、灌浆和张拉锚固。在正式开工前。还需进行必要的准备工作。

（1）施工准备工作。在锚杆正式施工前，一般需进行下列准备工作：

1）锚杆施工必须清楚施工地区的土层分布和各土层的物理力学特性（天然重度、含水量、孔隙比、渗透系数、压缩模量、凝聚力、内摩擦角等），这对于确定锚杆的布置和选择钻孔方法等都十分重要。

另外，还需了解地下水位及其随时间的变化情况，以及地下水中化学物质的成分和含量，以便研究对锚杆腐蚀的可能性和应采取的防腐措施。

2）要查明锚杆施工地区的地下管线、构筑物等的位置和情况，慎重研究锚杆施工对它们产生的影响。

3）要研究锚杆施工对邻近建筑物等的影响，如锚杆的长度超出建筑红线应得到有关部门和单位的批准或许可。

同时，也应研究附近的施工（如打桩、降低地下水位、岩石爆破等）对锚杆施工带来的影响。

4）编制锚杆施工组织设计，确定施工顺序；保证供水、排水和动力的需要；制定机械进场、正常使用和保养维修制度；安排好劳动组织和施工进度计划；施工前应进行技术交底。

（2）钻孔。钻孔工艺影响锚杆的承载能力、施工效率和成本。钻孔的费用一般占总费用的30％，有时达50％。钻孔要求不扰动土体，减少原来土体内应力场的变化，尽量不使自重应力释放。

1）钻孔机械。我国目前采用的锚杆钻孔机械有两类：一类是从国外引进的锚杆专用钻机，如德国的 Krupp 钻机、日本的 RPD 和 Koken 钻机、意大利的 Worthing to 钻机、Stensaccl 钻机等；另一类是国产钻机（如北京市机械施工公司研制的 MZ—Ⅱ型钻机）及地质钻机和工程钻机改装的锚杆钻机。

2）钻孔方法。钻孔方法的选择主要取决于土质和钻孔机械。常用的锚杆钻孔方法有螺旋钻孔干作业法、压水钻进成孔法和潜钻成孔法。

3）钻孔的容许偏差。我国现行行业标准《建筑基坑支护技术规程》（JGJ 120—2012）规定：锚杆孔水平方向孔距在垂直方向误差不宜大于 100 mm；偏斜度不应大于 3％。

4）钻孔的扩孔。关于钻孔的扩孔，观点不尽一致，我国在锚杆施工中有的工程亦扩孔。

扩孔的方法有机械扩孔、爆炸扩孔、水力扩孔和压浆扩孔四种。

机械扩孔需要用专门的扩孔装置。该扩孔装置是将一种扩张式刀具置于一鱼雷形装置中，并使其能通过机械方法，随着鱼雷式装置缓慢地旋转而逐渐张开，直到所有切刀都完全张开完成扩孔锥为止。该扩孔装置能同时切削两个扩孔锥。扩孔装置上的切刀应用机械方法开启，开启速度由钻孔人员控制，一般情况下切刀的开启速度要慢些，以保证扩孔切削下来的土屑能及时排出而不致堵塞在扩孔锥内。扩孔锥的形状还可用特制的测径器来测定。

爆炸扩孔是把计算好的炸药放入钻孔内引爆，把土向四周挤压并形成球形扩大头。此法一般适用于砂性土，对黏性土爆炸扩孔扰动大，易使土液化，有时反而使承载力降低。即使用于砂性土，也要防止扩孔坍落。爆炸法扩孔在城市中采用要慎重。

水力扩孔在我国已成功地用于锚杆施工。用水力扩孔，当锚杆钻进到锚固段时，换上水力扩孔钻头，它是将合金钻头的头端封住，只在中央留一直径为 10 mm 的小孔，而且在钻头侧面按 120°、与中心轴线成 45°开设三个直径 10 mm 的射水孔。水力扩孔时，保持射水压力 0.5～1.5 MPa，钻进速度为 0.5 m/min；用改装过的直径为 150 mm 的合金钻头即可将钻孔扩大为直径 200～300 mm；如果钻进速度再减小一些，则钻孔直径还可以增大。

在饱和软黏土地区用水力扩孔，如孔内水位低，由于淤泥质粉质黏土和淤泥质黏土本身呈软塑或流塑状态，易出现缩颈现象，甚至会出现卡钻，使钻杆提不出来。如果孔内保持必要的水位，则钻孔不会产生坍孔。

压浆扩孔在国外广泛采用，但需用堵浆设施。我国多用二次灌浆法来达到扩大锚固段直径的目的。

（3）安放拉杆。锚杆用的拉杆，常用的有钢管（钻杆用作拉杆）、粗钢筋、钢丝束和钢绞线。其主要根据锚杆的承载能力和现有材料的情况来选择。承载能力较小时，多用粗钢筋；承载能力较大时，多用钢绞线。

（4）压力灌浆。压力灌浆是锚杆施工中的一个重要工序。施工时，应将有关数据记录下来，以备将来查用。灌浆的作用是形成锚固段，将锚杆锚固在土层中；防止钢拉杆腐蚀；充填土层中的孔隙和裂缝。

灌浆的浆液为水泥砂浆（细砂）或水泥浆。水泥一般不宜用高铝水泥，由于氯化物会引起钢拉杆腐蚀，因此其含量不应超过水泥重的 0.1％。由于水泥水化时会生成 SO_3，所以硫酸盐的含量不应超过水泥重的 4％。我国多用普通硅酸盐水泥，有些工程为了早强、抗冻和抗收缩，曾使用过硫铝酸盐水泥。

拌和水泥浆或水泥砂浆所用的水，一般应避免采用含高浓度氯化物的水，因为它会加速钢拉杆的腐蚀。若对水质有疑问,应事先进行化验。

一次灌浆法宜选用灰砂比 1:1～1:2、水胶比 0.38～0.45 的水泥砂浆,或水胶比 0.4～0.50 的水泥浆;二次灌浆法中的二次高压灌浆,宜用水胶比 0.45～0.55 的水泥浆。

灌浆方法有一次灌浆法和二次灌浆法两种。一次灌浆法只用一根灌浆管,利用 2DN-15/40 型等泥浆泵进行灌浆,灌浆管端距孔底 20 cm 左右,待浆液流出孔口时,用水泥袋纸等捣塞入孔口,并用湿黏土封堵孔口,严密捣实,再以 2～4 MPa 的压力进行补灌,要稳压数分钟,灌浆才告结束。

二次灌浆法要用两根灌浆管(直径 3/4 in 镀锌铁管),第一次灌浆用灌浆管的管端距离锚杆末端 50 cm 左右(图 3-74),管底出口处用黑胶布等封住,以防沉放时土进入管口。第二次灌浆用灌浆管的管端距离锚杆末端 100 cm 左右,管底出口处亦用黑胶布封位,且从管端 50 cm 处开始向上每隔 2 m 左右做出 1 m 长的花管,花管的孔眼为 $\phi 8$,花管做几段视锚固段长度而定。

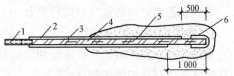

图 3-74　二次灌浆法灌浆管的布置

1—锚头;2—第一次灌浆用灌浆管;
3—第二次灌浆用灌浆管;4—粗钢筋锚杆;
5—定位器;6—塑料瓶

第一次灌浆是灌注水泥砂浆,利用普通的单缸活塞式压浆机,其压力为 0.3～0.5 MPa,流量为 100 L/min。水泥砂浆在上述压力作用下冲击封口的黑胶布流向钻孔。钻孔后曾用清水洗孔,孔内可能残留部分水和泥浆,但由于灌入的水泥砂浆相对密度较大,能够将残留在孔内的泥浆等置换出来。第一次灌浆量根据孔径和锚固段的长度而定。第一次灌浆后把灌浆管拔出,可以重复使用。待第一次灌注的浆液强度达到 5 MPa 后,进行第二次灌浆,利用 BW200-40/50 型等泥浆泵,控制压力为 2.5～5.0 MPa,要稳压 2 min,浆液冲破第一次灌浆体,向锚固体与土的接触面之间扩散,使锚固体直径扩大(图 3-75),增加径向压应力。由于挤压作用,使锚固体周围的土受到压缩,孔隙比减小,含水量减少,也提高了土的内摩擦角。因此,二次灌浆法可以显著提高锚杆的承载能力。

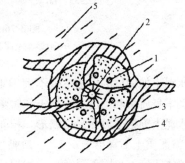

图 3-75　第二次灌浆后锚固体的截面

1—钢丝束;2—灌浆管;3—第一次灌浆体;
4—第二次灌浆体;5—土体

国外对锚杆进行二次灌浆多采用堵浆器,而我国是采用上述方法进行二次灌浆,由于第一次灌入的水泥砂浆已初凝,在钻孔内形成"塞子"。借助这个"塞子"的堵浆作用,就可以提高第二次灌浆的压力。

对于二次灌浆,国内外都试用过化学浆液(如聚氨酯浆液等)代替水泥浆,这些化学浆液渗透能力强,且遇水后产生化学反应,体积可膨胀数倍,这样既可提高土的抗剪能力,又可形成如树根那样的脉状渗透。

如果钻孔时利用了外套管,还可利用外套管进行高压灌浆。其顺序是:向外拔几节外套管(一般每节长 1.5 m),加上帽盖,加压灌浆一次,压力约为 2 MPa;再向外拔几个外套管,再加压灌浆,如此反复进行,直至全部外套管拔出为止。

(5)锚杆张拉与施加预应力。锚杆压力灌浆后,待锚固段的强度大于 15 MPa 并达到设计强度等级的 75% 后,方可进行张拉。

锚杆宜张拉至设计荷载的 0.9～1.0 倍后,再按设计要求锁定。锚杆张拉控制应力,不应超过拉杆强度标准值的 75%。

锚杆张拉时,其张拉顺序要考虑对邻近锚杆的影响。

(6)锚杆试验。锚杆锚固段浆体强度达到 15 MPa 或达到设计强度等级的 75％时方可进行锚杆试验。

加载装置(千斤顶、油泵)的额定压力必须大于试验压力,且试验前应进行标定。

加荷反力装置的承载力和刚度应满足最大试验荷载要求。

计量仪表(测力计、位移计等)应满足测试要求的精度。

基本试验和蠕变试验锚杆数量不应少于 3 根,且试验锚杆材料尺寸及施工工艺应与工程锚杆相同。

验收试验锚杆的数量应取锚杆总数的 5％,且不得少于 3 根。

5. 深层搅拌水泥土桩墙

深层搅拌水泥土桩墙围护墙是用深层搅拌机就地将土和输入的水泥浆强制搅拌,形成连续搭接的水泥土柱状加固体挡墙(图 3-76)。

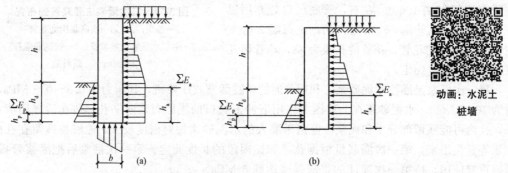

图 3-76 水泥土围护墙

(a)砂土及碎石土;(b)黏性土及粉土

水泥土加固体的渗透系数不大于 10^{-7} cm/s,能止水防渗,因此这种围护墙属重力式挡墙,利用其本身质量和刚度进行挡土和防渗,具有双重作用。

水泥土围护墙截面呈格栅形,相邻桩搭接长宽不小于 200 mm,截面置换率对淤泥不宜小于 0.8,淤泥质土不宜小于 0.7,一般黏性土、黏土及砂土不宜小于 0.6。格栅长宽比不宜大于 2。

墙体宽度 b 和插入深度 h_d,根据坑深、土层分布及其物理力学性能、周围环境情况、地面荷载等计算确定。在软土地区当基坑开挖深度 $h \leqslant 5$ m 时,可按经验取 $b=(0.6 \sim 0.8)h$, $h_d=(0.8 \sim 1.2)h$。基坑深度一般不应超过 7 m,此种情况下较经济。墙体宽度以 500 mm 进位,即 $b=2.7$ m、3.2 m、3.7 m、4.2 m 等。插入深度前后排可稍有不同。

水泥土加固体的强度取决于水泥掺入比(水泥质量与加固土体质量的比值),围护墙常用的水泥掺入比为 12％～14％。常用的水泥品种是强度等级为 42.5 的普通硅酸盐水泥。

水泥土围护墙的强度以龄期 1 个月的无侧限抗压强度 q_u 为标准,应不低于 0.8 MPa。水泥土围护墙未达到设计强度前不得开挖基坑。

如为改善水泥土的性能和提高早期强度,可掺加木钙、三乙醇胺、氯化钙、碳酸钠等。

水泥土的施工质量对围护墙性能有较大影响。因此,要保护设计规定的水泥掺和量,并严格控制桩位和桩身垂直度;要控制水泥浆的水胶比≤0.45,否则桩身强度难以保证;要搅拌均匀,采用二次搅拌工艺,喷浆搅拌时控制好钻头的提升或下沉速度;要限制相邻桩的施工间歇时间,以保证搭接成整体。

水泥土围护墙的优点:由于坑内无支撑,便于机械化快速挖土;具有挡土、挡水的双重功能;一般比较经济。其缺点:不宜用于深基坑,一般不宜大于 6 m;位移相对较大,尤其在基坑长度大时，这时可采取中间加墩、起拱等措施以限制过大的位移；厚度较大，只有在红线位置和周围环境允许时才能采用，而且水泥土搅拌桩施工时要注意防止影响周围环境。水泥土围护墙宜用于基坑侧壁安全等级为二、三级者；地基土承载力不宜大于 150 kPa。

高压旋喷桩所用的材料亦为水泥浆，只是施工机械和施工工艺不同。它是利用高压经过旋转的喷嘴将水泥浆喷入土层与土体混合形成水泥土加固体，相互搭接形成桩排，用来挡土和止水。高压旋喷桩的施工费用要高于深层搅拌水泥土桩，但它可用于空间较小处。施工时要控制好上提速度、喷射压力和水泥浆喷射量。

六、逆作法施工

动画：逆作法

逆作法是一项近几年发展起来的新兴基坑支护技术。它是施工高层建筑多层地下室和其他多层地下结构的有效方法。

1. 逆作（筑）法的工艺原理及其优点

对于深度大的多层地下室结构，传统的方法是开敞式自下而上施工，即放坡开挖或支护结构围护后垂直开挖，挖土至设计标高后，浇筑混凝土底板，然后自下而上逐层施工各层地下室结构，出地面后再逐层进行地上结构施工。

逆作（筑）法的工艺原理是：在土方开挖前，先沿建筑物地下室轴线（适用于两墙合一情况）或建筑物周围（地下连续墙只用作支护结构）浇筑地下连续墙，作为地下室的边墙或基坑支护结构的围护墙，同时在建筑物内部的有关位置（多为地下室结构的柱子或隔墙处，根据需要经计算确定）浇筑或打下中间支承柱（亦称中柱桩）。然后，开挖土方至地下一层顶面底的标高处，浇筑该层的楼盖结构（留有部分工作孔），这样已完成的地下一层顶面楼盖结构即用作周围地下连续墙刚度很大的支撑。接着，人和设备通过工作孔下去，逐层向下施工各层地下室结构。与此同时，由于地下一层的顶面楼盖结构已完成，为进行上部结构施工创造了条件，所以在向下施工各层地下室结构时，可同时向上逐层施工地上结构，这样上、下同时进行施工，直至工程结束。但是，在地下室浇筑混凝土底板前，上部结构允许施工的层数要经计算确定。

"逆作法"施工，根据地下一层的顶板结构封闭还是敞开，可分为"封闭式逆作法"和"敞开式逆作法"。前者在地下一层的顶板结构完成后，上部结构和地下结构可以同时进行施工，有利于缩短总工期；后者上部结构和地下结构不能同时进行施工，只是地下结构自上而下逆向逐层施工。上海电信大楼地下室和南京地下商场即采用这种方法施工。

还有一种方法称为"半逆作法"，又称"局部逆作法"。其施工特点是：开挖基坑时，先放坡开挖基坑中心部位的土体，靠近围护墙处留土，以平衡坑外的土压力，待基坑中心部位开挖至坑底后，自下而上顺作施工基坑中心部位地下结构至地下一层顶面，然后同时浇筑留土处和基坑中心部位地下一层的顶板，用作围护墙的水平支撑，接着进行周边地下结构的逆作施工，上部结构亦可同时施工。深圳庐山大厦等工程即采用这种逆作形式进行施工。

根据上述"逆作法"的施工工艺原理，可以看出"逆作法"具有以下特点：

（1）缩短工程施工的总工期。具有多层地下室的高层建筑，如采用传统方法施工，其总工期为地下结构工期加地上结构工期，再加上装修等所占的工期。而用"封闭式逆作法"施工，一般情况下，只有地下一层占部分绝对工期，而其他各层地下室可与地上结构同时施工，不占绝对工期，因此可以缩短工期的总工期。地下结构层数越多，工期缩短越显著。

（2）基坑变形小，减少深基坑施工对周围环境的影响。采用逆作法施工，是利用地下室的楼盖结构作为支护结构地下连续墙的水平支撑体系，其刚度比临时支撑的刚度大得多，而且没有拆撑、换撑工况，因而可减少围护墙在侧压力作用下的侧向变形。另外，挖土期间用作围护墙的地下连续墙，在地下结构逐层向下施工的过程中，成为地下结构的一部分，而且与柱（或隔墙）、楼盖结构共同作用，结果可减少地下连续墙的沉降，即减少了竖向变形。这一切都使逆作法施工可最大限度地减少对周围相邻建筑物、道路和地下管线的影响，在施工期间可保证其正常使用。

(3)简化基坑的支护结构，有明显的经济效益。采用逆作法施工，一般地下室外墙与基坑围护墙采用两墙合一的形式，一方面省去了单独设立的围护墙；另一方面可在工程用地范围内最大限度地扩大地下室面积，增加有效使用面积。此外，围护墙的支撑体系由地下室楼盖结构代替，省去大量支撑费用。而且楼盖结构即支撑体系，还可以解决特殊平面形状建筑或局部楼盖缺失所带来的布置支撑困难，并使受力更加合理。由于上述原因，再加上总工期的缩短，因此在软土地区对于具有多层地下室的高层建筑，采用逆作法施工具有明显的经济效益。

(4)施工方案与工程设计密切有关。按逆作法进行施工，中间支承柱位置及数量的确定、施工过程中结构受力状态、地下连续墙和中间支承柱的承载力以及结构节点构造、软土地区上部结构施工层数控制等，都与工程设计密切有关，需要施工单位与设计单位密切结合研究解决。

(5)施工期间楼面恒载和施工荷载等通过中间支承柱传入基坑底部，压缩土体，可减少土方开挖后的基坑隆起。同时，中间支承柱作为底板的支点，使底板内力减小，而且无抗浮问题存在，使底板设计更趋合理。

2. 逆作（筑）法施工存在的一些问题

对于具有多层地下室的高层建筑采用逆作法施工虽有上述一系列优点，但逆作法施工和传统的顺作法相比，亦存在一些问题，主要表现在以下几方面：

(1)由于挖土是在顶部封闭状态下进行的，基坑中还分布有一定数量的中间支承柱（亦称中柱桩）和降水用井点管，使挖土的难度增大。在目前尚缺乏小型、灵活、高效的小型挖土机械情况下，多利用人工开挖和运输，虽然费用并不高，但机械化程度较低。

(2)逆作法用地下室楼盖作为水平支撑，支撑位置受地下室层高的限制，无法调整。如遇较大层高的地下室，有时需另设临时水平支撑或加大围护墙的断面及配筋。

(3)逆作法施工需设中间支承柱，作为地下室楼盖的中间支承点，承受结构自重和施工荷载。如数量过多，则施工不便。在软土地区由于单桩承载力低，数量少会使底板封底前上部结构允许施工的高度受限制，不能有力地缩短总工期，如加设临时钢立柱，则会提高施工费用。

(4)对地下连续墙、中间支承柱与底板和楼盖的连接节点需进行特殊处理。在设计方面，尚需研究减少地下连续墙（其下无桩）和底板（软土地区其下皆有桩）的沉降差异。

(5)在地下封闭的工作面内施工，安全上要求使用低于 36 V 的低电压，为此则需要特殊机械。有时，还需增设一些垂直运输土方和材料设备的专用设备；还需增设地下施工需要的通风、照明设备。

🔊 **任务实施**

一、事故分析

(1)支护桩的验算（图 3-77）。土压力按照朗肯土压力理论计算，其中粉质黏土的内摩擦角为 6°，重度为 19 kN/m³，黏聚力 $c=30$ kPa。

$$K_a = \tan^2\left(45° - \frac{\varphi}{2}\right) = 0.81 \qquad \sqrt{K_a} = 0.9$$

$$K_p = \tan^2\left(45° + \frac{\varphi}{2}\right) = 1.23 \qquad \sqrt{K_p} = 1.11$$

$$z_0 = \frac{2c}{\gamma\sqrt{K_a}} = \frac{2 \times 30}{19 \times 0.9} = 3.5 \text{(m)}$$

$$\sigma_a = \gamma z K_a - 2c\sqrt{K_a} = 19 \times 15.1 \times 0.81 - 2 \times 30 \times 0.9$$
$$= 178.4 \text{(kPa)}$$

$$\sigma_p = \gamma z K_p + 2c\sqrt{K_p} = 19 \times 2.9 \times 1.23 + 2 \times 30 \times 1.11$$
$$= 201 \text{(kPa)}$$

$$E_a = \frac{1}{2} \times 178.4 \times 10.2 = 909.8 \text{(kN/m)}$$

$$E_p = \frac{1}{2} \times 201 \times 2.9 = 291.5 \text{(kN/m)}$$

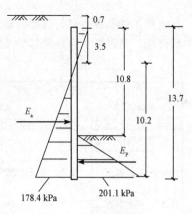

图 3-77 抗倾覆验算

$$K = \frac{291.5 \times \frac{1}{3} \times 2.9}{909.8 \times \frac{1}{3} \times 10.2} = 0.091 \ll 1.3$$

(2)支护桩抗弯安全系数远远低于规范要求的 1.3，抗弯能力不足。

(3)灌注桩质量不能保证，混凝土不密实，水下浇筑混凝土时泥浆有流失现象。

(4)基坑边缘堆砖，造成附加荷载。

二、事故处理

清除残土，重新打 $\phi 159 \times 8$ mm 的钢管桩，每延米 4 根，锚杆采用直径 50 mm 的无缝钢管，内灌强度等级为 32.5 的水泥浆，间距 1.0 m。经过处理后，钢管桩顶位移仅 5 mm。

任务二　　基坑降水

学习任务

某厂房设备基础施工，基础底宽 8 m，长 15 m，深 4.2 m；挖土边坡 1∶0.5。地质资料表明，在地面(±0.000)以下为 0.8 m 黏土层，其下有 8 m 厚的砂砾层(渗透系数 $K = 12$ m/d)，再下面为不透水的黏土层，地下水位在地面以下 1.5 m。

提出问题：

试编制土方工程施工降水方案。

知识链接

基坑开挖时，流入坑内的地下水和地表水如不及时排除，会使施工条件恶化、造成土壁塌方，亦会降低地基的承载力。施工排水可分为明排水法和人工降低地下水位法两种。

在软土地区基坑开挖深度超过 3 m，一般就要用井点降水。开挖深度浅时，亦可边开挖边用排水沟和集水井进行集水明排。地下水控制方法有多种，

微课：基坑降水

其适用条件见表 3-11，选择时根据土层情况、降水深度、周围环境、支护结构种类等综合考虑后优选。当因降水而危及基坑及周边环境安全时，宜采用截水或回灌方法。

表 3-11　地下水控制方法适用条件

方法名称		土　类	渗透系数 /(m·d⁻¹)	降水深度 /m	水文地质特征
集水明排			7～20.0	<5	上层滞水或水量不大的潜水
降水	真空井点	填土、粉土、黏性土、砂土	0.005～20.0	单级<6 多级<20	
	喷射井点			<20	
	管井	粉土、砂土、碎石土、可溶岩、破碎带	0.1～200.0	不限	含水丰富的潜水、承压水、裂隙水
截水		黏性土、粉土、砂土、碎石土、岩溶土	不限	不限	
回灌		填土、粉土、砂土、碎石土	0.1～200.0	不限	

当基坑底为隔水层且层底作用有承压水时，应进行坑底突涌验算；必要时，可采取水平封底隔渗或钻孔减压措施，保证坑底土层稳定，否则一旦发生突涌，将给施工带来极大麻烦。

一、明排水法

1. 明沟与集水井排水

在基坑的一侧或四周设置排水明沟，在四角或每隔 20～30 m 设一集水井，排水沟始终比开挖面低 0.4～0.5 m，集水井比排水沟低 0.5～1 m，在集水井内设水泵将水抽排出基坑（图 3-78）。此种方法适用于土质情况较好、地下水量不大的基坑排水。

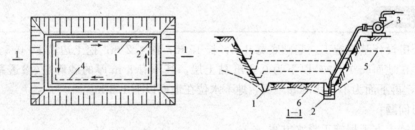

图 3-78　明沟与集水井排水
1—排水明沟；2—集水井；3—离心式水泵；4—设备基础或建筑物基础边线；
5—原地下水位线；6—降低后地下水位线

2. 分层明沟排水

当基坑开挖土层由多种土层组成，中部夹有透水性强的砂类土时，为防止上层地下水冲刷基坑下部边坡，宜在基坑边坡上分层设置明沟及相应的集水井（图 3-79）。此种方法适用于深度较大、地下水位较高、上部有透水性强的土层的基坑排水。

3. 深层明沟排水

当地下基坑相连，土层渗水量和排水面积大，为减少大量设置排水沟的复杂性，可在基坑内的深基础或合适部位设置一条纵、长、深的主沟，其余部位设置边沟或支沟与主沟连通，通过基础部位用碎石或砂子做盲沟（图3-80）。此种方法适用于深度大的大面积地下室、箱形基础的基坑施工排水。

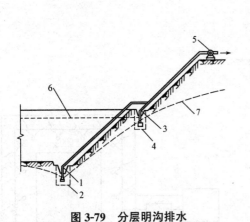

图3-79　分层明沟排水
1—底层排水沟；2—底层集水井；3—二层排水沟；
4—二层集水井；5—水泵；6—原地下水位线；
7—降低后地下水位线

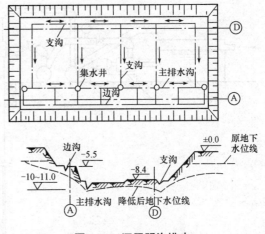

图3-80　深层明沟排水

二、井点降水

在含水丰富的土层中开挖大面积基坑时，明沟排水法难以排干大量的地下涌水；当遇粉细砂层时，还会出现严重的翻浆、冒泥、涌砂现象，不仅基坑无法挖深，还可能造成大量水土流失、边坡失稳、地面塌陷，严重者危及邻近建筑物的安全。遇有此种情况时，应采用井点降水的人工降水方法施工。

1. 井点降水的作用

(1)防止地下水涌入基坑内。

(2)防止边坡由于地下水的渗流引起的塌方。

(3)防止基坑底发生管涌。

(4)降水后可以降低支护结构承受的横向荷载。

(5)防止发生流砂现象。

2. 井点降水的种类

(1)轻型井点。轻型井点是沿基坑四周将井点管埋入蓄水层内，利用抽水设备将地下水从井点管内不断抽出，将地下水位降至基坑底以下（图3-81）。

(2)喷射井点。喷射井点是在井点管内设特制的喷射器，用高压水泵或空气压缩机向喷射器

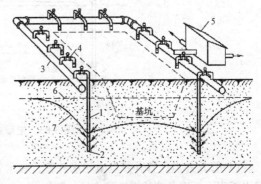

图3-81　轻型井点降水
1—井点管；2—滤管；3—集水总管；4—弯联管；
5—水泵房；6—原地下水位线；7—降低后地下水位线

输入高压水或压缩空气，形成水射流，将地下水抽出排走（图 3-82）。其降水深度一般为 8～20 m。

（3）电渗井点。电渗井点以井点管为负极，打入的钢筋为正极，通入直流电后，土颗粒自负极向正极移动，水则自正极向负极移动而被集中排出（图 3-83）。该法常与轻型井点或喷射井点结合使用。

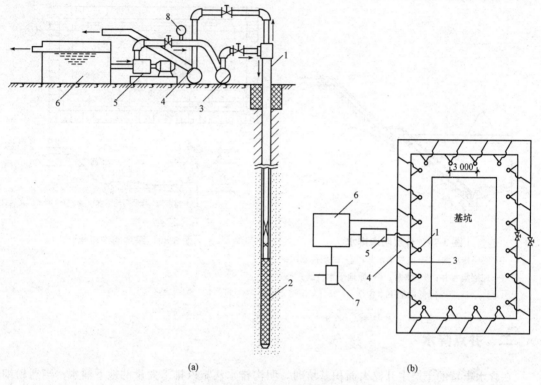

(a)   (b)

图 3-82   喷射井点布置图

(a)喷射井点设备简图；(b)喷射井点平面布置图

1—喷射井管；2—滤管；3—供水总管；4—排水总管；5—高压离心水泵；6—水池；7—排水泵；8—压力表

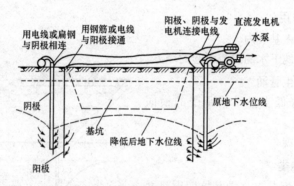

图 3-83   电渗井点构造与布置

（4）管井井点。管井井点由滤水井管、吸水管和抽水机组成。管井埋设的深度和距离根据需降水面积、深度及渗透系数确定，一般间距 10～50 m，最大埋深可达 10 m，管井距基坑边缘距离不小于 1.5 m（冲击钻成孔）或 3 m（钻孔法成孔），适用于降水深度为 3～5 m，渗透系数为 20～200 m/d 的基坑中施工降水（图 3-84）。管井井点设备简单、排水量大、易于维护、经济实用。

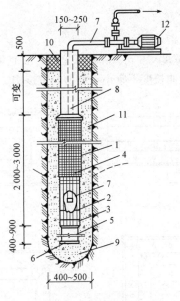

图 3-84　管井构造

1—滤水井管；2—$\phi 14$ mm 钢筋焊接骨架；3—6 mm×30 mm 铁环@250 mm；

4—10 号铁丝垫筋@250 mm 焊于管骨架上，外包孔眼 1~2 mm 铁丝网；5—沉砂管；6—木塞；

7—吸水管；8—$\phi 100$~200 mm 钢管；9—钻孔；10—夯填黏土；11—填充砂砾；12—抽水设备

如需降水深度较大，可采用深井井点，其适用于降水深度>15 m、渗透系数为 10~250 m/d 的基坑，故称为"深井泵法"。

三、轻型井点降水

1. 轻型井点的设备

由管路系统(滤管、井点管、弯联管及总管)和抽水设备(真空泵、离心泵和水汽分离器)组成。轻型井点工作原理如图 3-85 所示，滤管构造如图 3-86 所示。

动画：轻型井点降水

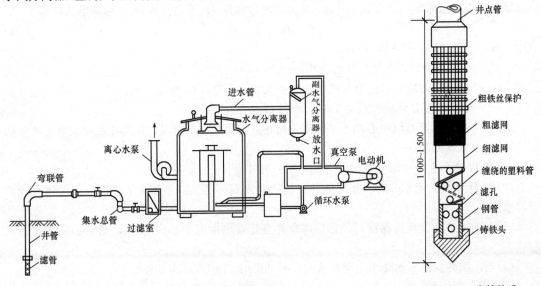

图 3-85　轻型井点设备工作原理　　　　　　　**图 3-86　滤管构造**

2. 轻型井点的平面布置

轻型井点的平面布置如图 3-87 所示。

(1)单排布置：当基坑(槽)宽度<6 m、降水深度≤5 m 时可采用单排布置。井点管应布置在地下水的上游一侧，两端的延伸长度不宜小于坑槽的宽度 B。

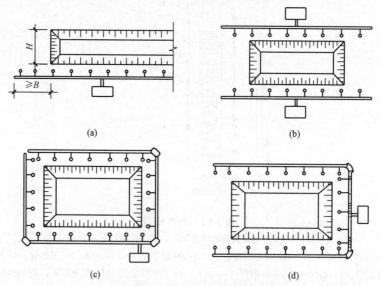

图 3-87 轻型井点的平面布置
(a)单排布置；(b)双排布置；(c)环形布置；(d)U 形布置

(2)双排布置：当基坑(槽)宽度>6 m 时应采用。

(3)环形或 U 形布置：当基坑面积较大时，应采用环形布置(考虑施工机械进出基坑时宜采用 U 形布置)。

采用双排、环形或 U 形布置时，位于地下水上游一排的井点间距应小些，下游井点的间距可大些。如采用 U 形布置，则井点管不封闭的一段应在地下水的下游方向。

3. 轻型井点的高程布置

轻型井点降水深度一般不大于 6 m。井点管埋置深度 H(不包括滤管)，可按下式计算：

$$H \geqslant H_1 + h + iL \tag{3-54}$$

式中　H——井点管的埋置深度(m)；

　　　H_1——总管埋设面至基坑底的距离(m)；

　　　h——降低后的地下水位至基坑中心底的距离，一般取 0.5～1.0 m；

　　　i——水力坡度，环状井点为 1/10，单排井点为 1/4；

　　　L——井点管至基坑中心的水平距离，当井点管为单排布置时，L 为井点管至对边坡角的水平距离(m)。

(1)当 H 值小于降水深度 6 m 时，则可用一级井点。

(2)当 H 值稍大于 6 m 时，如降低井点管的埋置面可满足降水深度要求时，仍可用一级井点降水。

(3)在确定井点管埋置深度时，还应考虑井点管露出地面 0.2～0.3 m，滤管必须埋在透水层内。

(4)当一级井点达不到降水深度要求时，则可采用二级井点(图 3-88)。

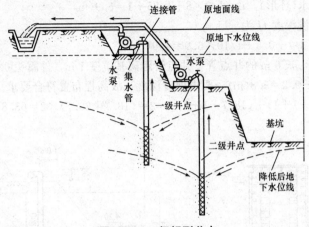

图 3-88 二级轻型井点

4. 轻型井点的设计及计算

井点系统的设计应掌握施工现场地形图、水文地质勘查资料和基坑的施工图设计等资料。

设计内容除进行井点系统的平面布置和高程布置外，还应进行涌水量的计算、确定井点管数量及井距和选择抽水设备等工作。

5. 轻型井点的埋设程序

轻型井点的埋设程序：排放总管→埋设井点管→用弯联管将井点管与总管接通→安装抽水设备。

6. 防范井点降水不利影响的措施

井点降水必然会形成降水漏斗，从而导致周围土固结并引起地面沉陷，为减少井点降水对周围建筑物及地下管线造成影响，可考虑在井点设置线外 4~5 m 处设置回灌井点，从井点中抽出水经沉淀后，用压力注入回灌井中，形成一道水墙(图 3-89)。

设置挡水帷幕也可减少井点降水引起的不利影响(图 3-90)。

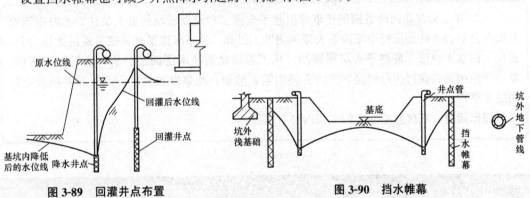

图 3-89 回灌井点布置   **图 3-90 挡水帷幕**

📢 任务实施

(1)确定采用轻型井点降低地下水位。

(2)井点高程与平面布置设计(图 3-91)。

基坑上口尺寸 $= (8+2\times1.85)\times(15+2\times1.85) = 11.7\times18.7 = 218.79$(m)

基坑中心的降水深度 $s = 4.2-1.5+0.5 = 3.2$(m)

采用一级井点降水（环形），$L=1/2×8+1.85+1=6.9(m)$

井点管的要求埋设深度 H 为

$H≥H+h+iL=3.7+0.5+1/10×6.9=4.9(m)$

采用直径 31 mm，长 6 m 的井点管，井点管距离基坑壁 1 m，外露头 0.2 m，则井点管埋入土中的实际深度为 $6-0.2=5.8(m)>$ 要求埋设深度，故高程布置符合要求。

总管长＝$[(11.7+1+1)+(18.7+1+1)]×2=(13.7+20.7)×2=68.8(m)$

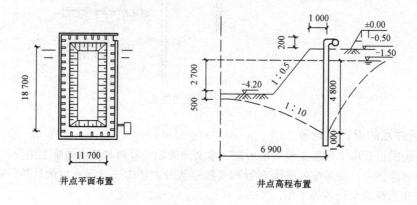

井点平面布置   井点高程布置

图 3-91　井点高程与平面布置设计

任务三　基坑监测

学习任务

2009 年上海莲花河畔景园倒楼事件引起了全国工程建设领域的极大关注，上海市政府新闻办公室公布的楼房倾倒原因系大楼两侧堆土过高、地下车库基桩开挖造成巨大压力差，致使土体水平位移，最终导致房屋倾倒。从工程质量的技术层面上分析，违反施工常识、基坑开挖中的错误行为是倒楼事件的直接因素。然而，此事件也再次印证了深基坑开挖监测的重要性。

提出问题：基坑监测方案的主要内容有哪些？

知识链接

《建筑地基基础设计规范》（GB 50007—2011）中明确提出，基坑开挖应根据设计要求进行监测，实施动态设计和信息化施工。基坑开挖监测包括支护结构的内力和变形，地下水位变化及周边建（构）筑物、地下管线等市政设施的沉降和位移等，监测内容可按表 3-12 选择。

表 3-12　基坑监测项目选择表

地基基础设计等级	支护结构水平位移	临近建(构)筑物沉降与地下管线变形	地下水位	锚杆拉力	支撑轴力或变形	立柱变形	桩墙内力	地面沉降	基坑底隆起	土侧向变形	孔隙水压力	土压力
甲级	√	√	√	√	√	√	√	√	√	√	△	△
乙级	√	√	√	√	△	△	△	△	△	△	△	△
丙级	√	√	○	○	○	○	○	○	○	○	○	○

注：1. √为应测项目，△为宜测项目，○为可不测项目；
　　2. 对深度超过 15 m 的基坑宜设坑底土回弹监测点；
　　3. 基坑周边环境进行保护要求严格时，地下水位监测应包括对基坑内、外地下水位进行监测。

一、支护结构监测

支护结构的设计，虽然根据地质勘探资料和使用要求进行了较详细的计算，但由于土层的复杂性和离散性，勘探提供的数据难以代表土层的总体情况，土层取样时的扰动和试验误差亦会产生偏差；荷载和设计计算中的假定和简化会造成误差；挖土和支撑装拆等施工条件的改变，突发和偶然情况等随机困难等亦会造成误差。为此，支护结构设计计算的内力值与结构的实际工作状况往往难以完全准确、一致。所以，在基坑开挖与支护结构使用期间，对较重要的支护结构需要进行监测。通过对支护结构和周围环境的监测，能随时掌握土层和支护结构内力的变化情况，以及邻近建筑物、地下管线和道路的变形情况，将观测值与设计计算值进行对比和分析，随时采取必要的技术措施，以保证安全地进行施工。

支护结构和周围环境监测的重要性，正被越来越多的建设和施工单位所认识，它作为基坑开挖和支护结构工作期间的一项技术，已被列入支护结构设计。

(一)支护结构监测项目与监测方法

基坑和支护结构的监测项目，根据支护结构的重要程度、周围环境的复杂性和施工的要求而定。要求严格则监测项目增多，否则可减之。表 3-13 所列监测项目为重要的支护结构所需监测的项目，对其他支护结构可参照增减。

表 3-13　支护结构监测项目与监测方法

监测对象		监测项目	监测方法	备　注
支护结构	围护墙	侧压力、弯曲应力、变形	土压力计、孔隙水压力计、测斜仪、应变计、钢筋计、水准仪等	验证计算的荷载、内力、变形时需监测的项目
	支撑(锚杆)	轴力、弯曲应力	应变计、钢筋计、传感器	验证计算的内力
	腰梁(围檩)	轴力、弯曲应力	应变计、钢筋计、传感器	验证计算的内力
	立柱	沉降、抬起	水准仪	观测坑底隆起的项目之一

(二)支护结构监测常用仪器及其应用

支护结构的监测主要分为应力监测与变形监测。应力监测主要用机械系统和电气系统的仪器；变形监测主要用机械系统、电气系统和光学系统的仪器。

1. 应力监测仪器

(1)土压力观测仪器。在支护结构使用阶段，有时需观测随着挖土过程的进行，作用于围护墙上土压力的变化情况，以便了解其与土压力设计值的区别，保证支护结构的安全。

测量土压力主要采用埋设土压力计(亦称土压力盒)的方法。土压力计有液压式、气压平衡式、电气式(有差动电阻式、电阻应变式、电感式等)和钢弦式，其中应用较多的为钢弦式土压力计。

钢弦式土压力计有单膜式和双膜式之分。单膜式受接触介质的影响较大，由于使用前的标定要与实际土壤介质完全一致，这一点往往难以做到，故测量误差较大。所以，目前使用较多的仍是双膜式的钢弦式土压力计。

钢弦式双膜土压力计的工作原理是：当表面刚性板受到土压力作用后，通过传力轴将作用力传至弹性薄板，使之产生挠曲变形；同时，使嵌固在弹性薄板上的两根钢弦柱偏转，使钢弦应力发生变化，钢弦的自振频率也相应变化，利用钢弦频率仪中的激励装置使钢弦起振并接收其振荡频率，使用预先标定的压力-频率曲线，即可换算出土压力值。钢弦式双膜土压力计的构造如图 3-92 所示。

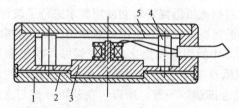

图 3-92　钢弦式双膜土压力计的构造
1—刚性板；2—弹性薄板；3—传力轴；4—弦夹；5—钢弦

(2)孔隙水压力计。测量孔隙水压力用的孔隙水压力计，其形式、工作原理皆与土压力计相同，使用较多的亦为钢弦式孔隙水压力计。孔隙水压力计宜用钻孔埋设，待钻孔至要求深度后，先在孔底填入部分干净的砂，将测头放入，再于测头周围填砂，最后用黏土将上部钻孔封闭。

(3)支撑内力测试。支撑内力测试方法，常用的有压力传感器、电阻应变片、千分表位移量测装置和应力、应变传感器。

2. 变形监测仪器

变形监测仪器除常用的经纬仪、水准仪外，主要是测斜仪。

测斜仪是一种测量仪器轴线与铅垂线之间夹角的变化量，进行测量围护墙或土层各点水平位移的仪器(图 3-93)。使用时，沿挡墙或土层深度方向埋设测斜管(导管)，让测斜仪在测斜管内一定位置上滑动，就能测得该位置处的倾角；沿深度各个位置上滑动，就能测得围护墙或土层各标高位置处的水平位移。

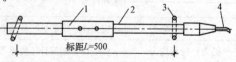

图 3-93　测斜仪
1—敏感部件；2—壳体；3—导向轮；4—引出电缆

二、周围环境监测

受基坑挖土等施工的影响，基坑周围的地层会发生不同程度的变形。如工程位于中心地区，基坑周围密布着建筑物、各种地下管线以及公共道路等市政设施，尤其是当工程处在软弱复杂的地层时，因基坑挖土和地下结构施工而引起的地层变形，会对周围环境（建筑物、地下管线等）产生不利影响。因此，在进行基坑支护结构监测的同时，还必须对周围的环境进行监测。周围环境监测的内容主要有：坑外地形的变形、邻近建筑物的沉降和倾斜、地下管线的沉降和位移等。

建筑物和地下管线等监测涉及工程外部关系，应由具有测量资质的第三方承担，以使监测数据可靠而公正。

(一)坑外地层变形

基坑工程对周围环境的影响范围有 1～2 倍的基坑开挖深度，因此监测测点就考虑在这个范围内进行布置。对地层变形监测的项目有：地表沉降、土层分层沉降和土体测斜，以及地下水位变化等。

1. 地表沉降监测

地表沉降监测虽然不是直接对建筑物和地下管线进行测量，但它的测试方法简便，可以根据理论预估的沉降分布规律和经验，较全面地进行测点布置，以全面了解基坑周围地层的变形情况，有利于建筑物和地下管线等进行监测分析。

监测测点的埋设要求是，测点需穿过路面硬层，伸入原状土 300 mm 左右，测点顶部做好保护，避免外力产生人为沉降。地表沉降测点埋设如图 3-94 所示。

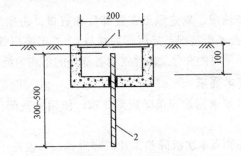

图 3-94　地表沉降测点埋设示意图
1—盖板；2—钢筋(打入原状土)

地表沉降测点可以分为纵向和横向。纵向测点是在基坑附近，沿基坑延伸方向布置，测点之间的距离一般为 10～20 m；横向测点可以选在基坑边长的中央，垂直基坑方向布置，各测点布置间距为离基坑越近，测点越密(取 1 m 左右)，远一些的地方测点可取 2～4 m，布置范围有约 3 倍的基坑开挖深度。

每次量测提供各测点本次沉降和累计沉降报表，并绘制纵向和横向的沉降曲线；必要时，对沉降变化量大而快的测点绘制沉降速率曲线。

2. 地下水位监测

如果围护结构的截水帷幕质量没有完全达到止水要求，则在基坑内部降水和基坑挖土施工时，有可能使坑外的地下水渗漏到基坑内。渗水的后果会带走土层的颗粒，造成坑外水土流失。这种水土流失对周围环境的沉降危害较大，因此，进行地下水位监测就是为了预防由于地下水位不正常下降而引起的地层沉陷。

测点布置在需进行监测的建(构)筑物和地下管线附近。水位管埋设深度和透水头部位依据地质资料和工程需要确定，一般埋深在 $10\sim20$ m，透水部位放在水位管下部。水位管可采用 PVC 管，在水位管透水头部位用手枪钻钻眼，外绑铝网或塑料滤网。埋设时，用钻机钻孔，钻至设计埋深，逐节放入 PVC 水位管，放完后，回填黄砂至透水头以上 1 m，再用膨润土泥丸封孔至孔口。水位管成孔垂直度要求小于 5/10 000，埋设完成后，应进行24 h降水试验，检验成孔的质量。

测试仪器采用电测水位仪，仪器由探头、电缆盘和接收仪组成。仪器的探头沿水位管下放。当碰到水时，上部的接收仪会发生蜂鸣声，通过信号线的尺寸刻度，可直接测得地下水位距管的距离。

(二)临近建(构)筑物沉降和倾斜监测

建筑物变形监测主要内容有三项：建筑物的沉降监测、建筑物的倾斜监测和建筑物的裂缝监测。在实施监测工作和测点布置前，应先对基坑周围的建筑进行周密调查，再布置测点进行监测。

1. 周围建筑物情况调查

对建筑物的调查主要是了解地面建筑物的结构形式、基础形式、建筑层数和层高、平立面形状以及建筑物对不同沉降差的反应。

在对周围建筑物进行调查时，还应对各个不同时期的建筑物裂缝进行现场踏勘；在基坑施工前，对旧的裂缝进行统一编号、测绘、照相，对裂缝变化的日期、部位、长度、宽度等进行详细记录。

2. 建筑物沉降监测

根据周围建筑物的调查情况，确定测点布置部位和数量。房屋沉降量测点应布置在墙角、柱身(特别是代表独立基础及条形基础差异沉降的柱身)、外形突出部位和高低相差较多部位的两侧。测点间距的确定，要尽可能充分反映建筑物各部分的不均匀沉降。

3. 建筑物沉降观测技术要求

建筑物沉降观测的技术要求同地表沉降观测要求，使用的观测仪器一般也为精密水准仪，按二等水准标准。

每次量测提交建筑物各测点本次沉降和累计沉降报表；对连在一线的建筑物沉降测点绘制沉降曲线；对沉降量变化大又快的测点，应绘制沉降速率曲线。

4. 建筑物倾斜监测

测定建筑物倾斜的方法有两种：一种是直接测定建筑物的倾斜；另一种是通过测量建筑物基础相对沉降的方法来确定建筑物倾斜。

5. 建筑物裂缝监测

在基坑施工中，对已详细记录的旧的裂缝进行追踪观测，及时掌握裂缝的变化情况，同时注意在基坑施工中，有无新的裂缝产生；如发现新的裂缝，应及时进行编号、测绘、照相。

裂缝观测方法是用厚 10 mm、宽 $50\sim80$ mm 的石膏板(长度视裂缝大小而定)，在裂缝两边固定牢固，当裂缝继续发展时，石膏板也随之开裂，从而观察裂缝继续发展的情况。

(三)邻近地下管线沉降与位移监测

城市的地下市政管线主要有煤气管、上水管、电力电缆、通信电缆、雨水管和污水管等。

地下管道根据其材料性质和接头构造，可分为刚性管道和柔性管道。其中，煤气管和上水管是刚性压力管道，是监测的重点，但电力电缆和重要的通信电缆也不可忽视。

下管线沉降监测，当采用测量地面沉降的间接方法时，其测点应布设在管线正上方。当管线上方为刚性路面时，宜将测点设置于刚性路面下。对直埋的刚性管线，应在管线节点、竖井及其两侧等易破裂处设置测点。测点水平间距不宜大于 20 m。

🔊 任务实施

基坑工程监测方案的编制内容如下：

一、工程概况

二、编制依据及原则

1. 监测方案编制依据

2. 监测方案编制原则

三、监测目的及监测项目

1. 监测目的

2. 监测项目

3. 主要监测设备

四、监测方案

五、组织机构

六、监控量测资料及提交

七、监测过程控制要求

八、安全与文明施工

九、附图

编制监测方案时，要根据工程特点、周围环境情况、各地区有关主管部门的要求，对上述内容详细地加以阐述，并取得建设单位和监理单位的认可。工程监测多由有资质的专业单位负责进行。有关监测数据要及时交送有关单位和人员，以便及时研究处理监测中发现的问题。

思考与练习

1. 某土层的抗剪强度指标 $\varphi = 30°$，$c = 10$ kPa，其中某一点的 $\sigma_1 = 120$ kPa，$\sigma_3 = 30$ kPa，请问：(1)该点是否破坏？(2)若保持 σ_3 不变，该点不破坏的 σ_1 最大为多少？

2. 挡土墙高 10 m，墙背直立、光滑，墙后填土面水平，共分两层。各层的物理力学性质指标如图 3-95 所示，试求主动土压力，并绘出土压力分布图。

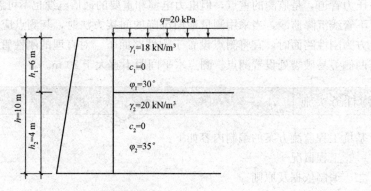

图 3-95　思考与练习 2 图

3. 排桩墙支护体系由哪些部分组成？
4. 简述土钉墙的施工工艺流程。
5. 什么是逆作法？简述逆作法的工艺原理。
6. 基坑降水方法有哪些？指出其适用范围。

项目四 浅基础设计与施工

知识目标

◇ 了解浅基础类型特点。
◇ 掌握无筋扩展基础和扩展基础的设计要点。
◇ 掌握各种类型浅基础的施工要点。
◇ 掌握浅基础的检测技术与验收程序。

能力目标

◇ 能运用所学知识选择浅基础的类型、确定基础底面尺寸、验算地基承载力和变形，并进行浅基础的设计。
◇ 能确定浅基础工程施工的主要工作任务及工作内容，并根据浅基础工程施工的工作任务，收集相关的资讯信息和获取相应的知识内容。
◇ 能制订出浅基础施工方案，并能合理地组织浅基础的施工。
◇ 能对浅基础工程做出正确的质量检测与评价。

在建(构)筑物的设计和施工中，地基和基础占有非常重要的地位，它关系着建(构)筑物的安全和正常使用。地基基础设计必须根据建(构)筑物的用途和安全等级、环境布置和上部结构类型，充分考虑建筑场地和地基的工程地质条件，结合施工条件和环境保护等要求，合理选择地基基础方案，以确保建(构)筑物的安全和正常使用。

一般而言，天然地基上的浅基础结构形式和施工方法比较简单、造价较低，因此在确保建筑物安全和正常使用的条件下，宜优先选用该地基基础方案。

任务一 天然地基上浅基础设计

学习任务

某学校 6 层砖混结构教学楼，其内横墙承受上部结构传来的轴向荷载标准值为193.25 kN/m。该地区地势平坦，无相邻建筑物，地质剖面如图 4-1 所示，地下水位在－7.5 m 处，无侵蚀性。标准冻深 z_0=1.0 m。试设计此内横墙基础。

提出问题：

1. 浅基础设计包括哪些项目？
2. 基础埋深如何确定？
3. 怎样确定地基承载力？
4. 基础底面尺寸如何确定？
5. 怎样进行地基变形验算？
6. 怎样进行基础结构设计？

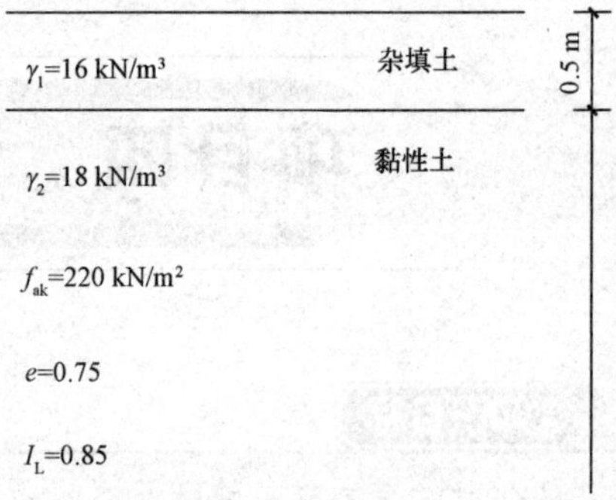

$\gamma_1 = 16 \text{ kN/m}^3$ 杂填土   0.5 m

$\gamma_2 = 18 \text{ kN/m}^3$ 黏性土

$f_{ak} = 220 \text{ kN/m}^2$

$e = 0.75$

$I_L = 0.85$

图 4-1　工程地质剖面图

📢 **知识链接**

一般将设置在天然地基上，埋置深度小于 5 m 的基础及埋置深度虽超过 5 m 但小于基础宽度的基础，统称为天然地基上的浅基础。

一、基础设计概述

1. 地基基础设计的基本原则

为了保证建筑物的安全与正常使用，地基基础设计应根据地基复杂程度、建筑物规模和功能特征以及由于地基问题可能造成建筑物破坏或影响正常使用的程度分为三个等级，设计时应根据具体情况，按表 4-1 选用。

微课：浅基础设计
基本原则

表 4-1　地基基础设计等级

设计等级	建筑和地基类型
甲级	重要的工业与民用建筑物 30 层以上的高层建筑 体型复杂，层数相差超过 10 层的高低层连成一体建筑物 大面积的多层地下建筑物(如地下车库、商场、运动场等) 对地基变形有特殊要求的建筑物 复杂地质条件下的坡上建筑物(包括高边坡) 对原有工程影响较大的新建建筑物 场地和地基条件复杂的一般建筑物 位于复杂地质条件及软土地区的二层及二层以上地下室的基坑工程 开挖深度大于 15 m 的基坑工程 周边环境条件复杂、环境保护要求高的基坑工程
乙级	除甲级、丙级以外的工业与民用建筑物 除甲级、丙级以外的基坑工程
丙级	场地和地基条件简单、荷载分布均匀的七层及七层以下民用建筑及一般工业建筑；次要的轻型建筑物 非软土地区且场地地质条件简单、基坑周边环境条件简单、环境保护要求不高且开挖深度小于 5.0 m 的基坑工程

根据建筑物地基基础设计等级及长期荷载作用下地基变形对上部结构的影响程度，地基基础设计应符合下列规定：

(1)所有建筑物的地基计算均应满足承载力计算的有关规定。

(2)设计等级为甲级、乙级的建筑物，均应按地基变形设计。

(3)设计等级为丙级的建筑物在表4-2所列范围内可不做变形验算，如有下列情况之一时仍应做变形验算：

1)地基承载力特征值小于130 kPa，且体型复杂的建筑。

2)在基础上及其附近有地面堆载或相邻基础荷载差异较大，可能引起地基产生过大的不均匀沉降时。

3)软弱地基上的建筑物存在偏心荷载时。

4)相邻建筑距离近，可能发生倾斜时。

5)地基内有厚度较大或厚薄不均的填土，其自重固结未完成时。

(4)对经常受水平荷载作用的高层建筑、高耸结构和挡土墙等，以及建造在斜坡上或边坡附近的建筑物和构筑物，还应验算其稳定性。

(5)基坑工程应进行稳定性验算。

(6)建筑地下室或地下构筑物存在上浮问题时，还应进行抗浮验算。

表 4-2　可不做地基变形验算的设计等级为丙级的建筑物范围

地基主要受力层情况	地基承载力特征值 f_{ak}/kPa			$80 \leqslant f_{ak}$ <100	$100 \leqslant f_{ak}$ <130	$130 \leqslant f_{ak}$ <160	$160 \leqslant f_{ak}$ <200	$200 \leqslant f_{ak}$ <300
	各土层坡度/%			≤5	≤10	≤10	≤10	≤10
建筑类型	砌体承重结构、框架结构(层数)			≤5	≤5	≤6	≤6	≤7
	单层排架结构(6 m柱距)	单跨	起重机额定起重量/t	10～15	15～20	20～30	30～50	50～100
			厂房跨度/m	≤18	≤24	≤30	≤30	≤30
		多跨	起重机额定起重量/t	5～10	10～15	15～20	20～30	30～75
			厂房跨度/m	≤18	≤24	≤30	≤30	≤30
建筑类型	烟囱		高度/m	≤40	≤50	≤75		≤100
	水塔		高度/m	≤20	≤30	≤30		≤30
			容积/m³	50～100	100～200	200～300	300～500	500～1 000

注：1. 地基主要受力层是指条形基础底面下深度为$3b$(b为基础底面宽度)，独立基础下为$1.5b$，且厚度均不小于5 m的范围(二层以下一般的民用建筑除外)；

2. 地基主要受力层中如有承载力特征值小于130 kPa的土层时，表中砌体承重结构的设计，应符合规范的有关要求；

3. 表中砌体承重结构和框架结构均指民用建筑，对于工业建筑可按厂房高度、荷载情况折合成与其相当的民用建筑层数；

4. 表中起重机额定起重量、烟囱高度和水塔容积的数值是指最大值。

地基基础设计时，所采用的作用效应与相应的抗力限值应符合下列规定：

(1)按地基承载力确定基础底面积及埋深或按单桩承载力确定桩数时，传至基础或承台底面上的作用效应应按正常使用极限状态下作用的标准组合。相应的抗力应采用地基承载力特征值或单桩承载力特征值。

(2)计算地基变形时，传至基础底面上的作用效应应按正常使用极限状态下作用的准永久组合，不应计入风荷载和地震作用。相应的限值应为地基变形允许值。

(3)计算挡土墙、地基或滑坡稳定以及基础抗浮稳定时，作用效应应按承载能力极限状态下作用的基本组合，但其分项系数均为1.0。

(4)在确定基础或桩基承台高度、支挡结构截面、计算基础或支挡结构内力、确定配筋和验算材料强度时，上部结构传来的作用效应和相应的基底反力、挡土墙土压力以及滑坡推力，应按承载能力极限状态下作用的基本组合，采用相应的分项系数。当需要验算基础裂缝宽度时，应按正常使用极限状态作用的标准组合。

(5)基础设计安全等级、结构设计使用年限、结构重要性系数，应按有关规范的规定采用，但结构重要性系数(γ_0)不应小于1.0。

2. 天然地基上浅基础设计内容与步骤

(1)选择基础的材料、类型和平面布置。

(2)选择基础的埋置深度。

(3)确定地基承载力。

(4)确定基础尺寸。

(5)进行地基变形与稳定性验算。

(6)进行基础结构设计。

(7)绘制基础施工图，提出施工说明。

二、浅基础的类型及材料

(一)无筋扩展基础(刚性基础)

无筋扩展基础是指由砖、毛石、混凝土、灰土和三合土等材料组成的墙下条形基础或柱下独立基础。

微课：浅基础的
类型

无筋扩展基础采用的材料具有较好的抗压性能，稳定性好、施工简便、能承受较大的荷载，所以只需地基承载力能满足要求，适用于多层民用建筑和轻型厂房。当基础较厚时，可在纵、横两个剖面上都做成台阶形，以减少基础自重、节省材料。

无筋扩展基础的主要缺点是自重大，并且当持力层为软弱土时，由于扩大基础面积有一定限制，需要对地基进行处理或加固后才能采用，否则会因所受的荷载压力超过地基承载力而影响结构物的正常使用。所以，对于荷载大或上部结构对差异沉降较敏感的结构物，当持力层土质较差又较厚时，无筋扩展基础作为浅基础是不适宜的。

1. 砖基础

砖砌体具有一定的抗压强度，但抗拉强度和抗剪强度低。砖基础所用的砖的强度等级不低于MU10，砂浆不低于M5。在地下水位以下或当地基土潮湿时，应采用水泥砂浆砌筑。在砖基础底面以下，一般应先做100 mm厚的C10或C7.5的混凝土垫层。砖基础取材容易，应用广泛，一般可用于六层及六层以下的民用建筑和砖墙承重的厂房。

2. 毛石基础

毛石是指未加工的石材。毛石基础是采用的未风化的硬质岩石，禁用风化毛石。由于毛石之间间隙较大，如果砂浆黏结的性能较差，则不能用于多层建筑，且不宜用于地下水位以下。但毛石基础的抗冻性能较好，在北方可用来作为七层以下的建筑物基础。

3. 灰土基础

灰土是用石灰和土料配制而成的。石灰以块状为宜，经熟化 1~2 d 后过 5 mm 筛立即使用。土料应用塑性指数较低的粉土和黏性土为宜，土料团粒应过筛，粒径不得大于 15 mm。石灰和土料按体积配合比为 3∶7 或 2∶8，拌和均匀后，在基槽内分层夯实。灰土基础宜在比较干燥的土层中使用，其本身具有一定的抗冻性。在我国华北和西北地区，广泛用于五层及五层以下的民用建筑。

4. 三合土基础

三合土是由石灰、砂和集料(矿渣、碎砖或碎石)加水混合而成。施工时，石灰、砂、集料按体积配合比为 1∶2∶4 或 1∶3∶6 拌和均匀后，再分层夯实。三合土的强度较低，一般只用于四层及四层以下的民用建筑。

5. 混凝土基础

混凝土基础的抗压强度、耐久性和抗冻性比较好，其混凝土强度等级一般为 C10 以上。这种基础常用在荷载较大的墙柱处。如在混凝土基础中埋入体积占 25%~30% 的毛石(石块尺寸不宜超过 300 mm)，即做成毛石混凝土基础，可节省水泥用量。

(二)柔性基础

1. 扩展基础

扩展基础是指柱下钢筋混凝土独立基础和墙下钢筋混凝土条形基础。

扩展基础主要是用钢筋混凝土浇筑，其抗弯和抗剪性能良好，可在竖向荷载较大、地基承载力不高以及承受水平力和力矩荷载等情况下使用。这类基础的高度不受台阶宽高比的限制，故适用于需要"宽基浅埋"的场合。

钢筋混凝土独立基础主要是柱下基础。通常有现浇台阶形基础[图 4-2(a)]、现浇锥形基础[图 4-2(b)]和预制柱的杯口形基础[图 4-2(c)]。杯口形基础又可分为单肢和双肢杯口形基础、低杯口形基础和高杯口形基础。轴心受压柱下基础的底面形状为正方形，而偏心受压柱下基础的底面形状为矩形。

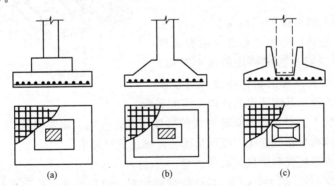

图 4-2　钢筋混凝土独立基础
(a)台阶形基础；(b)锥形基础；(c)杯口形基础

墙下钢筋混凝土条形基础根据受力条件，可分为不带肋和带肋两种(图 4-3)。通常，只考虑基础横向受力发生破坏。设计时，可沿长度方向按平面应变问题进行计算。

2. 柱下钢筋混凝土条形基础

为增加基础的整体性并方便施工，可将同一排的柱基础连在一起，做成条形基础(图 4-4)。

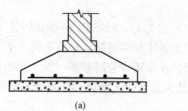
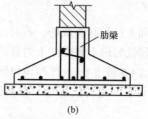

图 4-3 墙下钢筋混凝土条形基础

(a)不带肋；(b)带肋

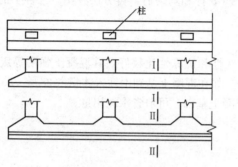

图 4-4 单向条形基础

3. 柱下十字形基础

荷载较大的高层建筑，如土质较弱，为了增加基础的整体刚度、减少不均匀沉降，可在柱网下纵、横方向设置钢筋混凝土条形基础，形成十字形基础(图 4-5)。

4. 筏形基础

当地基软弱而上部结构的荷载又很大时，采用十字形基础仍不能满足要求或相邻基槽距离很小时，可采用钢筋混凝土做成整块的筏形基础，以扩大基底面积，增加基础的整体刚度。对于设有地下室的结构物，筏形基础还可兼作地下室的底板。

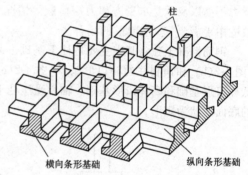

图 4-5 十字形基础

筏形基础具有比十字交叉条形基础更大的整体刚度，有利于调整地基的不均匀沉降，能较好地适应上部结构荷载分布的变化。筏形基础还可满足抗渗要求。

筏形基础可分为平板式和梁板式两种类型。

平板式：等厚度平板[图 4-6(a)]；当柱荷载较大时，可局部加大柱下板厚或设墩基，以防止筏板被冲剪破坏[图 4-6(b)]。

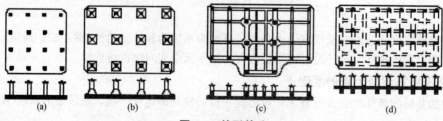

图 4-6 筏形基础

(a)、(b)平板式；(c)、(d)梁板式

梁板式：当柱距较大，柱荷载相差也较大时，沿柱轴纵横向设置基础梁[图 4-6(c)、(d)]。

5. 箱形基础

箱形基础(图 4-7)由筏形基础演变而成，它是由钢筋混凝土顶板、底板和纵横交叉的隔墙组成的空间整体结构。基础内空间可用作地下室，与实体基础相比，可减少基底压力。

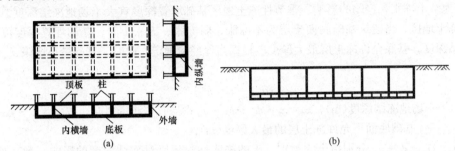

图 4-7　箱形基础
(a)常规式；(b)套箱式

箱形基础埋深较大，基础空腹，从而卸除了基底处原有地基的自重应力，因此，大大减少了作用于基础底面的附加应力，从而减少了建筑物的沉降，这种基础又称为补偿性基础。箱形基础的钢筋、水泥用量很大，施工技术要求也高。

基础除上述各种类型外，还有壳体基础等形式，这里不再赘述。

三、基础埋深确定

微课：基础埋深的确定

基础埋置深度是指基础底面至设计地面(一般指室外地面)的垂直距离。选择基础埋置深度也就是选择合适的地基持力层。在满足地基稳定和变形要求的前提下，当上层地基的承载力大于下层土时，宜利用上层土作持力层。除岩石地基外，基础埋深不宜小于 0.5 m，基础顶面应低于设计地面 100 mm 以上，以避免基础外露。

合理确定基础埋置深度是基础设计工作中的重要环节。影响基础埋置深度的因素有很多，主要有以下几个方面：

(1)建筑物的用途，有无地下室、设备基础和地下设施，基础的形式和构造。在抗震设防区，除岩石地基外，天然地基上的箱形和筏形基础其埋置深度不宜小于建筑物高度的 1/15；桩箱或桩筏基础的埋置深度(不计桩长)不宜小于建筑物高度的 1/18。

(2)作用在地基上的荷载大小和性质。荷载的大小和性质不同，对地基土的要求也不同。对某一持力层的承载力而言，荷载较小时能满足，荷载大时可能就不能满足。对于承受水平荷载的基础，必须要有足够的埋深，以防发生倾覆或滑移；对于承受上拔荷载的基础，基础要有足够的埋深，以保证基础的稳定性。

(3)工程地质和水文地质条件。一般当上层土的承载力能够满足要求时，应选择浅埋；当上层土的承载力低于下层土时，若选择下层土作为持力层，则基础埋深较大；若选择上层土为持力层，埋深较浅，但需要人工处理。实际工程中，应根据具体情况进行方案比选后确定。

确定基础埋深时，还应该注意地下水的情况。基础宜埋置在地下水位以上，以免地下水对基坑开挖施工质量的影响。当必须埋在地下水位以下时，应考虑地下水对基础材料的腐蚀作用，采取基坑降水等措施、防止地基土在施工时受到扰动。当基础埋置在易风化的岩层上，施工时应在基坑开挖后立即铺筑垫层。

(4)相邻建筑物的基础埋深。当存在相邻建筑物时，新建建筑物的基础埋深不宜大于原有建筑基础。当基础埋深大于原有建筑基础时，两基础间应保持一定的净距，其数值应根据建筑荷载大小、基础形式和土质情况确定。

(5)地基土冻胀和融陷的影响。季节性冻土地区基础埋置深度宜大于场地冻结深度。对于深厚季节冻土地区，当建筑基础底面土层为不冻胀、弱冻胀、冻胀土时，基础埋置深度可以小于场地冻结深度，基底允许冻土层最大厚度应根据当地经验确定。此时，基础最小埋深 d_{min} 可按下式计算：

$$d_{min} = z_d - h_{max} \tag{4-1}$$

式中　z_d——场地冻结深度(m)，$z_d = z_0 \cdot \psi_{zs} \cdot \psi_{zw} \cdot \psi_{ze}$；当有实测资料时，按 $z_d = h' - \Delta z$ 计算；

h_{max}——基础底面下允许冻土层的最大厚度(m)；

ψ_{zs}、ψ_{zw}、ψ_{ze}——分别指土的类别、土的冻胀性、环境对冻结深度的影响系数，按《建筑地基基础设计规范》(GB 50007—2011)中表 5.1.7 查取；

z_0——标准冻结深度(m)，按《建筑地基基础设计规范》(GB 50007—2011)附录 F 采用；

h'——最大冻深出现时场地最大冻土层厚度(m)；

Δz——最大冻深出现时场地地表冻胀量(m)。

四、地基承载力

进行基础设计时，确定基础埋深后，可以根据持力层的承载力确定基础底面尺寸。要设计基础的底面积，首先要确定地基承载力。

地基承载力是指地基土单位面积上承受荷载的能力。建筑物因地基问题引起的破坏，一般有两种可能：一种是由于建筑物基础在荷载作用下产生过大的变形或不均匀沉降，从而导致建筑物严重下沉、倾斜或挠屈，上部结构开裂，建筑功能变坏；另一种是由于建筑物的自重过大，超过地基的承载能力，而使地基产生剪切破坏或丧失稳定性。在建筑工程设计中，必须使建筑物基础底面压力不超过规定的地基承载力，以保证地基土不致产生剪切破坏，即丧失稳定性；同时，也要使建筑物不会产生不容许的沉降和沉降差，以满足建筑物正常的使用要求。确定地基承载力是工程实践中迫切需要解决的基本问题之一，也是土力学研究的主要课题。

1. 地基破坏形式

地基的破坏主要是由于基础下持力层抗剪强度不够，土体产生剪切破坏所致。

为了解地基土在受荷以后剪切破坏的过程以及承载力的性状，通过现场荷载试验对地基土的破坏模式进行了研究。荷载试验实际上是用一块刚性的荷载板作用于地基上的一种基础原位模拟试验。荷载板的尺寸一般为 $0.25 \sim 1.0 \text{ m}^2$，在荷载板上逐级施加荷载，同时测定在各级荷载作用下荷载板的沉降量及周围土体的位移情况，

微课：地基的
破坏形式

加荷直至地基土破坏失稳为止。由试验得到压力 p 与所对应的稳定沉降量 s 的关系曲线，如图 4-8 所示。

从 p-s 曲线的特征可以了解不同性质土体在荷载作用下的地基破坏机理，曲线 A 在开始阶段呈直线状态，但当荷载增大到某个极限值以后，沉降急剧增大，呈现脆性破坏的特征；曲线 B 在开始阶段也呈直线状态，在到达某个极限以后虽然随着荷载增大，沉降增大较快，但不出现急剧增大的特征；曲线 C 在

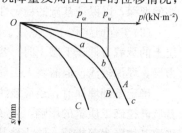

图 4-8　荷载试验的 p-s 曲线

整个沉降发展的过程中不出现明显的拐弯点,沉降对压力的变化率也没有明显的变化。三种曲线代表了三种不同的破坏形式。

(1)整体剪切破坏。当基础上荷载较小时,基础下形成一个三角形压密区,如图 4-9(a)所示,随同基础压入土中,这时 p-s 曲线呈直线关系(图 4-8 中曲线 A)。随着荷载增加,压密区向两侧挤压,土中产生塑性区,塑性区先在基础边缘产生,然后逐步扩大,这时基础的沉降增长率较前一阶段增大,故 p-s 曲线呈曲线状。当荷载达到最大值后,土中形成连续滑动面,并延伸到地面,土从基础两侧挤出并隆起,基础沉降急剧增加,整个地基剪切破坏。整体剪切破坏常发生在浅埋基础下的密砂或硬黏土等坚实地基中。

由 p-s 曲线可知,地基整体剪切破坏一般经历三个发展阶段:

1)压密阶段(或称线弹性变形阶段),对应图 4-8 中 p-s 曲线上的 Oa 段。在这一阶段,p-s 曲线接近于直线,土中各点的剪应力均小于土的抗剪强度,土体处于弹性平衡状态。荷载板的沉降主要是由于土的压密变形引起的。p-s 曲线上相应于 a 点的荷载,称为比例界限 p_{cr},也称临塑荷载。

2)剪切阶段(或称弹塑性变形阶段),对应图 4-8 中 p-s 曲线上的 ab 段。此阶段 p-s 曲线已不再保持线性关系,沉降的增长率 $\Delta s/\Delta p$ 随荷载的增大而增加。地基土中局部范围内的剪应力达到土的抗剪强度,土体发生剪切破坏,这些区域也称塑性区。随着荷载的继续增加,土中塑性区的范围也逐步扩大,直到土中形成连续的滑动面,由荷载板两侧挤出而破坏。因此,剪切阶段也是地基中塑性区的发生与发展阶段。相应于 p-s 曲线上 b 点的荷载,称为极限荷载 p_u。

3)破坏阶段,对应图 4-8 中 p-s 曲线上超过 b 点的曲线段。当荷载超过极限荷载 p_u 后,基础急剧下沉,即使不增加荷载,沉降也不能停止;或是地基土体从基础四周大量挤出隆起,地基土产生失稳破坏。

(2)局部剪切破坏。随着荷载的增加,基础下也产生压密区及塑性区,但塑性区仅仅发展到地基某一范围内,土中滑动面并不延伸到地面,如图 4-9(b)所示,基础两侧地面微微隆起,没有出现明显的裂缝。其 p-s 曲线如图 4-8 中曲线 B 所示,曲线也有一个转折点,但不像整体剪切破坏那么明显。局部剪切破坏常发生于中等密实砂土中。

(3)冲切破坏。在基础下没有明显的连续滑动面,随着荷载的增加,基础随着土层发生压缩变形而下沉;当荷载继续增加,基础周围附近土体发生竖向剪切破坏,使基础刺入土中,如图 4-9(c)所示。冲切破坏的 p-s 曲线如图 4-8 中曲线 C 所示,没有明显的转折点,没有明显的比例界限及极限荷载。这种破坏形式发生在松砂及软土中。

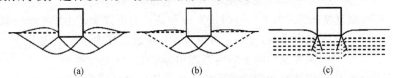

(a)　　　　　　　　(b)　　　　　　　　(c)

图 4-9　地基破坏形式

(a)整体剪切破坏;(b)局部剪切破坏;(c)冲切破坏

地基的剪切破坏形式,除了与地基土的性质有关外,还同基础埋置深度、加荷速度等因素有关。如在密砂地基中,一般常发生整体剪切破坏。但当基础埋置深时,在很大荷载作用下密砂就会产生压缩变形,从而产生冲切破坏;在软黏土中,当加荷速度较慢时,会产生压缩变形而产生冲切破坏;但当加荷很快时,由于土体不能产生压缩变形,就可能发生整体剪切破坏。

根据《建筑地基基础设计规范》(GB 50007—2011)的规定,地基承载力特征值可由荷载试验或其他原位测试、公式计算,并结合工程实践经验等方法综合确定。

2. 现场平板荷载试验确定地基承载力

确定地基承载力最直接的方法是现场荷载试验的方法。荷载试验主要有浅层平板荷载试验和深层平板荷载试验。浅层平板荷载试验的承压板面积不应小于 0.25 m²，对于软土不应小于 0.5 m²，可测定浅部地基土层在承压板下应力主要影响范围内的承载力。深层荷载试验的承压板一般采用直径为 0.8 m 的刚性板，紧靠承压板周围外侧的土层高度应不少于 80 cm，可测定深部地基土层在承压板下应力主要影响范围内的承载力。

载荷试验都是按分级加荷、逐级稳定、直到破坏的试验步骤进行，最后得到 p-s 曲线。据 p-s 曲线(图 4-10)，承载力特征值 f_{ak} 的确定应符合下列规定：

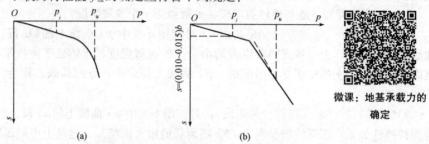

微课：地基承载力的确定

图 4-10　按荷载试验成果确定地基承载力特征值

(a)低压缩性土；(b)高压缩性土

(1)当 p-s 曲线上有比例界限时，取该比例界限所对应的荷载值。

(2)当极限荷载小于比例界限荷载值的 2 倍时，取其极限荷载值的 1/2。

(3)当不能按以上方法确定时，可取 $s/b=0.01\sim0.015$ 所对应的荷载值，但其值不应大于最大加载量的 1/2。

(4)同一土层参加统计的试验点不应少于 3 点。当试验实测值的极差不超过其平均值的 30% 时，取其平均值作为该土层的地基承载力特征值 f_{ak}。

3. 按地基土的强度理论确定地基承载力

根据《建筑地基基础设计规范》(GB 50007—2011)的规定，当偏心距 e 小于或等于 0.033 倍基础底面宽度时，根据土的抗剪强度指标确定地基承载力特征值可按下式计算，并满足变形要求：

$$f_a=M_b\gamma b+M_d\gamma_m d+M_c c_k \tag{4-2}$$

式中　f_a——由土的抗剪强度指标确定的地基承载力特征值(kPa)；

　　　b——基础底面宽度(m)，大于 6 m 时按 6 m 取值；对于砂土，小于 3 m 时按 3 m 取值；

　　　M_b、M_d、M_c——承载力系数，按 φ_k 值查表 4-3 确定；其中，φ_k 为基底下一倍短边宽度的深度范围内土的内摩擦角标准值；

　　　c_k——基底下一倍短边宽度的深度范围内土的黏聚力标准值(kPa)；

　　　γ——基础底面以下土的重度(kN/m³)，地下水位以下取浮重度；

　　　γ_m——基础埋深范围内各层土的加权平均重度(kN/m³)，地下水位以下取浮重度。

表 4-3　承载力系数 M_b、M_d、M_c 值

土的内摩擦角标准值 φ_k/ (°)	M_b	M_d	M_c
0	0	1.00	3.14
2	0.03	1.12	3.32
4	0.06	1.25	3.51
6	0.10	1.39	3.71
8	0.14	1.55	3.93

土的内摩擦角标准值 φ_k/ (°)	M_b	M_d	M_c
10	0.18	1.73	4.17
12	0.23	1.94	4.42
14	0.29	2.17	4.69
16	0.36	2.43	5.00
18	0.43	2.72	5.31
20	0.51	3.06	5.66
22	0.61	3.44	6.04
24	0.80	3.87	6.45
26	1.10	4.37	6.90
28	1.40	4.93	7.40
30	1.90	5.59	7.95
32	2.60	6.35	7.55
34	3.40	7.21	9.2Z
36	4.20	7.25	9.97
38	5.00	9.44	10.80
40	5.80	10.84	11.73

4. 地基承载力特征值的修正

微课：地基承载力
特征值修正

理论分析和工程实践表明，增加基础宽度和埋置深度，地基的承载力也将随之提高。因此，应将地基承载力对不同的基础宽度和埋置深度进行修正。《建筑地基基础设计规范》（GB 50007—2011）规定：当基础宽度大于 3 m 或埋置深度大于 0.5 m 时，从荷载试验或其他原位测试、经验值等方法确定的地基承载力特征值 f_{ak}，都应按下式进行基础宽度和埋深的修正，修正后的承载力才是地基承载力的设计值（岩石地基除外）：

$$f_a = f_{ak} + \eta_b \gamma(b-3) + \eta_d \gamma_m(d-0.5) \tag{4-3}$$

式中 　f_a——修正后的地基承载力特征值（kPa）。

　　　f_{ak}——地基承载力特征值（kPa）。

　　　η_b，η_d——基础宽度和埋深的地基承载力修正系数，按基底下土的类别查表 4-4 取值。

　　　γ——基底以下持力层土的天然重度（kN/m³），地下水位以下取有效重度 γ'。

　　　b——基础底面宽度（m），当 $b<3$ m 按 3 m 取值；当 $b>6$ m 按 6 m 取值。

　　　γ_m——基础底面以上土的加权平均重度（kN/m³），地下水位以下取有效重度。

　　　d——基础埋置深度（m），宜自室外地面标高算起。在填方整平地区，可自填土地面标高算起，但填土在上部结构施工完成时，应从天然地面标高算起。对于地下室，如采用箱形基础或筏形基础时，基础埋置深度自室外地面标高算起；当采用独立基础或条形基础时，应从室内地面标高算起。

表 4-4　承载力修正系数

土的类别		η_b	η_d
淤泥和淤泥质土		0	1.0
人工填土 e 或 I_L 大于或等于 0.85 的黏性土		0	1.0
红黏土	含水比 $a_w>0.8$	0	1.2
	含水比 $a_w \leqslant 0.8$	0.15	1.4

土的类别		η_b	η_d
大面积压实填土	压实系数大于 0.95、黏粒含量 $\rho_c \geqslant 10\%$ 粉土	0	1.5
	最大干密度大于 2.1 t/m³ 的级配砂石	0	2.0
粉　土	黏粒含量 $\rho_c \geqslant 10\%$ 的粉土	0.3	1.5
	黏粒含量 $\rho_c \leqslant 10\%$ 的粉土	0.5	2.0
e 或 I_L 均小于 0.85 的黏性土		0.3	1.6
粉砂、细砂(不包括很湿与饱和时的稍密状态)		2.0	3.0
中砂、粗砂、砾砂和碎石土		3.0	4.4

注: 1. 强风化和全风化的岩石,可参照所风化成的相应土类取值,其他状态下的岩石不修正;

    2. 地基承载力特征值按《建筑地基基础设计规范》(GB 50007—2011)附录 D 深层平板荷载试验确定时 η_d 取 0;

    3. 含水比是指土的天然含水量与液限的比值;

    4. 大面积压实填土是指填土范围大于 2 倍基础宽度的填土。

五、基础底面尺寸的确定

按持力层地基承载力条件可以确定基础底面尺寸。

微课:基础底面
尺寸的确定

1. 中心荷载作用下

基础在中心荷载作用下,假定基底反力均匀分布,设计要求基底的平均压力不超过持力层土的承载力特征值,即

$$p_k = \frac{F_k + G_k}{A} \leqslant f_a \tag{4-4}$$

式中　　p_k——相应于作用的标准组合时,基础底面处的平均压力值(kPa);

　　　　f_a——修正后的地基承载力特征值(kPa);

　　　　F_k——相应于作用的标准组合时,上部结构传至基础顶面的竖向力值(kN);

　　　　G_k——基础自重和基础上的土重(kN);$G_k = \gamma_G A d$,通常取 $\gamma_G \approx 20$ kN/m³;

　　　　A——基础底面积(m²)。

中心荷载作用下的基础底面积 A 的计算公式:

$$A \geqslant \frac{F_k}{f_a - \gamma_G \bar{d}} \tag{4-5}$$

式中　$\bar{d}$——基础埋深(m)。

对于独立基础,按上式计算出 A 后,先选定 b 或 l,确定 l 和 b 的比值,再计算另一边长,一般取 l/b 为 1.2~2.0。

对于条形基础,沿基础长度方向取 1 m 为计算单元,条形基础的宽度 b 为

$$b \geqslant \frac{F_k}{f_a - \gamma_G \bar{d}} \tag{4-6}$$

2. 偏心荷载作用下

当传至地基顶面的荷载除了中心荷载外,还有弯矩 M 或水平力 V 作用时,除应满足上面要求外,还应满足:

$$p_{kmax} \leqslant 1.2 f_a \tag{4-7}$$

式中　p_{kmax}——相应于作用的标准组合时，基础底面边缘的最大压力值(kPa)。

偏心荷载作用下，基础底面积的确定常采用试算法，具体步骤如下：

(1)先假定基础底宽b小于3 m，进行地基承载力特征值的深度修正，初步确定地基承载力特征值f_a。

(2)按中心荷载作用，初步计算基础底面积A_0。

(3)考虑偏心荷载的影响，根据偏心距的大小，将基础底面积A_0扩大10%～40%，即$A_0' = (1.1\sim1.4)A_0$。

(4)确定基础的长度l和宽度b。

(5)进行承载力验算$\overline{p_k} \leqslant f_a$，$p_{kmax} \leqslant 1.2f_a$。

六、地基验算

微课：软弱下
卧层验算

基础底面尺寸除了应满足持力层的承载力要求外，对存在软弱下卧层的地基，还需验算软弱下卧层的承载力是否满足要求；对设计等级为甲级、乙级和符合一定条件的丙级建筑物，还必须进行变形验算；对经常承受水平荷载的高层建筑和高耸结构，以及建在斜坡上的建筑物和构筑物，还应进行地基稳定性验算。

(一)软弱下卧层验算

在进行基础设计时，确定基础埋深后，可以根据持力层的承载力确定基础底面尺寸。对存在软弱下卧层的地基，需验算软弱下卧层的承载力是否满足要求。对部分建(构)筑物，还需要考虑地基变形的影响，验算建(构)筑物的变形值，并对基础底面尺寸做出必要的调整。

当地基受力层范围内存在软弱下卧层(承载力显著低于持力层的高压缩性土层)时，必须对软弱下卧层进行验算，要求作用在软弱下卧层顶面处的附加应力设计值p_z与土的自重应力p_{cz}之和不超过软弱下卧层的承载力设计值f_{az}，即

$$p_z + p_{cz} \leqslant f_{az} \tag{4-8}$$

式中　p_z——相应于作用的标准组合时，软弱下卧层顶面处的附加压力值(kPa)；

　　　p_{cz}——软弱下卧层顶面处土的自重压力值(kPa)；

　　　f_{az}——软弱下卧层顶面处经深度修正后的地基承载力特征值(kPa)。

对条形基础和矩形基础，式(4-8)中的p_z值可按下列公式简化计算：

条形基础

$$p_z = \frac{b(p_k - p_c)}{b + 2z\tan\theta} \tag{4-9}$$

矩形基础

$$p_z = \frac{lb(p_k - p_c)}{(b + 2z\tan\theta)(l + 2z\tan\theta)} \tag{4-10}$$

式中　b——矩形基础或条形基础底边的宽度(m)；

　　　l——矩形基础底边的长度(m)；

　　　p_c——基础底面处土的自重压力值(kPa)；

　　　z——基础底面至软弱下卧层顶面的距离(m)；

　　　θ——地基压力扩散线与垂直线的夹角(°)，可按表4-5采用。

表 4-5　地基压力扩散角 θ

E_{s1}/E_{s2}	z/b	
	0.25	0.50
3	6°	23°
5	10°	25°
10	20°	30°

注：1. E_{s1} 为上层土压缩模量；E_{s2} 为下层土压缩模量；

2. $z/b<0.25$ 时取 $\theta=0°$，必要时，宜由试验确定；$z/b>0.50$ 时 θ 值不变；

3. z/b 在 0.25～0.50 之间可插值使用。

如果软弱下卧层的承载力不满足要求，则该基础的沉降可能较大，或者可能产生剪切破坏。这时应考虑增大基础底面尺寸，或改变基础类型，减小埋深。如果这样处理后仍未符合要求，则应考虑采用其他地基基础方案。

(二)地基变形验算

按地基承载力选定适当的基础底面尺寸后，一般可以保证建筑物在防止地基剪切破坏方面具有足够的安全度，但是在荷载作用下，地基土还会产生压缩变形，使建筑物产生沉降。设计时，要求建筑物地基的变形计算值，不应大于地基变形允许值，即

$$s\leqslant[s] \tag{4-11}$$

式中　s——建筑物地基在长期荷载作用下的变形(mm)；

　　　$[s]$——建筑物地基变形允许值(mm)。

若地基变形不能满足要求，则需重新调整基础底面尺寸，直至满足要求为止。

1. 土的压缩性和压缩指标

地基产生变形是因为土体具有可压缩的性能，因此要计算地基变形，首先要研究土的压缩性及通过压缩试验确定沉降计算所需的压缩性指标。

土的压缩性是指土在压力作用下体积压缩变小的性能。目前，研究土的压缩变形都假定如下条件：土粒与水本身的微小变形可忽略不计；土的压缩变形主要是由于孔隙中的水和气体被排出，土粒相互移动靠拢，致使土的孔隙体积减小而引起。

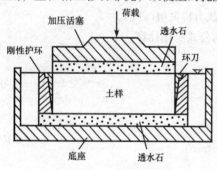

图 4-11　压缩仪构造

(1)压缩试验。室内压缩试验是取原状土样放入压缩仪内进行试验，分级加载。在每级荷载作用下压至变形稳定，测出土样的变形量，然后再加下一级荷载。根据每级荷载下的稳定变形量算出相应压力下的孔隙比。由于土样受到环刀和护环等刚性护壁的约束，在压缩过程中只能发生垂向压缩，不可能发生侧向膨胀，因此室内压缩试验又叫侧限压缩试验。压缩仪的构造如图 4-11 所示。

若试验前试样的横截面面积为 A，土样的原始高度为 h_0，

微课：土的压缩性和
压缩试验

原始孔隙比为 e_0，当加压 p_1 后，土样的压缩量为 Δh_1，土样高度由 h_0 减至 $h_1=h_0-\Delta h_1$，相应的孔隙比由 e_0 减至 e_1，如图 4-12 所示。由于压缩前后土样的横截面面积不变，压缩过程中土粒体积也是不变的，因此加压前土粒体积 $\dfrac{Ah_0}{1+e_0}$ 等于加压后土粒体积 $\dfrac{Ah_1}{1+e_1}$，即

$$\frac{Ah_0}{1+e_0} = \frac{A(h_0 - \Delta h_1)}{1+e_1}$$

整理得
$$\frac{\Delta h_1}{h_0} = \frac{e_0 - e_1}{1+e_0}$$

则
$$e_1 = e_0 - \frac{\Delta h_1}{h_0}(1+e_0) \tag{4-12}$$

同理，各级压力 p_i 作用下土样压缩稳定后相应的孔隙比 e_i 为

$$e_i = e_0 - \frac{\Delta h_i}{h_0}(1+e_0) \tag{4-13}$$

以压力为横坐标，以孔隙比为纵坐标，便可根据压缩试验成果绘制孔隙比与压力的关系曲线，称为压缩曲线，如图 4-13 所示。

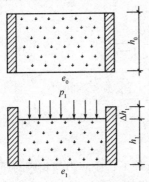

图 4-12　侧限压缩试验

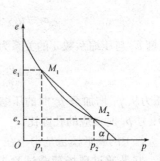

图 4-13　土的 e-p 曲线

（2）压缩指标。

1）压缩系数。在压缩曲线上，当压力的变化范围不大时，可将压缩曲线上相应一小段 M_1M_2 近似地用直线来代替。若 M_1 点的压力为 p_1，相应孔隙比为 e_1；M_2 点的压力为 p_2，相应孔隙比为 e_2；则 M_1M_2 段的斜率可用下式表示，即

微课：土的
压缩性指标

$$a = \tan\alpha = \frac{\Delta e}{\Delta p} = \frac{e_1 - e_2}{p_2 - p_1} \tag{4-14}$$

式中　a——压缩系数（MPa^{-1}）。

压缩系数是表示土的压缩性大小的主要指标，其值越大，表明在某压力变化范围内孔隙比减少得越多，压缩性就越高。但由图 4-13 中可以看出，同一种土的压缩系数并不是常数，而是随所取压力变化范围的不同而改变。因此，评价不同类型和状态土的压缩性大小时，必须以同一压力变化范围来比较。根据《建筑地基基础设计规范》（GB 50007—2011）的规定，地基土的压缩性可按 p_1 为 100 kPa、p_2 为 200 kPa 时相对应的压缩系数值 a_{1-2} 划分为低、中、高压缩性，并符合以下规定：

①当 $a_{1-2} < 0.1~\mathrm{MPa}^{-1}$ 时，为低压缩性土。

②当 $0.1~\mathrm{MPa}^{-1} \leqslant a_{1-2} < 0.5~\mathrm{MPa}^{-1}$ 时，为中压缩性土。

③当 $a_{1-2} \geqslant 0.5~\mathrm{MPa}^{-1}$ 时，为高压缩性土。

2）压缩指数。目前还常用压缩指数 C_c 来进行压缩性评价，进行地基变形量计算。它是通过压缩试验求得不同压力下的孔隙比 e 值，将压缩曲线的横坐标用对数坐标表示，纵坐标不变（图 4-14），在一定压力 p 值之下，e-$\log p$ 曲线的后半段接近直

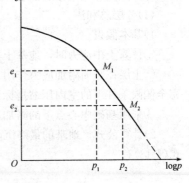

图 4-14　e-$\log p$ 曲线

线，用直线段的斜率作为土的压缩指数 C_c。

$$C_c = \frac{e_1 - e_2}{\log p_2 - \log p_1} \qquad (4\text{-}15)$$

C_c 值越大，土的压缩性越高。一般 $C_c > 0.4$ 时属于高压缩性土，$C_c < 0.2$ 时为低压缩性土。

对于正常固结的黏性土，压缩系数和压缩指数之间存在如下关系：

$$C_c = \frac{a(p_2 - p_1)}{\log p_2 - \log p_1} \quad 或 \quad a = \frac{C_c}{p_2 - p_1} \log \frac{p_2}{p_1} \qquad (4\text{-}16)$$

3）压缩模量。压缩试验除了求得压缩系数 a 和压缩指数 C_c 外，还可求得另一个常用的压缩性指标——压缩模量 E_s（单位为 MPa 或 kPa），E_s 是指土在侧限条件下受压时压应力 σ_z 与相应的应变 ε_z 之间的比值，即

$$E_s = \frac{\sigma_z}{\varepsilon_z} \qquad (4\text{-}17)$$

因为

$$\sigma_z = p_2 - p_1 \qquad \varepsilon_z = \frac{\Delta h_1}{h_0} = \frac{e_1 - e_2}{1 + e_1}$$

故压缩模量 E_s 与压缩系数 a 的关系为

$$E_s = \frac{p_2 - p_1}{e_1 - e_2}(1 + e_1) = \frac{1 + e_1}{a} \qquad (4\text{-}18)$$

式中　a——压力从 p_1 增加至 p_2 时的压缩系数；

　　　e_1——压力 p_1 时对应的孔隙比。

4）变形模量。土的变形模量是指土在无侧限压缩条件下，压应力与相应的压缩应变的比值（单位为 MPa）。它是通过现场荷载试验求得的压缩性指标，能较真实地反映天然土层的变形特性。

现场荷载试验测定的变形模量 E_0 与室内侧限压缩试验测定的压缩模量之间有如下关系：

$$E_0 = E_s\left(1 - \frac{2\mu^2}{1 - \mu}\right) \qquad (4\text{-}19)$$

令

$$\beta = 1 - \frac{2\mu^2}{1 - \mu} \qquad (4\text{-}20)$$

则

$$E_0 = \beta E_s \qquad (4\text{-}21)$$

式中　μ——土的侧膨胀系数（泊松比）。

一般土的泊松比 $\mu \leqslant 0.5$，即 $\beta \leqslant 1$，所以 $E_0 \leqslant E_s$。

2. 地基最终沉降量计算

地基沉降量是随时间而发展的，地基的最终沉降量是指地基变形稳定后的沉降量。目前常用的计算方法有分层总和法和《建筑地基基础设计规范》（GB 50007—2011）推荐的方法。

（1）分层总和法。

1）基本假设。

①计算土中应力时，地基土是均质、各向同性的半无限体；

②土层在竖向附加应力作用下只产生竖向变形，不发生侧向变形，即采用完全侧限条件下的室内压缩指标计算土层的变形量；

微课：分层总和法
计算最终沉降量

③采用基础中心点下的附加应力进行计算。

2）计算公式。地基的最终沉降量可用室内压缩试验确定的参数（e_i、E_s、a）进行计算，根据式（4-13）有

$$e_2 = e_1 - (1 + e_1)\frac{s_i}{h}$$

变换后得:
$$s_i = \frac{e_1 - e_2}{1 + e_1} H \qquad (4\text{-}22)$$

或
$$s = \frac{a}{1 + e_1} \sigma_z \cdot H = \frac{\sigma_z}{E_s} H \qquad (4\text{-}23)$$

计算沉降量时,在地基可能受荷变形的压缩层范围内,根据土的特性、应力状态以及地下水位进行分层。然后按式(4-22)或式(4-23)计算各分层的沉降量 s_i。最后将各分层的沉降量总和起来即为地基的最终沉降量:

$$s = \sum_{i=1}^{n} s_i = \sum_{i=1}^{n} \frac{e_{1i} - e_{2i}}{1 + e_{1i}} H_i = \sum_{i=1}^{n} \frac{\sigma_{zi}}{E_{si}} H_i \qquad (4\text{-}24)$$

式中　s——地基最终沉降量(mm);

　　　e_1——地基受荷前(自重应力作用下)的孔隙比;

　　　e_2——地基受荷(自重与附加应力作用下)沉降稳定后的孔隙比;

　　　H——土层的厚度(mm)。

3)计算步骤。

①划分土层,如图 4-15 所示,各天然土层界面和地下水位必须作为分层界面;各分层厚度必须满足 $H_i \leqslant 0.4b$(b 为基底宽度)。

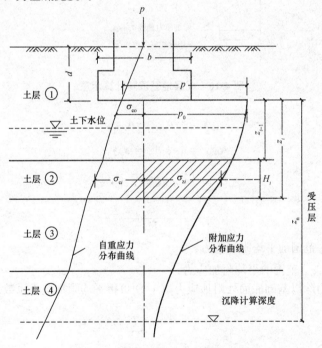

图 4-15　分层总和法计算地基沉降量

②计算基底附加压力 p_0。

③计算各分层界面的自重应力 σ_{cz} 和附加应力 σ_z;并绘制应力分布曲线。

④确定地基沉降计算深度 z_n:地基沉降计算深度的下限,取地基附加应力等于自重应力的 20%(一般土)或 10%(高压缩性土)处,即 $\sigma_z \leqslant 0.2\sigma_{cz}$(一般土)或 $\sigma_z \leqslant 0.1\sigma_{cz}$(高压缩性土)。

⑤计算各分层加载前后的平均竖向应力 $p_1 = \sigma_{cz}$; $p_2 = \sigma_{cz} + \sigma_z$。

⑥按各分层的 p_1 和 p_2 在 e-p 曲线上查取相应的孔隙比或确定 a、E_s 等其他压缩性指标。

⑦根据不同的压缩性指标,选用式(4-22)、式(4-23)计算各分层的沉降量 s_i。

⑧按式(4-24)计算总沉降量 s。

(2)《建筑地基基础设计规范》推荐的沉降计算法。我国《建筑地基基础设计规范》(GB 50007—2011)(以下简称《规范》)所推荐的沉降计算方法,简称《规范》推荐法,是在分层总和法的基础上发展起来的一种计算沉降的方法。

1)计算原理。由式(4-23)单向分层总和法计算第 i 层土的变形量为

$$s'_i = \frac{\overline{\sigma}_{zi} \cdot H_i}{E_{si}}$$

上式的分子 $\overline{\sigma}_{zi} \cdot H_i$ 等于第 i 层的附加应力面积 A_{3456}(图 4-16)。

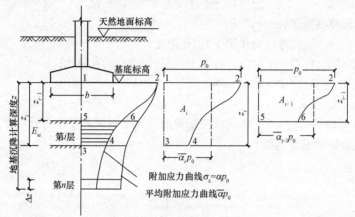

图 4-16 成层地基沉降计算示意

$$A_{3456} = A_{1234} - A_{1256}$$

其中

$$A_{1234} = \int_0^{z_i} \sigma_z \mathrm{d}z = \overline{\sigma}_i \cdot z_i$$

$$A_{1256} = \int_0^{z_{i-1}} \sigma_z \mathrm{d}z = \overline{\sigma}_{i-1} \cdot z_{i-1}$$

故

$$s'_i = \frac{\overline{\sigma}_i \cdot z_i - \overline{\sigma}_{i-1} \cdot z_{i-1}}{E_{si}}$$

式中 $\overline{\sigma}_i$——深度 z_i 范围的平均附加应力;

$\overline{\sigma}_{i-1}$——深度 z_{i-1} 范围的平均附加应力。

将平均附加应力除以基础底面处附加应力 p_0,便可得平均附加应力系数。即

$$\overline{\alpha}_i = \frac{\overline{\sigma}_i}{p_0}, \quad 即 \overline{\sigma}_i = p_0 \cdot \overline{\alpha}_i$$

$$\overline{\alpha}_{i-1} = \frac{\overline{\sigma}_{i-1}}{p_0}, \quad 即 \overline{\sigma}_{i-1} = p_0 \cdot \overline{\alpha}_{i-1}$$

那么第 i 层土的变形量为

$$s'_i = \frac{1}{E_{si}}(p_0 \overline{\alpha}_i z_i - p_0 \overline{\alpha}_{i-1} z_{i-1}) = \frac{p_0}{E_{si}}(z_i \overline{\alpha}_i - z_{i-1} \cdot \overline{\alpha}_{i-1})$$

地基总沉降量为

$$s' = \sum_{i=1}^n s'_i = \sum_{i=1}^n \frac{p_0}{E_{si}}(z_i \cdot \overline{\alpha}_i - z_{i-1} \overline{\alpha}_{i-1}) \tag{4-25}$$

2)《规范》推荐公式。由式(4-25)乘以沉降计算经验系数 ψ_s,即为《规范》推荐的沉降计算公式:

$$s = \psi_s \cdot s' = \varphi_s \sum_{i=1}^n \frac{p_0}{E_{si}}(z_i \cdot \overline{\alpha}_i - z_{i-1} \overline{\alpha}_{i-1}) \tag{4-26}$$

式中 s——地基最终沉降量（mm）；

　　　n——地基压缩层（受压层）范围内所划分的土层数（图 4-17）；

　　　ψ_s——沉降计算经验系数，根据地区沉降观测资料及经验确定，无地区经验时可根据变形计算深度范围内压缩模量的当量值（$\overline{E}_s$）、基底附加压力按表 4-6 取值；

　　　p_0——基础底面处的附加压力（kPa）；

　　　E_{si}——基础底面下第 i 层土的压缩模量（MPa）；

　　　z_i，z_{i-1}——基础底面至第 i 层和第 $i-1$ 层底面的距离（m）；

　　　$\overline{\alpha}_i$，$\overline{\alpha}_{i-1}$——基础底面计算点至第 i 层和第 $i-1$ 层底面范围内平均附加应力系数，查表 4-7 取值。

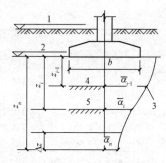

图 4-17　基础沉降计算的分层示意

1—天然地面标高；2—基底标高；

3—平均附加应力系数 α 曲线；

4—$i-1$ 层；5—i 层

表 4-6　沉降计算经验系数 ψ_s

压缩模量 $\overline{E}_s$/MPa ＼ 基底附加压力 p_0/kPa	2.5	4.0	7.0	15.0	20.0
$p_0 \geq f_{ak}$	1.4	1.3	1.0	0.4	0.2
$p_0 < 0.75 f_{ak}$	1.1	1.0	0.7	0.4	0.2

注：1. 表列数值可内插；

　　2. 当变形计算深度范围内有多层土时，$\overline{E}_s$ 可按附加应力面积 A 的加权平均值采用，即 $\overline{E}_s = \dfrac{\sum A_i}{\sum \dfrac{A_i}{E_{si}}}$。

表 4-7　均布矩形荷载角点下的平均竖向附加应力系数

z/b	l/b												
	1.0	1.2	1.4	1.6	1.8	2.0	2.4	2.8	3.2	3.6	4.0	5.0	10.0
0.0	0.250 0	0.250 0	0.250 0	0.250 0	0.250 0	0.250 0	0.250 0	0.250 0	0.250 0	0.250 0	0.250 0	0.250 0	0.250 0
0.2	0.249 6	0.249 7	0.249 7	0.249 8	0.249 8	0.249 8	0.249 8	0.249 8	0.249 8	0.249 8	0.249 8	0.249 8	0.249 8
0.4	0.247 4	0.247 9	0.248 1	0.248 3	0.248 3	0.248 4	0.248 5	0.248 5	0.248 5	0.248 5	0.248 5	0.248 5	0.248 5
0.6	0.242 3	0.243 7	0.244 4	0.244 8	0.245 1	0.245 2	0.245 4	0.245 5	0.245 5	0.245 5	0.245 5	0.245 5	0.245 6
0.8	0.234 6	0.237 2	0.238 7	0.239 5	0.240 0	0.240 3	0.240 7	0.240 8	0.240 9	0.240 9	0.241 0	0.241 0	0.241 0
1.0	0.225 2	0.229 1	0.231 3	0.232 6	0.233 5	0.234 0	0.234 6	0.234 9	0.235 1	0.235 2	0.235 2	0.235 3	0.235 3
1.2	0.214 9	0.219 9	0.222 9	0.224 8	0.226 0	0.226 8	0.227 8	0.228 2	0.228 5	0.228 6	0.228 7	0.228 8	0.228 9
1.4	0.204 3	0.210 2	0.214 0	0.216 4	0.219 0	0.219 1	0.220 4	0.221 1	0.221 5	0.221 7	0.221 8	0.222 0	0.222 1
1.6	0.193 9	0.200 6	0.204 9	0.207 9	0.209 9	0.211 3	0.213 0	0.213 8	0.214 3	0.214 6	0.214 8	0.215 0	0.215 2
1.8	0.184 0	0.191 2	0.196 0	0.199 4	0.201 8	0.203 4	0.205 5	0.206 6	0.207 3	0.207 7	0.207 9	0.208 2	0.208 4
2.0	0.174 6	0.182 2	0.187 5	0.191 2	0.193 8	0.195 8	0.198 2	0.199 6	0.200 4	0.200 9	0.201 2	0.201 5	0.201 8
2.2	0.165 9	0.173 7	0.179 3	0.183 3	0.186 2	0.188 3	0.191 1	0.192 7	0.193 7	0.194 3	0.194 7	0.195 2	0.195 5
2.4	0.157 8	0.165 7	0.171 5	0.175 7	0.178 9	0.181 2	0.184 3	0.186 2	0.187 3	0.188 0	0.188 5	0.189 0	0.189 5
2.6	0.150 3	0.158 3	0.164 2	0.168 6	0.171 9	0.174 5	0.177 9	0.179 9	0.181 2	0.182 0	0.182 5	0.183 2	0.183 8
2.8	0.143 3	0.151 4	0.157 4	0.161 9	0.165 4	0.168 0	0.171 7	0.173 9	0.175 3	0.176 3	0.176 9	0.177 7	0.178 4

z/b	l/b												
	1.0	1.2	1.4	1.6	1.8	2.0	2.4	2.8	3.2	3.6	4.0	5.0	10.0
3.0	0.136 9	0.144 9	0.151 0	0.155 6	0.159 2	0.161 9	0.165 8	0.168 2	0.169 8	0.170 8	0.171 5	0.172 5	0.173 3
3.2	0.131 0	0.139 0	0.145 0	0.149 7	0.153 3	0.156 2	0.160 2	0.162 8	0.164 5	0.165 7	0.166 4	0.167 5	0.168 5
3.4	0.125 6	0.133 4	0.139 4	0.144 1	0.147 8	0.150 8	0.155 0	0.157 7	0.159 5	0.160 7	0.161 6	0.162 8	0.163 9
3.6	0.120 5	0.128 2	0.134 2	0.138 9	0.142 7	0.145 6	0.150 0	0.152 8	0.154 8	0.156 1	0.157 0	0.158 3	0.159 5
3.8	0.115 8	0.123 4	0.129 3	0.134 0	0.137 8	0.140 8	0.145 2	0.148 2	0.150 2	0.151 6	0.152 6	0.154 1	0.155 4
4.0	0.111 4	0.118 9	0.124 8	0.129 4	0.133 2	0.136 2	0.140 8	0.143 8	0.145 9	0.147 4	0.148 5	0.150 0	0.151 6
4.2	0.107 3	0.114 7	0.120 5	0.125 1	0.128 9	0.131 9	0.136 5	0.139 6	0.141 8	0.143 4	0.144 5	0.146 2	0.147 9
4.4	0.103 5	0.110 7	0.116 4	0.121 0	0.124 8	0.127 9	0.132 5	0.135 7	0.137 9	0.139 6	0.140 7	0.142 5	0.144 4
4.6	0.100 0	0.107 0	0.112 7	0.117 2	0.120 9	0.124 0	0.128 7	0.131 9	0.134 2	0.135 9	0.137 1	0.139 0	0.141 0
4.8	0.096 7	0.103 6	0.109 1	0.113 6	0.117 3	0.120 4	0.125 0	0.128 3	0.130 7	0.132 4	0.133 7	0.135 7	0.137 9
5.0	0.093 5	0.100 3	0.105 7	0.110 2	0.113 9	0.116 9	0.121 6	0.124 9	0.127 3	0.129 1	0.130 4	0.132 5	0.134 8
5.2	0.090 6	0.097 2	0.102 6	0.107 0	0.110 6	0.113 6	0.118 3	0.121 7	0.124 1	0.125 9	0.127 3	0.129 5	0.132 0
5.4	0.087 8	0.094 3	0.099 6	0.103 9	0.107 5	0.110 5	0.115 2	0.118 6	0.121 1	0.122 9	0.124 3	0.126 5	0.129 2
5.6	0.085 2	0.091 6	0.096 8	0.101 0	0.104 6	0.107 6	0.112 2	0.115 6	0.118 1	0.120 0	0.121 5	0.123 8	0.126 6
5.8	0.082 8	0.089 0	0.094 1	0.098 3	0.101 8	0.104 7	0.109 4	0.112 8	0.115 3	0.117 2	0.118 7	0.121 1	0.124 0
6.0	0.080 5	0.086 6	0.091 6	0.095 7	0.099 1	0.102 1	0.106 7	0.110 1	0.112 6	0.114 6	0.116 1	0.118 5	0.121 6
6.2	0.078 3	0.084 2	0.089 1	0.093 2	0.096 6	0.099 5	0.104 1	0.107 5	0.110 1	0.112 0	0.113 6	0.116 1	0.119 3
6.4	0.076 2	0.082 0	0.086 9	0.090 9	0.094 2	0.097 1	0.101 6	0.105 0	0.107 6	0.109 6	0.111 1	0.113 7	0.117 1
6.6	0.074 2	0.079 9	0.084 7	0.088 6	0.091 9	0.094 8	0.099 3	0.102 7	0.105 3	0.107 3	0.108 8	0.111 4	0.114 9
6.8	0.072 3	0.077 9	0.082 6	0.086 5	0.089 8	0.092 6	0.097 0	0.100 4	0.103 0	0.105 0	0.106 6	0.109 2	0.112 9
7.0	0.070 5	0.076 1	0.080 6	0.084 4	0.087 7	0.090 4	0.094 9	0.098 2	0.100 8	0.102 8	0.104 4	0.107 1	0.110 9
7.2	0.068 8	0.074 2	0.078 7	0.082 5	0.085 7	0.088 4	0.092 8	0.096 2	0.098 7	0.100 8	0.102 3	0.105 1	0.109 0
7.4	0.067 2	0.072 5	0.076 9	0.080 6	0.083 8	0.086 5	0.090 8	0.094 2	0.096 7	0.098 8	0.100 4	0.103 1	0.107 1
7.6	0.065 6	0.070 9	0.075 2	0.078 9	0.082 0	0.084 6	0.088 9	0.092 2	0.094 8	0.096 8	0.098 4	0.101 2	0.105 4
7.8	0.064 2	0.069 3	0.073 6	0.077 1	0.080 2	0.082 8	0.087 1	0.090 4	0.092 9	0.095 0	0.096 6	0.099 4	0.103 6
8.0	0.062 7	0.067 8	0.072 0	0.075 5	0.078 5	0.081 1	0.085 3	0.088 6	0.091 1	0.093 2	0.094 8	0.097 6	0.102 0
8.2	0.061 4	0.066 3	0.070 5	0.073 9	0.076 9	0.079 5	0.083 7	0.086 9	0.089 4	0.091 4	0.093 1	0.095 9	0.100 4
8.4	0.060 1	0.064 9	0.069 0	0.072 4	0.075 4	0.077 9	0.082 0	0.085 2	0.087 8	0.098 9	0.091 4	0.094 3	0.098 8
8.6	0.058 8	0.063 6	0.067 6	0.071 0	0.073 9	0.076 4	0.080 5	0.083 6	0.086 2	0.088 2	0.089 8	0.092 7	0.097 3
8.8	0.057 6	0.062 3	0.066 3	0.066 3	0.072 4	0.074 9	0.079 0	0.082 1	0.084 6	0.086 6	0.088 2	0.091 2	0.095 9
9.2	0.055 4	0.059 9	0.063 7	0.069 7	0.072 1	0.072 1	0.076 1	0.079 2	0.081 7	0.083 7	0.085 3	0.088 2	0.093 1
9.6	0.053 3	0.057 7	0.061 4	0.067 2	0.069 6	0.073 0	0.073 4	0.076 5	0.078 9	0.080 9	0.082 5	0.085 5	0.090 5
10.0	0.051 4	0.055 6	0.059 2	0.064 9	0.067 2	0.071 0	0.071 0	0.073 9	0.076 3	0.078 3	0.079 9	0.082 9	0.088 0
10.4	0.049 6	0.053 7	0.057 2	0.062 7	0.064 9	0.068 6	0.068 6	0.071 6	0.073 9	0.075 9	0.077 5	0.080 4	0.085 7
10.8	0.047 9	0.051 9	0.055 3	0.060 6	0.062 8	0.066 4	0.066 4	0.069 3	0.071 7	0.073 6	0.075 1	0.078 1	0.083 4
11.2	0.046 3	0.050 2	0.053 5	0.056 3	0.058 7	0.060 9	0.064 4	0.067 2	0.069 5	0.071 4	0.073 0	0.075 9	0.081 3
11.6	0.044 8	0.048 6	0.051 8	0.054 5	0.056 9	0.059 0	0.062 5	0.065 2	0.067 5	0.069 4	0.070 9	0.073 8	0.079 3
12.0	0.043 5	0.047 1	0.050 2	0.052 9	0.055 2	0.057 3	0.060 6	0.063 4	0.065 6	0.067 4	0.069 0	0.071 9	0.077 4
12.8	0.040 9	0.044 4	0.047 4	0.049 9	0.052 1	0.054 1	0.057 3	0.059 9	0.062 1	0.063 9	0.065 4	0.068 2	0.073 9
13.6	0.038 7	0.042 0	0.044 8	0.047 2	0.049 3	0.051 2	0.054 3	0.056 8	0.058 9	0.060 7	0.062 1	0.064 9	0.070 7
14.4	0.036 7	0.039 8	0.042 5	0.044 8	0.046 8	0.048 6	0.051 6	0.054 0	0.056 1	0.057 7	0.059 2	0.061 9	0.067 7
15.2	0.034 9	0.037 9	0.040 4	0.042 6	0.044 6	0.046 3	0.049 2	0.051 5	0.053 5	0.055 1	0.056 5	0.059 2	0.065 0
16.0	0.033 2	0.036 1	0.038 5	0.040 7	0.042 5	0.044 2	0.046 9	0.049 2	0.051 1	0.052 7	0.054 0	0.056 7	0.062 5
18.0	0.029 7	0.032 3	0.034 5	0.036 4	0.038 1	0.039 6	0.042 2	0.044 2	0.046 0	0.047 5	0.048 7	0.051 2	0.057 0
20.0	0.026 9	0.029 3	0.031 2	0.033 0	0.034 5	0.035 9	0.038 3	0.040 2	0.041 8	0.043 2	0.044 4	0.046 8	0.052 4

地基受压层计算深度 z_n 的确定，根据《建筑地基基础设计规范》(GB 50007—2011)的规定，地基变形计算深度 z_n，应符合式(4-27)的要求。当计算深度下部仍有较软土层时，应继续计算。

$$\Delta s_n' \leqslant 0.025 \sum_{i=1}^{n} \Delta s_i' \tag{4-27}$$

式中　$\Delta s_i'$——在计算深度范围内，第 i 层土的计算变形值(mm)；

　　　$\Delta s_n'$——在由计算深度向上取厚度为 Δz 的土层计算变形值(mm)，Δz 按表 4-8 确定。

表 4-8　Δz 取值

b/m	$\leqslant 2$	$2 < b \leqslant 4$	$4 < b \leqslant 8$	$b > 8$
$\Delta z/m$	0.3	0.6	0.8	1.0

当无相邻荷载的独立基础时，可按下列简化的经验公式确定沉降计算深度 z_n：

$$z_n = b(2.5 - 0.4 \ln b) \tag{4-28}$$

3. 地基允许变形值与建筑物沉降观测

(1)地基变形允许值。根据《建筑地基基础设计规范》(GB 50007—2011)的规定，建筑物的地基变形允许值应按表 4-9 采用。对表中未包括的建筑物，其地基变形允许值应根据上部结构对地基变形的适应能力和使用上的要求确定。

表 4-9　建筑物的地基变形允许值

变形特征		地基土类别	
		中、低压缩性土	高压缩性土
砌体承重结构基础的局部倾斜		0.002	0.003
工业与民用建筑相邻柱基的沉降差	框架结构	0.002l	0.003l
	砌体墙填充的边排柱	0.000 7l	0.001l
	当基础不均匀沉降时不产生附加应力的结构	0.005l	0.005l
单层排架结构(柱距为 6 m)柱基的沉降量/mm		(120)	200
桥式起重要轨面的倾斜(按不调整轨道考虑)	纵向	0.004	
	横向	0.003	
多层和高层建筑的整体倾斜	$H_g \leqslant 24$	0.004	
	$24 < H_g \leqslant 60$	0.003	
	$60 < H_g \leqslant 100$	0.002 5	
	$H_g > 100$	0.002	
体型简单的高层建筑基础的平均沉降量/mm		200	
高耸结构基础的倾斜	$H_g \leqslant 20$	0.008	
	$20 < H_g \leqslant 50$	0.006	
	$50 < H_g \leqslant 100$	0.005	
	$100 < H_g \leqslant 150$	0.004	
	$150 < H_g \leqslant 200$	0.003	
	$200 < H_g \leqslant 250$	0.002	
高耸结构基础的沉降量/mm	$H_g \leqslant 100$	400	
	$100 < H_g \leqslant 200$	300	
	$200 < H_g \leqslant 250$	200	

注：1. 本表数值为建筑物地基实际最终变形允许值；

　　2. 有括号者仅适用于中压缩性土；

　　3. l 为相邻柱基的中心距离(mm)；H_g 为自室外地面起计算的建筑物高度(m)；

　　4. 倾斜指基础倾斜方向两端点的沉降差与其距离的比值；

　　5. 局部倾斜指砌体承重结构沿纵向 6~10 m 内基础两点的沉降差与其距离的比值。

建筑物地基变形的特征包括沉降量、沉降差、倾斜和局部倾斜。

1)沉降量特指基础中心的沉降差，以 mm 为单位；若沉降量过大，势必影响建筑物的正常使用。

2)沉降差指同一建筑物中相邻两个基础沉降的差值；若沉降差过大，建筑物将发生裂缝、倾斜和破坏。

3)倾斜指独立基础倾斜方向两端点的沉降差与其距离的比值，用 ‰ 表示。若建筑物倾斜过大，将影响正常使用，遇台风或强烈地震时危及建筑物整体稳定，甚至倾覆。

4)局部倾斜指砖石砌体承重结构，沿纵向 6～10 m 内基础两点的沉降差与其距离的比值，用 ‰ 表示。若建筑物局部倾斜过大，往往使砖石砌体承受弯矩而拉裂。

如果地基变形验算不符合要求，则应通过改变基础类型或尺寸、采取减弱不均匀沉降危害措施、进行地基处理或采用桩基础等方法来解决。

(2)建筑物沉降观测。对建筑物进行沉降观测，可以正确地反映地基实际的沉降量和沉降速度，是验证地基基础设计是否正确、预估沉降发展趋势、分析建筑物产生裂缝的原因，以及研究采取加固或处理措施的重要依据。

《建筑地基基础设计规范》(GB 50007—2011)规定，下列建筑物应在施工期间及使用期间进行沉降变形观测：

1)地基基础设计等级为甲级建筑物。

2)软弱地基上的地基基础设计等级为乙级建筑物。

3)处理地基上的建筑物。

4)加层、扩建建筑物。

5)受邻近深基坑开挖施工影响或受场地地下水等环境因素变化影响的建筑物。

6)采用新型基础或新型结构的建筑物。

沉降观测首先要设置好水准基点，其位置必须稳定可靠、妥善保护，设置地点宜靠近观测对象，但必须在建筑物所产生的压力影响范围以外。在一个观测区内，水准基点不应少于 3 个。其次是设置好建筑物上的沉降观测点，其位置由设计人员确定，一般设置在室外地面以上外墙(柱)身的转角及重要部位，数量不宜少于 6 个。观测次数与时间，一般情况下，民用建筑物每施工完一层(包括地下部分)应观测一次；工业建筑按不同荷载阶段分次观测，施工期间的观测不应少于 4 次。建筑物竣工后的观测，第一年不少于 3～5 次，第二年不少于 2 次，以后每年一次，直到下沉稳定为止。对于突然发生严重裂缝或大量沉降等情况时，应增加观测次数。沉降观测后应及时整理好资料，算出各点的沉降量、累计沉降量及沉降速率，以便及早发现和处理出现的地基问题。

(三)地基稳定性验算

《建筑地基基础设计规范》(GB 50007—2011)规定，对经常受水平荷载作用的高层建筑、高耸结构和挡土墙等，以及建造在斜坡上或边坡附近的建筑物和构筑物，尚应验算其稳定性。地基稳定性验算可采用圆弧滑动面法，即最危险滑动面上诸力对滑动中心所产生的抗滑力矩与滑动力矩应符合下式要求：

$$M_R/M_S \geqslant 1.2 \tag{4-29}$$

式中　M_R——抗滑力矩(kN·m)；

　　　M_S——滑动力矩(kN·m)。

位于稳定土坡坡顶上的建筑，应符合下列规定：

(1)对于条形基础或矩形基础，当垂直于坡顶边缘线的基础底面边长小于或等于 3 m 时，其基础底面外边缘线至坡顶的水平距离(图 4-18)应符合下式要求，且不得小于 2.5 m；条形基础

$$a \geqslant 3.5b - d/\tan\beta \tag{4-30}$$

矩形基础

$$a \geqslant 2.5b - d/\tan\beta \tag{4-31}$$

式中　a——基础底面外边缘线至坡顶的水平距离(m)；

　　　b——垂直于坡顶边缘线的基础底面边长(m)；

　　　d——基础埋置深度(m)；

　　　β——边坡坡角(°)。

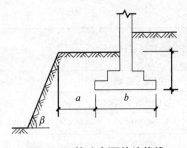

图 4-18　基础底面外边缘线
至坡顶的水平距离

(2)当基础底面外边缘线至坡顶的水平距离不满足式(4-30)、式(4-31)的要求时，可根据基底平均压力按式(4-29)确定基础距坡顶边缘的距离和基础埋深。

(3)当边坡坡角大于45°、坡高大于8 m时，尚应按式(4-29)验算坡体稳定性。

七、无筋扩展基础设计

无筋扩展基础的材料具有较好的抗压性能，但其抗拉、抗剪强度不高。设计时必须保证发生在基础内的拉应力和剪应力不超过相应的材料强度值。这种保证通常是通过对基础构造的限制来实现的，即基础每个台阶的宽度与其高度之比(宽高比)都不得超过规范规定的台阶宽高比的允许值。无筋扩展基础(图4-19)高度应满足下式的要求：

微课：刚性基础
构造

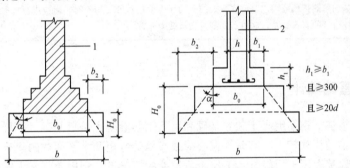

微课：刚性基础
设计

图 4-19　无筋扩展基础构造
d—柱中纵向钢筋直径
1—承重墙；2—钢筋混凝土柱

$$H_0 \geqslant \frac{b - b_0}{2\tan\alpha} \tag{4-32}$$

式中　b——基础底面宽度(m)；

　　　b_0——基础顶面的墙体宽度或柱脚宽度(m)；

　　　H_0——基础高度(m)；

　　　$\tan\alpha$——基础台阶宽高比 $b_2 : H_0$，其允许值可按表4-10选用；

　　　b_2——基础台阶宽度(m)。

采用无筋扩展基础的钢筋混凝土柱，其柱脚高度 h_1 不得小于 b_1(图4-19)，并不应小于300 mm且不小于20d。当柱纵向钢筋在柱脚内的竖向锚固长度不满足锚固要求时，可沿水平方向弯折，弯折后的水平锚固长度不应小于10d不应大于20d(d为柱中纵向受力钢筋的最大直径)。

表 4-10　无筋扩展基础台阶宽高比的允许值

基础材料	质量要求	台阶宽高比的允许值		
		$p_k \leqslant 100$	$100 < p_k \leqslant 200$	$200 < p_k \leqslant 300$
混凝土基础	C15 混凝土	1:1.00	1:1.00	1:1.25
毛石混凝土基础	C15 混凝土	1:1.00	1:1.25	1:1.50
砖基础	砖不低于 MU10、砂浆不低于 M5	1:1.50	1:1.50	1:1.50
毛石基础	砂浆不低于 M5	1:1.25	1:1.50	—
灰土基础	体积比为 3:7 或 2:8 的灰土， 其最小干密度： 粉土 1 550 kg/m³ 粉质黏土 1 500 kg/m³ 黏土 1 450 kg/m³	1:1.25	1:1.50	
三合土基础	体积比 1:2:4～1:3:6 （石灰:砂:集料）， 每层约虚铺 220 mm， 夯至 150 mm	1:1.50	1:2.00	—

注：1. p_k 为作用标准组合时的基础底面处的平均压力值(kPa)；

2. 阶梯形毛石基础的每阶伸出宽度，不宜大于 200 mm；

3. 当基础由不同材料叠合组成时，应对接触部分做抗压验算；

4. 混凝土基础单侧扩展范围内基础底面处的平均压力值超过 300 kPa 时，尚应进行抗剪验算；对基底反力集中于立柱附近的岩石地基，应进行局部受压承载力验算。

八、扩展基础设计

扩展基础是指柱下钢筋混凝土独立基础和墙下钢筋混凝土条形基础。扩展基础适用于上部结构荷载较大，有时为偏心荷载或受弯矩和水平荷载的建筑物的基础。当在地基表层土质较好，下层土质较差的情况下，利用表层好土质浅埋时，最适合采用扩展基础。

微课：扩展基础
构造

(一)扩展基础的构造要求

扩展基础的构造，应符合下列规定：

(1)锥形基础的边缘高度不宜小于 200 mm，且两个方向的坡度不宜大于 1:3；阶梯形基础的每阶高度，宜为 300～500 mm。

(2)垫层的厚度不宜小于 70 mm，垫层混凝土强度等级不宜低于 C10。

(3)扩展基础受力钢筋最小配筋率不应小于 0.15%，底板受力钢筋的最小直径不宜小于 10 mm，间距不宜大于 200 mm，也不宜小于 100 mm。墙下钢筋混凝土条形基础纵向分布钢筋的直径不宜小于 8 mm；间距不宜大于 300 mm；每延米分布钢筋的面积应不小于受力钢筋面积的 15%。当有垫层时钢筋保护层的厚度不应小于 40 mm；无垫层时不应小于 70 mm。

(4)混凝土强度等级不应低于 C20。

(5)当柱下钢筋混凝土独立基础的边长和墙下钢筋混凝土条形基础的宽度大于或等于 2.5 m 时，底板受力钢筋的长度可取边长或宽度的 0.9 倍，并宜交错布置(图 4-20)。

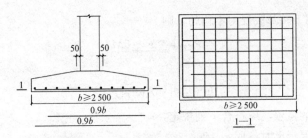

图 4-20 柱下独立基础底板受力钢筋布置

(6)钢筋混凝土条形基础底板在 T 形及十字形交接处，底板横向受力钢筋仅沿一个主要受力方向通长布置，另一方向的横向受力钢筋可布置到主要受力方向底板宽度 1/4 处；在拐角处底板横向受力钢筋应沿两个方向布置(图 4-21)。

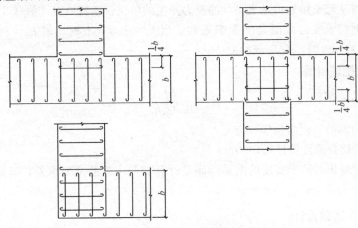

图 4-21 墙下条形基础纵横交叉处底板受力钢筋布置

(二)墙下钢筋混凝土条形基础设计

墙下钢筋混凝土条形基础的截面设计包括基础高度和基础底板配筋计算。在这些计算中，可不考虑基础及其重力，采用地基净反力。仅由基础顶面的荷载设计值所产生的地基反力，称为地基净反力，以 p_j 表示。基础底板厚度由基础的抗剪条件确定，基础底板的受力配筋由抗弯计算确定。在确定基础底面尺寸或计算基础沉降时，基础及其上覆土层的重力是要考虑的。墙下钢筋混凝土条形基础的内力计算沿墙长度方向取 1 m 作为计算单元。

微课：墙下钢混条形基础设计

1. 基础内力计算

墙下条形基础的计算示意图如图 4-22 所示。

(1)轴心荷载作用下。

$$p_j = \frac{F}{b}$$

墙边 I—I 截面处的弯矩和剪力计算：

$$V = p_j a_1 \qquad (4\text{-}33)$$

$$M = \frac{1}{2} p_j a_1^2 \qquad (4\text{-}34)$$

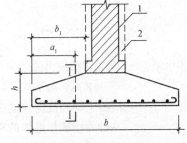

图 4-22 墙下条形基础的计算示意

1—砖墙；2—混凝土墙

(2)偏心荷载作用下，基底反力不均匀，则

$$\left.\begin{array}{c}p_{j\max}\\p_{j\min}\end{array}\right\}=\frac{F}{b}\pm\frac{6M}{b^2}\qquad(4\text{-}35)$$

$$M_{\text{I}}=\frac{1}{6}a_1^2(2p_{j\max}+p_{j\text{I}})\qquad(4\text{-}36)$$

其最大弯矩截面的位置，应符合下列规定：

1)当墙体材料为混凝土时，取 $a_1=b_1$。

2)如为砖墙且放脚不大于 1/4 砖长时，取 $a_1=b_1+1/4$ 砖长。

2. 基础底板厚度的确定

$$V_s\leqslant 0.7\beta_{\text{hs}}f_t bh_0\qquad(4\text{-}37)$$

$$\beta_{\text{hs}}=(800/h_0)^{1/4}\qquad(4\text{-}38)$$

式中　V_s——墙与基础交接处由基底平均净反力产生的单位长度剪力设计值(kN)；

β_{hs}——受剪切承载力截面高度影响系数，当 $h_0<800$ mm 时，取 $h_0=800$ mm；当 $h_0>2\,000$ mm 时，取 $h_0=2\,000$ mm。

3. 基础底板配筋计算

$$A_s=\frac{M}{0.9f_y h_0}\qquad(4\text{-}39)$$

式中　A_s——受力钢筋截面面积(mm)；

f_y——钢筋抗拉强度设计值(N/mm²)。

墙下条形基础底板每延米宽度的配筋除满足计算和最小配筋率要求外，尚应满足扩展基础的构造要求。

(三)柱下独立基础设计

柱下独立基础的计算，应符合下列规定：

(1)对柱下独立基础，当冲切破坏锥体落在基础底面以内时，应验算柱与基础交接处以及基础变阶处的受冲切承载力。

(2)对基础底面短边尺寸小于或等于柱宽加两倍基础有效高度的柱下独立基础，应验算柱与基础交接处的基础受剪切承载力。

(3)基础底板的配筋，应按抗弯计算确定。

(4)当基础的混凝土强度等级小于柱的混凝土强度等级时，还应验算柱下基础顶面的局部受压承载力。

柱下独立基础的受冲切承载力应按下列公式验算：

$$F_l\leqslant 0.7\beta_{\text{hp}}f_t a_m h_0\qquad(4\text{-}40)$$

$$a_m=(a_t+a_b)/2\qquad(4\text{-}41)$$

$$F_l=p_j A_l\qquad(4\text{-}42)$$

式中　β_{hp}——受冲切承载力截面高度影响系数，当 h 不大于 800 mm 时，β_{hp} 取 1.0；当 h 大于或等于 2 000 mm 时，β_{hp} 取 0.9，其间按线性内插法取用；

f_t——混凝土轴心抗拉强度设计值(kPa)；

h_0——基础冲切破坏锥体的有效高度(m)；

a_m——冲切破坏锥体最不利一侧计算长度(m)；

a_t——冲切破坏锥体最不利一侧斜截面的上边长(m)，当计算柱与基础交接处的受冲切承载力时，取柱宽；当计算基础变阶处的受冲切承载力时，取上阶宽；

a_b——冲切破坏锥体最不利一侧斜截面在基础底面积范围内的下边长(m),当冲切破坏锥体的底面落在基础底面以内(图 4-23),计算柱与基础交接处的受冲切承载力时,取柱宽加两倍基础有效高度;当计算基础变阶处的受冲切承载力时,取上阶宽加两倍该处的基础有效高度;

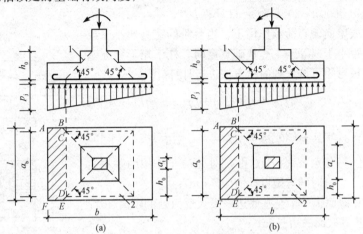

图 4-23 计算阶形基础的受冲切承载力截面位置

(a)柱与基础交接处;(b)基础变阶处

1—冲切破坏锥体最不利一侧的斜截面;2—冲切破坏锥体的底面线

p_j——扣除基础自重及其上土重后相应于作用的基本组合时的地基土单位面积净反力 (kPa),对偏心受压基础可取基础边缘处最大地基土单位面积净反力;

A_1——冲切验算时取用的部分基底面积(m²)(图 4-23 中的阴影面积 ABCDEF);

F_1——相应于作用的基本组合时作用在 A_1 上的地基土净反力设计值(kPa)。

当基础底面短边尺寸小于或等于柱宽加两倍基础有效高度时,应按下列公式验算柱与基础交接处截面受剪承载力:

$$V_s \leqslant 0.7\beta_{hs} f_t A_0 \tag{4-43}$$

$$\beta_{hs} = (800/h_0)^+ \tag{4-44}$$

式中 V_s——柱与基础交接处的剪力设计值(kN),图 4-24 中的阴影面积乘以基底平均净反力。

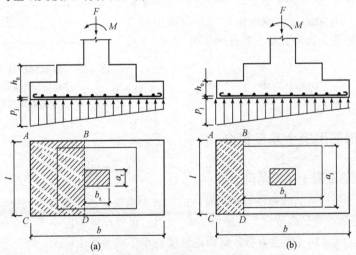

图 4-24 验算阶形基础受剪切承载力示意

(a)柱与基础交接处;(b)基础变阶处

β_{hs}——受剪切承载力截面高度影响系数，当 $h_0 < 800$ mm 时，取 $h_0 = 800$ mm；当 $h_0 > 2\,000$ mm 时，取 $h_0 = 2\,000$ mm。

A_0——验算截面处基础的有效截面面积（m^2）。当验算截面为阶形或锥形时，可将其截面折算成矩形截面，截面的折算宽度和截面的有效高度按《建筑地基基础设计规范》（GB 50007—2011）附录 U 计算。

在轴心荷载或单向偏心荷载作用下，当台阶的宽高比小于或等于 2.5 和偏心距小于或等于 1/6 基础宽度时，柱下矩形独立基础任意截面的底板弯矩可按下列简化方法进行计算（图 4-25）：

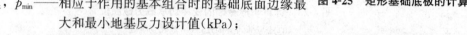

$$M_{\text{I}} = \frac{1}{12} a_1^2 \left[(2l + a') \left(p_{\max} + p - \frac{2G}{A} \right) + (p_{\max} - p) l \right] \quad (4\text{-}45)$$

$$M_{\text{II}} = \frac{1}{48} (l - a')^2 (2b + b') \left(p_{\max} + p_{\min} - \frac{2G}{A} \right) \quad (4\text{-}46)$$

式中 M_{I}，M_{II}——任意截面 I—I、II—II 处相应于作用的基本组合时的弯矩设计值（kN·m）；

a_1——任意截面 I—I 至基底边缘最大反力处的距离（m）；

l，b——基础底面的边长（m）；

图 4-25　矩形基础底板的计算

$p_{\max}$，$p_{\min}$——相应于作用的基本组合时的基础底面边缘最大和最小地基反力设计值（kPa）；

p——相应于作用的基本组合时在任意截面 I—I 处基础底面地基反力设计值（kPa）；

G——考虑作用分项系数的基础自重及其上的土自重（kN）；当组合值由永久作用控制时，作用分项系数可取 1.35。

基础底板钢筋计算：

$$A_s = \frac{M}{0.9 f_y h_0} \quad (4\text{-}47)$$

基础底板配筋除满足计算和最小配筋率要求外，尚应符合扩展基础的构造要求。

当柱下独立柱基底面长短边之比 ω 在大于或等于 2、小于或等于 3 的范围时，基础底板短向钢筋应按下述方法布置：将短向全部钢筋面积乘以 λ 后求得的钢筋，均匀分布在与柱中心线重合的宽度等于基础短边的中间带宽范围内（图 4-26），其余的短向钢筋则均匀分布在中间带宽的两侧。长向配筋应均匀分布在基础全宽范围内。λ 按下式计算：

$$\lambda = 1 - \frac{\omega}{6} \quad (4\text{-}48)$$

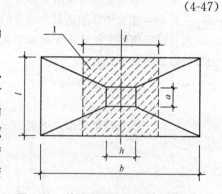

图 4-26　基础底板短向钢筋布置示意
1—λ 倍短向全部钢筋面积均匀配置在阴影范围内

九、其他钢筋混凝土基础简介

(一)柱下钢筋混凝土条形基础

柱下条形基础的构造，除应符合扩展基础的构造要求外，还应符合下列规定：

(1)柱下条形基础梁的高度宜为柱距的 1/8～1/4。翼板厚度不应小于 200 mm。当翼板厚度大于 250 mm 时，宜采用变厚度翼板，其顶面坡度宜小于或等于 1 : 3。

(2)条形基础的端部宜向外伸出，其长度宜为第一跨距的 0.25 倍。

(3)现浇柱与条形基础梁的交接处，基础梁的平面尺寸应大于柱的平面尺寸，并且柱的边缘至基础梁边缘的距离不得小于 50 mm（图 4-27）。

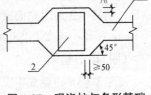

图 4-27　现浇柱与条形基础梁交接处的平面尺寸
1—基础梁；2—柱

(4)条形基础梁顶部和底部的纵向受力钢筋除应满足计算要求外，顶部钢筋应按计算配筋全部贯通，底部通长钢筋不应少于底部受力钢筋截面总面积的 1/3。

(5)柱下条形基础的混凝土强度等级不应低于 C20。

柱下条形基础的计算，应符合下列规定：

(1)在比较均匀的地基上，上部结构刚度较好，荷载分布较均匀，且条形基础梁的高度不小于 1/6 柱距时，地基反力可按直线分布，条形基础梁的内力可按连续梁计算，此时边跨跨中弯矩及第一内支座的弯矩值宜乘以 1.2 的系数。

(2)当不满足上述(1)中的要求时，宜按弹性地基梁计算。

(3)对交叉条形基础，交点上的柱荷载，可按静力平衡条件及变形协调条件，进行分配。其内力可按(1)、(2)规定，分别进行计算。

(4)应验算柱边缘处基础梁的受剪承载力。

(5)当存在扭矩时，还应做抗扭计算。

(6)当条形基础的混凝土强度等级小于柱的混凝土强度等级时，应验算柱下条形基础梁顶面的局部受压承载力。

(二)十字交叉钢筋混凝土条形基础

柱下十字交叉条形基础是由柱网下的纵横两组条形基础组成的一种空间结构，在基础交叉点处承受柱网传来的集中荷载和力矩。

十字交叉条形基础梁的计算较复杂，一般采用简化计算方法。通常把柱荷载分配到纵横两个方向的基础上，然后分别按单向条形基础进行内力计算。其计算主要是解决节点荷载分配问题，一般是按刚度分配或变形协调的原则，沿两个方向分配。

(三)筏形基础

筏形基础可分为梁板式和平板式两种类型，其选型应根据地基土质、上部结构体系、柱距、荷载大小、使用要求以及施工条件等因素确定。框架-核心筒结构和筒中筒结构宜采用平板式筏形基础。

筏形基础的平面尺寸，应根据工程地质条件、上部结构的布置、地下结构底层平面以及荷载分布等因素按有关规定确定。对单幢建筑物，在地基土比较均匀的条件下，基底平面形心宜与结构竖向永久荷载重心重合。当不能重合时，在作用的准永久组合下，偏心距 e 宜符合下式规定：

$$e \leqslant 0.1W/A \tag{4-49}$$

式中　W——与偏心距方向一致的基础底面边缘抵抗矩(m^3)；

　　　A——基础底面积(m^2)。

筏形基础的混凝土强度等级不应低于 C30，当有地下室时应采用防水混凝土。防水混凝土的抗渗等级应按表 4-11 选用。对重要建筑，宜采用自防水并设置架空排水层。

表 4-11　防水混凝土抗渗等级

埋置深度 d/m	设计抗渗等级	埋置深度 d/m	设计抗渗等级
$d<10$	P6	$20 \leqslant d<30$	P10
$10 \leqslant d<20$	P8	$30 \leqslant d$	P12

采用筏形基础的地下室，钢筋混凝土外墙厚度不应小于 250 mm，内墙厚度不宜小于 200 mm。墙的截面设计除满足承载力要求外，尚应考虑变形、抗裂及外墙防渗等要求。墙体内应设置双面钢筋，钢筋不宜采用光面圆钢筋，水平钢筋的直径不应小于 12 mm，竖向钢筋的直径不应小于 10 mm，间距不应大于 200 mm。

(四)箱形基础

箱形基础是由钢筋混凝土顶板、底板、侧墙和一定数量的内隔墙构成的，具有相当大的整体刚度的箱形结构。箱形基础埋置于地面下一定深度，能与基底和周围土体共同工作，从而增加建筑物的整体稳定性，并对抗震有良好作用，其是具有人防、抗震及地下室要求的高层建筑的理想基础形式之一。

1. 高度

箱形基础必须满足使用要求和基础自身刚度的要求，一般取建筑物高度的 1/15，且不宜小于箱基长度的 1/20，并不应小于 3 m。

2. 平面尺寸

箱形基础平面尺寸根据地基强度、上部结构的布局及荷载分布等条件确定。一般情况下，箱基平面形状与上部结构一致，对单幢建筑物，地基较均匀时，基底平面形心宜与结构竖向永久荷载重心重合。不能重合时，偏心距 e 应符合下列要求：

永久荷载与活荷载组合时

$$e \leqslant 0.1W/A \tag{4-50}$$

式中　W——与偏心距方向一致的基础底面抵抗矩(m^3)；

A——基础底面积(m^2)。

3. 内外墙

箱形基础外墙沿建筑物四周布置，内墙一般沿上部结构柱网和剪力墙纵横均匀布置，墙体水平截面面积不宜小于基础底面积的 1/10。对板式建筑，箱基的纵墙配置量不得小于基础底面积的 1/8。内墙的厚度一般采用 200 mm，外墙因承受土压力和水压力，同时有防渗要求，厚度一般不应小于 250 mm。

4. 顶板和底板

箱形基础的顶板和底板通过纵横墙或刚度很大的桁架联系在一起而共同工作，因此，顶板也是基础结构的组成部分。

箱基顶板按薄板强度和稳定性的要求，其厚度采用 150～200 mm 已经足够，当箱基兼作人防地下室，要求承受爆炸作用和坍塌荷载时，所需厚度按计算决定，并不小于 300 mm。底板厚度通常取 400～500 mm，一般应视基底反力和板跨度大小而定。国内和国外也有采用大于 1 000 mm 厚的底板的，这样做有利于防渗。

5. 配筋

箱形基础的顶板和底板及墙体内应设置双面双向钢筋，墙身竖向钢筋不宜小于 φ12@200，其他部位不宜小于 φ10@200。顶板和地板配筋不宜小于 φ14@200。当箱基墙体上部无剪力墙时，其顶部和地部宜各配置两根不小于 φ20 的通长构造钢筋。钢筋的搭接长度和转角处的连接长度不应小于钢筋的受拉搭接长度的要求。

6. 混凝土

箱形基础混凝土强度等级不应低于 C20，如采用密实混凝土防水，其外围结构的混凝土抗渗等级不应低于 P6。当箱基长度超过 40～60 m 时，为了避免因温差在混凝土中产生应力，应设置贯通箱基横断面的后浇带，带宽不宜小于 800 mm，后浇带处钢筋必须连通并适当加强。

十、减轻建筑物不均匀沉降的措施

地基的过量变形将使建筑物损坏或影响其使用功能。特别是高压缩性土、膨胀土、湿陷性黄土以及软硬不均等不良地基上的建筑物，如果考虑欠周，就更易因不均匀沉降而开裂损坏。如何防止或减轻不均匀沉降造成的损害，是设计中必须认真考虑的问题。防止和减轻不均匀沉降的危害，是设计部门和施工单位都要认真考虑的问题。如工程地质勘查资料或基坑开挖查验表明，当不均匀沉降可能较大时，应考虑更改设计或采取有效办法处理。常用的方法有以下几种：

(1)对地基某一深度内或局部进行人工处理。

(2)采用桩基础或其他基础方案。

(3)在建筑设计、结构设计和施工方面采取某些措施。

微课：减轻建筑物
不均匀沉降的
措施

(一)建筑措施

1. 建筑物体型力求简单

建筑物的体型可通过其立面和平面表示。建筑物的立面不宜高低悬殊，因为在高度突变的部位，常由于荷载轻重不一而产生超过允许值的不均匀沉降。如果建筑物需要高低错落，则应在结构上认真配合。平面形状复杂的建筑物，由于基础密集，产生相邻荷载影响而使局部沉降量增加。如果建筑在平面上转折、弯曲太多，则其整体性和抵抗变形的能力将受到影响。

2. 控制建筑物的长高比

建筑物在平面上的长度 L 和从基础底面起算的高度 H_f 之比，称为建筑物的长高比。它是决定砌体结构房屋刚度的一个主要因素。L/H_f 越小，建筑物的刚度越好，调整地基不均匀沉降的能力就越大。对三层和三层以上的房屋，L/H_f 宜小于或等于 2.5；当房屋的长高比满足 $2.5 < L/H_f \leqslant 3.0$ 时，应尽量做到纵墙不转折或少转折，其内墙间距不宜过大，且与纵墙之间的连接应牢靠，同时纵墙开洞不宜过大，必要时还应增强基础的刚度和强度。当房屋的预估计最大沉降量小于或等于 120 mm 时，在一般情况下，砌体结构的长高比可不受限制。

3. 设置沉降缝

沉降缝把建筑物从基础底面直至屋盖分开成各自独立的单元。每个单元一般应体型简单、长高比较小以及地基比较均匀。沉降缝一般设置在建筑物的下列部位：

(1)建筑物平面的转折处。

(2)建筑物高度或荷载差异变化处。

(3)长高比不符合要求的砌体结构以及钢筋混凝土框架结构的适当部位。

(4)地基土的压缩性有显著变化处。

(5)建筑结构或基础类型不同处。

(6)分期建造房屋的交接处。

沉降缝应有足够的宽度，以防止缝两侧的结构相向倾斜而互相挤压。缝内一般不得填塞材料(寒冷地区需填松软材料)。沉降缝的常用宽度为：二、三层房屋 50~80 mm，四、五层房屋 80~120 mm，五层以上房屋大于 120 mm。

4. 建筑物之间应有一定距离

地基中附加应力的向外扩散，使得相邻建筑物的沉降相互影响。在软弱地基上，当两建筑物基础的距离太近时，相邻影响产生的附加不均匀沉降，可能造成建筑物的开裂或互倾。为了避免相邻影响的损害，软弱地基上的建筑物基础之间要有一定的净距。

5. 调整建筑标高

建筑物的长期沉降，将改变使用期间各建筑单元、地下管道和工业设备等部分的原有标高，这时可采取下列措施进行调整：

(1)根据预估的沉降量，适当提高室内地面和地下设施的标高。

(2)将互有联系的建筑物各部分中沉降较大者的标高提高。

(3)建筑物与设备之间，应留有足够的净空。当有管道穿过建筑物时，应预留足够大小的孔洞，或者采用柔性的管道接头。

(二)结构措施

1. 减轻建筑物自重

建筑物的自重在基底压力中占有很大比例。工业建筑中估计占 50%，民用建筑中可高达 60%～70%，因而减少沉降量通常可以从减轻建筑物自重着手。

(1)采用轻质材料，如采用空心砖墙或其他轻质墙等。

(2)选用轻型结构，如预应力混凝土结构、轻型钢结构以及各种轻型空间结构。

(3)减轻基础及以上回填土的质量，选用自重轻、覆土较少的基础形式，如浅埋的宽基础和半地下室、地下室基础，或者室内地面架空。

2. 设置圈梁和钢筋混凝土构造柱

圈梁的作用在于提高砌体结构抵抗弯曲的能力，即增强建筑物的抗弯刚度。它是防止砖墙出现裂缝和阻止裂缝开展的一项有效措施。当建筑物产生碟形沉降时，墙体产生正向弯曲，下层的圈梁将起作用；反之，墙体产生反向弯曲，上层的圈梁起作用。

圈梁必须与砌体结合成整体，每道圈梁要贯通全部外墙、承重内纵墙及主要内横墙，即在平面上形成封闭系统。当无法连通(如某些楼梯间的窗洞处)时，应按《砌体结构设计规范》(GB 50003—2011)的规定设置附加圈梁。必要时，洞口上下的钢筋混凝土附加圈梁可和两侧的小柱形成小框。

圈梁的截面难以进行计算，一般均按构造考虑。当采用钢筋混凝土圈梁时，混凝土强度等级宜采用 C20，宽度与墙厚相同，高度不小于 120 mm，上下各配 2 根直径为 8 mm 以上的纵筋，箍筋间距不大于 300 mm。当采用钢筋砖圈梁时，位于圈梁处的 4～6 皮砖，用 M5 砂浆砌筑，上下各配 3 根直径为 6 mm 的钢筋，钢筋间距不小于 120 mm。

3. 减小或调整基础底面的附加压力

采用较大的基础底面积，减小基底附加应力，一般可以减小沉降量。但是，在建筑物不同部位，由于荷载大小不同，如基底压力相同，则荷载大的基础底面尺寸也大，沉降量必然也大。为了减小沉降差异，荷载大的基础，宜采用较大的基础底面积，以减小该处的基底压力。

4. 设置连系梁

钢筋混凝土框架结构对不均匀沉降很敏感，很小的沉降差异就足以引起较大的附加应力。对于采用单独柱基的框架结构，在基础之间设计连系梁是加大结构刚度、减少不均匀沉降的有效措施之一。连系梁的设置常有一定的经验性(仅起承重墙作用例外)，其底面一般置于基础顶面(或略高些)，过高则作用下降，过低则施工不便。连系梁的截面可取柱距的1/14～1/8，上下均匀通长配筋，每侧配筋率为 0.4%～1.0%。

5. 用联合基础或连续基础

采用双柱联合基础或条形、交梁、筏形、箱形等连续基础，可增大支承面积和减小不均匀沉降。

建造在软柔地基土上的砌体承重结构，宜采用刚度较大的钢筋混凝土基础。

6. 使用能适应不均匀沉降的结构

排架等铰接结构，在支座产生相对变形的结构内力的变化甚小，故可以避免不均匀沉降的危害，但必须注意所产生的不均匀沉降是否影响建筑物的使用。

油罐、水池等做成柔性结构，基础也常采用柔性地板，以顺从、适应不均匀沉降。这时，在管道连接处，应采取一些相应的措施。

(三)施工措施

在软弱地基上开挖基坑和修造基础时，应合理安排施工顺序，注意采用合理的施工方法，以确保工程质量和减小不均匀沉降的危害。

对于高低、重轻悬殊的建筑部位，在施工进度和条件许可的情况下，一般应按照先重后轻、先高后低的程序进行施工，或在高重部位竣工并间歇一段时间后再修建轻低部位。

对于具有地下室和裙房的高层建筑，为减小高层部分与裙房间的不均匀沉降，在施工时应采用施工后浇带断开，待高层部分主体结构完成时再连接成整体。例如，采用桩基，可根据沉降情况，在高层部分主体结构未全部完成时连接成整体。

在软弱地基上开挖基坑修建地下室和基础时，应特别注意基坑坑壁的稳定和基坑的整体稳定。

软弱基坑的土方开挖可采用挖土机具进行作业，但应尽量防止扰动坑底土的原状结构。通常坑底至少应保留 200 mm 以上的原土层，待施工垫层时用人工挖法。如果发现坑底软土已被扰动，则应挖去被扰动的土层，用砂回填处理。

在软土基坑范围内或附近地带，如有锤击作业，应在基坑工程开始前至少半个月，先行完成桩基施工任务。

在进行降低地下水位作业的现场，应密切注意降水对邻近建筑物可能产生的不利影响，特别应防止流土现象发生。

应尽量避免在新建基础、新建建筑物侧边堆放大量土方、建筑材料等地面荷载，以防基础产生附加沉降。

🔊 任务实施

一、确定基础材料和类型

根据设计资料、工程概况和设计要求，采用墙下钢筋混凝土条形基础。基础材料选用强度等级为 C20 混凝土，$f_t = 1.1 \text{ N/mm}^2$；钢筋为 HPB300 级，$f_y = 270 \text{ N/mm}^2$。

二、确定基础埋深

综合地质条件等因素，确定基础埋深 $d = 2.0$ m。则基础底面以上土的加权平均重度 γ_m：

$$\gamma_m = \frac{0.5 \times 16 + 1.5 \times 18}{0.5 + 1.5} = 17.5 (\text{kN/m}^3)$$

三、确定基础底面宽度

1. 持力层承载力修正

假定基础宽度 $b \leqslant 3$ m，根据黏性土 $e = 0.75$，$I_L = 0.85$，查表得承载力深度修正系数

$\eta_d=1.0$，则

$$f_a=f_{ak}+\eta_d\gamma_m(d-0.5)=220+1.0\times17.5\times(2.0-0.5)=246.25(kPa)$$

2. 确定内横墙条形基础宽度

$$b\geqslant\frac{F_k}{f_a-\gamma_G\times d}=\frac{193.25}{246.25-20\times(2.0+0.6)}=1.0(m)$$

取 $b=1.1$ m。

该教学楼属于所在场地和地基条件简单、荷载分布均匀的六层民用建筑，故地基基础设计等级为丙级，可不用进行变形验算。

四、确定基础底板厚度及配筋

1. 地基净反力

$$p_j=\frac{F}{b}=\frac{1.35\times193.25}{1.1}=237.17(kPa)$$

2. 验算截面内力

$$V=\frac{1}{2}p_j(b-a)=\frac{1}{2}\times237.17\times(1.1-0.24)=101.98(kN/m)$$

$$M=\frac{1}{2}p_j\left(\frac{b-a}{2}\right)^2=\frac{1}{2}\times237.17\times\left(\frac{1.1-0.24}{2}\right)^2$$
$$=21.93(kN\cdot m)$$

3. 受剪承载力验算

初定基础底板厚度 $h=300$ mm，基础底部做 100 mm 厚的 C10 素混凝土垫层，则基础有效高度：

$$h_0=300-40=260(mm)$$
$$0.7f_th_0=0.7\times1.1\times260=200.2(kN/m)>101.98(kN/m)$$

满足要求，取 $h=300$ mm，$h_0=260$ mm。

4. 底板受力钢筋配筋面积

$$A_s=\frac{M}{0.9h_0f_y}=\frac{21.93\times10^6}{0.9\times260\times270}=347.05(mm^2)$$

结合构造要求，底板受力钢筋选用 Φ10@150 （$A_s=524$ mm²），分布钢筋选用 Φ8@300。

五、绘制基础底板配筋图

内横墙基础剖面及底板配筋如图 4-28 所示。

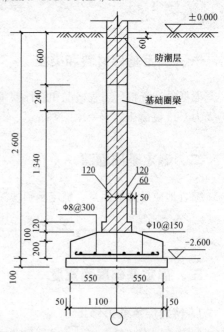

图 4-28 内横墙基础剖面及底板配筋图

任务二　无筋扩展基础施工

学习任务

某三层砖混结构办公楼，采用条形砖基础，楼层基础的埋深为−3.4 m，为了加快施工进度，基础采用机械大开挖。基础设计等级为丙级。

提出问题：编制该条形砖基础的施工方案。

知识链接

一、无筋扩展基础施工技术要点

(一)砖基础施工技术要点

1. 施工准备工作

(1)材料。

1)砖：砖的品种、强度等级须符合设计要求，并应规格一致，有出厂证明、试验单。

微课：砖基础施工

2)水泥：一般采用 32.5 级矿渣硅酸盐水泥和普通硅酸盐水泥。

3)砂：中砂，应过 5 mm 孔径的筛。配制 M5 以下的砂浆，砂的含泥量不超过 10%；M5 及其以上的砂浆，砂的含泥量不超过 5%，并不得含有草根等杂物。

4)掺和料：石灰膏、粉煤灰和磨细生石灰粉等，生石灰粉熟化时间不得少于 7 d。

5)其他材料：拉结筋、预埋件和防水粉等。

(2)主要机具。应备有砂浆搅拌机、大铲、刨锛、托线板、线坠、钢卷尺、灰槽、小水桶、砖夹子、小线、筛子、扫帚、八字靠尺板、钢筋卡子和铁抹子等。

(3)作业条件。

1)基槽、混凝或灰土地基均已完成，并办完隐检手续。

2)已放好基础轴线及边线；立好皮数杆(一般间距 15~20 m，转角处均设立)，并办完预检手续。

3)根据皮数杆最下面一层砖的底面标高，拉线检查基础垫层表面标高，如第一层砖的水平灰缝大于 20 mm 时，应先用细石混凝土找平，严禁在砌筑砂浆中掺细石代替或用砂浆垫平，更不允许砍砖找平。

4)常温施工时，黏土砖必须在砌筑的前一天浇水湿润，一般以水浸入砖四边 1.5 cm 左右为宜。

5)砂浆配合比经试验室确定，现场按试验室给出的配比单严格计量，现场准备好砂浆试模(6 块为一组)。

2. 施工程序及操作要点

砖基础施工程序为：清理基槽底，铺设垫层→确定组砌方法→拌制砂浆→砌筑→抹防潮层。砖基础施工的操作要点如下：

(1)清理基槽(坑)底，铺设垫层。砌基础前应清理基槽(坑)底，除去松散软弱土层，用灰土填补夯实，并铺设垫层。

(2)确定组砌方法。

1)先用干砖试摆,以确定排砖方法和错缝位置,使砌体平面尺寸符合要求。

2)砖基础一般做成阶梯形(大放脚),可采用等高式(两皮一收)或间隔式(两皮一收与一皮一收相间);每一级收退台宽均为1/4砖(60 mm)。

3)一般采用满丁满条(一丁一顺)砌法;做到里外咬槎,上下层错缝,竖缝至少错开1/4砖长。大放脚的转角处要放七分头砖(3/4砖),并在山墙和檐墙两处分层交替设置,不能同缝;其数量为一砖半厚墙放三块,二砖墙放四块,依次类推。

4)基础最下一皮砖与最上一皮砖宜采用丁砌法,先在转角处及交接处砌几皮砖,并弹出基础轴线和边线。

(3)砂浆拌制。

1)砂浆配合比应采用质量比。由试验室确定配合比,按给定配合比进行现场计量控制。水泥计量精度为±2%,砂、掺和料计量精度为±5%。

2)宜用机械搅拌,投料顺序为砂→水泥→掺和料→水,搅拌时间每盘不少于1.5 min。

3)砂浆应随拌随用,一般水泥砂浆和水泥混合砂浆须在拌成后3 h和4 h内用完,不允许使用过夜砂浆。

4)基础按一个楼层,每250 m³砌体,每一种砂浆,每台搅拌机至少做一组试块(一组六块),若砂浆强度等级或配合比变更时,还应增加试块组数。

(4)砌筑。

1)砖基础砌筑前,基础垫层表面应清扫干净,洒水湿润。先盘墙角,每次盘角高度不应超过五层砖,随盘随靠平、吊直。

2)砌基础墙应挂线,24墙反手挂线,37以上墙应双面挂线。

3)基础标高不一致或有局部加深部位,应从最低处往上砌筑,应经常拉线检查,以保持砌体通顺、平直,防止砌成"螺丝"墙。

4)基础大放脚砌至基础上部时,要拉线检查轴线及边线,保证基础墙身位置正确。同时还要对照皮数杆的砖层及标高,如有偏差时,应在水平灰缝中逐渐调整,使墙的层数与皮数杆一致。

5)暖气沟挑檐砖及上一层压砖均应用丁砖砌筑,灰缝要严实,挑檐砖标高必须正确。

6)各种预留洞、埋件、拉结筋按设计要求留置,避免施工完后再剔凿,影响砌体质量。

7)变形缝的墙角应按直角要求砌筑,先砌的墙要把舌头灰刮尽;后砌的墙可采用缩口灰,掉入缝内的杂物随时清理。

8)安装管沟和洞口过梁其型号、标高必须正确,底灰饱满;如坐灰超过20 mm厚,用细石混凝土铺垫,两端搭墙长度应一致。

(5)抹防潮层。基础砌至防潮层时,用水平仪找平,然后铺设15~20 mm厚水泥防水砂浆(防水粉掺量为水泥质量的3%~5%),并压实抹平;若设计有规定时按设计规定采用。

3. 质量标准

(1)主控项目。

1)砖和砂浆的强度等级必须符合设计要求。

2)砌体水平灰缝的砂浆饱满度不得小于80%。

3)砖砌体的转角处和交接处应同时砌筑,严禁无可靠措施的内外墙分砌施工。对不能同时砌筑而又必须留置的临时间断处应砌成斜槎,斜槎水平投影长度不小于高度的2/3。

4)非抗震设防地区及抗震设防烈度为6度、7度地区的临时间断处,当不能留斜槎时,除转角处外,可留直槎,但直槎必须做成凸槎。

(2)一般项目。

1)砖砌体上下错缝，每处无四皮砖通缝。

2)砖砌体接槎处灰缝砂浆密实，缝、砖应平直；每处接槎部位水平灰缝厚度不小于 5 mm 或透亮的缺陷不超过 5 个。

3)预埋拉结筋的数量、长度均符合设计要求和施工规范的规定，留置间距偏差不超过一皮砖。

4)留置构造柱的位置正确，大马牙槎先退后进，上下顺直，残留砂浆应清理干净。

(二)毛石基础施工技术要点

1. 施工准备工作

(1)材料。

1)毛石：应坚实、无风化剥落、无裂纹，强度等级不低于 MU20，尺寸一般以高度在 20～30 cm，长在 30～40 cm 之间为宜，表面水锈、浮土、杂质应清刷(洗)干净。

2)砌筑用水泥：采用 32.5 级或 42.5 级普通硅酸盐水泥或矿渣硅酸盐水泥，并应有出厂合格证或试验报告。

3)砂：采用中砂，并通过 5 mm 筛孔，含泥量不得超过 5％，不得含有草根等杂质。

(2)作业条件。

1)基槽或基础垫层均已完成，并验收，办完隐检手续。

2)已定出建筑物主要轴线，标出基础及墙身轴线和标高，弹出基础边线，立好皮数杆(间距 15～20 m，转角处均设立)，办完预检手续。

3)拉线检查基础垫层、表面标高，若毛石水平灰缝大于 30 mm，应用细石混凝土找平，不得用砂浆或在砂浆中掺细砖或碎石处理。

4)常温施工时，应提前 1 d 将毛石浇水润湿，雨天施工不得使用含水饱和状态下的毛石。

5)砌筑时砌筑部位的灰渣、杂物应清除干净，基层应浇水湿润。

6)砂浆配合比应在砌筑前至少提前 7 d 送试验室进行试配，砌筑时按试验室提供的配合比进行计量控制，并搅拌均匀。

7)脚手架应随砌随搭设，垂直运输机具应准备就绪。

2. 施工程序及操作要点

毛石基础施工程序为：测量放线→挖槽、清槽、验槽→放样、立皮数杆→铺浆分层砌筑。

毛石基础施工的操作要点如下：

(1)挖槽、清槽、验槽。砌筑前，检查基槽(坑)土质、轴线、尺寸、标高，清除杂物，打好底夯。若地基过湿，则铺 10 cm 厚的砂子、砂砾石或碎石填平夯实。

(2)放样、立皮数杆。根据控制点和控制轴线放出基础轴线及边线，抄平，在两端立好皮数杆，划出分层砌石高度(不宜小于 30 cm)，标出台阶收分尺寸。

(3)砌筑。

1)毛石基础截面形状有矩形、阶梯形、梯形等，基础上部宽一般应比墙厚大 20 cm 以上。毛石的形状不规整，不易砌平，为保证毛石基础的整体刚度和传力均匀，每一台阶应不少于 2～3 皮毛石，每阶排出宽度应不小于 20 cm。

2)砌筑时，应双挂线，分层砌筑，每层高度为 30～40 cm，并应大体砌平。基础最下一皮毛石应选用较大的石块，使大面朝下，放置平稳并灌浆。转角及阴阳角外露部分应选用方正平整的毛石互相拉结砌筑。

3)毛石砌体应采用铺浆法砌筑，灰缝厚度宜为 20～30 mm，砂浆必须饱满，叠砌面的粘灰面积(砂浆饱满度)应大于 80％。石块间较大的空隙应先填塞砂浆后用碎石块嵌实，不得采用先铺石后灌浆的方法。

4）大、中、小毛石应搭配使用，使砌体平稳。形状不规则的石块应用大锤将其棱角适当加工后使用。石块上下皮缝必须错开（错开不少于 10 cm，角石不少于 15 cm），做到丁顺交错排列。

5）为保证砌筑牢固，每隔 0.7 m 应垂直墙面砌一块拉结石，同皮内每隔 2 m 左右设置一块，上下左右拉结石应错开，形成梅花形并均匀分布。

6）毛石基础拉结石长度：如基础宽度等于或小于 400 mm，应与基础宽度相等；如基础宽度大于 400 mm，可用两块拉结石内外搭接，搭接长度不应小于 150 mm，且其中一块拉结石长度不应小于基础宽度的 2/3。

7）填心的石块应根据石块自然形状交错放置，尽量使石块间缝隙最小，过大的缝隙应铺浆并用小石块填入使之稳固，并用锤轻敲使之密实，严禁石块间无浆直接接触，出现干缝、通缝。

8）毛石基础的扩大部分如做成阶梯形，上级阶梯的石块应至少压砌下级阶梯石块的1/2，相邻阶梯的毛石应相互错缝搭砌。

（4）检查校验。每砌完一层，必须校对中心线、找平一次，检查有无偏差现象。基础上表面配平宜用片石，基础侧面要保持大体平整、垂直，不得有倾斜、内陷和外鼓现象。砌好后外侧石缝应用砂浆勾严。

（5）留槎处理。当墙基需留槎时，不得留在外墙转角或纵墙与横墙的交接处，至少应离开转角和交接处 1.0～1.5 m。接槎应做成阶梯式，不得留直槎或斜槎。基础中的预留孔洞要按图纸要求事先留出，不得砌完后凿洞。当遇沉降缝时，应分成两段砌筑，严禁搭接。

3. 质量标准

（1）毛石基础质量检查。毛石基础质量分为合格和不合格两个等级。质量合格应符合以下规定：主控项目应全部符合规定；一般项目应有 80% 及以上的抽检处符合规定，或偏差值在允许偏差范围以内。

（2）主控项目。

1）石材及砂浆强度等级必须符合设计要求。

2）砂浆饱满度不应小于 80%。

（3）一般项目。

1）石砌体的组砌形式应符合以下规定：内外搭砌，上下错缝，拉结石、丁砌石交错设置；毛石墙拉结石每 0.7 m² 墙面不应少于 1 块。

2）抽检数量：每一台阶水平向每 20 m 抽查 1 处，每处 3 延米，但不应少于 3 处。

3）检验方法：观察检查。

（三）混凝土基础施工技术要点

1. 施工准备工作

（1）水泥：宜用 32.5～42.5 级硅酸盐水泥、矿渣硅酸盐水泥和普通硅酸盐水泥。

（2）砂：中砂或粗砂，含泥量不大于 5%。

（3）石子：卵石或碎石，粒径 5～32 mm，含泥量不大于 2%，且无杂物。

（4）水：应用自来水或不含有害物质的洁净水。

（5）外加剂、掺和料的品种及掺量，应根据需要通过试验确定。

（6）主要机具：搅拌机、磅秤、手推车或翻斗车、铁锹（平头和尖头）、振动器（插入式和平板式）、刮杆、木抹子、胶皮管、串筒或溜槽等。

（7）基础轴线尺寸、基底标高和地质情况均经过检查，并应办完隐检手续。

（8）安装的模板已经过检查，符合设计要求，办完预检手续。

2. 操作工艺

混凝土基础施工的工艺流程：槽底或模板内清理→混凝土拌制→混凝土浇筑→混凝土振捣→

混凝土养护。

基槽(坑)应进行验槽,局部软弱土层应挖去,用灰土或砂砾分层回填夯实至与基底相平。如有地下水或地面滞水,应挖沟排除;对于粉土或细砂地基,应用轻型井点方法降低地下水位至基坑(槽)底以下 50 cm 处;基坑(槽)内浮土、积水、淤泥、垃圾、杂物应清除干净。如地基土质良好,且无地下水,基坑(槽)第一阶可利用原坑(槽)浇筑,但应保证尺寸正确,砂浆不流失。上部台阶应支模浇筑,模板要支撑牢固,缝隙孔洞应堵严,木模应浇水湿润。

基础混凝土浇灌高度在 2 m 以内时,混凝土可直接卸入基坑(槽)内,应注意使混凝土能充满边角;浇灌高度在 2 m 以上时,应通过漏斗、串筒或溜槽下灰。

浇筑台阶式基础应按台阶分层一次浇筑完成,每层先浇边角,后浇中间。施工时应注意防止上下台阶交接处混凝土出现蜂窝和脱空现象,措施是待第一台阶捣实后,继续浇筑第二台阶前,先沿第二台阶模板底圈做成内外坡度,待第二台阶混凝土浇筑完成后,再将第一台阶混凝土铲平、拍实,或第一台阶混凝土浇筑完毕后稍停 0.5～1 h,待下部沉实,再浇上一台阶。

混凝土浇筑完毕后,外露部分应适当覆盖,洒水养护;拆模后,及时分层回填土方并夯实。

(四)毛石混凝土基础

1. 施工准备工作

毛石应选用坚实、未风化、无裂缝、洁净的石料,强度等级不低于 MU20;毛石尺寸不应大于所浇部位最小宽度的 1/3,且不得大于 30 cm;表面如有污泥、水锈,应用水冲洗干净。

2. 操作工艺

毛石混凝土的厚度不宜小于 400 mm。浇筑时,应先铺一层 10～15 cm 厚混凝土打底,再铺上毛石,毛石插入混凝土约一半后,再灌混凝土,填满所有空隙,再逐层铺砌毛石和浇筑混凝土,直至基础顶面,保持毛石顶部有不少于 10 cm 厚的混凝土覆盖层。所掺加毛石数量应控制不超过基础体积的 25%。

毛石铺放应均匀排列,使大面向下,小面向上,毛石间距一般不小于 10 cm,离开模板或槽壁距离不小于 15 cm。对于阶梯形基础,每一阶高内应整分浇筑层,并有两排毛石,每阶表面要基本抹平;对于锥形基础,应注意保持斜面坡度的正确与平整,毛石不露于混凝土表面。

其他要求同上述混凝土基础施工。

二、无筋扩展基础质量检验标准

无筋扩展基础质量检验标准应符合表 4-12 的规定。

表 4-12　无筋扩展基础质量检验标准

项	序	检查项目				允许偏差		检查方法
						单位	数值	
主控项目	1	轴线位置	砖基础			mm	≤10	经纬仪或用钢尺量
			毛石基础	毛石砌体		mm	≤20	
				料石砌体	毛料石	mm	≤20	
					粗料石	mm	≤15	
			混凝土基础			mm	≤15	
	2	混凝土强度				不小于设计值		28 d 试块强度
	3	砂浆强度				不小于设计值		28 d 试块强度

项	序	检查项目			允许偏差		检查方法
					单位	数值	
一般项目	1	L(或 B)≤30			mm	±5	用钢尺量
		30<L(或 B)≤60			mm	±10	
		60<L(或 B)≤90			mm	±15	
		L(或 B)>90			mm	±20	
	2	基础顶面标高	砖基础		mm	±15	水准测量
			毛石基础	毛石砌体	mm	±25	
				料石砌体 毛料石	mm	±25	
				粗料石	mm	±15	
			混凝土基础		mm	±15	
	3	毛石砌体厚度	毛石砌体		mm	+30，0	用钢尺量
			料石砌体	毛料石	mm	+30，0	
				粗料石	mm	+15，0	

注：L 为长度；B 为宽度。

🔊 **任务实施**

该工程条形砖基础的施工顺序为：基础大开挖→打龙门桩→基础放线→30 cm 厚素混凝土垫层→条形砖基础→地圈梁→基础柱及阳台挑梁→回填土，并按"先远后近"浇筑顺序，由于设有变形缝，故基础施工可分段施工形成流水作业。下面主要介绍基础的垫层及砖基础的施工工艺。

一、基础垫层施工

（1）浇捣 C15 混凝土垫层时，按每个台段留置试块 3 组，做试块时请监理公司人员在旁边监督，送试验室养护。

（2）在垫层浇筑前要对土方进行修整，应用竹签对基槽的标高进行标志。先用竹签钉在基槽中，然后用水准尺对其进行测定标高。在素混凝土浇筑过程中，将以这些竹签的顶为基准，进行总体标高测定。在混凝土具体施工时，测量员应对全程进行控制施工。浇筑时采用泵送混凝土，由远而近，并不得在同一处连续布料，应在 2 m 范围内水平移动布料，且垂直于浇筑；振捣泵送混凝土时，振动棒插入间距一般为 400 mm 左右，振捣时间一般为 15～30 s，并且在 20～30 min 后对其进行二次复振，确保顺利布料和振捣密实；采用平板振动器时，其移动间距应保证平板能覆盖已振实部分的边缘。混凝土振捣完毕后，表面要用铁筒滚压及磨板磨平。

二、砖基础施工工艺

（1）基础采用 MU10 机制黏土砖，砖的强度等级必须进行复试且符合设计要求，并应提前 1～2 d 浇水润湿。其含水率宜为 10%～15%。

（2）抄平设置皮数杆。放出墙身轴线，并将砌筑部位清洗、清理干净。表面平整度超过 1.5 cm 的要用细石混凝土抹平。

（3）砖墙的砌筑形式为梅花丁式，砌筑方法为铺浆法，其铺浆长度不得超过 750 mm。砂浆强度等级为 M10 水泥砂浆，砂浆搅拌时应按配比单进行重量比配制。搅拌时间不宜小于 120 s，随拌随用，每次在 3～4 h 内用完。

（4）砌筑时应在墙的转角处及构造柱与墙体的连接处设置皮数杆。皮数杆应垂直放于预先做好的固定水平标高砂浆块上。砌筑时墙体最上一皮砖和最低一皮砖，均砌丁砖层。

（5）砖墙的十字交接处，应隔皮纵横墙砌通。交接处内角的竖缝应上下错开 1/4 砖长，砖墙的转角处和交接处应同时砌起；对不能同时砌起的应留成斜槎，其长度不应小于斜槎高度的2/3。

（6）砖墙水平灰缝和竖向灰缝宽度宜为 10 mm，但不小于 8 mm，也不大于 12 mm。水平灰缝的砂浆饱满度不得小于 80%，竖缝宜采用挤浆法或加浆法，不得出现透明缝、死缝、假缝。严禁用水冲浆灌缝。

（7）墙体与构造柱的交接处应留置马牙槎及拉结筋。马牙槎从每层柱角开始留置，先退后进。拉结筋为 2φ6 钢筋，钢筋间距沿墙高不得超过 500 mm，埋入长度从墙的留槎处算起，长度不小于 1 000 mm，伸入构造柱的长度为 200 mm，末端应做成 90°弯钩。

（8）墙体砌筑完毕后应把墙体上的浮灰和杂物清理干净，包括构造柱内的落地灰及浮灰。

（9）砖砌体尺寸和位置的允许偏差如下：

1）轴线位移：10 mm。

2）墙面垂直度：10 mm。

3）表面平整度：8 mm。

4）水平灰缝平直度：10 mm。

5）水平灰缝厚度（10 皮砖累计）：±8 mm。

任务三　扩展基础施工

学习任务

某学校六层框架结构教学楼，采用柱下独立基础，基础埋深 2.7 m，为了加快施工进度基础采用机械大开挖。基础设计等级为丙级。

提出问题：编制该工程独立基础的施工方案。

知识链接

一、墙下钢筋混凝土条形基础施工

（一）条形基础施工图识读

根据《混凝土结构施工图平面整体表示方法制图规则和构造详图（独立基础、条形基础、筏形基础、桩基础）》（16G101—3），条形基础平法施工图有平面注写与截面注写两种表达方式，设计者可根据具体工程情况选择一种，或将两种方式相结合进行条形基础的施工图设计。当绘制条形基础平面布置图时，应将条形基础平面与基础所支承的上部结构的柱、墙一起绘制。当梁板式基础梁中心或板式条形基础板中心与建筑定位轴线不重合时，应标注其定位尺寸；对于编号相同的条形基础，可仅选择一个进行标注。

条形基础底板的平面注写方式分为集中标注和原位标注两部分内容。

1. 条形基础底板的集中标注

条形基础底板的集中标注内容包括：条形基础底板编号、截面竖向尺寸、配筋三项必注内容，以及条形基础底板底面标高(与基础底面基准标高不同时)、必要的文字注解两项选注内容。

(1)条形基础底板编号。条形基础底板编号按表 4-13 进行表达。

表 4-13　条形基础底板编号

类型	基础底板截面形状	代号	序号	跨数及有无外伸
条形基础底板	坡形	TJB_P	××	(××)端部无外伸 (××A)一端有外伸 (××B)两端有外伸
	阶形	TJB_J	××	
注：条形基础通常采用坡形截面或单阶形截面				

(2)条形基础底板截面竖向尺寸。当条形基础底板为坡形截面时，注写为 h_1/h_2，如图 4-29 所示。

当条形基础底板为阶形截面时，如图 4-30 所示。

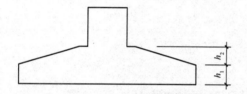

图 4-29　条形基础底板坡形截面竖向尺寸

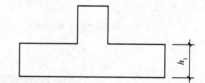

图 4-30　条形基础底板阶形截面竖向尺寸

(3)注写条形基础底板底部及顶部钢筋。以 B 打头，注写条形基础底板底部的横向受力钢筋；以 T 打头，注写条形基础底板顶部的横向受力钢筋；注写时，用"/"分割条形基础底板底部的横向受力钢筋与纵向分布钢筋。如图 4-31 所示，条形基础底板配筋标注为 B：Φ14@150/Φ8@250，表示条形基础底板底部配置 HRB400 级横向受力钢筋，直径为 14 mm，间距 150 mm；配置 HPB300 级纵向分布钢筋，直径为 8 mm，间距 250 mm。

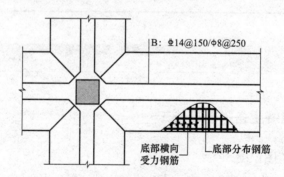

图 4-31　条形基础底板底部配筋

当为双梁(或双墙)条形基础底板时(图 4-32),除在底板底部配置钢筋外,一般尚需在两根梁或两道墙之间的底板顶部配置钢筋,其中横向受力钢筋的锚固长度 l_a 从梁的内边缘(或墙内边缘)起算。

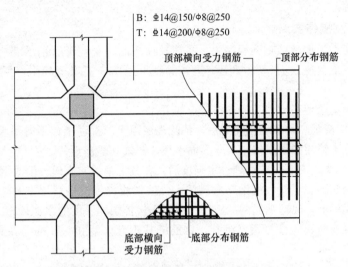

图 4-32　双梁条形基础底板底部配筋

2. 条形基础底板的原位标注

(1)原位注写底板平面尺寸。原位标注 b、b_i,$i=1$,2,$\cdots$。其中 b 为基础底板总宽度,b_i 为基础底板台阶的宽度。当基础底板采用对称于基础梁的坡形截面或单阶形截面时,b_i 可不注,如图 4-33 所示。

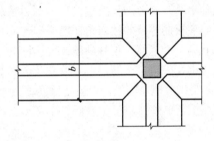

对于相同编号的条形基础底板,可仅选择一个进行标注。

图 4-33　条形基础底板平面尺寸原位标注

(2)原位注写的修正内容。当在条形基础底板上集中标注的某项内容,如底板截面竖向尺寸、底板配筋、底板底面标高等,不适用于条形基础底板的某跨或某外伸部分时,可将其修正内容原位标注在该跨或该外伸部位,施工时原位标注取值优先。

(二)条形基础施工工艺

1. 施工准备

(1)材料要求。

1)水泥:根据设计要求选择水泥品种、强度等级。

2)砂、石子:有试验报告,符合规范要求。

3)水:采用饮用水。

4)外加剂、掺和料:根据设计要求通过试验确定。

5)商品混凝土所用原材料须符合上述要求,必须具有合格证,原材料试验报告,符合防碱集料反应要求的试验报告。

6)钢筋要有材质证明、复试报告。

(2)作业条件。

1)由建设、监理、施工、勘察、设计单位进行地基验槽,完成验槽记录及地基验槽隐检手

动画:条形基础
施工过程

175

续，如遇地基处理，办理设计洽商，完成后监理、设计、施工三方复验签认。

2）完成基槽验线预检手续。

（3）施工机具。搅拌机、磅秤、手推车或翻斗车、铁锹、振捣棒、刮杆、木抹子、胶皮手套、串筒或溜槽等。

2. 施工程序及操作要点

墙下钢筋混凝土条形基础施工程序为：清理及浇灌混凝土垫层→钢筋绑扎→支模板→相关专业施工→清理→混凝土搅拌→混凝土浇筑→混凝土振捣→混凝土找平→混凝土养护→模板拆除。

墙下钢筋混凝土条形基础施工的操作要点如下：

（1）清理及垫层浇灌。地基验槽完成后，清除表层浮土及扰动土，不得积水，立即进行垫层混凝土施工。混凝土垫层必须振捣密实，表面平整，严禁晾晒基土。

（2）钢筋绑扎。垫层浇灌完成达到一定强度后，在其上弹线、支模、铺放钢筋网片。

上下部垂直钢筋绑扎牢固，将钢筋弯钩朝上，按轴线位置校核后用方木架成井字形，将插筋固定在基础外模板上；底部钢筋网片应用与混凝土保护层同厚度的水泥砂浆或塑料垫块垫塞，以保证位置正确，表面弹线进行钢筋绑扎，钢筋绑扎不允许漏扣，柱插筋除满足搭接要求外，应满足锚固长度的要求。

当基础高度在 900 mm 以内时，插筋伸至基础底部的钢筋网上，并在端部做成直弯钩；当基础高度较大时，位于柱子四角的插筋应伸到基础底部，其余的钢筋只需伸至锚固长度即可。插筋伸出基础部分的长度应按柱的受力情况及钢筋规格确定。

与底板筋连接的柱四角插筋必须与底板筋成45°绑扎，连接点处必须全部绑扎，距底板 5 cm 处绑扎第一个箍筋，距基础顶 5 cm 处绑扎最后一道箍筋，作为标高控制筋及定位筋，柱插筋最上部再绑扎一道定位筋，上下箍筋及定位箍筋绑扎完成后将柱插筋调整到位并用井字木架临时固定，然后绑扎剩余箍筋，保证柱插筋不变形走样，两道定位筋在打柱混凝土前必须进行更换。钢筋混凝土条形基础，在 T 字形与十字形交接处的钢筋沿一个主要受力方向通长放置，如图 4-34、图 4-35 所示。

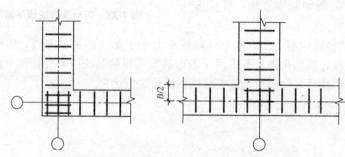

图 4-34　钢筋混凝土条形基础交接和拐角处配筋

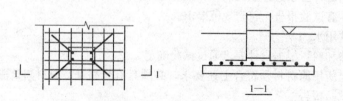

图 4-35　条形基础钢筋绑扎示意

（3）支模板。钢筋绑扎及相关专业施工完成后立即进行模板安装，模板采用小钢模或木模，利用架子管或木方加固。锥形基础坡度大于30°时，采用斜模板支护，利用螺栓与底板钢筋拉紧，防止上浮，模板上部设透气及振捣孔；坡度不大于30°时，利用钢丝网(间距30 cm)，防止混凝土下坠，上口设井字木以控制钢筋位置(图4-36)。

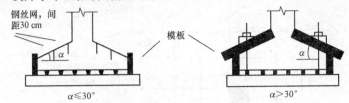

图 4-36　锥形模板支护示意

不得用重物冲击模板，不准在吊帮的模板上搭设脚手架，保证模板的牢固和严密。

(4)清理。清除模板内的木屑、泥土等杂物，木模浇水湿润，堵严板缝及孔洞，清除积水。

(5)混凝土搅拌。根据配合比及砂石含水率计算出每盘混凝土材料的用量，然后认真地按配合比用量投料。投料顺序为石子→水泥→砂子→水→外加剂。严格控制用水量，搅拌均匀，搅拌时间不少于90 s。

(6)混凝土浇筑。浇筑现浇柱下条形基础时，注意柱子插筋位置正确，防止造成位移和倾斜。在浇筑开始时，先满铺一层5~10 cm厚的混凝土，并捣实，使柱子插筋下段和钢筋网片的位置基本固定，然后对称浇筑。对于锥形基础，应注意保持锥体斜面坡度正确，斜面部分的模板应随混凝土浇捣分段支设并顶压紧，以防模板上浮变形；边角处的混凝土必须捣实。严禁斜面部分不支模，用铁锹拍实。基础上部柱子后施工时，可在上部水平面留设施工缝。施工缝的处理应按有关规定执行。条形基础根据高度分段分层连续浇筑，不留施工缝，各段各层间应相互衔接，每段长2~3 m，做到逐段逐层呈阶梯形推进。浇筑时先使混凝土充满模板内边角，然后浇筑中间部分，以保证混凝土密实。分层下料，每层厚度为振动棒的有效振动长度。防止由于下料过厚、振捣不实或漏振和吊帮的根部砂浆涌出等原因造成蜂窝、麻面或孔洞。

(7)混凝土振捣。采用插入式振动器，插入的间距不大于作用半径的1.5倍。上层振捣棒插入下层3~5 cm。尽量避免碰撞预埋件、预埋螺栓，防止预埋件移位。

(8)混凝土找平。混凝土浇筑后，表面比较大的混凝土，使用平板振动器振一遍，然后用大杆刮平，再用木抹子搓平。收面前必须校核混凝土表面标高，不符合要求处立即整改。

(9)混凝土养护。已浇筑完的混凝土，常温下，应在12 h左右覆盖和浇水。一般常温养护不得少于7 d，特种混凝土养护不得少于14 d。养护设专人检查落实，防止由于养护不及时，造成混凝土表面裂缝。

(10)模板拆除。侧面模板在混凝土强度能保证其棱角不因拆除模板而受损坏时方可拆模，拆模前设专人检查混凝土强度，拆除时采用撬棍从一侧顺序拆除，不得采用大锤砸或撬棍乱撬，以免造成混凝土棱角破坏。

二、柱下钢筋混凝土独立基础施工

(一)柱下钢筋混凝土独立基础施工图识读

根据《混凝土结构施工图平面整体表示方法制图规则和构造详图(独立基础、条形基础、筏形基础、桩基础)》(16G101—3)，独立基础的平面注写方式分为集中标注和原位标注两部分内容，如图4-37所示。

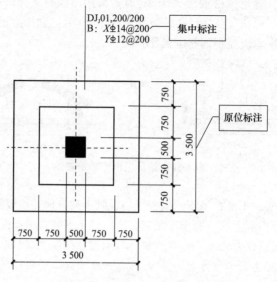

图 4-37　独立基础的平面注写方式

1. 独立基础的集中标注

普通独立基础和杯口独立基础的集中标注，是在基础平面图上集中引注：基础编号、截面竖向尺寸、配筋三项必注内容，以及基础底面标高（与基础底面基准标高不同时）和必要的文字注解两项选注内容。

（1）独立基础编号。独立基础底板的截面形状通常有两种，阶形截面和坡形截面，其编号见表 4-14。

表 4-14　独立基础编号

类型	基础底板截面形状	代号	序号	示意图
普通独立基础	阶形	DJ_J	××	
	坡形	DJ_P	××	
杯口独立基础	阶形	BJ_J	××	
	坡形	BJ_P	××	

（2）截面竖向尺寸。

1）普通独立基础。注写 $h_1/h_2/\cdots$，具体标注为：

①当基础为阶形截面时，如图 4-38 所示，各阶尺寸自下而上用"/"分隔顺写，注写为：DJ_J××，

$h_1/h_2/h_3/\cdots$。当基础为单阶时，如图 4-39 所示，其竖向尺寸仅为一个，即为基础总厚度。

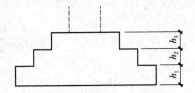

图 4-38　阶形截面普通独立基础竖向尺寸

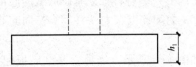

图 4-39　单阶普通独立基础竖向尺寸

②当为坡形截面基础时，如图 4-40 所示，注写为：$DJ_P\times\times$，h_1/h_2。

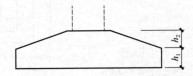

图 4-40　坡形截面普通独立基础竖向尺寸

2）杯口独立基础。

①当基础为阶形截面时，其竖向尺寸分两组，一组表达杯口内，另一组表达杯口外，两组尺寸以"，"分隔，注写为：a_0/a_1，$h_1/h_2/\cdots$，其含义如图 4-41～图 4-44 所示，其中杯口深度 a_0 为柱插入杯口的尺寸加 50 mm。

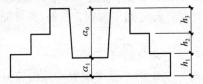

图 4-41　阶形截面杯口独立基础竖向尺寸（一）

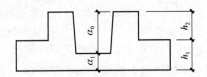

图 4-42　阶形截面杯口独立基础竖向尺寸（二）

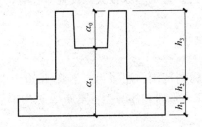

图 4-43　阶形截面高杯口独立基础竖向尺寸（一）

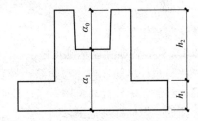

图 4-44　阶形截面高杯口独立基础竖向尺寸（二）

②当基础为坡形截面时，注写为：a_0/a_1，$h_1/h_2/h_3\cdots$，其含义如图 4-45、图 4-46 所示。

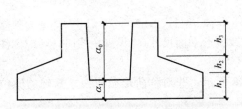

图 4-45　坡形截面杯口独立基础竖向尺寸

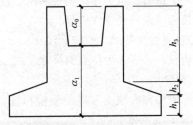

图 4-46　坡形截面高杯口独立基础竖向尺寸

(3)独立基础配筋。

1)注写独立基础底板配筋。普通独立基础和杯口独立基础的底部双向配筋注写规定如下：

①以 B 代表各种独立基础底板的底部配筋。

②X 向配筋以 X 打头注写，Y 向配筋以 Y 打头注写；当两向配筋相同时，则以 X&Y 打头注写。

如图 4-47 所示，当独立基础底板配筋标注为：B：XΦ16@150，YΦ16@200；表示基础底板底部配置 HRB400 级钢筋，X 向钢筋直径为 16 mm，间距 150 mm；Y 向钢直径为 16 mm，间距 200 mm。

2)注写杯口独立基础顶部焊接钢筋网。以 Sn 打头引注杯口顶部焊接钢筋网的各边钢筋。

当双杯口独立基础中间杯壁厚度小于 400 mm 时，在中间杯壁中配置构造钢筋见相应标准构造详图，设计不注。

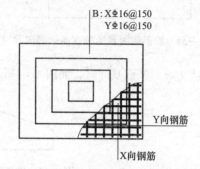

图 4-47　独立基础底板底部双向配筋示意

3)注写高杯口独立基础的短柱配筋(亦适用于杯口独立基础杯壁有配筋的情况)。具体注写规定如下：

①以 O 代表短柱配筋。

②先注写短柱纵筋，再注写箍筋。注写为：角筋/长边中部筋/短边中部筋，箍筋(两种间距)；当短柱水平截面为正方形时，注写为：角筋/x 边中部筋/y 边中部筋，箍筋(两种间距，短柱杯口壁内箍筋间距/短柱其他部位箍筋间距)。

③对于双高杯口独立基础的短柱配筋，注写形式与单高杯口相同。

当双高杯口独立基础中间杯壁厚度小于 400 mm 时，在中间杯壁中配置构造钢筋见相应标准构造详图，设计不注。

4)注写普通独立基础带短柱竖向尺寸及钢筋。当独立基础埋深较大，设置短柱时，短柱配筋应注写在独立基础中。

具体注写规定如下：

①以 DZ 代表普通独立基础短柱。

②先注写短柱纵筋，再注写箍筋，最后注写短柱标高范围。注写为：角筋/长边中部筋/短边中部筋，箍筋，短柱标高范围；当短柱水平截面为正方形时，注写为：角筋/x 边中部筋/y 边中部筋，箍筋，短柱标高范围。

2. 独立基础的原位标注

独立基础的原位标注是在基础平面布置图上标注独立基础的平面尺寸。对相同编号的基础，可选择一个进行原位标注；当平面图形较小时，可将所选定进行原位标注的基础按比例适当放大；其他相同编号者仅注编号。

(1)普通独立基础。原位标注 x、y、x_c、y_c、x_i、y_i，$i=1$，2，3，…。其中 x、y 为独立基础两向边长，x_c、y_c 为柱截面尺寸，x_i、y_i 为阶宽或坡形平面尺寸(当设置短柱时，尚应标注短柱的截面尺寸)。

对称阶形截面独立基础的原位标注，如图 4-48 所示；非对称阶形截面独立基础的原位标注，如图 4-49 所示。

对称坡形截面独立基础的原位标注，如图 4-50 所示；非对称坡形截面独立基础的原位标注，如图 4-51 所示。

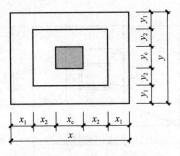

图 4-48　对称阶形截面普通独立
基础原位标注

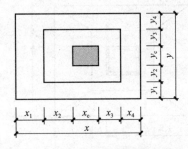

图 4-49　非对称阶形截面普通独立
基础原位标注

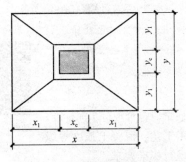

图 4-50　对称坡形截面普通独立
基础原位标注

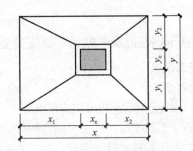

图 4-51　非对称坡形截面普通独立
基础原位标注

(2)杯口独立基础。原位标注 x、y、x_u、y_u、t_i、x_i、y_i，$i=1$，2，3，…。其中，x、y 为杯口独立基础两向边长，x_u、y_u 为杯口上口尺寸，t_i 为杯壁上口厚度，下口厚度为 t_i+25，x_i、y_i 为阶宽或坡形截面尺寸。

杯口上口尺寸 x_u、y_u，按柱截面边长两侧双向各加 75；杯口下口尺寸按标准构造详图（为插入杯口的相应柱截面边长尺寸，每边各加 50），设计不注。

阶形截面杯口独立基础的原位标注，如图 4-52、图 4-53 所示。高杯口独立基础原位标注与杯口独立基础完全相同。

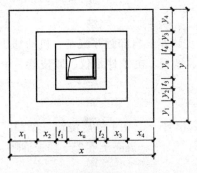

图 4-52　阶形截面杯口独立
基础原位标注（一）

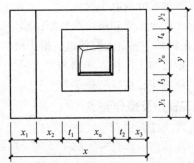

图 4-53　阶形截面杯口独立
基础原位标注（二）

本图所示基础底板的一边比其他三边多一阶

坡形截面杯口独立基础的原位标注，如图 4-54、图 4-55 所示，高杯口独立基础的原位标注与杯口独立基础完全相同。

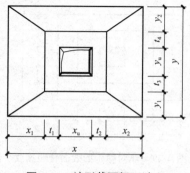

图 4-54　坡形截面杯口独立
基础原位标注(一)

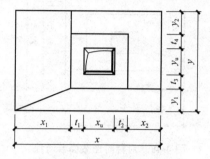

图 4-55　坡形截面杯口独立
基础原位标注(二)
(本图所示基础底板有两边不放坡)

(二)柱下钢筋混凝土独立基础施工工艺

1. 施工准备

(1)材料要求。

水泥:水泥品种、强度等级应根据设计要求确定,质量应符合现行水泥标准。

砂、石子:根据结构尺寸、钢筋密度、混凝土施工工艺、混凝土强度等级的要求确定石子粒径、砂子细度。砂、石质量应符合现行标准要求。

水:自来水或不含有害物质的洁净水。

外加剂:根据施工组织设计要求确定是否采用外加剂。外加剂必须经试验合格后,方可在工程上使用。

掺和料:根据施工要求确定是否采用掺和料。掺和料的质量应符合现行标准要求。

钢筋:钢筋的级别、规格必须符合设计要求,质量应符合现行标准要求。钢筋表面应保持清洁、无锈蚀和油污。

脱模剂:水质隔离剂。

(2)作业条件。

1)办完地基验槽及隐检手续。

2)办完基槽验线验收手续。

3)混凝土配合比通知单,准备好试验用工器具。

(3)施工机具。混凝土搅拌机、推土机、散装水泥罐车、自卸翻斗汽车、机动翻斗车、插入式振动器、钢筋加工机械、木制井字架、大小平锹、铁板、电子计量仪、胶皮管、手推车、串筒、溜槽、储料斗、铁钎和抹子等。

2. 施工程序及操作要点

钢筋混凝土柱下独立基础施工程序:基槽开挖及清理→混凝土垫层浇筑→钢筋绑扎及相关专业施工→支模板→隐检→混凝土搅拌、浇筑、振捣、找平→混凝土养护→模板拆除。

钢筋混凝土柱下独立基础施工的操作要点如下:

(1)基槽土方开挖、清理及垫层混凝土浇灌。

(2)钢筋绑扎。

(3)模板安装。

(4)混凝土现场搅拌。

动画:独立基础
施工过程

微课:柱下独立
基础施工

1)每次浇筑混凝土前试验员应根据现场实测砂石含水率，调整试验室给定的混凝土配合比材料用量，换算每盘的材料用量，填写配合比板，经施工技术负责人校核后，挂在搅拌机旁醒目处；与监理人员共同设定计量仪器的读数。

2)每盘投料顺序：石子→水泥(外加剂、掺和料粉剂)→砂子→水→外加剂液剂。

水泥、掺和料、水、外加剂的计量误差为±2%，粗、细集料的计量误差为±3%。

3)在第一次浇筑混凝土前，由施工单位组织监理(建设)单位对搅拌机组、混凝土试配单位计量仪器进行开盘鉴定工作，共同认定试验室签发的混凝土配合比确定的组成材料是否与现场施工所用材料相符、混凝土拌合物性能是否满足设计要求和施工需要。如果混凝土和易性不好，可以在维持水胶比不变的前提下，适当调整砂率、水及水泥量，直至混凝土的和易性良好为止。

(5)混凝土浇筑。

1)混凝土浇筑前应清除模板内的木屑、泥土等杂物，木模浇水湿润，堵严板缝及孔洞。

2)为保证柱插筋位置准确，防止位移和倾斜，浇筑时，先浇一层5～10 cm厚混凝土并捣实，使柱子插筋下端与钢筋网片的位置基本固定，然后再继续对称浇筑，并避免碰撞钢筋。

3)混凝土浇筑高度如果超过2 m，应使用串筒、溜槽下料，以防止混凝土发生离析现象。

4)混凝土浇筑应分层连续进行，相邻两层混凝土浇筑间歇时间不超过混凝土初凝时间，一般不超过2 h。台阶形基础每一台阶高度整体浇捣，每浇完一台阶停顿0.5 h，待其下沉后再浇筑上一层。

5)混凝土振捣采用插入式振动器，插入的间距不大于振动器作用部分长度的1.25倍，振动棒移动间距不大于作用半径的1.5倍；上层振捣棒插入下层3～5 cm，尽量避免碰撞预埋件、预埋螺栓，防止预埋件移位；防止由于下料过厚、振捣不实或漏振、漏浆等原因造成蜂窝、麻面或孔洞。

6)浇筑混凝土时，经常观察模板、支架、钢筋、螺栓、预留孔洞和管道有无走动情况，一经发现有变形、走动或位移时，立即停止浇筑，并及时修整和加固模板，然后再继续浇筑。

7)对于大面积混凝土，应在其浇筑后再使用平板振动器拖振一遍，然后用刮杆刮平，再用木抹子搓平；收面前校核混凝土表面标高，不符合要求处立即整改。

(6)混凝土养护。已浇筑完的混凝土应在12 h左右覆盖和浇水。一般常温养护不得少于7 d，特种混凝土养护不得少于14 d。养护由专人检查落实，防止由于养护不及时，造成混凝土表面裂缝。

(7)模板拆除。侧面模板在混凝土强度能保证其棱角不因拆除模板而受损坏时方可拆除。拆模前由专人检查混凝土强度，拆除时采用撬棍从一侧顺序拆除，不得采用大锤砸或撬棍乱撬，以免造成混凝土棱角破坏。

三、扩展基础质量检验标准

(1)施工前应对放线尺寸进行检验。

(2)施工中应对钢筋、模板、混凝土、轴线等进行检验。

(3)施工结束后，应对混凝土强度、轴线位置、基础顶面标高进行检验。

(4)钢筋混凝土扩展基础质量检验标准应符合表4-15的规定。

微课：柱下独立
基础质量标准

表4-15 钢筋混凝土扩展基础质量检验标准

项	序	检查项目	允许偏差	检查方法
主控项目	1	混凝土强度	不小于设计值	28 d试块强度
	2	轴线位置	≤15mm	经纬仪或用钢尺量

项	序	检查项目	允许偏差	检查方法
一般项目	1	L(或 B)≤30 m	±5 mm	用钢尺量
	2	30 m<L(或 B)≤60 m	±10 mm	
		60 m<L(或 B)≤90 m	±15 mm	
		L(或 B)>90 m	±20 mm	
		基础顶面标高	±15mm	水准测量

注：L 为长度；B 为宽度。

🔊 任务实施

一、基础的施工顺序

基础大开挖→基坑修整→10 cm厚素混凝土垫层→基础承台→基础梁柱→回填土，并按"先远后近"顺序浇筑。

二、土方开挖及边护

根据本工程特点，本工程土方采用挖掘机进行机械大开挖，机械开挖至垫层标高以上200 mm后，采用人工挖至设计标高。土方开挖前，先放好基础边线和土方开挖线，并将其引到基坑以外不会被破坏的地方，开挖时注意基底局部预留200 mm厚土层，待验槽后浇筑垫层时挖除以防止因基底长时间暴露而受扰动。开挖基坑时如发现土层与地质报告不符或发现不良地基，如暗沟、暗浜、暗塘、墓穴及人防设施等，应立即通知建设单位地质勘探部门、设计院等有关部门人员到现场研究解决。

土方开挖时，施工测量人员应严格控制标高，严禁超挖。土方工程采用大开挖，自然放坡，放坡系数取1∶0.33，雨水或地表水经排水汇集于集水井内，再用潜水泵排出坑外。本工程选用明沟与集水井排水，在开挖基坑四周设排水沟，在四角和中间设6个集水井，用水泵抽水。排水沟深始终保持比挖土面低0.5 m，集水井应比排水沟低0.5～1.0 m，并随基坑的挖深而加深，保持水流畅通。

三、基础垫层施工

(1)浇捣C10混凝土垫层时，需留置标养及同条件试块各一组，做试块时请监理公司人员在旁边监督，送试验室养护。

(2)在垫层浇筑前要对土方进行修整，应用竹签对基坑的标高进行标识。先用竹签钉在基坑的中央，然后用水准尺对其进行测定标高。在素混凝土浇筑过程中，将以这些竹签的顶为基准，进行总体标高测定。在混凝土具体施工时，测量员应对全程进行控制施工。浇筑时采用泵送混凝土，由远而近，并不得在同一处连续布料，应在2 m范围内水平移动布料，且垂直于浇筑；振捣泵送混凝土时，振动棒插入间距一般为400 mm左右，振捣时间一般为15～30 s，并且在20～30 min后对其进行二次复振。采用平板振动器时，其移动间距应保证平板能覆盖已振实部分的边缘。混凝土振捣完毕后，表面要用磨板磨平。

四、钢筋制作与安装

(1)学习、熟悉施工图纸和指定的图集,掌握构造柱、圈梁、节点处的钢筋构造及各部做法,确定合理分段与搭接位置和安装次序。本工程梁、柱钢筋锚固长度为 $31d$,搭接长度为 $30d$,钢筋保护层梁、柱为 30 mm。

(2)钢筋应有出厂质量证明书和试验报告,不同型号、钢号、规格均要进行复试合格,必须符合设计要求和有关标准的规定方可使用。

(3)HPB300 级钢(直径 6~12 mm 盘圆钢)经冷拉后长度伸长 2% 至一般小冷拉,钢筋不得有裂纹、起皮生锈,表面无损伤、无污染,发现有颗粒现状不得使用。按施工图计算准确下料单,根据钢材定尺长度统筹下料,加强中间尺寸复查,做到物尽其用。

(4)所下的各种不同型号、规格、不同尺寸数量按施工平面布置图要求,按绑扎次序,分别堆放挂上标识牌,绑扎前要清扫模板内杂物和砌墙的落地砂浆灰,模板上弹好水平标高线。

(5)绑扎基础柱钢筋时,箍筋的接头应交错分布在四角纵向钢筋上,箍筋转角与纵向钢筋交叉点均应扎牢(箍筋平直部分与纵向钢筋交叉点可间隔扎牢)。绑扎箍筋时,绑扣相互间应呈八字形,基础柱与梁的交接处上下各 500 mm 加密区。

(6)绑扎基础梁,在模板支好后绑扎,按箍筋间距在模板一侧画好线,放箍筋后穿入受力钢筋。绑扎时箍筋应与受力钢筋垂直,并沿受力钢筋方向相互错开。各受力钢筋之间的绑扎接头位置应相互错开,并在中心和两端用铁丝扎牢。HRB350 级钢筋的弯曲直径不宜小于 $4d$,箍筋弯钩的弯曲直径不小于 $2.5d$,弯后的平直长度不小于 $10d$,并做 135° 弯钩。在钢筋绑扎好后应垫水泥垫块,数量为 8 块/m^2。

(7)在钢筋加工时不得乱锯乱放,使用前须将钢筋上的油污、泥土和浮锈清理干净。绑扎结束后应保持钢筋清洁。

(8)钢筋绑扎的允许偏差:
1)受力钢筋的间距:±10 mm。
2)钢筋弯起点位置:20 mm。
3)箍筋、横向钢筋的间距:±20 mm。
4)保护层厚度:柱、梁±5 mm。

五、模板施工

1. 模板及其支架一般规定

(1)保证工程结构和构件各部分形状尺寸和相互位置的准确。

(2)具有足够的承载力、刚度和稳定性,能可靠地承受新浇混凝土的自重和侧压力,以及在施工过程中所产生的荷载。

(3)构造简单,拆装方便,便于钢筋的绑扎、安装和混凝土的浇筑和养护等要求。

(4)模板的接缝不应漏浆。

(5)木模与支撑系统应选不易变形、质轻、韧性好的材料,不得使用腐朽、脆性和受潮湿易变形的木材。

2. 基础柱模板安装

基础柱模板由侧模、柱箍、支撑组成,安装前应先将基础柱内及钢筋上的杂物清理干净,先安装侧模再安装柱箍将其固定,为了保证柱模的稳定,柱模之间要用水平撑、剪刀撑等互相拉结固定。

3. 基础梁模板安装

(1)根据柱弹出的轴线，梁位置和水平线安装柱头模板。

(2)当梁跨度大于或等于4 m时，按全跨长度的1/1 000～3/1 000起拱复核检查梁模尺寸。

(3)支顶之间应设水平拉杆和剪刀撑，其竖向间距不大于1.0 m，梁侧立杆间距不大于1 200 mm，梁底小横杆间距不大于500 mm。

4. 模板拆除

(1)承重模板在混凝土强度能够保证其表面及棱角不因拆模而受损时方能拆模。

(2)梁小于8 m的混凝土强度要达到75％以上。

(3)拆除的模板要及时清运，同时清理模板上的杂物，涂刷隔离剂，分类堆放整齐。

5. 模板安装的允许偏差

(1)轴线位置：5 mm。

(2)层高垂直度：6 mm。

(3)相邻两板高低差：2 mm。

(4)截面内部尺寸：+4 mm，-5 mm。

(5)表面平整度(2 m长度上)：5 mm。

六、基础梁、柱混凝土

(1)浇筑前应先对机械设备进行检查，保证水电及原材料的供应，掌握天气变化情况。

(2)检查模板的标高、位置及截面尺寸，支撑和模板的固定是否可靠，钢筋的规格数量安装位置是否与设计相符。

(3)清理模板内的杂物及钢筋上的油污，并加以浇水润湿，但不得有积水。

(4)混凝土的强度等级为C30，基础梁柱采用商品混凝土。

(5)浇筑基础柱时，振捣混凝土要注意振动器与模板的距离，并应避免碰撞钢筋与模板。浇筑时应以最少的转载次数和最短的时间从搅拌地点运至浇筑地点。使用振动器时，要轻拔快插，振捣有序，不漏振，插入的深度不小于50 mm，每一振捣的延续时间应使混凝土的表面呈现浮浆和不再沉落。在浇筑时要经常观察模板，防止胀模。

(6)基础梁振捣混凝土时，振动棒插入间距一般为400 mm左右，振捣的时间应使混凝土的表面呈现浮浆和不再沉落。对于钢筋密集部位，应先制定好措施，确保顺利布料和振捣密实。在浇筑的同时应经常观察钢筋和模板，如有变形和移位，应立即采取措施处理。混凝土振捣完毕后，表面要用磨板磨平。

(7)浇筑结束后应进行混凝土养护，即覆盖及浇水。在强度未达到1.2 N/mm²以前不得在上面踩踏及安装砌筑。

(8)混凝土浇筑的允许偏差：

1)轴线位置：8 mm。

2)截面尺寸：+8 mm，-5 mm。

3)表面平整度(2 m长度上)：8 mm。

七、土方回填

(1)因工程现况，基础回填应为一次回填，回填时采用自然土分层夯实。

（2）本工程土方采用人工回填，铺平、机械打夯，打夯遍数为3～4遍，每批回松土20 cm，其夯实厚度在15 cm左右。填土时，应保证边缘部位的压实质量，填表土后将填方边缘宽度填宽0.5 m。

（3）回填前，将坑内树根、木料等杂物垃圾清理干净，将洞、坑积水抽干，清净淤泥、砂，用细石混凝土堵实，并保证墙体及混凝土强度达到一定的要求，在土方回填时不至于损伤方可回填。

（4）回填时，打夯应一夯压半夯，夯夯相连、行行相连，纵横交错，并且严禁使用水浇使土下沉的所谓"水夯"法。

（5）在填方过程中，取土、铺土、压实等各工序应按设计要求、土质、含水率、回填规范进行回填土。

（6）在做到上述各项工作的同时，各个施工环节必须严格施工，确保土方回填工程顺利进行。

任务四　筏形基础施工

学习任务

某工程基础设计为钢筋混凝土有梁式筏形基础。筏形平面呈矩形，筏形厚 450 mm，①～⑩轴长 54.6 m，Ⓐ～Ⓔ轴宽 18.9 m。基础梁截面尺寸为 450 mm×1 100 mm、600 mm×1 400 mm，700 mm×1 400 mm，混凝土强度等级为 C30。在⑤～⑥轴间离⑤轴 1.05 m 处留 2 m 宽的贯通膨胀加强带，基础周围及消防水池周围做剪力墙。

提出问题：编制该工程筏形基础的施工工艺。

知识链接

一、筏形基础施工图识读

筏形基础分为梁板式筏形基础和平板式筏形基础，此处只介绍梁板式筏形基础。

梁板式筏形基础有基础主梁、基础次梁和基础平板等构件，其编号按表4-16的规定。

表 4-16　梁板式筏形基础构件编号

类型	代号	序号	跨数及有无外伸
基础主梁(柱下)	JL	××	(××)或(××A)或(××B)
基础次梁	JCL	××	(××)或(××A)或(××B)
梁板式筏形基础平板	LPB		

注：1. (××A)为一端有外伸，(××B)为两端有外伸，外伸不计入跨数。

2. 梁板式筏形基础平板跨数及是否有外伸分别在 X、Y 两向的贯通纵筋之后表达。图面从左至右为 X 向，从下至上为 Y 向。

3. 梁板式筏形基础主梁与条形基础梁编号与标准构造详图一致。

(一)基础主梁与基础次梁平面注写

基础主梁 JL 和基础次梁 JCL 的平面注写方式，分集中标注与原位标注两部分内容。当集中标注中的某项数值不适用于梁的某部位时，则将该项数值采用原位标注，施工时，原位标注优先。

1. 集中标注

基础主梁 JL 和基础次梁 JCL 的集中标注包括基础梁编号、截面尺寸、配筋三项必注内容，以及基础梁底面标高高差(相对于筏形基础平板底面标高)以下一项选注内容。

(1)基础梁的编号，见表 4-16。

(2)基础梁的截面尺寸。以 $b \times h$ 表示梁截面宽度与高度；当为竖向加腋梁时，用 $b \times h Y c_1 \times c_2$ 表示，其中 c_1 为腋长，c_2 为腋高。

(3)注写基础梁的箍筋。

1)当采用一种箍筋间距时，注写钢筋级别、直径、间距与肢数(写在括号内)。

2)当采用两种箍筋时，用"/"分隔不同箍筋，按照从基础梁梁端向跨中的顺序注写。先注写第 1 段箍筋(在前面加注箍数)，在斜线后再注写第 2 段箍筋(不再加注箍数)。例如 9Φ16@100/Φ16@200(6)，表示配置 HRB400，直径为 16 mm 的箍筋，间距为两种，从梁两端起向跨内按箍筋间距 100 mm 每端各设置 9 道，梁其余部位的箍筋间距为 200 mm，均为 6 肢箍。

施工时应注意：两向基础主梁相交的柱下区域，应有一向截面较高的基础主梁箍筋贯通设置；当两向基础主梁高度相同时，任选一向基础主梁箍筋贯通设置。

(4)注写基础梁的底部、顶部及侧面纵向钢筋。

1)以 B 打头，先注写梁底部贯通纵筋(不应少于底部受力钢筋总截面面积的 1/3)。当跨中所注根数少于箍筋肢数时，需要在跨中加设架立筋以固定箍筋，注写时，用"+"将贯通纵筋与架立筋相连，架立筋注写在加号后面的括号内。

2)以 T 打头，注写梁顶部贯通纵筋值。注写时，用";"将底部与顶部纵筋分隔开，如有个别跨与其不同，按原位标注的规定处理。如 B4Φ32；T7Φ32，表示梁的底部配置 4Φ32 的贯通纵筋，梁的顶部配置 7Φ32 的贯通纵筋。

3)当梁底部或顶部贯通纵筋多于一排时，用斜线"/"将各排纵筋自上而下分开。如梁底部贯通纵筋注写为 B8Φ28 3/5，表示上一排纵筋为 3Φ28，下一排纵筋为 5Φ28。

4)以大写字母 G 打头，注写基础梁两侧面对称设置的纵向构造钢筋的总配筋值(当梁腹板高度 h_w 不小于 450 mm 时，根据需要配置)，例如 G8Φ16，表示梁的两个侧面共配置 8Φ16 的纵向构造钢筋，每侧各配置 4Φ16。

当需要配置抗扭纵向钢筋时，梁两个侧面设置的抗扭纵向钢筋以 N 打头。例如 N8Φ16，表示梁的两个侧面共配置 8Φ16 的纵向抗扭钢筋，沿截面周边均匀对称布置。

(5)注写基础梁底面标高高差(系指相对于筏形基础平板底面标高的高差值)，该项为选注值。有高差时需将高差写入括号内(如"高板位"与"中板位"基础梁的底面与基础平板底面标高的高差值)，无高差时不注(如"低板位"筏形基础的基础梁)。

2. 原位标注

(1)梁支座的底部纵筋，是指包含贯通纵筋与非贯通纵筋在内的所有纵筋：

1)当底部纵筋多于一排时，用"/"将各排纵筋自上而下分开。例如梁端(支座)区域底部纵筋注写为 10Φ25 4/6，则表示上一排纵筋为 4Φ25，下一排纵筋为 6Φ25。

2)当同排纵筋有两种直径时，用"+"将两种直径的纵筋相连。例如梁端(支座)区域底部纵筋注写为 4Φ28+2Φ25，表示一排纵筋由两种不同直径钢筋组合。

3)当梁中间支座两边的底部纵筋配置不同时，需在支座两边分别标注；当梁中间支座两边的底部纵筋相同时，可仅在支座的一边标注配筋值。

4）当梁端（支座）区域的底部全部纵筋与集中注写过的贯通纵筋相同时，可不再重复做原位标注。

5）竖向加腋梁加腋部位钢筋，需在设置加腋的支座处以 Y 打头注写在括号内。例如竖向加腋梁端（支座）处注写为 Y4⚟25，表示竖向加腋部位斜纵筋为 4⚟25。

施工时应注意：当底部贯通纵筋经原位修正注写后，两种不同配置的底部贯通纵筋应在两毗邻跨中配置较小一跨的跨中连接区域连接（即配置较大一跨的底部贯通纵筋需越过其跨数终点或起点伸至毗邻跨的跨中连接区域。）

（2）注写基础梁的附加箍筋或（反扣）吊筋。将其直接画在平面图中的主梁上，用线引注总配筋值（附加箍筋的肢数注在括号内），当多数附加箍筋或（反扣）吊筋相同时，可在基础梁平面施工图上统一注明，少数与统一注明值不同时，再原位引注。

施工时应注意：附加箍筋或（反扣）吊筋的几何尺寸应按照标准构造详图，结合其所在位置的主梁和次梁的截面尺寸而定。

（3）当基础梁外伸部位变截面高度时，在该部位原位注写 $b \times h_1/h_2$，h_1 为根部截面高度，h_2 为尽端截面高度。

（4）注写修正内容。当在基础梁上集中标注的某项内容（如梁截面尺寸、箍筋、底部与顶部贯通纵筋或架立筋、梁侧面纵向构造钢筋、梁底面标高高差等）不适用于某跨或某外伸部分时，则将其修正内容原位标注在该跨或该外伸部位，施工时原位标注取值优先。

3. 基础主梁 JL 和基础次梁 JCL 标注图示

基础主梁 JL 标注图示如图 4-56 所示；基础次梁 JCL 标注图示如图 4-57 所示。

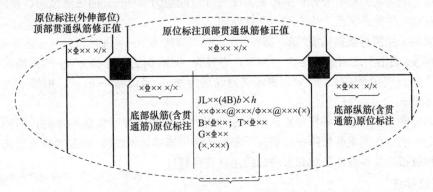

图 4-56　基础主梁 JL 集中标注与梁端（支座）纵筋原位标注

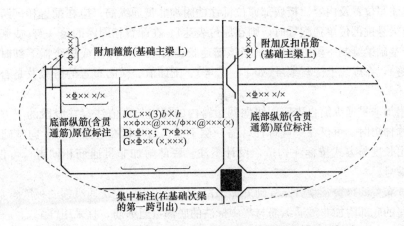

图 4-57　基础次梁 JCL 集中标注与附加箍筋或吊筋原位标注

(二)梁板式筏形基础平板平面注写

梁板式筏形基础平板 LPB 的平面注写，分集中标注与原位标注两部分内容。梁板式筏形基础平板 LPB 贯通纵筋的集中标注，应在所表达的板区双向均为第一跨（X 与 Y 双向首跨）的板上引出（图面从左至右为 X 向，从下至上为 Y 向）。

板区划分条件：板厚相同、基础平板底部与顶部贯通纵筋配置相同的区域为同一板区。

1. 集中标注

(1)基础平板的编号，见表 4-16。

(2)基础平板的截面尺寸，注写 $h=\times\times\times$ 表示板厚。

(3)注写基础平板的底部与顶部贯通纵筋及其跨数及外伸情况。先注写 X 向底部（B 打头）贯通纵筋与顶部（T 打头）贯通纵筋及纵向长度范围；再注写 Y 向底部（B 打头）贯通纵筋与顶部（T 打头）贯通纵筋及其跨数及外伸情况（图面从左至右为 X 向，从下至上为 Y 向）。

贯通纵筋的跨数及外伸情况注写在括号中，注写方式为"跨数及有无外伸"，其表达形式为：$(\times\times)$（无外伸）、$(\times\times A)$（端有外伸）或 $(\times\times B)$（两端有外伸）。应注意的是，基础平板的跨数以构成柱网的主轴线为准；两主轴线之间无论有几道辅助轴线（例如框筒结构中混凝土内筒中的多道墙体），均可按一跨考虑。

例如：X：B⊥22@150；T⊥20@150；（5B）

　　　Y：B⊥20@200；T⊥18@200；（7A）

表示基础平板 X 向底部配置 ⊥22 间距为 150 mm 的贯通纵筋，顶部配置 ⊥20 间距为 150 mm 的贯通纵筋，共 5 跨两端有外伸；Y 向底部配置 ⊥20 间距为 200 mm 的贯通纵筋，顶部配置 ⊥18 间距为 200 mm 的贯通纵筋，共 7 跨一端有外伸。

当贯通筋采用两种规格钢筋"隔一布一"方式时，表达为 $\phi xx/yy@\times\times\times$，表示直径 xx 的钢筋、直径 yy 的钢筋之间的间距为 $\times\times\times$，直径为 xx 的钢筋、直径为 yy 的钢筋间距分别为 $\times\times\times$ 的 2 倍。例如 ⊥10/12@100，表示贯通纵筋为 ⊥10、⊥12 隔一布一，相邻 ⊥10 与 ⊥12 之间距离为 100 mm。

施工时应注意：当基础平板分板区进行集中标注，且相邻板区板底一平时，两种不同配置的底部贯通纵筋应在两毗邻板跨中配筋较小板跨的跨中连接区域连接（即配置较大板跨的底部贯通纵筋需越过板区分界线伸至毗邻板跨的跨中连接区域）。

2. 原位标注

梁板式筏形基础平板 LPB 的原位标注，主要表达板底部附加非贯通纵筋。

(1)原位注写位置及内容。板底部原位标注的附加非贯通纵筋，应在配置相同跨的第一跨表达（当在基础梁悬挑部位单独配置时，则在原位表达）。在配置相同跨的第一跨（或基础梁外伸部位），垂直于基础梁绘制一段中粗虚线（当该筋通长设置在外伸部位或短跨板下部时，应画至对边或贯通短跨），在虚线上注写编号（如①、②等）、配筋值、横向布置的跨数及是否布置到外伸部位。

板底部附加非贯通纵筋自支座中线向两边跨内的伸出长度值注写在线段的下方位置。当该筋向两侧对称伸出时，可仅在一侧标注，另一侧不注；当布置在边梁下时，向基础平板外伸部位一侧的伸出长度与方式按标注构造，设计不注。底部附加非贯通筋相同者，可仅注写一处，其他只注写编号。

横向连续布置的跨数及是否布置到外伸部位，不受集中标注贯通纵筋的板区限制。

原位注写的底部附加非贯通纵筋与集中标注的底部贯通纵筋，宜采用"隔一布一"方式布置，即基础平板（X 向或 Y 向）底部附加非贯通纵筋与贯通纵筋间隔布置，其标注间距与底部贯通纵筋相同(两者实际组合后的间距为各自标注间距的 1/2)。

(2)注写修正内容。当集中标注的某些内容不适用于梁板式筏形基础平板某板区的某一板跨时,应由设计者在该板跨内注明,施工时应按注明内容取用。

(3)当若干基础梁下基础平板的底部附加非贯通纵筋配置相同时(其底部、顶部的贯通纵筋可以不同),可仅在一根基础梁下做原位注写,并在其他梁上注明"该梁下基础平板底部附加非贯通纵筋同××基础梁"。

3. 梁板式筏形基础平板 LPB 标注图示

梁板式筏形基础平板 LPB 标注图示,如图 4-58 所示。

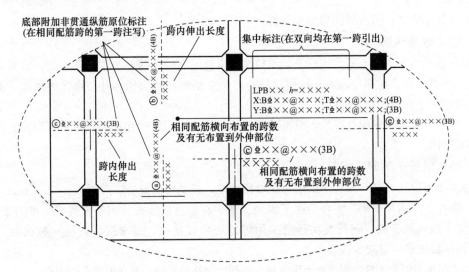

图 4-58 梁板式筏形基础平板 LPB 集中标注与板底部附加钢筋原位标注示意

二、筏形基础的施工工艺流程

微课:筏形基础施工

筏形基础施工,可根据结构情况和施工具体条件及要求采用以下方法之一:

(1)先在垫层上绑扎板梁的钢筋和上部柱钢筋,再浇筑底板混凝土,待达到 25% 以上强度后,再在底板上支梁侧模板,浇筑完梁部分混凝土。

(2)采取底板和梁钢筋、模板一次同时支好,梁侧模板用混凝土支墩或钢支脚支承,并固定牢固,混凝土一次连续浇筑完成。

第一种方法可降低施工强度,支梁模方便,但处理施工缝较复杂;第二种方法一次完成施工质量易于保证,可缩短工期,但两种方法都应注意保证梁位置和插筋位置正确,混凝土应一次连续浇筑完成。

筏形基础的施工工艺流程:清理基槽→浇筑混凝土垫层→支设筏形基础模板→砌筑筏形基础砖胎模(基础梁、基础底板胎模)→基础放线→绑扎钢筋(底板钢筋、基础梁钢筋、柱插筋)→相关专业配套施工(预埋电缆、管线、埋件等)→清理施工工作面→混凝土搅拌或商品混凝土就位→分段浇筑混凝土(浇后浇带)→混凝土振捣→混凝土找平→混凝土养护→拆除模板→基础后浇带施工及细部处理→投测定位轴线及标高。

具体可分为以下三个方面的工艺流程。

(一)钢筋工程

放线并预检→成型钢筋进场→排钢筋→焊接接头→绑扎→柱墙插筋定位→交接验收。

1. 绑扎底板下层网片钢筋

(1)根据在防水保护层弹好的钢筋位置线,先铺下层网片的长向钢筋,钢筋接头尽量采用焊接或机械连接。

(2)后铺下层网片上面的短向钢筋,钢筋接头尽量采用焊接或机械连接。

(3)防止出现质量通病:由于底板钢筋施工要求较复杂,一定要注意钢筋绑扎接头和焊接接头按要求错开问题。

(4)绑扎加强筋:依次绑扎局部加强筋。

2. 绑扎地梁钢筋

(1)在放平的梁下层水平主钢筋上,用粉笔画出箍筋间距。箍筋与主筋要垂直,箍筋转角与主筋交点均要绑扎,主筋与箍筋非转角部分的相交点呈梅花状交错绑扎。箍筋的接头,即弯钩叠合处沿梁水平筋交错布置绑扎。

(2)地梁在槽上预先绑扎好后,根据已画好的梁位置线用塔式起重机直接吊装到位,与底板钢筋绑扎牢固。

3. 绑扎底板上层网片钢筋

(1)铺设上层铁马凳:马凳用剩余短料焊接制成,马凳短向放置,间距 1.2~1.5 m。

(2)绑扎上层网片下铁:先在马凳上绑架立筋,在架立筋上画好钢筋位置线,按图纸要求,顺序放置上层网的下铁,钢筋接头尽量采用焊接或机械连接,要求接头在同一截面相互错开 50%,同一根钢筋尽量减少接头。

(3)绑扎上层网片上铁:根据在上层下铁上画好的钢筋位置线,顺序放置上层钢筋,钢筋接头尽量采用焊接或机械连接,要求接头在同一截面相互错开 50%,同一根钢筋尽量减少接头。

(4)绑扎暗柱和墙体插筋:根据放好的柱和墙体位置线,将暗柱和墙体插筋绑扎就位,并和底板钢筋点焊固定,要求接头均错开 50%。根据设计要求执行,设计无要求时,甩出底板面的长度≥45d,暗柱绑扎两道箍筋,墙体绑扎一道水平筋。

(5)垫保护层:底板下保护层为 35 mm,梁柱主筋保护层为 25 mm,外墙迎水面为 35 mm,外墙内侧及内墙均为 15 mm。保护层垫块间距为 600 mm,梅花形布置。

(6)成品保护:绑扎钢筋时钢筋不能直接抵到外墙砖模上,并注意保护防水层;钢筋绑扎前,导墙内侧防水层必须甩浆做保护层,导墙上部的防水浮铺油毡加盖砖保护,以免防水卷材在钢筋施工时被破坏。

(二)模板工程

1. 240 mm 砖胎模

基础砖胎模放线→砌筑→抹灰。

(1)砖胎模砌筑前,先在垫层面上将砌砖线放出,比基础底板外轮廓大 40 mm,砌筑时要求拉直线,采用一顺一丁"三一"砌筑方法,转角处或接口处留出接槎口,墙体要求垂直。砖模内侧、墙顶面抹 15 mm 厚的水泥砂浆并压光,同时阴阳角做成圆弧形。

(2)底板外墙侧模采用 240 mm 厚砖胎模,高度同底板厚度,砖胎模采用 MU7.5 砖,M5.0 水泥砂浆砌筑,内侧及顶面采用 1:2.5 水泥砂浆抹面。

(3)考虑混凝土浇筑时侧压力较大,砖胎模外侧面必须采用木方及钢管进行支撑加固,支撑间距不大于 1.5 m。

2. 集水坑模板

(1)根据模板板面由 10 mm 厚竹胶板拼装成筒状，内衬两道木方(100 mm×100 mm)，并钉成一个整体，配模的板面保证表面平整、尺寸准确、接缝严密。

(2)模板组装好后进行编号。安装时用塔式起重机将模板初步就位，然后根据位置线加水平和斜向支撑进行加固，并调整模板位置，使模板的垂直度、刚度、截面尺寸符合要求。

3. 墙体高出部分

(1)墙体高出部分模板采用 10 mm 厚竹胶板事先拼装而成，外绑两道水平向木方(50 mm×100 mm)。

(2)在防水保护层上弹好墙边线，在墙两边焊钢筋预埋竖向和斜向筋(用 12♯钢筋剩余短料)，以便进行加固。

(3)用小线拉外墙通长水平线，保证截面尺寸为 297 mm(300 mm 厚外墙)，将配好的模板就位，然后用架子管和铅丝与预埋铁进行加固。

(4)模板固定完毕后拉通线检查板面顺直。

(三)混凝土工程(现场搅拌泵送)

满堂红基础：钢筋模板交接验收→顶标高抄测→混凝土搅拌→现场水平垂直运输→分层振捣赶平抹压→覆盖养护。

(1)混凝土现场搅拌。

1)每次浇筑混凝土前 1.5 h 左右，由施工现场专业工长填写申报"混凝土浇灌申请书"，由建设(监理)单位和技术负责人或质量检查人员批准，每一台班都应填写。

2)试验员依据"混凝土浇灌申请书"填写有关资料。做砂石含水率、调整混凝土配合比中的材料用量，换算每盘的材料用量，写配合比板，经施工技术负责人校核后，挂在搅拌机旁醒目处。定磅秤或电子秤及水继电器。

3)材料用量及投放：水泥、掺和料、水、外加剂的计量误差为±2％，粗、细集料的计量误差为±3％。投料顺序为石子→水泥、外加剂粉剂→掺和料→砂子→水、外加剂液剂。

4)搅拌时间：为使混凝土搅拌均匀，自全部拌合料装入搅拌筒中起到混凝土开始卸料止，混凝土搅拌的最短时间。

强制式搅拌机：不掺外加剂时，不少于 90 s；掺外加剂时，不少于 120 s。

自落式搅拌机：在强制式搅拌机搅拌时间的基础上增加 30 s。

5)用于承重结构及抗渗防水工程使用的混凝土，采用预拌混凝土的，开盘鉴定是指第一次使用的配合比，在混凝土出厂前由混凝土供应单位自行组织有关人员进行开盘鉴定；现场搅拌的混凝土由施工单位组织建设(监理)单位、搅拌机组、混凝土试配单位进行开盘鉴定工作。共同认定试验室签发的混凝土配合比确定的组成材料是否与现场施工所用材料相符，以及混凝土拌合物性能是否满足设计要求和施工需要。如果混凝土和易性不好，可以在维持水胶比不变的前提下，适当调整砂率、水及水泥量，直至和易性良好为止。

(2)混凝土输送管线宜直，转弯宜缓，每个接头必须加密封垫以确保严密。泵管支撑必须牢固。

(3)泵送前先用适量与混凝土强度同等级的水泥砂浆润管，并压入混凝土。砂浆输送到基坑内，要抛撒开，不允许水泥砂浆堆在一个地方。

(4)混凝土浇筑时，基础底板一次性浇筑，间歇时间不能太长，不允许出现冷缝。混凝土浇筑顺序为由一端向另一端，并采用踏步式分层浇筑，分层振捣密实，以使混凝土的水化热尽量散失。具体做法：从下到上分层浇筑，从底层开始浇筑 5 m 后，再重新浇筑第二层，如此依次向前浇筑以上各层，上下相邻两层时间不超过 2 h。为了控制浇筑高度，须在出灰口及其附近设置尺杆，夜间施工时，尺杆附近要有灯光照明。

(5)每班安排一个作业班组，并配备 3 名振捣工人，根据混凝土泵送时自然形成的坡度，在每个浇筑带前、后、中部不停振捣。振捣工人要求认真负责，仔细振捣，以保证混凝土振捣密实，防止上一层混凝土盖上后而下层混凝土仍未振捣，造成混凝土振捣不密实。振捣时，要快插慢拔，插入深度各层均为 350 mm，即上面两层均须插入其下面一层50 mm。振捣点之间间距为 450 mm，呈梅花形布置，振捣时逐点移动，顺序进行，不得漏振。每一插点要掌握好振捣时间，一般为 20～30 s，过短不易振实，过长可能引起混凝土离析，以混凝土表面泛浆、不大量泛气泡、不再显著下沉和表面浮出灰浆为准，边角处要多加注意，防止漏振。振捣棒距离模板要小于其作用半径的 0.5 倍，约为 150 mm，并不宜靠近模板振捣，且要尽量避免碰撞钢筋、芯管、止水带、预埋件等。

(6)混凝土泵送时，注意不要将料斗内剩余混凝土降低到 200 mm 以下，以免吸入空气。

混凝土浇筑完毕要进行多次搓平，保证混凝土表面不产生裂纹。具体方法是：振捣完后先用长刮杆刮平，待表面收浆后，用木抹刀搓平表面，并覆盖塑料布以防表面出现裂缝；在终凝前掀开塑料布再进行搓平，要求搓压三遍，最后一遍抹压要掌握好时间，以终凝前为准，终凝时间可用手压法把握。混凝土搓平完后立即用塑料布覆盖养护，浇水养护时间为 14 d。

三、筏形基础的施工要点

(1)在基坑验槽后，应立即浇筑垫层。当垫层达到一定强度后，在其上弹线、支模、铺放钢筋、连接柱的插筋。

(2)当梁板式筏形基础的梁在底板下部时，通常采取梁板同时浇筑混凝土，梁的侧模板是无法拆除的，一般梁侧模采取在垫层上两侧砌半砖代替钢(或木)侧模，与垫层形成一个砖壳子模。

(3)梁板式筏形基础的梁在底板上时，模板的支设，多用组合钢模板，支承在刚支承架上，用钢管脚手架固定，采用梁板同时浇筑混凝土，以保证整体性。

(4)当筏形基础长度很长(40 m 以上)时，应考虑在中部适当部位留设贯通后浇缝带，以避免出现温度收缩裂缝和便于进行施工分段流水作业；对超厚的筏形基础应考虑采取降低水泥水化热和降低浇筑入模温度措施，以避免出现过大温度收缩应力，导致基础底板裂缝。

(5)基础浇筑完毕，表面应覆盖和洒水养护，并不少于 7 d；必要时应采取保温养护措施，并防止浸泡基础。

(6)在基础底板上埋设好沉降观测点，定期进行观测、分析，做好记录。

四、筏形基础施工常见质量通病及防治措施

(1)对梁板式筏形基础，多采用底板和梁钢筋、模板同时施工，混凝土一次连续浇筑，此时梁侧模需用钢筋支架支承并固定。

(2)厚度大的筏形基础，属于大体积混凝土，需从材料、配合比和浇筑顺序、养护方法等方面着手，防止产生温度裂缝，尤其对于梁板式由于变断面、降温和收缩应力不同，更易出现裂缝。如条件允许，对长度大的筏形基础宜设后浇带，以避免出现温度裂缝。

五、筏形基础质量检验标准

(1)施工前应对放线尺寸进行检验。

(2)施工中应对轴线、预埋件、预留洞中心线位置、钢筋位置及钢筋保护层厚度进行检验。

(3)施工结束后，应对筏形和箱形基础的混凝土强度、轴线位置、基础顶面标高及平整度进行验收。

(4)筏形基础质量检验标准应符合表 4-17 的规定。

表 4-17　筏形基础质量检验标准

项	序	检查项目	允许偏差	检查方法
主控项目	1	混凝土强度	不小于设计值	28 d 试块强度
	2	轴线位置	≤15mm	经纬仪或用钢尺量
一般项目	1	基础顶面标高	±15 mm	水准测量
	2	平整度	±10 mm	用 2 m 靠尺
	3	尺寸	+15 mm，−10 mm	用钢尺量
	4	预埋件中心位置	≤10 mm	用钢尺量
	5	预留洞中心线位置	≤15 mm	用钢尺量

◀)) **任务实施**

该工程筏形基础的主要施工工艺如下。

一、基础开挖

(1)本工程土方采用机械放坡开挖，开挖深度为 7.0 m 左右，基底两侧留 0.3 m 宽工作面。

(2)土方开挖从上到下分层分段依次进行，并随时做成一定的地势以利于排水，且不应在影响边坡稳定的范围内积水。

(3)施工中应防止地面水流入坑内，以免边坡塌方。

(4)在坑边堆放弃土、材料和移动施工机械，应与坑边保持一定的距离。当土质良好时，要距离坑边 0.8 m 以外，堆放高度不能超过 1.5 m。

(5)在挖土机的工作范围内，不进行其他工作，且应留 0.3 m 深不挖，最后由人工修挖至设计标高。

(6)基坑开挖时应进行回弹观测及沉降观测，加强基坑监测，具体观测点位置见结构施工图。

(7)在雨期挖土方时，必须排水畅通。下大雨时，应暂停土方施工。

二、基础施工部署及主要施工方案

模板工程、混凝土浇筑工程，以后浇带为界分为两个施工段，组织简单流水施工。筏形基础以上 50 cm 留施工缝，筏板施工完后，再施工剪力墙。施工缝留凹槽，加 40 cm 宽防水钢板带，厚 4 mm，上下各 20 cm。其他主要施工方法如下。

1. 模板工程

(1)模板采用定型组合钢模板，或木模板 U 形环连接。垫层面清理干净后，先分段拼装，模板拼装前先刷好隔离剂。模板支撑在下部的混凝土垫层上，水平支撑用钢管及圆木短柱、木楔等支在四周基坑侧壁上。剪力墙内外侧模板采用防水螺杆拉结，平行分布，上下左右各 50 cm。模板边的顺直拉线较正，轴线、截面尺寸根据垫层上的弹线检查校正。模板加固检验完成后，用水准仪定标高，在模板面上弹出混凝土上表面水平线，作为控制混凝土标高的依据。

(2)拆模的顺序为先拆模板的支撑管、木楔等，松连接件，再拆模板，清理，分类归堆。拆模前混凝土要达到一定强度，保证拆模时不损坏棱角。

(3)剪力墙模板拆除后，将暴露出的拉杆割除，进行防腐处理，再将木塞剔除，另用 1∶2 防水砂浆粉刷平整。

2. 钢筋工程

(1)钢筋按型号、规格分类加垫木堆放，覆盖塑料布防雨。

(2)盘条 HPB300 级钢筋采用冷拉的方法调直，冷拉率控制在 4% 以内。

(3)对于受力钢筋，HPB300 级钢筋末端(包括用作分布钢筋的 HPB300 级钢筋)做 180°弯钩，弯弧内直径不小于 $2.5d$，弯后的平直段长度不小于 $3d$。HRB350 级钢筋，当设计要求做 90°或 135°弯钩时，弯弧内直径不小于 $5d$。对于非焊接封闭筋末端做 135°弯钩，弯弧内直径除不小于 $2.5d$ 外，还不应小于箍筋内受力纵筋直径，弯后的平直段长度不小于 $10d$。

(4)基础梁及筏板的绑扎流程：弹线→纵向梁筋绑扎、就位→筏板纵向下层筋布置→横向梁筋绑扎、就位→筏板横向下层筋布置→筏板下层网片绑扎→支撑马凳筋布置→筏板横向上层筋布置→筏板纵向上层筋布置→筏板上层网片绑扎。钢筋绑扎前，对模板及基层做全面检查，作业面内的杂物、浮土、木屑等应清理干净。钢筋网片筋弹位置线时用不同于轴线及模板线的颜色以示区分。梁筋骨架绑扎时用简易马凳做支架。具体操作步骤为：按计算好的数量摆放箍筋→穿主筋→画箍筋位置线→绑扎骨架→撤支架就位骨架。骨架上部纵筋与箍筋宜用套扣绑扎，绑扎应牢固、到位，使骨架不发生倾斜、松动。纵横向梁筋骨架就位前要垫好梁筋及筏板下层筋的保护层垫块，数量要足够。筏板网片采用八字扣绑扎，相交点全部绑扎，相邻交点的绑扎方向不宜相同。上下层网片中间用马凳筋支撑，保证上层网片位置准确，绑扎牢固，无松动。

(5)钢筋的接头形式，筏板内受力筋及分布筋采用绑扎搭接，搭接位置及搭接长度按设计要求。基础架纵筋采用单面(双面)搭接电弧焊，焊接接头位置及焊缝长度按设计及规范要求，焊接试件按规范要求留置、试验。

3. 混凝土工程

(1)采用现场机械搅拌或商品混凝土输送泵泵送的方案。

(2)配合比的试配按泵送的要求，坍落度达到 150~180 mm，水泥选用普通硅酸盐水泥 42.5 号，砂为中砂，石子为 5~25 mm 粒径碎石，外加剂选混凝土泵送防冻剂，早强减水型。拌和水为自来水。混凝土配合比由现场原材料取样送试验室试配后确定，现场施工时再根据测定的粗、细集料实际含水量，对试验室配比单做调整。

(3)地下室底板，外墙均为掺加多动能型 SY—G 膨胀剂的防水混凝土，抗渗等级为 0.8 MPa。

(4)浇筑的顺序是先浇筑Ⅰ段，后浇筑Ⅱ段。浇筑Ⅰ段混凝土时的施工流向是先自⑤轴至①轴，再拐至⑤轴处后浇带边；浇筑Ⅱ段混凝土时的施工流向是自⑪轴至⑤轴处后浇带边。

(5)浇混凝土前应做到：

1)钢筋已做完隐检验收，符合设计要求。

2)混凝土输送泵管支架已搭设完成，支架牢固可靠，并保证支撑件及其上的泵管不压钢筋及模板。支架支撑管件应独立设置，不能与模板支架或钢管连接。

3)混凝土搅拌机负荷试运转正常。

4)混凝土输送泵调试完毕，加水试压正常，泵管已连接，密封完好。

5)计量器具如磅秤、台秤等经检查核实无误，混凝土搅拌机上的加水量计量器试运行准确。

6)混凝土振动器经检验试运转正常。

7)水泥、砂、石、外加剂等材料现场已有足够的储量，并已落实好供应渠道，可保证连续浇筑施工时的后续供应。

8)现场粗、细集料实际含水量已经测定，并已调整好施工配合比。

9)已根据施工方案及技术措施要求对班组进行过全面的施工技术交底。

(6)混凝土搅拌采用两台350型自落式搅拌机同时工作,根据搅拌机的出料能力选择适合的混凝土输送泵,即在单位时间内搅拌机总的实际喂料量要与混凝土输送泵的吞料量相适应,保证泵机的正常连续运行及不超负荷工作。

(7)浇筑施工前模板内的泥土、木屑等杂物清除干净。

(8)拌和混凝土的各项原材料计量须准确。粗、细集料用手推车上料,磅秤称量,水泥以每袋50 kg计量,泵送防冻剂用台秤称量,水用混凝土搅拌机上的计量器计量。

(9)搅拌时采用石子→水泥→砂→水的投料顺序,搅拌时间不少于90 s,保证拌合物搅拌均匀。

(10)开始泵送时,混凝土泵应处于慢速、均速,并随时可反泵的状态。泵送速度应先慢后快,逐步加速。泵送混凝土应连续进行,当输送泵管被堵塞时,立即采取下列措施排除:

1)重复进行反泵和正泵,逐步吸出混凝土至料斗中,重新搅拌后泵送;

2)用木槌敲击等方法,查明堵塞部位,将混凝土击松后,进行反泵和正泵,排除堵塞;

3)当上述两种方法无效时,应在混凝土卸压后,拆除堵塞部位的输送管,排除混凝土堵塞物后再接管输送。

(11)混凝土振捣采用插入式振捣棒。振捣时振动棒要快插慢拔,插点均匀排列,逐点移动,顺序进行,以防漏振。插点间距约40 cm。振捣至混凝土表面出浆,不再泛气泡时即可。

(12)浇筑筏板混凝土时不需分层,一次浇筑成型,虚摊混凝土时比设计标高先稍高一些,待振捣均匀密实后用木抹子按标高线搓平即可。

(13)浇筑混凝土连续进行,若因非正常原因造成浇筑暂停,当停歇时间超过水泥初凝时间时,接槎处按施工缝处理。施工缝应留直槎,继续浇筑混凝土前对施工缝处理方法为:先剔除接槎处的浮动石子,再摊少量高强度等级水泥砂浆均匀撒开,然后浇筑混凝土,振捣密实。

(14)墙体浇筑混凝土前,在底部接槎处先浇筑5 cm厚与墙体混凝土强度相同的水泥砂浆。用铁锹均匀入模,不应用吊斗直接灌入模内。第一层浇筑高度控制在50 cm左右,以后每次浇筑高度不应超过1 m;分层浇筑、振捣。混凝土下料点应分散布置。墙体连续进行浇筑,间隔时间不超过2 h。墙体混凝土的施工缝宜设在门洞过梁跨中1/3区段。当采用平模时或留在内纵横墙的交界处,墙应留垂直缝。接槎处应振捣密实。浇筑时随时清理落地灰。

(15)浇筑完的混凝土按标高线抹平(木抹子收面不少于两遍),混凝土初凝后立即用塑料薄膜覆盖表面,然后再覆盖草帘保温,在草帘上再覆一层彩条布保护。养护期间根据测温情况再考虑是否在棚内生火炉加温。

(16)墙上口找平:混凝土浇筑振捣完毕,将上口甩出的钢筋加以整理,用木抹子按预定标高线,将表面抹平。预制模板安装宜采用硬架支模,上口找平时,使混凝土墙上表面低于预制模板下皮标高3~5 cm。

(17)后浇带两侧加钢筋网片,基础完工一个月后浇筑,按设计及规范要求施工,并按要求做好防水措施。

三、质量控制措施

(1)相关工程还应符合本工程"雨期施工措施"的要求。

(2)各种原材料,如钢筋、水泥、外加剂等应有合格的产品质量证明资料,进场后取样试验,复试合格后再使用。杜绝不合格产品用于工程。砂、石要做集料分析,选择合适的级配。石子含泥量不大于2%,砂含泥量不大于3%。

(3)框架柱剪力墙插筋在浇混凝土前应固定好位置,上口加固定箍筋与纵筋绑扎牢固,防止浇混凝土时柱主筋位移。

(4)浇筑混凝土时严禁随意踩踏、移动已绑好的板筋,钢筋工要派人随时检查钢筋的位置、保护层、骨架顺直、柱主筋位置,发现问题及时修理。

(5)混凝土开盘浇筑时,先组织技术人员对出盘混凝土的坍落度、和易性进行鉴定,调整至符合要求后再正式搅拌。以后随时检查混凝土的坍落度须符合要求。

(6)振捣混凝土时振捣棒严禁碰模板和钢筋,严禁使用振捣棒摊开混凝土,振捣应细致、密实。在纵、横梁交错处钢筋较密不易振捣时可采取如下措施:使用小直径的振捣棒,分层铺料;可先松开部分筏板上层附加筋,拨开,待混凝土振捣完成后再恢复移动过的钢筋位置。

(7)浇筑混凝土时经常观察模板及钢筋,看模板有无异常,支承是否有松动,钢筋保护层、插筋位置有无变化。发现问题通知有关班组及时修正。

(8)混凝土表面标高的控制。浇混凝土前在模板边弹出混凝土表面标高平线,在柱插筋上标出高于混凝土上表面 500 mm 的平线。混凝土摊料、抹面时以此拉线作为标高控制线。

(9)混凝土试块的留置。连续浇筑每超过 200 m³ 混凝土留置一组标准养护试块和一组同条件养护试块。同条件养护试块采取与现场相同的条件养护。标养试块的 28 d 抗压强度值及同条件养护试块的等效 28 d 抗压强度值均作为评定分析混凝土抗压强度的资料。

思考与练习

1. 天然地基上浅基础有哪些类型?

2. 什么是基础的埋置深度? 影响基础埋深的因素有哪些?

3. 确定地基承载力有哪些方法?

4. 如何根据现场载荷试验得到的 p-s 曲线确定地基承载力特征值?

5. 土的压缩性指标有哪些?

6. 某承重墙厚 240 mm,作用于地面标高处的荷载,$F_k = 180$ kN/m,拟采用砖基础,埋深为 1.2 m。地基土为粉质黏土,$r = 18$ kN/m³,$e_0 = 0.9$,$f_{ak} = 170$ kPa。试确定砖基础底面宽度,并画出基础剖面示意图。

7. 某黏土地基上的基础及埋深如图 4-59 所示,试按强度理论公式计算地基承载力特征值。

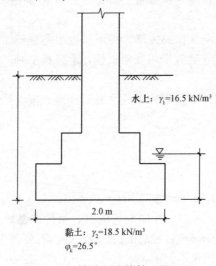

水上: $\gamma_1 = 16.5$ kN/m³

2.0 m

黏土: $\gamma_2 = 18.5$ kN/m³
$\varphi_k = 26.5°$

图 4-59　某黏土地基基础及埋深

8. 计算图4-60所示柱下独立基础的底面积。

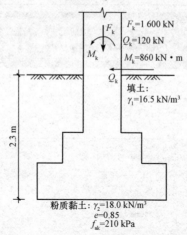

$F_k = 1\,600$ kN
$Q_k = 120$ kN
$M_k = 860$ kN · m

填土：
$\gamma_1 = 16.5$ kN/m³

粉质黏土：$\gamma_2 = 18.0$ kN/m³
$e = 0.85$
$f_{ak} = 210$ kPa

图 4-60 柱下独立基础的底面积计算

9. 某重砖墙厚240 mm，传至条形基础顶面处的轴心荷载 $F_k = 145$ kN/m。该处土层自地表起依次分布如下：第一层为粉质黏土，厚度2.2 m，$r = 17$ kN/m³，$e = 0.91$，$f_{ak} = 130$ kPa，$E_{s1} = 8.1$ MPa；第二层为淤泥质土，厚度1.6 m，$f_{ak} = 65$ kPa，$E_{s2} = 2.6$ MPa；第三层为中密中砂。地下水在淤泥质土顶面处。建筑物对基础埋深没有特殊要求，且不必考虑土的冻胀问题。试确定基础的底面积、截面高度并配筋。

10. 筏形基础常见质量通病及防治措施有哪些？

11. 简述钢筋混凝土独立基础施工工艺流程。

项目五　桩基础设计与施工

当建造比较大的工业与民用建筑时,若地基的软弱土层较厚,采用浅埋基础不能满足地基强度和变形要求,而又不适宜采取地基处理措施时,往往可以利用深层坚实土层或岩层作为持力层,采用深基础方案。常见的深基础有桩基础、墩基础、地下连续墙、沉井、沉箱等几种类型,其中桩基础以其有效、经济等特点得到最为广泛的应用。

任务一　桩基础设计

学习任务

某多层建筑一框架柱截面为 400 mm×800 mm,承担上部结构传来的荷载标准值为:轴力 F_k=2 075 kN,弯矩 M_k=320 kN·m,剪力 H_k=35 kN。荷载设计值为:轴力 F=2 800 kN,弯矩 M=420 kN·m,剪力 H=50 kN,剪力作用在承台顶面。经勘察,地基土依次为:0.8 m厚人工填土,1.5 m厚黏土;9.0 m厚淤泥质黏土;6.0 m厚粉土。各土层物理力学性质指标见表5-1。地下水位距地表1.5 m。试设计桩基础。

表 5-1　各土层物理力学性质指标

土层号	土层名称	土层厚度/m	含水量/%	重度/(kN·m⁻³)	孔隙比	液性指数	压缩模量/MPa	内摩擦角/(°)	黏聚力/kPa
①	人工填土	0.8		18					
②	黏土	1.5	32	19	0.864	0.363	5.2	13	12
③	淤泥质黏土	9.0	49	17.5	1.34	1.613	2.8	11	16
④	粉土	6.0	32.8	18.9	0.80	0.527	11.07	18	3
⑤	淤泥质黏土	12.0	43	17.6	1.20	1.349	3.1	12	17
⑥	风化砾石	5.0							

提出问题:

1. 桩基础设计包括哪些项目?

2. 单桩竖向承载力如何确定?

3. 桩的数量、承台的尺寸如何确定?

4. 基桩如何进行平面布置?

知识链接

一、概述

(一)桩基础的概念及适用范围

桩基通常由桩体和连接桩顶的承台共同组成,如图 5-1 所示。若桩身全部埋于土中,承台底面与土体接触,则称为低承台桩基;若桩身上部露出地面,承台底位于地面以上,则称为高承台桩基。

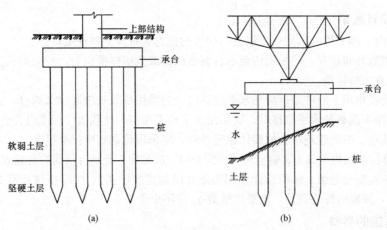

图 5-1　桩基础

(a)低承台桩基;(b)高承台桩基

一般来说，桩基础适用于以下几种情况：

(1)地基软弱：采用地基加固措施不合适；或地基土性特殊，如存在可融化土层、自重湿陷性黄土、膨胀土及季节性冻土等，宜采用桩基础将荷载传递到深部坚硬和稳定的土层中。

(2)上部结构对基础的不均匀沉降相当敏感，或建筑物受到相邻建筑物或大面积地面超载的影响，采用浅基础将会产生过量沉降或倾斜，宜考虑采用桩基础。

(3)抗倾覆稳定性差的高层或高耸结构：高层、高耸结构物除存在较大的垂直荷载外，还有较大的水平荷载、上拔荷载和倾覆力矩，而桩基础具有较好的抗倾覆稳定性。

(4)设有大吨位的重级工作制起重机的重型单层工业厂房可采用桩基础。

(5)需要减弱其振动影响的动力机器基础，或以桩基础作为地震区建筑物的抗震措施。

(6)地基的上层土质太差而下层土质较好，或地基软硬不均或荷载不均，不能满足上部结构对不均匀变形的要求，可采用桩基础。

(二)桩基础的设计等级及规定

1. 桩基设计等级

根据建筑规模、功能特征、对差异变形的适应性、场地地基和建筑物体形的复杂性以及由于桩基问题可能造成建筑破坏或影响正常使用的程度，将桩基设计分为甲级、乙级、丙级三个设计等级，见表 5-2。

表 5-2 基础设计等级

设计等级	建筑和地基类型
甲级	(1)重要的建筑； (2)30 层以上或高度超过 100 m 的高层建筑； (3)体型复杂且层数相差超过 10 层的高低层(含纯地下室)连体建筑； (4)20 层以上框架-核心筒结构及其他对差异沉降有特殊要求的建筑； (5)场地和地质条件复杂的 7 层以上的一般建筑及坡地、岸边建筑； (6)对相邻既有工程影响较大的建筑
乙级	除甲级、丙级以外的建筑
丙级	场地和地基条件简单、荷载分布均匀的 7 层及 7 层以下的一般建筑

2. 桩基设计规定

桩基设计时，所采用的作用效应组合与相应的抗力应符合下列规定：

(1)确定桩数和布桩时，应采用传至承台底面的荷载效应标准组合；相应的抗力应采用基桩或复合基桩承载力特征值。

(2)计算荷载作用下的桩基沉降和水平位移时，应采用荷载效应准永久组合；计算水平地震作用、风载作用下的桩基水平位移时，应采用水平地震作用、风载效应标准组合。

(3)验算坡地、岸边建筑桩基的整体稳定性时，应采用荷载效应标准组合。

(4)在计算桩基结构承载力、确定尺寸和配筋时，应采用传至承台顶面的荷载效应基本组合。

(5)桩基结构安全等级、结构设计使用年限和结构重要性系数 γ_0 应按现行有关建筑结构规范的规定采用，除临时性建筑外，重要性系数 γ_0 应不小于 1.0。

(三)桩基础的类型

1. 按承载性状分类

按承载性状可分为端承型桩(端承桩、摩擦端承桩)和摩擦型桩(摩擦桩、端承摩擦桩)，如图 5-2 所示。

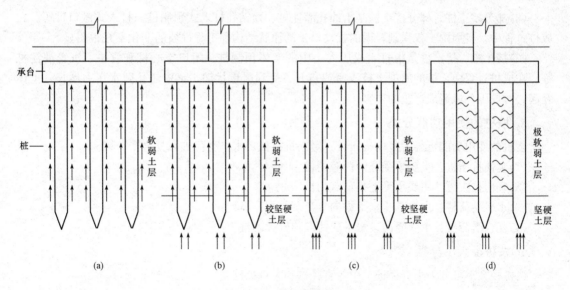

图 5-2 桩按承载性状分类

(a)摩擦桩；(b)端承摩擦桩；(c)摩擦端承桩；(d)端承桩

(1)端承型桩。端承桩：在承载能力极限状态下，桩顶竖向荷载由桩端阻力承受，桩侧阻力小到可忽略不计。

摩擦端承桩：在承载能力极限状态下，桩顶竖向荷载主要由桩端阻力承受。

微课：桩的分类

(2)摩擦型桩。摩擦桩：在承载能力极限状态下，桩顶竖向荷载由桩侧阻力承受，桩端阻力小到可忽略不计。

端承摩擦桩：在承载能力极限状态下，桩顶竖向荷载主要由桩侧阻力承受。

2. 按桩身材料分类

按桩身材料，可分为钢筋混凝土桩、钢桩和组合材料桩。

(1)钢筋混凝土桩。钢筋混凝土桩是当前应用最为广泛的桩，又可分为普通钢筋混凝土桩、预应力钢筋混凝土桩和预应力高强混凝土桩。

(2)钢桩。钢桩具有承载力高、抗冲击性能强、接桩方便、施工质量稳定、造价高等特点。目前，常用的有管桩、H 型钢桩或其他异型钢桩。

(3)组合材料桩。组合材料桩是指桩身由两种或两种以上材料组成的桩。如在素混凝土中掺入适量粉煤灰形成的粉煤灰素混凝土桩，水泥搅拌桩中插入型钢或钢筋混凝土预制桩等。

3. 按桩的施工方法分类

按桩的施工方法，可分为预制桩和灌注桩。

(1)预制桩。预制桩是预先制作好的具有特定形状、足够强度与刚度的桩，通过桩机设备打入、压入或振入地基土中去。主要有钢筋混凝土桩和钢桩。

(2)灌注桩。灌注桩是在现场成孔，再下放钢筋笼，然后灌注混凝土而成的桩。

4. 按成桩方法分类

按成桩方法，可分为非挤土桩、部分挤土桩和挤土桩。

(1)非挤土桩。非挤土桩是指采用干作业法、泥浆护壁法、套管护壁法的钻(挖)孔灌注桩。其对桩周围土没有挤压作用，不会引起土体中超孔隙水压力的增长，因而桩的施工不会危及周围相邻建筑物的安全。

(2)部分挤土桩。部分挤土桩是指冲孔灌注桩、预钻孔打入式预制桩、打入式敞口桩等。在成桩过程中，桩周围土仅受到轻微的扰动，土的原状结构和工程性质的变化不是很明显。

(3)挤土桩。挤土桩是指打入或压入土中的实体预制桩、闭口空心桩和管桩、沉管灌注桩等。在成桩过程中，桩的周围土被压密或挤开，受到严重扰动，土中超孔隙水压力增长，土体隆起，对周围环境造成严重的损害。

5. 按桩的使用功能分类

按桩的使用功能可分为竖向抗压桩、竖向抗拔桩、水平受荷桩和复合受荷桩。

(1)竖向抗压桩：主要承受竖向荷载的桩。

(2)竖向抗拔桩：主要承受上拔荷载的桩。

(3)水平受荷桩：主要承受水平方向上荷载的桩。

(4)复合受荷桩：承受竖向、水平向荷载均较大的桩。

6. 按桩径大小分类

按桩径大小可分为小直径桩、中等直径桩和大直径桩。

(1)小直径桩：$d \leqslant 250$ mm。

(2)中等直径桩：250 mm$< d < 800$ mm。

(3)大直径桩：$d \geqslant 800$ mm。

其中，d 为桩身设计直径。

(四)桩基础的构造要求

1. 灌注桩基桩构造

(1)配筋率：当桩身直径为 $300 \sim 2\,000$ mm 时，正截面配筋率可取 $0.2\% \sim 0.65\%$；对受荷载特别大的桩应根据计算确定配筋率，并不应小于上述规定值。

(2)配筋长度：端承型桩和位于坡地、岸边的基桩应沿桩身等截面或变截面通长配筋；摩擦型灌注桩配筋长度不应小于 2/3 桩长。

(3)对于受水平荷载的桩，主筋不应小于 8Φ12；对于抗压桩和抗拔桩，主筋不应小于 6Φ10。纵向主筋应沿桩身周边均匀布置，其净距不应小于 60 mm。

(4)桩身混凝土强度等级不得小于 C25，混凝土预制桩尖强度等级不得小于 C30。

(5)灌注桩主筋的混凝土保护层厚度不应小于 35 mm，水下灌注桩的主筋混凝土保护层厚度不得小于 50 mm。

2. 预制桩基桩构造

(1)混凝土预制桩的截面边长不应小于 200 mm；预应力混凝土预制实心桩的截面边长不宜小于 350 mm。

(2)预制桩的混凝土强度等级不宜低于 C30；预应力混凝土实心桩的混凝土强度等级不应低于 C40；预制桩纵向钢筋的混凝土保护层厚度不宜小于 30 mm。

(3)预制桩的桩身配筋应按吊运、打桩及桩在使用中的受力等条件计算确定。采用锤击法沉桩时，预制桩的最小配筋率不宜小于 0.8%；采用静压法沉桩时，最小配筋率不宜小于 0.6%，主筋直径不宜小于 14 mm。

3. 承台构造

承台是上部结构与裙桩之间相联系的结构部分，相当于一个浅基础。承台平面形状应根据上部结构的要求和桩的布置形式决定。常见的形式有矩形、三角形、多边形、圆形、条形等。

(1)柱下独立桩基承台的最小宽度不应小于 500 mm，边桩中心至承台边缘的距离不应小于桩的直径或边长，且桩的外边缘至承台边缘的距离不应小于 150 mm。对于墙下条形承台梁，桩的外边缘至承台梁边缘的距离不应小于 75 mm，承台的最小厚度不应小于 300 mm。

（2）承台混凝土材料及其强度等级应符合结构混凝土耐久性要求和抗渗要求，强度等级应不小于 C25。

（3）承台底面钢筋的混凝土保护层厚度，当有混凝土垫层时不应小于 50 mm，无垫层时不应小于 70 mm。

（4）矩形承台板配筋应按双向均匀通长布置，不宜少于 Φ10@200。

（5）条形承台梁的纵向主筋应符合现行国家标准《混凝土结构设计规范》（GB 50010—2010）关于最小配筋率的规定，主筋直径不应小于 12 mm，架立筋直径不应小于 10 mm，箍筋直径不应小于 6 mm。

（6）桩嵌入承台内的长度对中等直径桩不宜小于 50 mm，对大直径桩不宜小于 100 mm。混凝土桩的桩顶主筋应伸入承台内，其锚固长度宜≥30 倍钢筋直径，对于抗拔桩基应≥40 倍钢筋直径。

（7）桩基的承台，宜在其短向设置连系梁。连系梁顶面宜与承台顶位于同一标高，梁宽应≥200 mm，梁高可取承台中心距的 1/15～1/10，并配置不小于 4Φ12 的钢筋。

二、桩的承载力

（一）单桩竖向极限承载力

单桩竖向极限承载力是指单桩在竖向荷载作用下到达破坏状态前或出现不适于继续承载的变形时所对应的最大荷载，它取决于土对桩的支承阻力和桩身承载力。一般情况下，桩的承载力都是由土的支承能力控制的。因此，如何根据地基土的变形和强度确定桩的承载力，就成为设计桩基的关键问题。

微课：单桩竖向承载力的确定

《建筑桩基技术规范》（JGJ 94－2008）规定，对于各级建筑桩基单桩竖向极限承载力的取值应符合表 5-3 的规定。

表 5-3　各级建筑桩基单桩竖向极限承载力的取值

设计等级		确定方法
甲级		荷载试验
乙级	地质条件简单	可参照相同试验资料并结合静力触探等原位测试和经验参数综合确定
	其余情况	均通过单桩静荷载试验
丙级		可根据原位测试和经验参数确定

确定单桩竖向承载力的方法和公式甚多，现择取主要的叙述如下。

1. 单桩静荷载试验法

单桩静荷载试验是按照设计要求在建筑场地先打试桩，顶上分级施加静荷载，并观测各级荷载作用下的沉降量，直到桩周围地基破坏或桩身破坏，从而求得桩的极限承载力。

单桩静荷载试验是目前评价单桩承载力最为直观和可靠的方法。

微课：单桩竖向抗压静荷载试验

试验装置由加荷稳压装置、反力装置和桩顶沉降观测系统三部分组成，如图 5-3 所示。桩顶的油压千斤顶对桩顶施加压力，千斤顶的反力由锚桩[图 5-3（a）]或压重平台上的重物来平衡[图 5-3（b）]，安装在基准梁上的百分表或电子位移计用于量测桩顶的沉降。

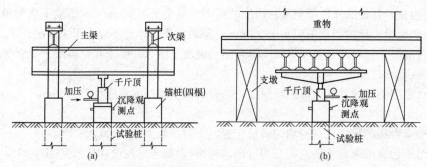

图 5-3　单桩静荷载试验的加载装置

(a)锚桩横梁反力装置；(b)压重平台反力装置

考虑到施工过程中对桩周土的扰动，试验须待到土体强度充分恢复后方可进行。间隔天数视土质条件和施工方法而定。一般情况下，所需间隔时间如下：预制桩在砂土中入土 7 d 后；黏性土不得少于 15 d；对于饱和黏性土不得少于 25 d；灌注桩应在桩身混凝土强度达到设计要求后才能进行。

荷载试验时，每级加荷值约为预估极限荷载的 1/10～1/8，第一级荷载可适当增大。测读桩顶沉降的间隔时间为：每级加荷后，第 5 min、10 min、15 min 时各测读一次，以后每隔 15 min 读一次，累计 1 h 后每隔半小时读一次。

在每级荷载下，桩的沉降量连续两次每小时内小于 0.1 mm 时可视为沉降稳定。

当出现下列情况之一时，可终止加载：

(1)Q-s 曲线(图 5-4)上有可判定极限承载力的陡降段，且桩顶总沉降超过 40 mm。

(2)在该级荷载下，桩的下沉增量超过前一级荷载下沉增量的 2 倍，且经 24 h 尚未稳定。

(3)25 m 长的非嵌岩桩，Q-s 曲线呈缓变形时，桩顶总沉降量大于 60～80 mm。

根据曲线特性，采用下述方法确定单桩竖向极限承载力：

(1)当 Q-s 曲线有明显陡降段时，可取曲线发生明显陡降的起始点所对应的荷载为单桩极限承载力。

(2)当出现上述(2)情况时，取前一级荷载为单桩极限承载力。

(3)当 Q-s 曲线呈缓变形时，取桩顶总沉降量为 40 mm 所对应的荷载作为单桩极限承载力。

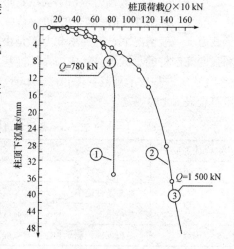

图 5-4　单桩 Q-s 曲线

试桩数量一般不少于桩总数的 1%，且不少于 3 根。参加统计的试桩的极差不超过平均值的 30%，以平均值作为单桩极限承载力；否则，宜增加试桩数量并分析极差过大的原因，结合工程具体情况确定极限承载力。

单桩竖向极限承载力除以安全系数 2，即为单桩竖向承载力特征值 R_a。

2. 经验参数法

根据《建筑桩基技术规范》(JGJ 94—2008)的规定，当根据土的物理指标与承载力参数之间的经验关系确定单桩竖向极限承载力标准值时，宜按下式计算：

$$Q_{uk} = Q_{sk} + Q_{pk} = u \sum q_{sik} l_i + q_{pk} A_p \tag{5-1}$$

206

式中　Q_{uk}——单桩竖向极限承载力标准值;

　　　Q_{sk}——单桩总极限侧摩阻力标准值;

　　　Q_{pk}——单桩总极限端阻力标准值;

　　　q_{sik}——桩侧第 i 层土的极限侧阻力标准值,如无当地经验时,可按表 5-4 取值;

　　　q_{pk}——极限端阻力标准值,如无当地经验时,可按表 5-5 取值;

　　　u——桩身周边长度;

　　　A_p——桩底端横截面面积;

　　　l_i——按土层划分的各段桩长。

表 5-4　桩的极限侧阻力标准值 q_{sik}　　　　　　　　　　　　　　　　　　　　kPa

土的名称	土的状态		混凝土预制桩	泥浆护壁钻(冲)孔桩	干作业钻孔桩
填土			22~30	20~28	20~28
淤泥			14~20	12~18	12~18
淤泥质土			22~30	20~28	20~28
黏性土	流塑	$I_L>1$	24~40	21~38	21~38
	软塑	$0.75<I_L\leqslant1$	40~55	38~53	38~53
	可塑	$0.50<I_L\leqslant0.75$	55~70	53~68	53~66
	硬可塑	$0.25<I_L\leqslant0.50$	70~86	68~84	66~82
	硬塑	$0<I_L\leqslant0.25$	86~98	84~96	82~94
	坚硬	$I_L\leqslant0$	98~105	96~102	94~104
红黏土		$a_w\leqslant1$	13~32	12~30	12~30
		$a_w\leqslant0.7$	32~74	30~70	30~70
粉土	稍密	$e>0.9$	26~46	24~42	24~42
	中密	$0.75\leqslant e\leqslant0.9$	46~66	42~62	42~62
	密实	$e<0.75$	66~88	62~82	62~82
粉细砂	稍密	$10<N\leqslant15$	24~48	22~46	22~46
	中密	$15<N\leqslant30$	48~66	46~64	46~64
	密实	$N>30$	66~88	64~86	64~86
中砂	中密	$15<N\leqslant30$	54~74	53~72	53~72
	密实	$N>30$	74~95	72~94	72~94
粗砂	中密	$15<N\leqslant30$	74~95	74~95	76~98
	密实	$N>30$	95~116	95~116	98~120
砾砂	稍密	$5<N_{63.5}\leqslant15$	70~110	50~90	60~100
	中密(密实)	$N_{63.5}>15$	116~138	116~130	112~130
圆砾、角砾	中密、密实	$N_{63.5}>10$	160~200	135~150	135~150
碎石、卵石	中密、密实	$N_{63.5}>10$	200~300	140~170	150~170
全风化软质岩		$30<N\leqslant50$	100~120	80~100	80~100
全风化硬质岩		$30<N\leqslant50$	140~160	120~140	120~150
强风化软质岩		$N_{63.5}>10$	160~240	140~200	140~220
强风化硬质岩		$N_{63.5}>10$	220~300	160~240	160~260

　　注:1. 对于尚未完成自重固结的填土和以生活垃圾为主的杂填土,不计算其侧阻力;

　　　　2. a_w 为含水比,$a_w=w/w_L$,w 为土的天然含水量,w_L 为土的液限;

　　　　3. N 为标准贯入击数,$N_{63.5}$ 为重型圆锥动力触探击数;

　　　　4. 全风化、强风化软质岩和全风化、强风化硬质岩系指其母岩分别为 $f_{rk}\leqslant15$ MPa、$f_{rk}>30$ MPa 的岩石。

表5-5 桩的极限端阻力标准值 q_{pk}

kPa

土名称	土的状态	桩型	混凝土预制桩桩长 l/m				泥浆护壁钻(冲)孔桩桩长 l/m				干作业钻孔桩桩长 l/m		
			$l\leq9$	$9<l\leq16$	$16<l\leq30$	$l>30$	$5\leq l\leq10$	$10<l\leq15$	$15<l\leq30$	$30\leq l$	$5\leq l<10$	$10<l<15$	$15\leq l$
黏性土	软塑	$0.75<I_L\leq1$	210~850	650~1 400	1 200~1 800	1 300~1 900	150~250	250~300	300~450	300~450	200~400	400~700	700~950
	可塑	$0.50<I_L\leq0.75$	850~1 700	1 400~2 200	1 900~2 800	2 300~3 600	350~450	450~600	600~750	750~800	500~700	800~1 100	1 000~1 600
	硬可塑	$0.25<I_L\leq0.50$	1 500~2 300	2 300~3 300	2 700~3 600	3 600~4 400	800~900	900~1 000	1 000~1 200	1 200~1 400	850~1 100	1 500~1 700	1 700~1 900
	硬塑	$0<I_L\leq0.25$	2 500~3 800	3 800~5 500	5 500~6 000	6 000~6 800	1 100~1 200	1 200~1 400	1 400~1 600	1 600~1 800	1 600~1 800	2 200~2 400	2 600~2 800
粉土	中密	$0.75\leq e\leq0.9$	950~1 700	1 400~2 100	1 900~2 700	2 500~3 400	300~500	500~650	650~750	750~850	800~1 200	1 200~1 400	1 400~1 600
	密实	$e<0.75$	1 500~2 600	2 100~3 000	2 700~3 600	3 600~4 400	650~900	750~950	900~1 100	1 100~1 200	1 200~1 700	1 400~1 900	1 600~2 100
粉砂	稍密	$10<N\leq15$	1 000~1 600	1 500~2 300	1 900~2 700	2 100~3 000	350~500	450~600	600~700	650~750	500~950	1 300~1 600	1 500~1 700
	中密、密实	$N>15$	1 400~2 200	2 100~3 000	3 000~4 500	3 800~5 500	600~750	750~900	900~1 100	1 100~1 200	900~1 000	1 700~1 900	1 700~1 900
细砂	中密、密实	$N>15$	2 500~4 000	3 600~5 000	4 400~6 000	5 300~7 000	650~850	900~1 200	1 200~1 500	1 500~1 800	1 200~1 600	2 000~2 400	2 400~2 700
中砂	中密、密实	$N>15$	4 000~6 000	5 500~7 000	6 500~8 000	7 500~9 000	850~1 050	1 100~1 500	1 500~1 900	1 900~2 100	1 800~2 400	2 800~3 800	3 600~4 400
粗砂	中密、密实	$N>15$	5 700~7 500	7 500~8 500	8 500~10 000	9 500~11 000	1 500~1 800	2 100~2 400	2 400~2 600	2 600~2 800	2 900~3 600	4 000~4 600	4 600~5 200
砾砂	中密、密实	$N_{63.5}>10$	6 000~9 500		9 000~10 500		1 400~2 000		2 000~3 200		3 500~5 000		
角砾、圆砾	中密、密实	$N_{63.5}>10$	7 000~10 000		9 500~11 500		1 800~2 200		2 200~3 600		4 000~5 500		
碎石、卵石		$N_{63.5}>10$	8 000~11 000		10 500~13 000		2 000~3 000		3 000~4 000		4 500~6 500		
全风化软质岩		$30<N\leq50$	4 000~6 000				1 000~1 600				1 200~2 000		
全风化硬质岩		$30<N\leq50$	5 000~8 000				1 200~2 000				1 400~2 400		
强风化软质岩		$N_{63.5}>10$	6 000~9 000				1 400~2 200				1 600~2 600		
强风化硬质岩		$N_{63.5}>10$	7 000~11 000				1 800~2 800				2 000~3 000		

注:1. 砂土和碎石类土中桩的极限端阻力取值,宜综合考虑土的密实度,土越密实,桩端进入持力层的深径比 h_b/d 越大,取值越高;

2. 预制桩的岩石极限端阻力指桩端支承于中、微风化基岩表面或进入强风化岩、软质岩一定深度条件下极限端阻力;

3. 全风化、强风化软质岩和强风化硬质岩指其母岩分别为 $f_{rk}\leq15$MPa、$f_{rk}>30$MPa 的岩石。

3. 静力触探法

《建筑地基基础设计规范》(GB 50007—2011)规定，地基基础设计等级为丙级的建筑物，可采用静力触探试验参数确定单桩竖向承载力。

《建筑桩基础技术规范》(JGJ 94—2008)规定，当根据双桥探头静力触探资料确定混凝土预制桩单桩竖向极限承载力标准值时，对于黏性土、粉土和砂土，如无当地经验则按下式计算：

$$Q_{uk} = Q_{sk} + Q_{pk} = u \sum l_i \cdot \beta_i \cdot f_{si} + \alpha \cdot q_c \cdot A_p \tag{5-2}$$

式中　f_{si}——第 i 层土的探头平均侧阻力(kPa)；

q_c——桩端平面上、下探头阻力，取桩端平面以上 $4d$(d 为桩的直径或边长)范围内按土层厚度的探头阻力加权平均值(kPa)，然后再和桩端平面以下 d 范围内的探头阻力进行平均；

α——桩端阻力修正系数，对于黏性土、粉土取 2/3，对于饱和砂土取 1/2；

β_i——第 i 层土桩侧阻力综合修正系数，黏性土、粉土：$\beta_i = 10.04 (f_{si})^{-0.55}$；砂土：$\beta_i = 5.05 (f_{si})^{-0.45}$。

单桩竖向承载力标准值 $R_a = Q_{uk}/2$。

4. 考虑承台效应的复合基桩竖向承载力特征值

对于符合下列条件之一的摩擦型桩基，宜考虑承台效应确定其复合基桩的竖向承载力特征值：

(1)上部结构整体刚度较好，体形简单的建筑物；

(2)对差异沉降适应性较强的排架结构和柔性构筑物；

(3)按变刚度调平原则设计的桩基刚度相对弱化区；

(4)软土地基的减沉复合疏桩基础。

对于端承型桩基、桩数少于 4 根的摩擦型桩下独立桩基，或由于地层土性、使用条件等因素不宜考虑承台效应时，基桩竖向承载力特征值应取单桩竖向承载力特征值。

(二)单桩水平承载力

桩基一般都承受有竖向荷载、水平荷载和力矩的作用，因此，在设计中除了要考虑其竖向承载力之外，还必须考虑其承受水平荷载的能力。

1. 影响因素

与单桩竖向承载力相比，单桩水平承载力问题显得更为复杂。影响单桩水平承载力的因素很多，包括桩的截面刚度、材料强度、桩侧土质条件、桩顶约束情况以及桩的入土深度等。

(1)桩的截面刚度和材料强度。桩身强度和刚度桩的直径越大，桩身材料强度越高，则桩身的抗弯刚度越高，其抵抗水平荷载的能力也越强。对于抗弯性能差的桩，其水平承载能力由桩身强度控制，如低配筋率的灌注桩通常是桩身首先出现裂缝，然后断裂破坏；而对于抗弯性能好的桩，如钢筋混凝土预制桩和钢桩，在水平荷载作用下，桩身虽然未断裂，但当桩侧土体显著隆起，或桩顶水平位移大大超过上部结构的允许值时，也应该认为桩已达到水平承载力的极限状态。

(2)桩侧土质条件。桩侧土质越好，其水平抗力越大，或地基上水平抗力系数越大，桩的水平承载能力就越高，尤其是桩侧表层土(3~4 倍桩径范围内)的承载能力极大地影响着桩身的水平承载力。

(3)桩顶约束情况。地基土的水平抗力系数随桩身水平位移的增大呈指数衰减。因此，对桩顶水平位移的约束越好，则桩侧土的水平抗力越大。

(4)桩的入土深度。随着桩的入土深度增大，桩侧土将获得足够的嵌固作用，使地面位移趋于最小。当桩的入土深度较小时，桩侧土嵌固作用不足，地面位移很可能大到为上部结构所不容许,同时桩底也有相当大的力矩和位移,而要求桩底土对其有足够的嵌固能力。但当桩的入土深度达到一定值,即便增加桩的入土深度,对桩的水平承载力也不再起作用。因此,在工程中无限地利用增加桩的入土深度来提高基桩的水平承载力的做法是不可取的。

2. 确定方法

确定单桩水平承载力的方法主要有水平静荷载试验和理论计算两大类。

由于桩的水平静荷载试验是在现场条件下进行,所确定的单桩水平承载力和地基土的水平抗力系数最符合实际情况,所以这种方法是确定桩的水平承载力的最为可靠和有效的方法。这里仅介绍现场静荷载试验法。

(1)试验装置。水平承载力试验的加载装置,宜用水平放置的油压千斤顶加载,用百分表测水平位移,如图 5-5 所示。

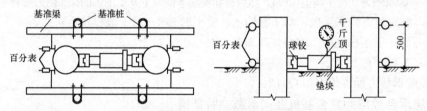

图 5-5 单桩水平静荷载试验的加载装置

千斤顶的作用是施加水平力,水平力的作用线应通过地面标高处(地面标高应与实际工程桩承台底面标高相一致)。

百分表宜成对布置在试桩侧面。对每一根试桩,在力的作用水平面上和该平面以上 50 cm 左右处各安装 1~2 个百分表,上表测量桩顶的水平位移,下表测量桩身在地面处的水平位移。

在试桩的侧面靠位移的反方向上宜埋设基准桩。基准桩应离开试桩一定距离,以免影响试验结果的精确度。

(2)加荷方法。加荷时可采用慢速维持荷载法或单向多循环加荷法,其中单向多循环加荷法最为常用。

采用单向多循环加荷法时,荷载需分级施加,分级荷载应小于预估水平极限承载力或最大试验荷载的 1/10。每级荷载施加后,恒载 4 min 后可测读水平位移,然后卸载至 0,停 2 min 测读残余水平位移,至此完成一个加卸载循环。如此循环 5 次,完成一级荷载的位移观测。试验不得中间停顿。

(3)终止加载条件。当出现下列情况之一时,可终止加载:桩身折断;水平位移超过 30~40 mm(软土取 40 mm);水平位移达到设计要求的水平位移允许值。

(4)单桩水平极限承载力的确定。一般而言,根据水平静荷载试验可以得到桩的荷载、位移以及时间之间的关系,据此可以做出各种分析曲线,其中最主要的是桩顶水平荷载-时间-桩顶水平位移(H_0-t-x_0)曲线(图 5-6),水平荷

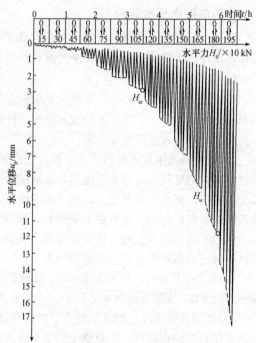

图 5-6 水平静荷载试验 H_0-t-x_0 曲线

载-位移梯度(H_0-$\Delta x_0 / \Delta H_0$)曲线(图 5-7)和水平荷载-位移(H_0-x_0)曲线，当具有桩身应力量测资料时，尚应绘制应力沿桩身分布图及水平荷载与最大弯矩截面钢筋应力(H_0-σ_g)曲线(图 5-8)。

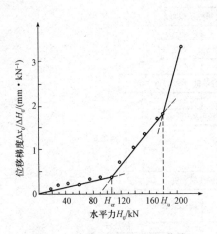

图 5-7　单桩 H_0-$\Delta x_0 / \Delta H_0$ 曲线

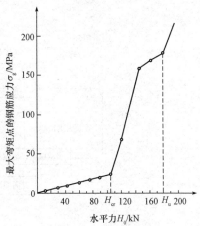

图 5-8　单桩 H_0-σ_g 曲线

单桩水平极限承载力可按下列方法综合确定：

1)取(H_0-t-x_0)曲线产生明显陡降的前一级。

2)取(H_0-$\Delta x_0 / \Delta H_0$)曲线上第二拐点对应的水平荷载值。

3)取桩身折断或受拉钢筋屈服时的前一级水平荷载值。

由水平极限荷载值 H_u 确定允许承载力时应除以安全系数 2.0。

(三)单桩抗拔承载力

桩基础承受上拔力的结构类型较多，主要有高耸构筑物(如烟囱、电视塔等)、受地下水浮力的地下结构物(如地下室、水池、车库等)、水平荷载作用下出现上拔力的结构物以及膨胀土地基上的建筑物等。

桩基承受上拔力的情况有两类，设计的要求不完全一样。一类是恒定的上拔力，如地下水的浮托力。为了平衡浮托力，避免地下室上浮，需要设置抗拔桩，完全按抗拔桩的要求验算抗拔承载力、配置通长的钢筋、设置能抗拉的接头等；另一类是在某一方向水平荷载作用下才会使某些桩承受上拔力，但在荷载方向改变时这些桩可能又承受压力，设计时应同时满足抗压和抗拔两方面的要求，或按抗压桩设计并验算抗拔承载力。

对于设计等级为甲级和乙级建筑桩基，基桩的抗拔极限承载力应通过现场单桩上拔静荷载试验确定；对于群桩基础和设计等级为丙级建筑桩基，可按经验公式估算单桩抗拔承载力。

三、桩基础的设计

桩基设计的内容及步骤如图 5-9 所示。

(一)必要的资料准备

在设计之前，首先应通过调查研究，充分掌握一些基本的设计资料，其中包括上部结构的情况(如平面布置、结构形式、荷载大小以及构造和使用上的要求)、工程地质与水文地质勘查资料、基础材料的来源及施工条件(如桩的制作、运输、沉桩设备)等；另外，还应了解当地使用桩的经验，以供设计参考。

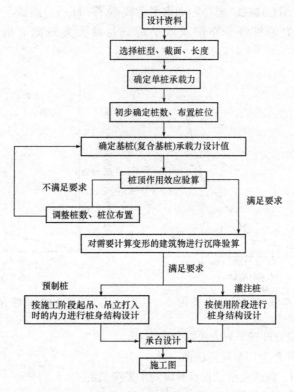

图 5-9　桩基设计流程

(二)初步选择桩的类型、桩的截面尺寸及桩长

1. 桩的类型

桩基设计时,首先应根据建筑物的结构类型、荷载情况、桩的使用功能、地层条件、地下水位、施工能力及环境限制(噪声、振动)等因素,选择预制桩或灌注桩的类别,确定桩的受力工作类型。

2. 桩的截面尺寸

桩的横截面面积根据桩顶荷载大小与当地施工机具及建筑经验确定。钢筋混凝土预制桩的截面尺寸一般在 300 mm×300 mm～500 mm×500 mm 范围内选择;钢筋混凝土灌注桩的截面尺寸一般可在 300 mm×300 mm～1 200 mm×1 200 mm 范围内选择;人工挖孔桩的直径在 800 mm 以上。

从楼层多少和荷载大小来看,10 层以下的,可考虑采用直径 500 mm 左右的灌注桩和边长为 400 mm 的预制桩;10～20 层的可采用直径 800～1 000 mm 的灌注桩和边长为 400～500 mm 的预制桩;20～30 层的可采用直径 1 000～1 200 mm 的钻(冲、挖)孔灌注桩和边长不小于 500 mm 的预制桩;30～40 层的可采用直径大于 1 200 mm 的钻(冲、挖)孔灌注桩和边长为 500～550 mm 的预应力钢筋混凝土空心桩和大直径钢管桩;楼层更多的可用直径更大的灌注桩。

3. 桩长

确定桩长的关键在于选择持力层。根据土层的竖向分布特征,尽可能选定硬土层作为桩端持力层和下卧层,从而可初步确定桩长,这是桩基础要具备较好的承载变形特性所要求的。强度较高、压缩性较低的黏性土、粉土、中密或密实砂土、砾石土以及中风化或微风化的岩层,是常用的桩端持力层,如果饱和软黏土地基深厚,硬土层埋深过深,也可采用超长摩擦桩方案。

桩端全断面进入持力层的深度，对于黏土、粉土不宜小于 $2d$，砂土不宜小于 $1.5d$，碎石类土不宜小于 d。当存在软弱下卧层时，桩基以下硬持力层厚度不宜小于 $3d$。

(三)确定单桩承载力

前面"二、桩的承载力"已介绍。

(四)确定桩的数量及其平面布置

1. 确定桩数 n

(1)轴心受压时，桩数为

$$n \geqslant \frac{F_k + G_k}{R_a} \tag{5-3}$$

(2)偏心受压时，桩数为

$$n \geqslant \zeta_e \frac{F_k + G_k}{R_a} \tag{5-4}$$

式中　ζ_e——偏心增大系数，取 $1.1\sim1.2$。

2. 确定桩距 s

选择最优的桩距就是合理布桩，这是使桩基设计做到经济和有效的重要一环。

一般常用桩距 $s=(3\sim4)d$。桩距太大会增加承台的面积，使其体积和用料加大而不经济；桩距太小则会使摩擦桩基承载力降低，沉降加大，且给施工造成困难。

桩的边距 s_1(桩的中心至承台边的距离)一般不小于桩的直径，也不得小于 300 mm。桩的最小中心距见表 5-6。

表 5-6　桩的最小中心距

土类与沉桩工艺		排数不少于 3 排且桩数不少于 9 根的摩擦型基桩	其他情况
非挤土灌注桩		$3.0d$	$3.0d$
部分挤土桩		$3.5d$	$3.0d$
挤土桩	非饱和土	$4.0d$	$3.5d$
	饱和黏性土	$4.5d$	$4.0d$
钻、挖孔扩底桩		$2D$ 或 $D+2$ m(当 $D>2$ m)	$1.5D$ 或 $D+1.5$ m(当 $D>2$ m)
沉管夯扩、钻孔挤扩桩	非饱和土	$2.2D$ 且 $4.0d$	$2.0D$ 且 $3.5d$
	饱和黏性土	$2.5D$ 且 $4.5D$	$2.2D$ 且 $4.0D$

注：d 为圆桩设计直径或方桩设计边长；D 为扩大端设计直径。

3. 桩的平面布置

在确定桩数、桩距和边距后，根据布桩的原则，选用合理的排列方式。

(1)布置原则。

1)力求使桩基中各桩受力均匀：作用在板式承台上荷载的合力作用点，应与群桩横截面的重心相重合或接近。

2)桩基在承受水平和弯矩较大方向有较大的抵抗矩，以增强桩基的抗弯能力。

(2)布置形式。根据桩基的受力情况，桩在平面内可布置成方形、矩形、三角形和梅花形等。对于柱基，通常布置成梅花形或行列式；对于条形基础，通常布置成一字形，小型工程一排桩，大中型工程两排桩；对于烟囱、水塔基础，通常布置成圆环形，如图 5-10 所示。

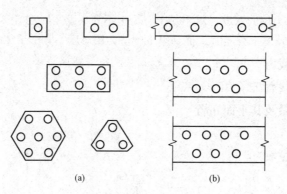

图 5-10　桩的平面布置

(a)柱下桩基；(b)墙下桩基

(五)桩基承载力验算

1. 桩顶荷载效应计算

桩顶荷载效应如图 5-11 所示。

(1)轴心竖向力作用下：

$$N_k = \frac{F_k + G_k}{n} \tag{5-5}$$

(2)偏心竖向力作用下：

$$N_{ik} = \frac{F_k + G_k}{n} \pm \frac{M_{xk} y_i}{\sum y_j^2} \pm \frac{M_{yk} x_i}{\sum x_j^2} \tag{5-6}$$

(3)水平力作用下：

$$H_{ik} = \frac{H_k}{n} \tag{5-7}$$

图 5-11　桩顶荷载简图

式中　F_k——荷载效应标准组合下，作用于承台顶面的竖向力；

$\quad\quad G_k$——桩基承台和承台上土自重标准值，对稳定的地下水位以下部分应扣除水的浮力；

$\quad\quad N_k$——荷载效应标准组合轴心竖向力作用下，基桩或复合基桩的平均竖向力；

$\quad\quad N_{ik}$——荷载效应标准组合偏心竖向力作用下，第 i 基桩或复合基桩的平均竖向力；

$\quad\quad M_{xk}, M_{yk}$——荷载效应标准组合下，作用于承台底面，绕通过桩群形心的 x、y 主轴的力矩；

$\quad\quad x_i, x_j, y_i, y_j$——第 i、j 基桩或复合基桩至 y、x 轴的距离；

$\quad\quad H_k$——荷载效应标准组合下，作用于承台底面的水平力；

$\quad\quad H_{ik}$——荷载效应标准组合下，作用于第 i 基桩或复合基桩的水平力；

$\quad\quad n$——桩数。

2. 桩基竖向承载力计算

(1)轴心竖向力作用下：

$$N_k \leqslant R \tag{5-8}$$

(2)偏心竖向力作用下：

$$N_{k,\max} \leqslant 1.2R \tag{5-9}$$

微课：桩基的沉降

（3）水平力作用下：

$$H_{ik} \leqslant R_h \tag{5-10}$$

式中　R——基桩或复合基桩竖向承载力特征值；

　　　R_h——单桩基础或群桩中基桩的水平承载力特征值。

(六)桩基承台设计

桩基承台的设计包括确定承台的材料、底面标高、平面形状及尺寸、剖面形状及尺寸，以及进行受弯、受剪、受冲切和局部受压承载力计算，并应符合构造要求。

桩基承台的受力十分复杂，作为上部结构墙、柱和下部桩群之间的力的转换结构，承台可能因承受弯矩作用而破坏，亦可能因承受冲切或剪切作用而破坏。因此，承台计算包括受弯计算、受冲切计算和受剪计算三种验算。当承台的混凝土强度等级低于柱子的强度等级时，还要验算承台的局部受压承载力。

根据受弯计算的结果进行承台的钢筋配置；根据受冲切和受剪计算确定承台的厚度。

1. 承台的平面形状及尺寸

承台平面形状和尺寸应根据上部结构的要求、桩数和桩的布置形式确定，常见的形状有矩形、三角形、多边形、圆形、环形及条形等(图 5-12)。通常，墙下桩基采用条形承台梁；柱下桩基采用板式承台(矩形或三角形)，其剖面形状可做成锥形、台阶形和平板形。承台的尺寸和材料还需满足构造要求。

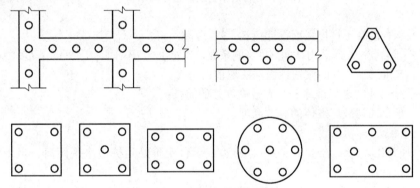

图 5-12　桩基承台的平面形状

2. 承台厚度的确定

承台厚度按冲切及剪切条件确定，先按冲切计算，后按剪切验算。

（1）受冲切计算。当桩基承台的有效高度不足时，承台将产生冲切破坏。承台冲切破坏的方式，一种是柱(墙)对承台的冲切；另一种是单一基桩对承台的冲切。柱边冲切破坏锥体斜面与承台底面的夹角大于或等于 45°，该斜面的上周边位于柱与承台交接处或承台变阶处，下周边位于相应的桩顶内边缘处(图 5-13)。

受柱(墙)冲切承载力可按下列公式计算：

$$F_l \leqslant \beta_{hp}\beta_0 u_m f_t h_0 \tag{5-11}$$

$$F_l = F - \sum Q_i \tag{5-12}$$

$$\beta_0 = \frac{0.84}{\lambda + 0.2} \tag{5-13}$$

式中　F_l——不计承台及其上土重，在荷载效应基本组合下作用于冲切破坏锥体上的冲切力设计值；

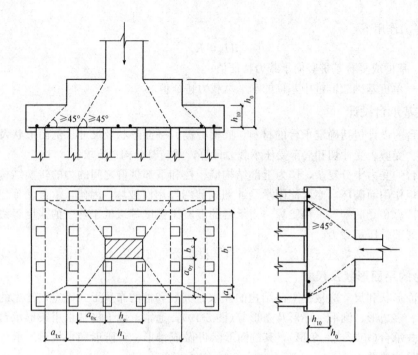

图 5-13　柱对承台的冲切计算示意

f_t——承台混凝土抗拉强度设计值；

β_{hp}——承台受冲切承载力截面高度影响系数，当 $h \leqslant 800$ mm 时，β_{hp} 取 1.0；$h \geqslant 2\,000$ mm 时，β_{hp} 取 0.9，其间按线性内插法取值；

u_m——承台冲切破坏锥体一半有效高度处的周长；

h_0——承台冲切破坏锥体的有效高度；

β_0——柱（墙）冲切系数；

λ——冲跨比，$\lambda = a_0/h_0$，a_0 为柱（墙）边或承台变阶处到桩边水平距离；当 $\lambda < 0.25$ 时，取 $\lambda = 0.25$；当 $\lambda > 1.0$ 时，取 $\lambda = 1.0$；

F——不计承台及其上土重，在荷载效应基本组合作用下柱（墙）底的竖向荷载设计值；

$\sum Q_i$——不计承台及其上土重，在荷载效应基本组合下冲切破坏锥体内各基桩或复合基桩的反力设计值之和。

对于柱下矩形独立承台受柱冲切的承载力，可按下列公式计算：

$$F_l \leqslant 2\left[\beta_{0x}(b_c + a_{0y}) + \beta_{0y}(h_c + a_{0x})\right]\beta_{hp} f_t h_0 \tag{5-14}$$

式中　β_{0x}，β_{0y}——由式(5-13)求得，$\lambda_{0x} = a_{0x}/h_0$，$\lambda_{0y} = a_{0y}/h_0$；$\lambda_{0x}$、$\lambda_{0y}$ 均应满足 $0.25 \sim 1.0$ 的要求；

h_c，b_c——x、y 方向的柱截面的边长；

a_{0x}，a_{0y}——x、y 方向柱边离最近桩边的水平距离。

（2）受剪切计算。柱下独立桩基承台的剪切破坏面为一通过柱（墙）边与桩边连线所形成的斜截面(图 5-14)，其受剪承载力按下式计算：

$$V \leqslant \beta_{hs}\alpha f_t b_0 h_0 \tag{5-15}$$

$$\alpha = \frac{1.75}{\lambda + 1} \tag{5-16}$$

$$\beta_{hs} = \frac{800}{h_0} \tag{5-17}$$

216

式中 V——不计承台及其上土自重，在荷载效应基本组合下，斜截面的最大剪力设计值；

f_t——混凝土轴心抗拉强度设计值；

b_0——承台计算截面处的计算宽度；

h_0——承台计算截面处的有效高度；

α——承台剪切系数；

λ——计算截面的剪跨比，$\lambda_x = a_x/h_0$，$\lambda_y = a_y/h_0$，此处，a_x、a_y 为柱边（墙边）或承台变阶处至 y、x 方向计算一排桩的桩边的水平距离，当 $\lambda < 0.25$ 时，取 $\lambda = 0.25$；当 $\lambda > 3$ 时，取 $\lambda = 3$；

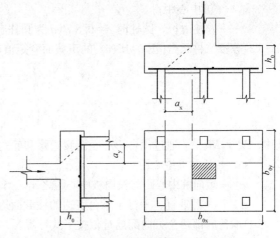

图 5-14 承台斜截面受剪切计算示意

β_{hs}——受剪切承载力截面高度影响系数；当 $h_0 < 800$ mm 时，取 $h_0 = 800$ mm；当 $h_0 > 2\,000$ mm 时，取 $h_0 = 2\,000$ mm；其间按线性内插法取值。

3. 承台的配筋计算

（1）条形两桩承台和矩形多桩承台弯矩计算截面取在柱边和承台变阶处[图 5-15(a)]，正截面弯矩设计值可按下列公式计算：

$$M_x = \sum N_i y_i \tag{5-18}$$

$$M_y = \sum N_i x_i \tag{5-19}$$

式中 M_x，M_y——绕 x 轴和绕 y 轴方向计算截面处的弯矩设计值；

x_i，y_i——垂直 y 轴和 x 轴方向自桩轴线到相应计算截面的距离；

N_i——不计承台及其上土重，在荷载效应基本组合下的第 i 基桩或复合基桩竖向反力设计值。

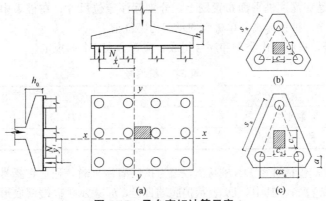

图 5-15 承台弯矩计算示意

(a)矩形多桩承台；(b)等边三桩承台；(c)等腰三桩承台

（2）等边三桩承台[图 5-15(b)]的正截面弯矩值应符合下列要求：

$$M = \frac{N_{\max}}{3}\left(s_a - \frac{\sqrt{3}}{4}c\right) \tag{5-20}$$

式中 M——通过承台形心至各边边缘正交截面范围内板带的弯矩设计值；

$N_{\max}$——不计承台及其上土重，在荷载效应基本组合下三桩中最大基桩或复合基桩竖向反力设计值；

s_a——桩中心距；

c——方柱边长，圆柱时 $c=0.8d$（d 为圆柱直径）。

（3）等腰三桩承台［图 5-15(c)］的正截面弯矩值应符合下列要求：

$$M_1=\frac{N_{\max}}{3}\left(s_a-\frac{0.75}{\sqrt{4-\alpha^2}}c_1\right) \tag{5-21}$$

$$M_2=\frac{N_{\max}}{3}\left(\alpha s_a-\frac{0.75}{\sqrt{4-\alpha^2}}c_2\right) \tag{5-22}$$

式中　M_1，M_2——通过承台形心至两腰边缘和底边边缘正交截面范围内板带的弯矩设计值；

s_a——长向桩中心距；

α——短向桩中心距与长向桩中心距之比，当 α 小于 0.5 时，应按变截面的二桩承台设计；

c_1，c_2——垂直、平行于承台底边的柱截面边长。

（4）承台底部两个方向配筋近似按下式计算：

$$A_{sx}=\frac{M_x}{0.9f_yh_0} \tag{5-23}$$

$$A_{sy}=\frac{M_y}{0.9f_yh_0} \tag{5-24}$$

四、桩基础施工图识读

（一）灌注桩平法施工图的表示方法

根据《混凝土结构施工图平面整体表示方法制图规则和构造详图（独立基础、条形基础、筏形基础、桩基础）》(16G101—3)，灌注桩平法施工图是在灌注桩平面布置图上采用列表注写方式或平面注写方式进行表达。

1. 列表注写方式

列表注写方式是在灌注桩平面布置图上，分别标注定位尺寸；在桩表中注写桩编号、桩尺寸、纵筋、螺旋箍筋、桩顶标高、单桩竖向承载力特征值。

（1）注写桩编号，桩编号由类型和序号组成，应符合表 5-7 的规定。

表 5-7　桩编号

类型	代号	序号
灌注桩	GZH	××
扩底灌注桩	GZH$_K$	××

（2）注写桩尺寸，包括桩径 $D\times$ 桩长 L，当为扩底灌注桩时，还应在括号内注写扩底端尺寸 $D_0/h_b/h_c$ 或 $D_0/h_b/h_{c1}/h_{c2}$。其中，D_0 表示扩底端直径，h_b 表示扩底端锅底形矢高，h_c 表示扩底端高度，如图 5-16 所示。

（3）注写桩纵筋，包括桩周均布的纵筋根数、钢筋强度级别、从桩顶起算的纵筋配置长度。

1）通长等截面配筋：注写全部纵筋如 ××Φ××。

2）部分长度配筋：注写桩纵筋，如 ××Φ××/L_1，其中 L_1 表示从桩顶起算的入桩长度。

3）通长变截面配筋：注写桩纵筋包括通长纵筋 ××Φ××；非通长纵筋 ××Φ××/L_1，其中 L_1 表示从桩顶起算的入桩长度。通长纵筋与非通长纵筋沿桩周间隔均匀布置。例如 15Φ20，15Φ18/6 000，表示桩通长纵筋为 15Φ20，非通长纵筋为 15Φ18，从桩顶起算的入桩长度为 6 000 mm。实际桩上段纵筋为 15Φ20＋15Φ18，通长纵筋与非通长纵筋间隔均匀布置于桩周。

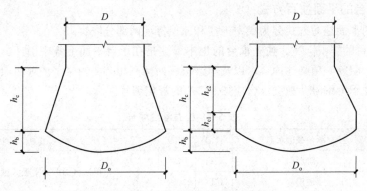

图 5-16 扩底灌注桩扩底端示意

（4）以大写字母 L 打头，注写桩螺旋箍筋，包括钢筋强度级别、直径和间距。

1）用斜线"/"区分桩顶箍筋加密区与桩身箍筋非加密区长度范围内箍筋的间距。

2）当桩身位于液化土层范围内时，箍筋加密区长度应由设计者根据具体情况注明，或者箍筋全长加密。

例如：L8@100/200，表示箍筋强度级别为 HRB400 级钢筋，直径为 8，加密区间距为 100，非加密区间距为 200，L 表示螺旋箍筋。

（5）注写桩顶标高。

（6）注写单桩竖向承载力特征值。

设计时应注意：当钢筋笼长度超过 4 m 时，应每隔 2 m 设一道直径 12 mm 焊接加劲箍；焊接加劲箍可由设计另行注明。桩顶进入承台高度 h，桩径＜800 mm 时取 50 mm，桩径≥800 mm 时取 100 mm。

灌注桩列表注写的格式见表 5-8。

表 5-8 灌注桩表

桩号	桩径 D×桩长 L(mm×m)	通常等截面配筋全部纵筋	箍筋	桩顶标高/m	单桩竖向承载力特征值/kN
GZH1	800×16.700	10Φ18	LΦ8@100/200	－3.400	2 400

2. 平面注写方式

平面注写方式的规则同列表注写方式，将表格中内容除单桩竖向承载力特征值以外集中标注在灌注桩上，如图 5-17 所示。

（二）桩基承台平法施工图的表示方法

桩基承台平法施工图，有平面注写和截面注写两种表达方式。当绘制桩基承台平面布置图时，应将承台下的桩位和承台所支撑的柱、墙一起绘制。当设置基础连系梁时，可根据图面的疏密情况，将基础连系梁与基础平面布置图一起绘制，或将基础连系梁布置图单独绘制。

桩基承台分为独立承台和承台梁。

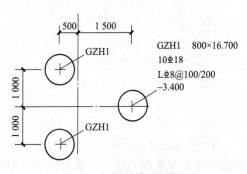

图 5-17 灌注桩平面注写

1. 独立承台的平面注写方式

独立承台的平面注写方式分为集中标注和原位标注两部分内容。

(1)独立承台的集中标注。独立承台的集中标注是在承台平面上集中引注：独立承台编号、截面竖向尺寸、配筋三项必注内容，以及承台板底面标高和必要的文字注解两项选注内容。

1)注写独立承台编号。独立承台应按表5-9的规定编号。

表5-9　独立承台编号

类型	独立承台截面形状	代号	序号	说明
独立承台	阶形	CT_J	××	单阶截面即为平板式独立承台
	坡形	CT_P	××	

2)注写独立承台截面竖向尺寸。即注写 $h_1/h_2/$……，具体标注为：

①当独立承台为阶形截面时，如图5-18、图5-19所示。图5-18所示为两阶，当为多阶时，各阶尺寸自下而上用"/"分隔顺写。当阶形截面独立承台为单阶时，截面竖向尺寸仅为一个，且为独立承台总高度，如图5-19所示。

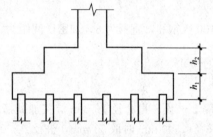

图5-18　阶形截面独立承台竖向尺寸

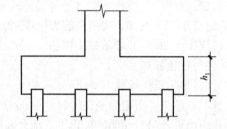

图5-19　单阶截面独立承台竖向尺寸

②当独立承台为坡形截面时，截面竖向尺寸注写为：h_1/h_2，如图5-20所示。

3)注写独立承台配筋。底部和顶部双向配筋应分别注写，顶部配筋仅用于双柱或四柱等独立承台。当独立承台顶部无配筋时则不注顶部。

①以B打头注写底部配筋，以T打头注写顶部配筋。

②矩形承台X向配筋以X打头，Y向配筋以Y打头；当两向配筋相同时，则以X&Y打头。

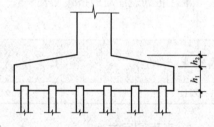

图5-20　坡形截面独立承台竖向尺寸

③当为等边三桩承台时，以"△"打头，注写三角布置的各边受力钢筋(注明根数并在配筋值后注写"×3")，在"/"后注写分布钢筋，不设分布钢筋时可不注写。

例如：△6Φ20@150×3/Φ8@250，表示等边三桩承台底部各边配置HRB400级钢筋，直径为20 mm，设置6根，间距为150 mm，分布钢筋为HPB300级，直径为8 mm，间距为250 mm。

当为等腰三桩承台时，以"△"打头注写等腰三角形底边的受力钢筋＋两对称斜边的受力钢筋(注明根数并在两对称配筋值后注写"×2")，在"/"后注写分布钢筋，不设分布钢筋时可不注写。

例如：△××Φ××@×××＋××Φ××@××× ×2/Φ××@×××。

当为多边形(五边形或六边形)承台或异形独立承台，且采用X向和Y向正交配筋时，注写方式与矩形独立承台相同。

两桩承台可按承台梁进行标注。

设计和施工时应注意：三桩承台的底部受力钢筋应按三向板带均匀布置，且最里面的三根钢筋围成的三角形应在柱截面范围内。

(2)独立承台的原位标注。独立承台的原位标注系在桩基承台平面布置图上标注独立承台的平面尺寸。相同编号的独立承台，可仅选择一个进行标注，其他相同编号者仅注编号。

1)矩形独立承台。原位标注 x、y，x_c、y_c（或圆柱直径 d_c），x_i、y_i，a_i、b_i，$i=1$，2，3，…。其中 x、y 为独立承台两向边长，x_c、y_c 为柱截面尺寸，x_i、y_i 为阶宽或坡形平面尺寸，a_i、b_i 为桩的中心距及边距，如图 5-21 所示。

2)三桩独立承台。结合 X、Y 双向定位，原位标注 x 或 y，x_c、y_c（或圆柱直径 d_c），x_i、y_i，$i=1$，2，3，…，a。其中 x 或 y 为三桩独立承台表面垂直于底边的高度，x_c、y_c 为柱截面尺寸，x_i、y_i 为承台分尺寸和定位尺寸，a 为桩中心距切角边缘的距离。等边三桩独立承台平面原位标注如图 5-22 所示。

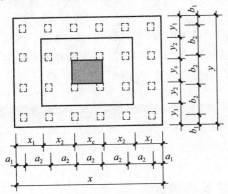 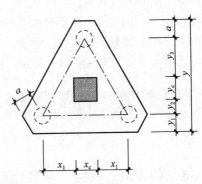

图 5-21　矩形独立承台平面原位标注　　　　图 5-22　等边三桩独立承台平面原位标注

2. 承台梁的平面注写方式

承台梁的平面注写方式分为集中标注和原位标注两部分内容。

(1)承台梁的集中标注。承台梁的集中标注内容为：承台梁编号、截面尺寸、配筋三项必注内容，以及承台梁底面标高(与承台底面基准标高不同时)、必要的文字注解两项选注内容。

1)注写承台梁编号。承台梁编号按表 5-10 的规定编号。

表 5-10　承台梁编号

类型	代号	序号	跨数及有无外伸
承台梁	CTL	××	(××)端部无外伸 (××A)一端有外伸 (××B)两端有外伸

2)注写承台梁截面尺寸。注写 $b×h$，表示梁截面宽度与高度。

3)注写承台梁箍筋。

当具体设计仅采用一种箍筋间距时，注写钢筋级别、直径、间距与肢数(写在括号内)。

当具体设计采用两种箍筋间距时，用"/"分隔不同箍筋的间距。此时设计应指定其中一种箍筋间距的布置范围。

施工时应注意：在两向承台梁相交位置，应有一向截面较高的承台梁箍筋贯通设置；当两向承台梁等高时，可任选一向承台梁的箍筋贯通设置。

4）注写承台梁底部、顶部及侧面纵向钢筋。以 B 打头，注写承台梁底部贯通纵筋；以 T 打头，注写承台梁顶部贯通纵筋值。

当梁底部或顶部贯通纵筋多于一排时，用"/"将各排纵筋自上而下分开。

以大写字母 G 打头，注写成承台梁侧面对称设置的纵向构造钢筋的总配筋值（当梁腹板高度 $h_w \geqslant 450$ mm 时，根据需要配置）

（2）承台梁的原位标注。

1）原位标注承台梁的附加箍筋或（反扣）吊筋。当需要设置附加箍筋或（反扣）吊筋时，将附加箍筋或（反扣）吊筋直接画在平面图中的承台梁上，原位直接引注总配筋值（附加箍筋的肢数注在括号内）。当多数梁的附加箍筋或（反扣）吊筋相同时，可在桩基承台平法施工图上统一注明，少数与统一注明值不同时，再原位直接引注。

施工时应注意：附加箍筋或（反扣）吊筋的几何尺寸应按照标准构造详图，结合其所在位置的主梁和次梁的截面尺寸而定。

2）原位注写修正内容。当在承台梁上集中标注的某项内容（如截面尺寸、箍筋、底部与顶部贯通纵筋或架立筋、梁侧面纵向构造钢筋、梁底面标高等）不适用于某跨或某外伸部分时，则将其修正内容原位标注在该跨或该外伸部位，施工时原位标注取值优先。

🔊 任务实施

一、桩基持力层、桩型、承台埋深和桩长的确定

由勘察资料可知，地基表层填土和 1.5 m 厚的黏土以下为厚度达 9 m 的软黏土，而不太深处有一层形状较好的粉土层。分析表明，在柱荷载作用下天然地基难以满足要求时，考虑采用桩基础。根据地质情况，选择粉土层作为桩端的持力层。

根据工程地质情况，在勘察深度范围内无较好的持力层，故采用摩擦型桩。选择钢筋混凝土预制桩，边长 350 mm×350 mm，桩承台埋深 1.2 m，桩进入持力层第④粉土层 2d，伸入承台 100 mm，则桩长为 10.9 m。

二、单桩承载力确定

1. 单桩竖向极限承载力标准值 Q_{uk} 的确定

查表 5-4、表 5-5：

第②黏土层：$q_{sik} = 75$ kPa，$l_i = 0.8 + 1.5 - 1.2 = 1.1$(m)

第③黏土层：$q_{sik} = 23$ kPa，$l_i = 9$(m)

第④粉土层：$q_{sik} = 55$ kPa，$l_i = 2d = 2 \times 0.35 = 0.7$(m)，$q_{pk} = 1\ 800$(kPa)

$$Q_{uk} = u \sum q_{sik} l_i + A_p q_{pk} = 679 \text{ (kN)}$$

2. 单桩竖向承载力特征值 R_a 的确定

$$R_a = \frac{Q_{uk}}{2} = 339.5 \text{ (kN)}$$

三、桩数、布桩及承台尺寸

1. 桩数 n

偏心受压下，初步确定桩数：

$$n > (1.1 \sim 1.2)\frac{F_k}{R_a} = 6.8 \sim 7.4,\text{ 暂取 } n = 8 \text{ 根}$$

2. 桩距 s_a

根据规范规定，摩擦型桩的中心矩不宜小于桩身直径的 3 倍，又考虑到穿越饱和软土，相应的最小中心矩为 $4d$，故取 $s_a = 4d = 4 \times 350 = 1\,400(\text{mm})$，边距取 350 mm。

3. 桩布置形式

桩布置形式采用长方形布置，承台尺寸如图 5-23 所示。

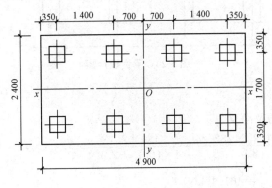

图 5-23　承台尺寸

四、桩基竖向承载力验算

承台及上覆土重：$G_k = \gamma_G A d = 20 \times 2.4 \times 4.9 \times 1.2 = 282.24(\text{kN})$

基桩平均竖向荷载设计值：

$$N_k = \frac{F_k + G_k}{n} = \frac{2\,075 + 282.24}{8} = 294.7\ (\text{kN}) < R_a = 339.5(\text{kN})$$

作用在承台底的弯矩：$M_x = M_k + H_k d = 320 + 35 \times 1.2 = 362\ (\text{kN} \cdot \text{m})$

基桩最大竖向荷载设计值：

$$N_{kmax} = \frac{F_k + G_k}{n} + \frac{M_x y_{max}}{\sum y_i^2} = 332.7\ (\text{kN}) < 1.2 R_a = 1.2 \times 339.5 = 407.4(\text{kN})$$

均满足要求。

五、承台设计

承台的平面尺寸为 4\,900 mm × 2\,400 mm，厚度由冲切、受剪条件综合确定，配筋由受弯条件确定。初步拟定承台厚度 800 mm，其中边缘厚度 600 mm，其承台顶平台边缘离柱边距离 300 mm，混凝土采用 C30，保护层取 100 mm，钢筋采用 HRB335 级。其下做 100 mm 厚 C7.5 素混凝土垫层，如图 5-24 所示。

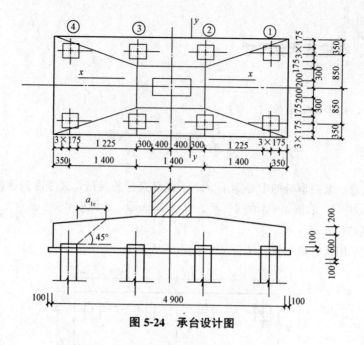

图 5-24　承台设计图

1. 抗弯验算

计算各排桩竖向反力及净反力：

①桩：$N_1 = \dfrac{2\,800+1.35\times282.24}{8} + \dfrac{480\times2.1}{4\times(0.7^2+2.1^2)} = 448(kN)$

净反力：$N'_1 = N_1 - \dfrac{G}{8} = 401.4(kN)$

②桩：$N_2 = \dfrac{2\,800+1.35\times282.24}{8} + \dfrac{480\times0.7}{4\times(0.7^2+2.1^2)} = 413.8(kN)$

净反力：$N'_2 = N_2 - \dfrac{G}{8} = 367.1(kN)$

③桩：$N_3 = \dfrac{2\,800+1.35\times282.24}{8} - \dfrac{480\times0.7}{4\times(0.7^2+2.1^2)} = 379.5(kN)$

净反力：$N'_3 = N_3 - \dfrac{G}{8} = 332.9(kN)$

④桩：$N_4 = \dfrac{2\,800+1.35\times282.24}{8} - \dfrac{480\times2.1}{4\times(0.7^2+2.1^2)} = 345.3(kN)$

净反力：$N'_4 = N_4 - \dfrac{G}{8} = 298.6(kN)$

因承台下有淤泥质土，即不考虑承台效应，故 $x-x$ 截面桩边缘处最大弯矩应采用桩的净反力计算：

$$M_x = \sum N_i y_i = (448+413.8+379.5+345.3)\times(0.85-0.4/2-0.35/2) = 753.6(kN \cdot m)$$

承台计算截面处的有效高度 $h_0 = 700$ mm，有

$$A_s = \frac{M_x}{0.9 f_y h_0} = \frac{753.6\times10^6}{0.9\times310\times700} = 3\,858(mm)^2$$

配置 8Φ25 钢筋（$A_s = 3\,927$ mm²）。

$y-y$ 截面桩边缘处最大弯矩应采用桩的净反力计算：

$$M_y = \sum N_i x_i = 2\times401.4\times(2.1-0.8/2) + 2\times367.1\times(0.7-0.8/2) = 1\,585(kN \cdot m)$$

承台计算截面处的有效高度 $h_0 = 700$ mm，有

$$A_s = \frac{M_y}{0.9 f_y h_0} = \frac{1\,585 \times 10^6}{0.9 \times 310 \times 700} = 8\,116 (\text{mm}^2)$$

配置 9φ36 钢筋（$A_s = 8\,839$ mm²）。

2. 冲切验算

柱对承台的冲切验算：

柱截面为 400 mm×800 mm，柱短边到最近桩内边缘的水平距离

$a_{0x} = 2\,100 - 800/2 - 350/2 = 1\,525$ (mm) $> h_0 = 700$ mm，取 $a_{0x} = h_0 = 700$ mm

柱长边到最近桩内边缘水平距离：

$$a_{0y} = 850 - 400/2 - 350/2 = 475 \text{ (mm)} > 0.2 h_0 = 140 \text{ mm}$$

冲跨比：

$$\lambda_{0x} = \frac{a_{0x}}{h_0} = \frac{700}{700} = 1$$

$$\lambda_{0y} = \frac{a_{0y}}{h_0} = \frac{475}{700} = 0.675$$

λ_{0x}、λ_{0y} 满足 0.2～1.2。

冲切系数：

$$\beta_{0x} = \frac{0.84}{\lambda_{0x} + 0.2} = \frac{0.84}{1.0 + 0.2} = 0.700$$

$$\beta_{0y} = \frac{0.84}{\lambda_{0y} + 0.2} = \frac{0.84}{0.679 + 0.2} = 0.956$$

柱截面短边 $b_c = 400$ mm，长边 $h_c = 800$ mm。

根据《建筑地基基础设计规范》（GB 50007—2011），受冲切承载力截面高度影响系数 β_{hp} 在 h 不大于 800 mm 时取 1.0，查《混凝土结构设计规范》（GB 50010—2010），$f_t = 1.43$ MPa。

作用于柱底竖向荷载设计值 $F = 2\,800$ kN·m

冲切破坏锥体范围内各基桩净反力设计值之和 $\sum N_i = 367.1 + 332.9 = 700 (\text{kN})$

作用于冲切破坏锥体上的冲切力设计值：

$$F_l = F - \sum N = 2\,800 - 700 = 2\,100 (\text{kN})$$

$$2[\beta_{0x}(b_c + a_{0y}) + \beta_{0y}(h_c + a_{0x})]\beta_{hp} f_t h_0 = 4\,097.1(\text{kN}) > F_l = 2\,100 \text{ kN}$$

满足要求。

3. 承台斜截面抗剪强度验算

（1）$y - y$ 截面。

柱边至边桩内缘水平距离 $a_x = 1\,525$ mm

承台计算宽度 $b_0 = 2\,400$ mm

计算截面处的有效高度 $h_0 = 700$ mm

剪跨比 $\lambda_x = \frac{a_x}{h_0} = \frac{1\,525}{700} = 2.179$

剪切系数 $\alpha = \frac{1.75}{\lambda_x + 1.0} = 0.550$

受剪承载力截面高度影响系数 $\beta_{hs} = \left(\frac{800}{h_0}\right)^{1/4} = 1.34$

查《混凝土结构设计规范》（GB 50010—2010），$f_t = 1.43$ MPa

斜截面最大剪力设计值：
$$V = 2 \times 401.4 + 2 \times 367.1 = 1\ 537\ (\text{kN})$$
$$\beta_{hs} \alpha f_c b_0 h_0 = 1\ 366.2\ (\text{kN}) < 1\ 537\ \text{kN}$$

不满足斜截面抗剪强度要求。说明承台厚度不足或者承台混凝土强度等级不够，可以采用以下两种方案：一是承台厚度不变，增加混凝土等级，如改为 C40，则
$$f_t = 1.71\ \text{MPa}$$
$$\beta_{hs} \alpha f_t b_0 h_0 = 1\ 633.7\ (\text{kN}) > V = 1\ 537\ \text{kN}$$

满足要求。

二是混凝土等级不变，增加承台厚度，如厚度增加为 900 mm，则有：

计算截面处的有效高度 $h_0 = 900 - 100 = 800 (\text{mm})$

剪跨比 $\lambda_x = \dfrac{a_x}{h_0} = \dfrac{1\ 525}{800} = 1.906$

剪切系数 $\alpha = \dfrac{1.75}{\lambda_x + 1.0} = 0.602$

受剪承载力截面高度影响系数 $\beta_{hs} = \left(\dfrac{800}{h_0}\right)^{1/4} = 1.0$

查《混凝土结构设计规范》(GB 50010—2010)，$f_t = 1.43\ \text{MPa}$

斜截面最大剪力设计值：

$\beta_{hs} \alpha f_t b_0 h_0 = 1\ 652.9\ (\text{kN}) > V = 1\ 537\ \text{kN}$，满足要求。

两种方案均满足斜截面抗剪强度要求，可以通过技术经济比较确定采用何种方案。

(2) $x - x$ 截面。

柱边至边桩内缘水平距离 $a_y = 475\ \text{mm}$

承台计算宽度 $b_0 = 4\ 900\ \text{mm}$

计算截面处的有效高度 $h_0 = 700\ \text{mm}$

剪跨比 $\lambda_{(y)} = \dfrac{a_{(y)}}{h_0} = \dfrac{475}{700} = 0.679$

剪切系数 $\alpha = \dfrac{1.75}{\lambda_{(y)} + 1.0} = 1.042$

受剪承载力截面高度影响系数 $\beta_{hs} = \left(\dfrac{800}{h_0}\right)^{1/4} = 1.034$

查《混凝土结构设计规范》(GB 50010—2010)，$f_t = 1.43\ \text{MPa}$

斜截面最大剪力设计值：
$$V = 401.4 + 367.1 + 332.9 + 298.6 = 1\ 400\ (\text{kN})$$
$$\beta_{hs} \alpha f_t b_0 h_0 = 5\ 284.7\ (\text{kN}) > 1\ 400\ \text{kN}$$

满足要求。

六、绘制施工图(略)

任务二　　钢筋混凝土灌注桩基础施工

学习任务

　　某工程 B 区 1 号楼工程设计形式为钻孔桩基础，桩数为 98 根，桩长 21～24.5 m，桩径有 ϕ1 200、ϕ1 300、ϕ1 400 三种，大部分扩底；其中桩径 ϕ1 200 的 54 根（扩 1 600 的 20 根、扩 1 800 的 15 根、扩 2 200 的 15 根、不扩的 4 根），桩径 ϕ1 300 的 18 根（扩 2 200 的 3 根、扩 2 000 的 4 根、扩 1 600 的 7 根、不扩的 4 根），ϕ1 400（扩 1 800）20 根；ϕ1 400 的 6 根（扩 2 000 的 2 根、扩 1 800 的 4 根）。混凝土强度为 C25，单桩承载力设计值 1 500～4 600 kN。本工程地基分层为：杂填土（6～16 m 厚）；强风化泥岩；中风化泥岩；桩持力层为中风化泥岩。

　　针对本工程的实际情况，选用两台液压步履式泵吸反循环钻机成孔，混凝土水下灌注技术成桩。每机每两天完成 1 根，施工准备 15 d，共 45 d。

　　提出问题： 编制该工程钻孔灌注桩的施工工艺。

知识链接

　　灌注桩，是直接在桩位上就地成孔，然后在孔内安放钢筋笼灌注混凝土而成。灌注桩能适应各种地层，无须接桩，施工时无振动、无挤土、噪声小，宜在建筑物密集地区使用。但其操作要求严格，施工后需较长的养护期方可承受荷载，成孔时有大量土渣或泥浆排出。根据成孔工艺不同，分为干作业成孔灌注桩、泥浆护壁成孔灌注桩、套管成孔灌注桩和爆扩成孔灌注桩等。灌注桩施工工艺（图 5-25）近年来发展很快，还出现夯扩沉管灌注桩、钻孔压浆成桩等一些新工艺。

图 5-25　灌注桩施工

一、灌注桩成孔方法

　　灌注桩按成孔方法分为泥浆护壁成孔灌注桩、干作业成孔灌注桩、套管成孔灌注桩和爆扩成孔灌注桩四种，其适用范围见表 5-11。

微课：钻孔灌注桩施工

表 5-11　灌注桩适用范围

序号	成孔方法		适用土类
1	泥浆护壁成孔	冲抓 冲击 回转钻	碎石土、砂土、黏性土及风化岩
		潜水钻	黏性土、淤泥、淤泥质土及砂土

227

序号	成孔方法		适用土类
2	干作业成孔	螺旋钻	地下水位以上的黏性土、砂土及人工填土
		钻孔扩底	地下水位以上的坚硬、硬塑的黏性土及中等以上砂土
		机动洛阳铲	地下水位以上的黏性土、黄土及人工填土
3	套管成孔	锤击、振动	可塑、软塑、流塑的黏性土，稍密及松散的砂土
4	爆扩成孔		地下水位以上的黏性土、黄土、碎石土及风化岩

成孔的控制深度按不同桩型采用不同标准控制。

(1)摩擦型桩：摩擦桩应以设计桩长控制成孔深度；端承摩擦桩必须保证设计桩长及桩端进入持力层深度。当采用锤击沉管法成孔时，桩管入土深度控制应以标高为主，以贯入度控制为辅。

(2)端承型桩：当采用钻(冲)、挖掘成孔时，必须保证桩端进入持力层的设计深度；当采用锤击沉管法成孔时，桩管入土深度控制以贯入度为主，以控制标高为辅。

动画：灌注桩
施工流程

二、钢筋笼制作

1. 施工程序

主要施工程序：原材料报检→可焊性试验→焊接参数试验→设备检查→施工准备→台具模具制作→钢筋笼分节加工→声测管安制→钢筋笼底节吊放→第二节吊放→校正、焊接→最后节定位。

2. 施工工艺流程

施工工艺流程如图 5-26 所示。

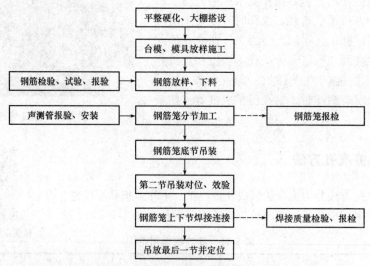

图 5-26　钢筋笼制作施工工艺流程

3. 钢筋加工允许偏差和检验方法

钢筋加工允许偏差和检验方法应符合表 5-12 的规定。

钢筋笼的材质、尺寸应符合设计要求，制作允许偏差应符合表 5-13 的规定。

表 5-12　钢筋加工允许偏差和检验方法

序号	名称	允许偏差/mm		检验方法
		$L \leqslant 5\,000$	$L > 5\,000$	
1	受力钢筋全长	± 10	± 20	尺量
2	弯起钢筋的弯折位置	20		
3	箍筋内净尺寸	± 3		

注：L 为钢筋长度(mm)。

表 5-13　钢筋笼制作允许偏差

项目	允许偏差/mm
主筋间距	± 10
箍筋间距	± 20
钢筋笼直径	± 10
钢筋笼长度	± 100

三、泥浆护壁成孔灌注桩

动画：泥浆护壁
灌注桩施工

泥浆护壁成孔灌注桩是利用泥浆护壁，钻孔时通过循环泥浆将钻头切削下的土渣排出孔外而成孔，而后吊放钢筋笼，水下灌注混凝土而成桩。宜用于地下水位以下的黏性土、粉土。

泥浆护壁成孔灌注桩的施工工艺流程如下：

测放桩点→埋设护筒→钻机就位→钻孔→注泥浆→排渣→清孔→吊放钢筋笼→插入混凝土导管→灌注混凝土→拔出导管。成孔机械有潜水钻机、冲击钻机、冲抓锥等。

1. 测放桩点

平整清理好施工场地后，设置桩基轴线定位点和水准点，根据桩平面布置施工图，定出每根桩的位置，并做好标志。施工前，桩位要检查复核，以防被外界因素影响而造成偏移。

2. 埋设护筒

护筒的作用：固定桩孔位置，防止地面水流入，保护孔口，增高桩孔内水压力，防止塌孔，成孔时引导钻头方向。

护筒用 4～8 mm 厚钢板制成，内径比钻头直径大 100～200 mm，顶面高出地面 0.4～0.6 m，上部开 1 或 2 个溢浆孔。埋设护筒时，先挖去桩孔处表土，将护筒埋入土中，其埋设深度，在黏土中不宜小于 1 m，在砂土中不宜小于 1.5 m。其高度要满足孔内泥浆液面高度的要求，孔内泥浆面应保持高出地下水位 1 m 以上。采用挖坑埋设时，坑的直径应比护筒外径大 0.8～1.0 m。护筒中心与桩位中心线偏差不应大于 50 mm，对位后应在护筒外侧填入黏土并分层夯实。

3. 泥浆制备

泥浆的作用是护壁、携砂排土、切土润滑、冷却钻头，其中以护壁为主。

泥浆制备方法应根据土质条件确定：在黏土和粉质黏土中成孔时，可注入清水，以原土造浆，排渣泥浆的密度应控制在 1.1～1.3 g/cm³；在其他土层中成孔，泥浆可选用高塑性($I_P \geqslant 17$)的黏土或膨润土制备；在砂土和较厚夹砂层中成孔时，泥浆密度应控制在 1.1～1.3 g/cm³；在穿过砂夹卵石层或容易塌孔的土层中成孔时，泥浆密度应控制在 $1.3\sim1.5\ g/cm^3$。施工中应经常测定泥浆密度，并定期测定黏度、含砂率和胶体率。泥浆的控制指标为黏度 $18\sim22\ Pa\cdot s$、含砂率不大于 8%、胶体率不小于 90%，为了提高泥浆质量可加入外掺料，如增重剂、增黏剂、分散剂等。施工中废弃的泥浆、泥渣应按环保的有关规定处理。

4. 成孔方法

回转钻成孔是国内灌注桩施工中最常用的方法之一。按排渣方式不同，可分为正循环回转钻成孔和反循环回转钻成孔两种。

(1)正循环回转钻成孔[图 5-27(a)]。由钻机回转装置带动钻杆和钻头回转切削破碎岩土，由泥浆泵往钻杆输进泥浆，泥浆沿孔壁上升，从孔口溢浆孔溢出流入泥浆池，经沉淀处理返回循环池。正循环成孔泥浆的上返速度低，携带土粒直径小，排渣能力差，岩土重复破碎现象严重，适用于填土、淤泥、黏土、粉土、砂土等地层，对于卵砾石含量不大于 15%、粒径小于 $10\ mm$ 的部分砂卵砾石层及软质基岩及较硬基岩也可使用。桩孔直径不宜大于 $1\ 000\ mm$，钻孔深度不宜超过 $40\ m$。一般砂土层用硬质合金钻头钻进时，转速取 $40\sim80\ r/min$；较硬或非均质地层中转速可适当调慢，对于钢粒钻头钻进时，转速取 $50\sim120\ r/min$，大桩取小值，小桩取大值；对于牙轮钻头钻进时，转速一般取 $60\sim180\ r/min$；在松散地层中，应以冲洗液畅通和钻渣清除及时为前提，灵活确定钻压；在基岩中钻进时，可以通过配置加重铤或重块来提高钻压；对于硬质合金钻钻进成孔，钻压应根据地质条件、钻杆与桩孔的直径差、钻头形式、切削具数目、设备能力和钻具强度等因素综合确定。

(2)反循环回转钻成孔[图 5-27(b)]。由钻机回转装置带动钻杆和钻头回转切削破碎岩土，利用泵吸、气举、喷射等措施抽吸循环护壁泥浆，挟带钻渣从钻杆内腔抽吸出孔外的成孔方法。根据抽吸原理不同可分为泵吸反循环、气举反循环和喷射(射流)反循环三种施工工艺，泵吸反循环是直接利用砂石泵的抽吸作用使钻杆的水流上升而形成反循环；喷射反循环是利用射流泵射出的高速水流产生负压使钻杆内的水流上升而形成反循环；气举反循环是利用送入压缩空气使水循环，钻杆内水流上升速度与钻杆内外液柱重度差有关，随孔深增大效率增加。当孔深小于 $50\ m$ 时，宜选用泵吸或射流反循环；当孔深大于 $50\ m$ 时，宜采用气举反循环。

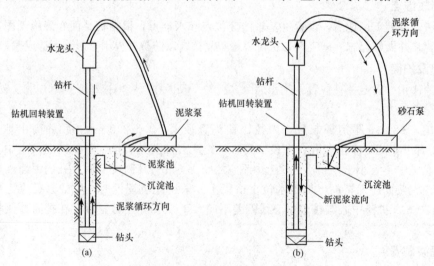

图 5-27 回转钻机成孔工艺原理

(a)正循环回转钻机成孔；(b)反循环回转钻成孔

5. 清孔

当钻孔达到设计要求深度并经检查合格后，应立即进行清孔。目的是清除孔底沉渣以减少桩基的沉降量，提高承载能力，确保桩基质量。清孔方法有真空吸泥渣法、射水抽渣法、换浆法和掏渣法。

清孔应达到如下标准才算合格：一是对孔内排出或抽出的泥浆，用手摸捻应无粗粒感觉，孔底 500 mm 以内的泥浆密度小于 $1.25 \ g/cm^3$（原土造浆的孔则应小于 $1.1 \ g/cm^3$）；二是在浇筑混凝土前，孔底沉渣允许厚度符合标准规定，即端承型桩≤50 mm，摩擦型桩≤150 mm。

6. 吊放钢筋笼

清孔后应立即安放钢筋笼。钢筋笼一般都在工地制作，制作时要求主筋环向均匀布置，箍筋直径及间距、主筋保护层、加劲箍的间距等均应符合设计要求。分段制作的钢筋笼，其接头采用焊接且应符合施工及验收规范的规定。钢筋笼主筋净距必须大于 3 倍的集料粒径，加劲箍宜设在主筋外侧，钢筋保护层厚度不应小于 35 mm（水下混凝土不得小于 50 mm）。可在主筋外侧安设钢筋定位器，以确保保护层厚度。为了防止钢筋笼变形，可在钢筋笼上每隔 2 m 设置一道加强箍，并在钢筋笼内每隔 3~4 m 装一个可拆卸的十字形临时加劲架，在吊放入孔后拆除。吊放钢筋笼时应保持垂直、缓缓放入，防止碰撞孔壁。

若造成塌孔或安放钢筋笼时间太长，应进行二次清孔后再浇筑混凝土。

7. 浇筑水下混凝土

钢筋笼内插入混凝土导管（管内有射水装置），通过软管与高压泵连接，开动泵水即射出。射水后孔底的沉渣即悬浮于泥浆之中。停止射水后，应立即浇筑混凝土，随着混凝土不断增高，孔内沉渣将浮在混凝土上面，并同泥浆一同排回泥浆池内。水下浇筑混凝土应连续施工，开始灌注混凝土时，导管底部至孔底的距离宜为 300~500 mm；应有足够的混凝土储备量，导管一次埋入混凝土灌注面以下不应少于 0.8 m；导管埋入混凝土深度宜为 2~6 m，严禁将导管拔出混凝土灌注面，并应控制提拔导管速度，应有专人测量导管埋深及管内外混凝土灌注面的高差，填写水下混凝土灌注记录。应控制最后一次灌注量，超灌高度宜为 0.8~1.0 m，凿除泛浆后必须保证暴露的桩顶混凝土强度达到设计等级。

8. 泥浆护壁成孔灌注桩质量检验标准

(1)施工前应检验灌注桩的原材料及桩位处的地下障碍物处理资料。

(2)施工中应对成孔、钢筋笼制作与安装、水下混凝土灌注等各项质量指标进行检查验收；嵌岩桩应对桩端的岩性和入岩深度进行检验。

(3)施工后应对桩身完整性、混凝土强度及承载力进行检验。

(4)泥浆护壁成孔灌注桩质量检验标准应符合表 5-14 的规定。

表 5-14　泥浆护壁成孔灌注桩质量检验标准

项	序	检查项目	允许值或允许偏差	检查方法
主控项目	1	承载力	不小于设计值	静载试验
	2	孔深	不小于设计值	用测绳或井径仪测量
	3	桩身完整性	—	钻芯法、低应变法、声波透射法
	4	混凝土强度	不小于设计值	28 d 试块强度或钻芯法
	5	嵌岩深度	不小于设计值	取岩样或超前钻孔取样

项	序	检查项目		允许值或允许偏差	检查方法
一般项目	1	垂直度		≤1/100	用超声波或井径仪测量
	2	孔径		≥0	用超声波或井径仪测量
	3	桩位	$D<1\,000$ mm	≤70+0.01H	全站仪或用钢尺量开挖前量护筒,开挖后量桩中心
			$D\geqslant1\,000$ mm	≤100+0.01H	
	4	泥浆指标	相对密度(黏土或砂性土中)	1.10~1.25	用比重计测,清孔后在距孔底500 mm处取样
			含砂率	≤8%	洗砂瓶
			黏度	18~28 s	黏度计
	5	泥浆面标高(高于地下水位)		0.5~1.0 m	目测法
	6	钢筋笼质量	主筋间距	±10 mm	用钢尺量
			长度	±100 mm	用钢尺量
			钢筋材质检验	设计要求	抽样送检
			箍筋间距	±20 mm	用钢尺量
			笼直径	±10 mm	用钢尺量
	7	沉渣厚度	端承桩	≤50 mm	用沉渣仪或重锤测
			摩擦桩	≤150 mm	
	8	混凝土坍落度		180~220 mm	坍落度仪
	9	钢筋笼安装深度		+100 mm, 0	用钢尺量
	10	混凝土充盈系数		≥1.0	实际灌注量与计算灌注量的比
	11	桩顶标高		+30 mm, −50 mm	水准测量,需扣除桩顶浮浆层及劣质桩体
	12	后注浆	注浆终止条件	注浆量不小于设计要求	查看流量表
				注浆量不小于设计要求80%,且注浆压力达到设计值	查看流量表,检查压力表读数
			水胶比	设计值	实际用水量与水泥等胶凝材料的重量比
	13	扩底桩	扩底直径	不小于设计值	井径仪测量
			扩底高度	不小于设计值	

注:1. H 为桩基施工面至设计桩顶的距离(mm);
　　2. D 为设计桩径(mm)。

四、干作业成孔灌注桩

干作业成孔灌注桩即不用泥浆或套管护壁措施而直接排出土成孔的灌注桩。这是在没有地下水阶情况下进行施工的方法。目前干作业成孔的灌注桩常用的有螺旋钻孔灌注桩、螺旋钻孔扩孔灌注桩、机动洛阳铲挖孔灌注桩及人工挖孔灌注桩四种。这里介绍应用较为广泛的两种。

1. 螺旋钻孔扩孔灌注桩

螺旋钻孔扩孔灌注桩是适用于工业及民用建筑中地下水以上的一般黏土、砂土及人工填土地基螺旋成孔的灌注桩。

施工工艺流程：场地清理→测量放线、定桩位→钻孔机机就位→钻孔取土成孔→成孔质量检查验收→清除孔底沉渣→吊放钢筋笼→浇筑孔内混凝土，如图5-28所示。

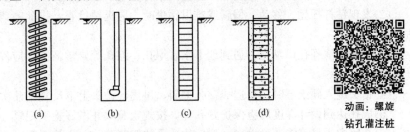

图 5-28 螺旋钻孔扩孔灌注桩施工过程示意
(a)钻孔；(b)清孔；(c)放入钢筋骨架；(d)浇筑混凝土

(1)测量放线、定桩位。根据图纸放出轴线及桩位点，抄上水平标高木橛，并经过预检签证。

(2)钻孔机就位。钻孔机就位时，必须保持平稳，不发生倾斜、位移，为准确控制钻孔深度，应在机架上或机管上做出控制的标尺，以便在施工中进行观测、记录。

(3)钻孔。调直机架挺杆，对好桩位(用对位圈)，开动机器钻进、出土，达到控制深度后停钻、提钻。

(4)检查成孔质量。

1)钻深测定。用测深绳(锤)或手提灯测量孔深及虚土厚度。虚土厚度等于钻孔深的差值。虚土厚度一般不应超过10 cm。

2)孔径控制。钻进遇有含石块较多的土层，或含水量较大的软塑黏土层时，必须防止钻杆晃动引起孔径扩大，致使孔壁附着扰动土和孔底增加回落土。

(5)孔底土清理。钻到预定的深度后，必须在孔底处进行空转清土，然后停止转动；提钻杆，不得曲转钻杆。孔底的虚土厚度超过质量标准时，要分析原因，采取措施进行处理。进钻过程中散落在地面上的土，必须随时清除运走。

经过成孔检查后，应填好桩孔施工记录。然后盖好孔口盖板，并要防止在盖板上行车或走人。最后再移走钻机到下一桩位。

(6)吊放钢筋笼。钢筋笼放入前应先绑好砂浆垫块(或塑料卡)；吊放钢筋笼时，要对准孔位，吊直扶稳，缓慢下沉，避免碰撞孔壁。钢筋笼放到设计位置时，应立即固定。遇有两段钢筋笼连接时，应采取焊接，以确保钢筋的位置正确，保护层厚度符合要求。

(7)浇筑混凝土。

1)移走钻孔盖板，再次复查孔深、孔径、孔壁、垂直度及孔底虚土厚度。有不符合质量标准要求时，应处理合格后，再进行下道工序。

2)放溜筒浇筑混凝土。在放溜筒前应再次检查和测量钻孔内虚土厚度。浇筑混凝土时应连续进行，分层振捣密实，分层高度以捣固的工具而定。一般不得大于1.5 m。

3)混凝土浇筑到桩顶时，应适当超过桩顶设计标高，以保证在凿除浮浆后，桩顶标高符合设计要求。

4)撤溜筒和桩顶插钢筋。混凝土浇筑到距桩顶1.5 m时，可拔出溜筒，直接浇灌混凝土。桩顶上的钢筋插铁一定要保持垂直插入，有足够的保护层和锚固长度，防止插偏和插斜。

5)混凝土的坍落度一般宜为8~10 cm；为保证其和易性及坍落度，应注意调整砂率和掺入减水剂、粉煤灰等。

6)同一配合比的试块，每班不得少于一组。

在施工过程中，应注意以下事项：

(1)应保持钻杆垂直、位置正确，防止因钻杆晃动引起孔径扩大及增多孔底虚土。

(2)发现钻杆摇晃、移动、偏斜或难以钻进时，应提钻检查，排除障碍物，避免桩孔偏斜和钻具损坏。

(3)应随时清理孔口黏土，遇到地下水、塌孔、缩孔等异常情况，应停止钻孔，同有关单位研究处理。

(4)钻头进入硬土层时，易造成钻孔偏斜，可提起钻头上下反复钻几次，以便削去硬土。

(5)成孔达到设计深度后应保护好孔口，按规定验收并做好施工记录。

(6)孔底虚土尽可能清除干净，然后快速吊放钢筋笼，并浇筑混凝土。

2. 人工挖孔灌注桩

人工挖孔灌注桩是指采用人工挖掘方法进行成孔，在孔内安放钢筋笼，浇筑混凝土而成的桩，如图 5-29 所示。

(1)特点。单桩承载力大、受力性能好、质量可靠、沉降量小、无须大型机械设备，无振动、无噪声、无环境污染；施工速度快，可按施工进度要求决定同时开挖桩孔的数量，必要时各桩孔可同时施工，土层情况明确，可直接观察到地质变化，桩底沉渣能清除干净，施工质量可靠。其缺点是人工耗量大、开挖效率低、安全操作条件差等。

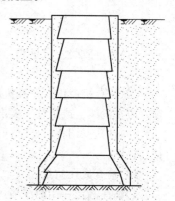

图 5-29　人工挖孔灌注桩

(2)适用范围。人工挖孔灌注桩适用于桩直径 800 mm 以上，且不宜大于 2 500 mm，孔深不宜大于 30 m，无地下水或地下水较少的黏土、粉质黏土，含少量砂、砂卵石、砾石的黏土。

(3)施工工艺。人工挖孔灌注桩的施工工序：场地平整→测量放线→桩位布点→人工成孔(包括孔桩护圈、护壁、挖土、控制垂直度、深度、直径、扩大头等)→浇灌护壁混凝土→检查成孔质量，会同各相关单位检验桩孔→绑扎、吊放钢筋笼→清除虚土、排除孔底积水→放入串筒，浇筑混凝土至设计顶标高并按规范要求超灌500 mm→养护→整桩测试。

微课：人工挖孔
灌注桩施工

1)场地的平整，放线、定桩位及高程。基础施工前，应将场地进行平整，对影响施工的障碍要清理干净。设备进场后，临时设施、施工用水、用电均应按要求施工到位。根据业主提供的水准点、控制点进行桩位测量放线。施工机具应正常地保养，使之保持良好的工作状态。依据建筑物测量控制网资料和桩位平面布置图，测定桩位方格控制网和高程基准点，用十字交叉法定出孔桩中心。桩位应定位放样准确，在桩位外设置定位龙门桩，并派专人负责。以桩位中心为圆心，以桩身半径加护壁厚度为半径画出上部圆周，撒石灰线作为桩孔开挖尺寸线，桩位线定好后，经监理复查合格后方可开挖。

2)挖第一节桩孔土方。根据设计桩径及护壁厚度在地面上放出开挖线，采取由上至下分段开挖的方法，向下挖深一节护壁的深度。挖土时先挖中央柱体，周边少挖 2~3 cm，每挖一段待自地面垂测桩位后，再自顶端向下削土，使之符合设计要求。

当桩净距小于 2.5 m 时，应采用间隔开挖。相邻排桩跳挖的最小施工净距不得小于 4.5 m。

3)支模、浇灌第一节混凝土护壁。护壁制作包括支设护壁模板和浇筑护壁混凝土两个步骤，模板高度取决于开挖土方施工段的高度，一般为 1 m。护壁混凝土起护壁和防水双重作用。混凝土护壁的厚度不应小于 100 mm，混凝土强度不应低于桩身混凝土强度等级，并应振捣密实；护壁应配置直径不小于 8 mm 的构造钢筋，竖向筋应上下搭接或拉接。

第一节井圈护壁的中心线与设计轴线的偏差不得大于 20 mm；井圈顶面应高出场地 100～150 mm，且应加厚 100～150 mm。井圈高出地面还有利于防止地表水在施工过程中进入井内。

修筑钢筋混凝土井圈应保证护壁的配筋和混凝土浇筑强度。上下节护壁的搭接长度不得小于 50 mm，每节护壁模板应在施工完后养护 24 h 后拆除；发现护壁有蜂窝、漏水现象时，应及时补强以防造成事故。护壁应采用早强的细石混凝土，施工时严禁用插入振动器振捣，以免影响模外的土体稳定。上下护壁间预埋纵向钢筋应加以连接，使之成为整体，确保各段连接处不漏水。

4）重复2）、3）步骤直至设计桩深。护壁混凝土达到一定强度后便可拆模，再挖下一段土方，然后继续支模、浇灌混凝土护壁，如此循环，直至挖至桩孔设计深度。在开挖过程中应该密切注意地质状况的变化。

正常情况下，每节护壁的高度在 600～1 000 mm 之间，如遇到软弱土层等特殊情况，可将高度减小到 300～500 mm。挖到持力层时，按扩底尺寸从上至下修成扩底形，并用中心线检查测量找圆，测孔深度，保证桩的垂直和断面尺寸合格。

5）制作、吊装钢筋笼。钢筋笼按设计加工，主筋位置用钢筋定位支架控制等分距离。主筋间距允许偏差±10 mm；箍筋或螺旋筋螺距允许偏差±20 mm；钢筋笼直径允许偏差±10 mm；钢筋笼长度允许偏差±50 mm。钢筋笼的运输、吊装，应防止扭转变形，根据规定加焊内固定筋。钢筋笼放入前，应绑好砂浆垫块，吊放钢筋笼时，要对准孔位，直吊扶稳，缓慢下沉，避免碰撞孔壁。钢筋笼放到设计位置时，应立即固定，避免钢筋笼下沉或受混凝土浮力的影响而上浮。钢筋保护层用水泥砂浆块制作，当无混凝土护壁时严禁用黏土砖或短钢筋头代替（因砖吸水、短钢筋头锈蚀后会引起钢筋笼锈蚀的连锁反应）。垫块每 1.5～2 m 一组，每组 3 个，圆周上相距 120°，每组之间呈梅花形布置。保护层的允许偏差为±10 mm。

6）浇捣混凝土。浇灌混凝土前须清除孔底沉渣、积水，并应进行隐蔽工程验收。验收合格后，应立即封底和灌注桩身混凝土。

灌注桩身混凝土时，混凝土必须通过溜槽；当落距超过 3 m 时，应采用串筒，串筒末端距孔底高度不宜大于 2 m；也可采用导管泵送；混凝土宜采用插入式振动器振实。

（4）安全措施。

1）孔内必须设置应急软爬梯供人员上下；使用的电葫芦、吊笼等应安全可靠，并配有自动卡紧保险装置，不得使用麻绳和尼龙绳吊挂或脚踏井壁凸缘上下。电葫芦宜用按钮式开关，使用前必须检验其安全起吊能力。

2）每日开工前必须检测井下的有毒、有害气体，并应有足够的安全防范措施。当桩孔开挖深度超过 10 m 时，应有专门向井下送风的设备，风量不宜少于 25 L/s。

3）孔口四周必须设置护栏，护栏高度宜为 0.8 m。

4）挖出的土石方应及时运离孔口，不得堆放在孔口周边 1 m 范围内，机动车辆的通行不得对井壁的安全造成影响。

5）施工现场的一切电源、电路的安装和拆除必须遵守现行行业标准《施工现场临时用电安全技术规范》（JGJ 46—2005）的规定。

3. 干作业成孔灌注桩质量检验标准

（1）施工前应对原材料、施工组织设计中制定的施工顺序、主要成孔设备性能指标、监测仪器、监测方法、保证人员安全的措施或安全专项施工方案等进行检查验收。

（2）施工中应检验钢筋笼质量、混凝土坍落度、桩位、孔深、桩顶标高等。

（3）施工结束后应检验桩的承载力、桩身完整性及混凝土的强度。

（4）人工挖孔桩应复验孔底持力层土岩性，嵌岩桩应有桩端持力层的岩性报告。干作业成孔灌注桩的质量检验标准应符合表 5-15 的规定。

表 5-15　干作业成孔灌注桩质量检验标准

项	序	检查项目		允许值或允许偏差	检查方法
主控项目	1	承载力		不小于设计值	静载试验
	2	孔深及孔底土岩性		不小于设计值	测钻杆套管长度或用测绳、检查孔底土岩性报告
	3	桩身完整性		—	钻芯法（大直径嵌岩桩应钻至桩尖下 500 mm），低应变法或声波透射法
	4	混凝土强度		不小于设计值	28 d 试块强度或钻芯法
	5	桩径		≥0	井径仪或超声波检测，干作业时用钢尺量，人工挖孔桩不包括护壁厚
一般项目	1	桩位		≤70+0.01H	全站仪或用钢尺量，基坑开挖前量护筒，开挖后量桩中心
	2	垂直度		≤1/100	经纬仪测量或线坠测量
	3	桩顶标高		+30 mm，−50 mm	水准测量
	4	混凝土坍落度		90～150 mm	坍落度仪
	5	钢筋笼质量	主筋间距	±10 mm	用钢尺量
			长度	±100 mm	用钢尺量
			钢筋材质检验	设计要求	抽样送检
			箍筋间距	±20 mm	用钢尺量
			笼直径	±10 mm	用钢尺量

五、套管成孔灌注桩

套管成孔灌注桩是利用锤击打桩法或振动沉桩法，将带有活瓣式桩靴或带有预制混凝土桩靴的钢套管沉入土中，然后边拔套管边灌注混凝土而成。若配有钢筋时，则在浇筑混凝土前先吊放钢筋骨架。

微课：沉管灌注桩

利用锤击沉桩设备沉管、拔管，称为锤击沉管灌注桩；利用激振器的振动沉管、拔管，称为振动沉管灌注桩。沉管灌注桩施工过程如图 5-30 所示。

1. 锤击沉管灌注桩

锤击沉管灌注桩的机械设备由桩管、桩锤、桩架、卷扬机滑轮组、行走机构组成。

锤击沉管灌注桩适用于一般黏性土、淤泥质土、砂土和人工填土地基，但不能在密实的砂砾石、漂石层中使用。其施工程序一般为：定位埋设混凝土预制桩尖→桩机就位→锤击沉管→灌注混凝土→边拔管、边锤击、边继续灌注混凝土（中间插入吊放钢筋笼）→成桩。

动画：锤击沉管灌注桩

如图 5-31 所示，施工时，用桩架吊起钢桩管，对准埋好的预制钢筋混凝土桩尖。桩管与桩尖连接处要垫以麻袋、草绳，以防地下水渗入管内。缓缓放下桩管，套入桩尖压进土中，桩管上端扣上桩帽，检查桩管与桩锤是否在同一垂直线上，桩管垂直度偏差≤0.5%时即可锤击沉管。先用低锤轻击，观察无偏移后再正常施打，直至符合设计要求的沉桩标高，并检查管内有无泥浆或进水，即可浇筑混凝土。管内混凝土应尽量灌满，然后开始拔管。凡灌注配有不到孔底的钢筋笼的桩身混凝土时，第一次混凝土应先灌至笼底标高，然后放置钢筋笼，再灌混凝土至桩顶标高。第一次拔管高度应控制在能容纳第二次所需灌入的混凝土量为限，不宜拔得过高。在拔管过程中应用专用测锤或浮标检查混凝土面的下降情况。

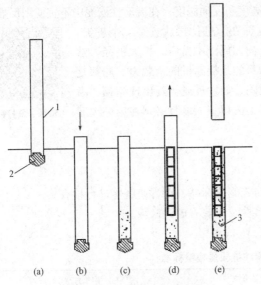

图 5-30　沉管灌注桩施工过程

(a)就位；(b)沉套管；(c)初灌混凝土；
(d)放置钢筋笼、灌注混凝土；(e)拔管成桩
1—钢管；2—混凝土桩靴；3—桩

图 5-31　锤击沉管灌注桩施工

动画：沉管灌注桩

锤击沉管桩混凝土强度等级不得低于 C20，每立方米混凝土的水泥用量不宜少于300 kg。混凝土坍落度在配有钢筋时宜为 80～100 mm，无筋时宜为 60～80 mm。碎石粒径在配有钢筋时不大于 25 mm，无筋时不大于 40 mm。预制钢筋混凝土桩尖的强度等级不得低于C30。混凝土充盈系数(实际灌注混凝土体积与按设计桩身直径计算体积之比)不得小于 1.0，成桩后的桩身混凝土顶面标高应至少高出设计标高 500 mm。

2. 振动沉管灌注桩

振动沉管灌注桩是利用振动桩锤(又称激振器)、振动冲击锤将桩管沉入土中，然后灌注混凝土而成。这两种灌注桩与锤击沉管灌注桩相比，更适合于稍密及中密的砂土地基施工。振动沉管灌注桩和振动冲击沉管桩的施工工艺

图 5-32　振动沉管灌注桩施工

完全相同，只是前者用振动锤沉桩，后者用振动带冲击的桩锤沉桩，如图 5 32 所示。

振动灌注桩可采用单打法、反插法或复打法施工。

单打法是一般正常的沉管方法，它是将桩管沉入设计要求的深度后，边灌混凝土边拔管，最后

成桩。适用于含水量较小的土层，且宜采用预制桩尖。桩内灌满混凝土后，应先振动 5～10 s，再开始拔管，边振边拔，每拔 0.5～1.0 m 停拔振动 5～10 s，如此反复进行，直至桩管全部拔出。拔管速度在一般土层内宜为 1.2～1.5 m/min，用活瓣桩尖时宜慢，预制桩尖可适当加快，在软弱土层中拔管速度宜为 0.6～0.8 m/min。

反插法是在拔管过程中边振边拔，每次拔管 0.5～1.0 m，再向下反插 0.3～0.5 m，如此反复并保持振动，直至桩管全部拔出。在桩尖处 1.5 m 范围内，宜多次反插以扩大桩的局部断面。穿过淤泥夹层时，应放慢拔管速度，并减少拔管高度和反插深度。在流动性淤泥中不宜使用反插法。

复打法是在单打法施工完拔出桩管后，立即在原桩位再放置第二个桩尖，再第二次下沉桩管，将原桩位未凝结的混凝土向四周土中挤压，扩大桩径，然后再第二次灌混凝土和拔管。采用全长复打的目的是提高桩的承载力。局部复打主要是为了处理沉桩过程中所出现的质量缺陷，如发现或怀疑出现缩颈、断桩等缺陷，局部复打深度应超过断桩或缩颈区 1 m 以上。复打必须在第一次灌注的混凝土初凝之前完成。

动画：复打桩

3. 沉管灌注桩质量检验标准

(1)施工前应对放线后的桩位进行检查。

(2)施工中应对桩位、桩长、垂直度、钢筋笼笼顶标高、拔管速度等进行检查。

(3)施工结束后应对混凝土强度、桩身完整性及承载力进行检验。

(4)沉管灌注桩的质量检验标准应符合表 5-16 的规定。

表 5-16　沉管灌注桩质量检验标准

项	序	检查项目	允许值或允许偏差		检查方法
主控项目	1	承载力	不小于设计值		静载试验
	2	混凝土强度	不小于设计要求		28 d 试块强度或钻芯法
	3	桩身完整性	—		低应变法
	4	桩长	不小于设计值		施工中量钻杆或套管长度，施工后钻芯法或低应变法
一般项目	1	桩径	≥0		用钢尺量
	2	混凝土坍落度	80～100 mm		坍落度仪
	3	垂直度	≤1/100		经纬仪测量
	4	桩位	$D<500$ mm	$\leq70+0.01H$	全站仪或用钢尺量
			$D\geq500$ mm	$\leq100+0.01H$	
	5	拔管速度	1.2～1.5 m/min		用钢尺量及秒表
	6	桩顶标高	+30 mm，−50 mm		水准测量
	7	钢筋笼笼顶标高	±100 mm		水准测量

注：1. H 为桩基施工面至设计桩顶的距离(mm)；

　　2. D 为设计桩径(mm)。

六、爆扩成孔灌注桩

爆扩成孔灌注桩(简称爆扩桩)，是用钻孔或爆扩法成孔，孔底放入炸药，再灌入适量的混凝土，然后引爆，使孔底形成扩大头，此时，孔内混凝土落入孔底空腔内，再放置钢筋骨架，浇筑桩身混凝土而制成的灌注桩，其基础其构造示意图如图 5-33 所示。

图 5-33 爆扩桩基础构造示意

1. 特点

桩性能好，可承受中心、偏心、抗压、抗拔、抗推等荷载，能有效地提高桩承载力(35%～65%)；能做独立基础使用；成桩工艺简单，与一般独立基础相比，可减少石方量 50%～90%，节省劳力 50%～60%，可加快施工速度(工期缩短 40%～50%)，降低工程造价 30%左右。

2. 适用范围

适用于工业与民用建筑地下水位以上、土质为一般黏性土、粉质黏土、中密或密实的砂土、碎石土以及杂填土地基。

3. 爆扩灌注桩施工工艺流程

(1)采用钻机成孔，钻机就位应垂直平稳，钻头应对准桩位中心，然后钻孔、清孔。

(2)采用爆扩成孔，先在桩位用手钻、钢钎或洛阳铲打导孔，然后放入条形硝铵炸药管(药包)爆扩成孔。

动画：爆扩成
孔灌注桩

(3)成孔后应检查桩孔直径及垂直度是否符合要求。桩孔深度应达到设计要求标高和土层，并在孔口加盖，防止松土回落孔中。

(4)扩大头药包用药量应根据爆扩试验确定或参考表 5-17 使用。称量误差不得超过 1%。

表 5-17 扩大头药包用药量

扩大头直径/m	0.6	0.7	0.8	0.9	1.0	1.1	1.2
炸药用量/kg	0.30～0.45	0.45～0.60	0.60～0.75	0.75～0.90	0.90～1.10	1.10～1.30	1.30～1.50

注：1. 表内数值适用于地面以下深度 3.5～9.0 m 的黏性土。土质松软时宜采用较小值，坚硬时宜采用较大值。
  2. 在地面以下 2～3 m 的土层中爆扩时用药量应按表减少 20%～30%。
  3. 在破土中爆扩时应按本表增加 10%。

(5)扩大头药包宜用塑料薄膜包装，做成近似球形，使能防潮、防水。每个药包内放两个电雷管，用并联方法与引爆线连接，药包用绳子吊放于孔底中心，药包表面覆盖 150～200 mm 厚的砂子固定，以稳住药包位置，避免受混凝土的冲击砸破。

(6)药包在孔底安放后，经检验引爆线路完好，即可浇筑混凝土。第一次浇灌混凝土的坍落度，在一般胶黏性土中宜为 10～12 cm；在湿陷性黄土中宜为 16～18 cm；在人工填土中宜为 12～14 cm。浇灌量不宜超过扩大头体积的 50%，或 2～3 m 桩孔深。开始时应缓慢灌入，以免砸坏药包，并应防止导线被混凝土砸断。

(7)当桩距大于或等于 1.5 倍扩大头直径时，药包引爆可逐个进行；当桩距小于扩大头直径的 1.5 倍时，应同时引爆；相邻爆扩桩的扩大头不在同一标高时，引爆的顺序应先浅后深。

(8)从浇灌混凝土开始至引爆时的间隙时间，不宜超过 30 min，以免出现"拒落"事故。

(9)引爆后混凝土自由坍落至因爆破作用形成的球形孔穴中，并用软轴线接长的插入式振动器将扩大头底部混凝土振捣密实。接着放置钢筋骨架，放置时应对准桩孔，徐徐放下，防止孔壁泥土掉入混凝土中。待就位后，应采取可靠措施将钢筋笼固定，方可继续浇灌混凝土。

(10)第二次浇灌混凝土的坍落度为 8～12 cm，浇灌时应分层浇灌和分层振捣，每次厚度不宜超过 1 m，并应一次浇筑完毕，不得留施工缝。

(11)爆扩时如药包"拒爆"，应由专职人员进行检查，并设法诱爆，或采取措施破坏药包。引爆后如混凝土"拒落"，应使用振动棒强力振捣，使混凝土下落，或用钻孔机将混凝土钻出。如因某种原因混凝土已超过初凝时间，可在拒落桩旁补打一根新桩孔，放上等量药包，通过引爆形成新的爆扩桩。

🔊 任务实施

该工程钻孔灌注桩的施工工序如下。

一、成孔工艺

1. 首节做孔口混凝土护筒

按设计图纸测量放线定桩位后，采用原人工挖孔桩成孔护壁设置孔口混凝土护筒，混凝土护壁厚 150 mm，护筒需挖至原土层。施工期时用桩位十字控制中心，并将十字控制线及高程引至第一节混凝土护壁上并埋设铁钉做好标记，供钻机钻头准确对准中心及控制钢筋笼、混凝土灌注顶面。

2. 泥浆池、沉淀池设置

按施工平面图设一个泥浆池，规格为 3 m×2 m×1.5 m，沉淀池用泥砂包围成，容积为 30 m³。

3. 钻机就位

钻机就位必须平正、稳固，确保施工中不发生倾斜、移动。使钻机转盘中心线、天车中心、钻头中心及桩中心位于一条铅垂线上，经当班技术人员检查，验收签字后方可钻孔。

4. 钻孔

技术人员和机班长校正钻机立轴的垂直度及核对钻头与桩径相符后移交给班长施工。为防止孔壁坍塌，在钻进过程中，利用回填的泥岩和水混合在钻头回转搅拌下自造泥浆，泥浆浓度宜维持在 1.05~1.20 g/m³，泥浆顶面平行于自然地面，使孔中的泥浆高出地下水位 0.5~1.0 m 以上，泥浆所产生的液柱压力可以平衡地下水压力，并对孔壁有一定的侧压力来维持孔壁的稳定。当泥浆浓度小于 1.05 g/m³ 时，须正循环造浆钻进，当泥浆浓度大于 1.25 g/m³ 时，须加水稀释泥浆。用反循环钻进时，应事先使泥浆池浆面高于孔、沟泥浆面，以便泥浆及时入孔，保持孔内泥浆稳定，并控制好进尺，以防堵塞。依据反循环钻进时排出来的渣土岩样来判别正在钻进的土层，钻进到设计深度时，回转不进尺，开泵吸渣，如吸上来的循环液中无渣时，将钻具提离孔底，停泵 15 min 后仍能放回原处，起钻。钻进时要尤其注意控制好泥浆浓度，泥浆要及时排出或用车拉走。钻进到持力层后，应采用反循环工艺从反循环管路中排出的岩样中取样，经监理、勘察方等鉴定认可后，按设计要求深度钻进，至此成直孔结束。

起完直孔钻具，立即下扩底钻头，连接好扩底钻头、钻杆及主动钻杆，把扩底钻头放至孔底校核孔深及有关钻具的相关数据是否相符。如一致，启动泥浆泵排完管内空气后启动砂石泵，并根据该桩的扩底要求在钻杆上划好扩底行程，进行反循环扩底，扩到预定位置，且反循环无渣排出，即可认为扩底完成，然后起钻。起钻后如发现实际扩底尺寸不够，必须重新扩底，直至符合设计要求。整个施工过程必须保证孔内水位不能低于孔口，以防水位过低，孔内压力失衡，造成孔壁坍塌。为保证桩孔垂直度，开钻前每次加杆后，都要用水平尺校正立轴垂直度。

5. 清孔

扩底达到要求后，下放反循环钻头，反复扫孔，并利用反循环泵将悬浮钻渣和相对密度较大的泥浆抽出，清孔后，孔中泥浆比重应在 1.05～1.20 g/m³ 范围内。终孔时用带重铊的皮尺测量孔深并做好记录，浇筑混凝土之前再测量，如两次之差大于 50 mm，要重新清孔直至沉渣厚度不大于 50 mm。

二、钢筋笼制作与安装

（1）钢筋加工：根据设计图纸要求，确定加劲箍的尺寸，然后根据尺寸制作箍的模具，用模具弯曲箍，内箍长度按图计算出后，再通过试弯调整钢筋长度，根据此长度下料，加劲箍筋必须按图要求搭接焊牢。主筋应调直，不得弯曲。

（2）钢筋笼成型：成型场地须平整，先用钢筋制作 1/6～1/4 的圆弧支架，成型时，先将加工好的加劲箍按 2.0 m 等距离放好，在主筋和加劲筋上用粉笔做好标志，再将加劲箍放在主筋上对准标志焊接。注意保证加劲箍 2.0 m 的均匀间距，加劲箍与主筋焊接完后，箍筋与主筋之间依设计要求进行点焊。

（3）钢筋笼在吊装运输过程中注意防止变形，如有变形必须调整加强，否则不许入孔。

（4）钢筋笼用钻机卷扬机吊入孔内在孔口搭接，对准桩孔，避免碰撞孔壁，并按设计标高用固定装置固定，防止钢筋笼下沉和上浮，沿钢筋周边安放导正块（混凝土垫块）或焊保护层装置，以确保钢筋笼的保护层并做好记录。

三、水下灌注工艺

1. 下管

（1）配管长度应大于孔深，导管底部离孔底≤0.4 m，从下往上编号，先下长的后下短的。

（2）接头必须放防水胶垫，连接螺杆必须对称上紧，试水压力 0.6～1.0 MPa，不漏水为合格，严防漏水和操作过程中发生事故。

（3）下好管后，量孔深如沉渣在允许范围（≤50 mm）内就接漏斗灌注混凝土，如沉渣厚度超过规定时应进行第二次清孔，符合要求后才能灌注。

（4）灌注漏斗后，把隔水气囊放在灌浆管液面上并安装上灌浆管拔阀。

2. 水下混凝土浇筑

（1）混凝土初存量满足要求时，拔开阀门让混凝土迅速下降。如果地层漏水，孔口可能不返水，应严禁提动灌浆管，可继续装第二斗；当混凝土仍不继续下降时，只能轻微地上下提动灌浆管，提高高度≤0.4 m，导管埋深宜为 2～6 m。当测定灌浆埋深 3 m 以上而造成困难时，在确保埋深大于 1.2 m 前提下可将多余埋深的管卸掉。（拆卸管时间不超过 15 min）。以此类推，直到灌注到设计标高为止。

（2）灌注过程中，当导管内混凝土不满含有空气时，后续的混凝土宜通过溜槽徐徐灌入漏斗和导管，不得将混凝土整斗从上面倾入导管内，以免导管内形成高压气囊，挤出管节间的橡胶垫而使导管漏水。

（3）准确操作不提脱，保证质量，故现场技术人员和管理人员（机长、班长等）必须严格掌握混凝土的灌注量和灌注速度。在灌注前应根据成孔记录和灌注长度算出孔的灌注混凝土量，再根据土质情况、钻进难易来分析各孔段的超径情况，估算出容积，以指导备料工作；灌注中，每灌一斗都要测量导管内、外混凝土的深度，并填写水下混凝土灌注记录表；桩灌完后，再统计实际灌注混凝土量与图纸计算混凝土量之比，算出充盈系数（必须大于 1，一般土质 1.1～1.2，软土1.2～1.3）及画出孔深-灌注量曲线，借此评价成孔灌注质量，以指导后续成孔桩工作。

当灌注到设计标高时，技术人员应亲自检查，确保桩头质量。每条桩抽查坍落度三次（上、中、下），做试块一组（当有怀疑和需要时应做两组）。实际施工中，按比设计标高多灌 0.50 m，作为浮浆高度。

任务三　钢筋混凝土预制桩基础施工

学习任务

　　某工程地处南海之滨海滩上，该区地质结构复杂，地下水源丰富，持力层的深度为 25～30 m，在海滩上筑建高档别墅、高层公寓、五星酒店等建筑群，基础工程的施工是施工中的重点和难点，万丈高楼平地起，"百年大计，质量第一"。

　　根据《建筑桩基技术规范》（JGJ 94—2008）的要求和《岩土工程勘探报告》中的地质勘探报告及设计院的设计要求，该工程基础采用预制钢筋混凝土管桩。

　　提出问题：

　　1. 试编制该工程预制钢筋混凝土管桩施工的专项方案。

　　2. 该预制桩的施工工艺流程是怎样的？

　　3. 该工程的保证项目有哪些？

　　4. 预制桩在起吊和运输时需要满足什么条件？

知识链接

　　预制桩是指施工前在工厂或施工现场预先用各种材料制成的一定形式和尺寸的桩（如木桩、混凝土方桩、预应力混凝土管桩、钢桩等），而后用沉桩设备将其打入、压入或振入土中，如图 5-34 所示。按桩身材料不同，可分为钢筋混凝土桩、钢桩和木桩。按是否施加预应力又可分为非预应力钢筋混凝土桩和预应力钢筋混凝土桩。

图 5-34　预制桩施工

　　优点：①无泥浆排放，施工文明，场地整洁；②成桩质量稳定；③施工工艺简单，工效高；④桩的单位面积承载力高；⑤不受地下水或潮湿环境影响，抗腐蚀能力强。

　　缺点：①造价一般比灌注桩高；②锤击或振动法下沉的桩，施工噪声大，污染环境，不适宜于城市；静压桩可消除噪声污染，但设备和环境条件要求较高；③预制桩属于挤土桩，群桩施工时易引起周围地面的隆起，桩间距设计或施工顺序不当时，可能会引起已就位的临桩上浮或倾斜。

微课：钢筋混凝土预制桩施工

　　适用范围：①适用于持力层上覆盖为松软土层，没有坚硬的夹层；②持力层顶面起伏变化不大，桩长易于控制，减少截桩或多次接桩；③水下桩基工程；④大面积桩基工程，工期比较紧时，采用预制桩，施工机械化程度高，进度快，可以提高工效，缩短工期。

预制钢筋混凝土桩分实心桩和空心桩。最为常用的是实心方桩，截面尺寸从 200 mm×200 mm 到 600 mm×600 mm。现场制作桩长可达 25～30 m，工厂预制一般不超过 12 m。

空心桩包括预应力混凝土空心方桩和预应力混凝土管桩。

空心方桩(PS桩)是专业工厂采用先张法预应力、离心成型和蒸汽养护等工艺制成的一种细长的外方内圆等截面预制混凝土构件，如图 5-35 所示。兼有实心方桩和管桩的优点，其生产工艺更接近管桩。桩身混凝土强度等级要求不得低于 C60。

管桩是采用预应力工艺，经离心成型、常压或高压蒸汽养护工艺在工厂标准化、规模化生产制造的预应力中空圆筒体细长混凝土预制件，如图 5-36 所示。按桩身混凝土强度等级不同可分为预应力混凝土管桩(PC桩)、预应力高强混凝土管桩(PHC桩)和预应力混凝土薄壁管桩(PTC桩)。

图 5-35　空心方桩

图 5-36　管桩

一、施工准备

(1)整平场地及周边障碍物处理。

(2)定桩位及埋设水准点。依据施工图设计要求，把桩基定位轴线桩的位置在施工现场准确地测定出来，并做出明显的标志。在打桩现场附近设置 2～4 个水准点，用以抄平场地和作为检查桩入土深度的依据。桩基轴线的定位点及水准点，应设置在不受打桩影响的地方。

(3)桩帽、垫衬和送桩设备机具准备。

二、桩的制作

桩的制作过程如图 5-37 所示。

(1)管桩及长度在 10 m 以内的方桩在预制厂制作，较长的方桩在打桩现场制作。

(2)模板可以保证桩的几何尺寸准确，使桩面平整挺直；桩顶面模板应与桩的轴线垂直；桩尖四棱锥面呈正四棱锥体，且桩尖位于桩的轴线上；底模板、侧模板及重叠法生产时，桩面间均应涂刷好隔离层，不得黏结。

(3)钢筋骨架的主筋连接宜采用对焊；主筋接头配置在同一截面内数量不超过 50%；同一根钢筋两个接头的距离应大于 30d 并不小于 500 mm。桩顶和桩尖直接受到冲击力易产生很高的局

图 5-37　桩的制作

部应力，桩顶和桩尖钢筋配置应做特殊处理。

三、桩的运输和堆放

一般按打桩顺序边打边运，减少二次搬运。运前检查桩的质量、尺寸、桩靴的牢固性以及打桩中使用的标志是否准确齐全等。桩运到现场后应进行外观检查。运输距离不大时，可以在桩下垫滚筒（桩与滚筒间应放有托板），用卷扬机拖动桩身前进；当运距较大时，采用轻便轨道小平台车运输。对较短的桩，可采用汽车运输，运输过程中的支点与吊点的位置应保持一致。

桩的堆放，要求地面平稳坚实，支点垫木的间距应根据吊点位置确定，但不少于 2 个，且保持在同一平面上，各层垫木应上下对齐处于同一垂线上。堆放层数不宜超过 4 层。不同类型和尺寸的桩考虑使用先后应分开堆放，如图 5-38 所示。

图 5-38　桩的堆放

四、桩的起吊

待桩身强度达到设计强度的 70% 后方可以起吊，达到设计强度的 100% 才能运输和打桩，如需提前起吊，必须进行强度和抗裂验算，吊点的位置应符合设计规定。无规定时，绑扎点的数量及位置按桩长而定，应符合起吊弯矩最小的原则，可按以下规定：用一个吊点吊桩时，吊点设于距桩上端 0.3 倍桩长处；用两个吊点时，吊点设于距两端各 0.21 倍桩长处；用三个吊点时，吊点设置、在桩长中点及距离两端各 0.15 倍桩长处。吊点的位置偏差不应超过设计位置 20 mm，如图 5-39 所示。使用起重机起吊时，应使桩纵轴线夹角小于 45°。

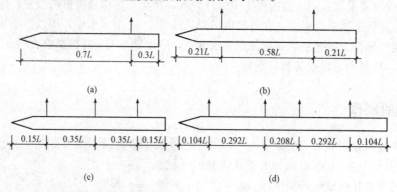

图 5-39　吊点的合理位置
(a)一点起吊；(b)两点起吊；(c)三点起吊；(d)四点起吊

五、锤击沉桩

锤击沉桩也称打入桩，是靠打桩机的桩锤下落到桩顶产生的冲击能而将桩沉入土中的一种沉桩方法。该方法施工速度快，机械化程度高，适用范围广，是预制钢筋混凝土桩最常用的沉桩方法。但施工时有冲撞噪声，对地表层有一定的振动，在城区和夜间施工有所限制，如

图 5-40 所示。

图 5-40　锤击沉桩施工

(一)打桩设备及选择

打桩设备包括桩锤、桩架和动力装置。

1. 桩锤

桩锤是打桩的主要机具，其作用是对桩施加冲击力，将桩打入土中。锤击法沉桩施工，桩锤选择是关键。首先应根据施工条件选择桩锤的类型，然后决定锤重，一般锤重大于桩重的 $1.5\sim2$ 倍时效果较为理想(桩重大于 2 t 时可采用比桩轻的锤，但不宜小于桩重的 75%)。

常见的桩锤主要有落锤、汽锤、柴油锤、液压锤。

(1)落锤。一般由铸铁制成，有穿心锤和龙门锤两种，重 $0.2\sim$ 2 t。它利用绳索或钢丝绳通过吊钩由卷扬机沿桩架导杆提升到一定高度，然后自由落下击打桩顶。但打桩速度慢($6\sim20$ 次/min)，效率低，适于在黏土和含砾石较多的土中打桩。

(2)汽锤。汽锤是利用蒸汽或压缩空气的压力将桩锤上举，然后下落冲击桩顶沉桩，根据其工作情况又可分为单动式汽锤与双动式汽锤。单动式汽锤的冲击体在上升时耗用动力，下降靠自重，打桩速度较落锤快($60\sim80$ 次/min)，锤重 $1.5\sim15$ t，适于各类桩在各类土层中施工。

双动式汽锤的冲击体升降均耗用动力，冲击力更大、频率更快($100\sim120$ 次/min)，锤重 $0.6\sim6$ t，还可用于打钢板桩、水下桩、斜桩和拔桩。

(3)柴油锤。柴油锤本身附有桩架、动力设备，易搬运转移，不需外部能源，应用较为广泛。但施工中有噪声、污染和振动等影响，在城市施工受到一定的限制。

(4)液压锤。液压锤是一种新型打桩设备，它的冲击缸体通过液压油提升与降落，每一击能获得更大的贯入度。液压锤不排出任何废气，无噪声，冲击频率高，并适合水下打桩，是理想的冲击式打桩设备，但构造复杂，造价高。

2. 桩架

桩架是支持桩身和桩锤、在打桩过程中引导桩的方向的设备。要求其具有较好的稳定性、机动性和灵活性，保证锤击落点准确，并可调整垂直度。

常用桩架基本有两种形式，一种是沿轨道行走移动的多功能桩架(图 5-41)；另一种是装在履带式底盘上自由行走的履带式桩架(图 5-42)。

3. 动力装置

打桩机构的动力装置及辅助设备主要根据选定的桩锤种类而定。落锤以电源为动力，需配置电动卷扬机等设备；蒸汽锤以高压饱和蒸汽为驱动力，配置蒸汽锅炉等设备；汽锤以压缩空气为动力源，需配置空气压缩机等设备；柴油锤以柴油为能源，桩锤本身有燃烧室，不需外部动力设备。

(二)锤击沉桩施工工艺

锤击沉桩的施工工艺流程：施工准备→确定桩位和沉桩顺序→打桩机就位→吊桩喂桩→校正→锤击沉桩→接桩→再锤击沉桩→送桩→收锤→切割桩头。

动画：锤击沉桩

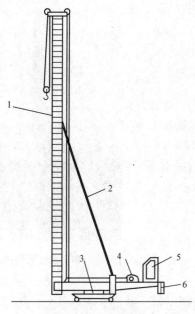

图 5-41 多功能桩架

1—立柱；2—斜撑；3—回转平台；

4—卷扬机；5—司机室；6—平衡重

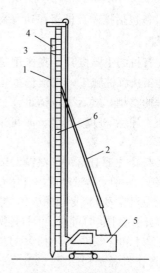

图 5-42 履带式桩架

1—桩；2—斜撑；3—桩帽；4—桩锤；

5—履带式起重机；6—立柱

1. 打桩前的准备工作

打桩前应做好下列准备工作：处理架空高压线和地下障碍物，场地应平整，排水应畅通，并满足打桩所需的地面承载力；设置供电、供水系统；安装打桩机等。施工前还应做好定位放线。桩基轴线的定位点及水准点，应设置在不受打桩影响的区域，水准点设置不得少于两个，轴线控制桩应设置在距最外桩 5～10 m 处，以控制桩基轴线和标高。根据建筑物的轴线控制桩，按设计图纸要求定出桩基础轴线(偏差值应≤20 mm)和每个桩位(偏差值应≤10 mm)。

打桩施工前，应在桩架或桩侧面设置标尺，以观测、控制桩的入土深度。

2. 确定打桩顺序

打桩顺序是否合理，直接关系到打桩进度和施工质量。打桩顺序要求应符合下列规定：

(1)对于密集桩群，自中间向两个方向或四周对称施工。

(2)当一侧毗邻建筑物时，由毗邻建筑物处向另一方向施打。

(3)根据基础的设计标高，宜先深后浅。

(4)根据桩的规格，宜先大后小、先长后短。

一般情况，当桩较密集时(桩中心距小于或等于 4 倍桩边长或桩径)，应由中间向两侧对称施打或由中间向四周施打，这样，打桩时土体由中间向两侧或四周均匀挤压，易于保证施工质量，如图 5-43(a)、(b)所示。当桩数较多时，也可采用分区段施打，如图 5-43(d)所示。

当桩较稀疏时(桩中心距大于 4 倍桩边长或桩径)，可采用上述两种打桩顺序，也可采用由一侧向另一侧单一方向施打的方式(逐排施打)，或由两侧同时向中间施打，如图 5-43(c)所示。

3. 打桩机就位

按既定的打桩顺序，将桩架移动至设计所定的桩位处并用缆风绳等稳定。

4. 吊桩、喂桩、校正

将桩运至桩架下，一般利用桩架附设的起重钩借桩机上的卷扬机吊桩就位，或配一台履带式起重机送桩就位，并用桩架上夹具或落下桩锤借桩帽固定位置。桩提升为直立状态后，对准桩位中心。

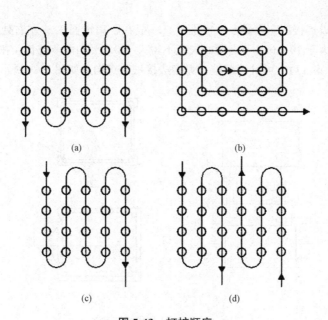

图 5-43　打桩顺序

(a)土体由中间向两侧挤压；　(b)土体由中间向四周均匀挤压；

(c)两侧同时向中间施打；　(d)分区段施打

桩就位后，在桩顶安上桩帽，然后放下桩锤轻轻压住桩帽。桩锤、桩帽和桩身中心线应在同一垂直线上。在桩的自重和锤重的压力下，桩便会沉入一定深度，等桩下沉达到稳定状态后，再一次复查其平面位置和垂直度，若有偏差应及时纠正，必要时要拔出重打，校核桩的垂直度可采用垂直角，即用两个方向(互成 90°)的经纬仪使导架保持垂直。校正符合要求后，即可进行打桩。为了防止击碎桩顶，应在混凝土桩的桩顶和桩帽之间、桩锤与桩帽之间放上硬木、麻袋等弹性衬垫作缓冲层。

5. 锤击沉桩

打桩开始时，应先采用小的落距(0.5～0.8 m)做轻的锤击，使桩正常沉入土中 1～2 m后，经检查桩尖不发生偏移，再逐渐增大落距至规定高度，继续锤击，直至把桩打到设计要求的深度。

打桩有"轻锤高击"和"重锤低击"两种方式。这两种方式，如果所做的功相同，所得到的效果却不相同。轻锤高击，所得的动量小，而桩锤对桩头的冲击力大，因而回弹也大，桩头容易损坏大部分能量均消耗在桩锤的回弹上，故桩难以入土。相反，重锤低击，所得的动量大，而桩锤对桩头的冲击力小，因而回弹也小，桩头不易被击碎，大部分能量都可以用来克服桩身与土壤的摩阻力和桩尖的阻力，故桩很快入土。此外，又由于重锤低击的落距小，因而可提高锤击频率，打桩效率也高，正因为桩锤频率较高，对于较密实的土层，如砂土或黏性土也能较容易地穿过，所以打桩宜采用"重锤低击"。

6. 接桩

当设计的桩较长，但由于打桩机高度有限或预制、运输等因素，只能采用分段预制、分段打入的方法，需在桩打入过程中将桩接长。一般混凝土预制桩接头不宜超过 2 个，预应力管桩接头不宜超过 4 个，应避免在桩尖接近硬持力层或桩尖处于应持力层中时接桩。

桩的接头应有足够的强度，能传递轴向力、弯矩和剪力，接桩方法有焊接法和浆锚法。前者适用于各类土层，后者适用于软土层。

接桩方法目前以焊接法应用最多。接桩时，一般在距离地面 1 m 左右处进行，上、下节桩的中心线偏差不得大于 10 mm，节点弯曲矢高不得大于 0.1％的两节桩长。在焊接后应使焊缝在自然条件下冷却 10 min 后方可继续沉桩。焊接法接桩节点构造如图 5-44 所示。

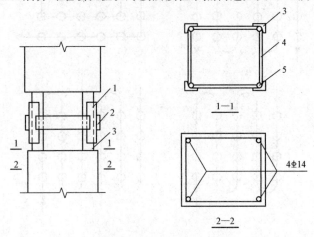

图 5-44　焊接法接桩节点构造

1—4∟ 50×50，长 200(拼接角钢)；2—4∟ 100×300×8(拼接角钢)；
3—4∟ 63×8，长 150(与主筋焊接)；4—箍筋(与∟ 63×8焊牢)；5—Φ14 主筋

浆锚法接头是将上节桩锚筋插入下节桩锚筋孔内，再用硫黄胶泥锚固，硫黄胶泥是一种热塑冷硬性胶结材料，它是由胶结料、细集料、填充料和增韧剂熔融搅拌混合配制而成。其质量配合比为硫黄∶水泥∶砂∶聚硫橡胶＝44∶11∶44∶1。硫黄胶泥灌注后停歇时间不得小于 7 min，即可继续沉桩施工。浆锚法接桩，可节约钢材，操作简便，接桩时间比焊接法大为缩短，但不宜用于坚硬土层中。浆锚法接桩节点构造如图 5-45 所示。

7. 送桩(替打)

打桩过程中，借助送桩器将桩顶沿至地面以下的工序称为送桩。

如桩顶标高低于自然土面，则需用送桩管将桩送入土中。桩与送桩管的纵轴线应在同一直线上，拔出送桩管后，桩孔应及时回填或加盖。设计要求送桩时，送桩的中心线应与桩身吻合一致。方能进行送桩。

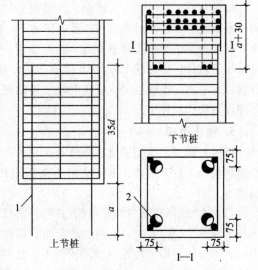

图 5-45　浆锚法接桩节点构造

1—锚筋；2—锚筋孔

送桩管一般用钢制成，长度应为桩锤可能达到的最低标高与预制桩顶沉入标高之差，再加上适当的余量。钢送桩的长度，对于下沉 550 mm 直径的混凝土管桩一般采用 2.5 m，下沉直径大于 900 mm 的钢管桩一般采用 5 m。为了能在送桩上插入射水管，需在送桩体上留有宽度 0.3 m、高度 1～2 m 的槽口。

若桩顶不平可用麻袋或厚纸垫平。送桩留下的桩孔应立即回填密实。

8. 收锤

锤击沉桩的停锤标准如下：

(1)设计桩尖标高处为硬塑黏性土、碎石土、中密以上的砂土或风化岩等土层时，根据贯入度变化并对照地质资料，确认桩尖已沉入该土层，贯入度达到控制贯入度时，停锤。

(2)当贯入度已达到控制贯入度，而桩尖标高未达到设计标高时，一贯继续锤入 10 cm 左右(或锤击 30~50 击)，如无异常变化时，停锤。若桩尖标高比设计标高高得多时，应报有关部门研究。

(3)设计桩尖标高处为一般黏性土或其他较松软土层时，应以标高控制，贯入度作为校核；当桩尖已达设计标高，贯入度仍较大时，应继续锤击，使贯入度接近控制贯入度。

(4)在同一桩基中，各桩的贯入度应大致接近，而沉入深度不宜相差过大，避免基础产生不均匀沉降；如因土质变化太大，致使各桩贯入度或沉入深度相差较大时，应报有关部门研究，另行确定停锤标准。

对于特殊设计的桩，桩尖设计标高不同时，按设计要求处理。

9. 截桩头

如桩底到达了设计深度，而配桩长度大于桩顶设计标高时需要截去桩头。

截桩头宜用锯桩器截割，或用手锤人工凿除混凝土，钢筋用气割割齐。严禁用大锤横向敲击或强行扳拉截桩。

截桩头时不能破坏桩身，要保证桩身的主筋伸入承台，长度应符合设计要求。当桩顶标高在设计标高以下时，在桩位上挖成喇叭口，凿掉桩头混凝土，剥出主筋并焊接接长至设计要求长度，与承台钢筋绑扎在一起，用与桩身同强度等级的混凝土与承台一起浇筑接长桩身。

(三)打桩质量控制

打桩时主要控制两个方面的要求：一是能否满足贯入度及桩尖标高或入土深度要求，二是桩的位置偏差是否在允许范围之内。

在打桩过程中，必须做好打桩记录，以作为工程验收的重要依据。应详细记录每打入 1 m 的锤击数和时间、桩位置的偏斜、贯入度(每 10 击的平均入土深度)和最后贯入度(最后 3 阵，每阵 10 击的平均入土深度)、总锤击数等。

打桩的控制原则如下：

(1)桩端(指桩的全断面)位于一般土层时，以控制桩端设计标高为主，贯入度为参考。

(2)桩端达到坚硬、硬塑的黏土、中密以上粉土、砂土、碎石类土或风化岩时，以贯入度控制为主，桩端标高为参考。

(3)贯入度达到要求，而桩端标高未达到时，应继续锤击 3 阵，其每阵 10 击的平均贯入度不应大于设计规定的数值加以确认。

(4)如控制指标都达到要求时，而其他的指标与要求相差较大时，应同有关单位研究处理。

(5)贯入度由试桩确定，或做打桩试验与有关单位确定。

(四)打桩中的问题及处理方法

(1)桩顶、桩身破坏。

1)由于直接受冲击产生很高的局部应力。桩顶的钢筋做特别处理，纵向钢筋对桩的顶部起到箍筋作用，同时又不会直接受冲击而颤动，避免引起混凝土剥落。

2)保护层太厚。主筋放得不正是保护层过厚的主要原因。

3)桩帽垫层材料选用不合适，或已经被打坏。

4)桩的顶面和桩身的轴线不重合，偏心受力。预制时使桩顶和桩的轴线保持垂直，桩帽放平整，发现歪斜及时纠正。

5)打桩过程中下沉速度慢而施打时间长，过打。遇到过打应分析地质情况，改善操作方法，采取有效的措施解决。

6)桩身混凝土的强度不高。

桩身破坏可加钢夹箍用螺栓拉紧焊牢补强。

（2）打歪。

1)检查打桩机的导架两个方向的垂直度。

2)桩尖对准桩位，桩顶正确地套入桩锤下的桩帽内，勿偏打一边。

3)打桩开始时，桩锤小落距将桩打入土中，随时检查垂直度，到达一定深度并稳定后，再按要求的落距打桩。

4)桩顶不平、桩尖偏心。严格控制桩的制作质量和桩的验收、检查工作。

（3）打不下。

1)桩顶、桩身已经破坏。

2)土层有较厚砂层或其他硬土层，或遇到孤石等障碍物，应与设计勘探部门共同解决。

3)由于特殊原因，打桩不得已中断，停歇一段时间后往往不能顺利将桩打入。应在打桩前做好各项准备工作，保证连续进行。

（4）一桩打下，邻桩上升。多在软土中发生，当桩的中心距≤5d（桩径）时，采取分段施打，以免土向一个方向运动。

（5）桩基复打。对于发生"假极限""吸入"现象的桩和射水下沉的桩基上浮现象的桩，应采取复打。复打前的"休息"天数及复打的要求按下面试桩试验办法中的有关规定处理。

1)桩穿过砂类土、桩尖位于大块碎石土、紧密的砂类土或坚硬的黏性土上，不少于 1 d。

2)在粗、中砂和不饱和粉细砂里，不少于 3 d。

3)在黏性土和饱和的粉细砂里，不少于 6 d。

六、静压沉桩

静压沉桩是利用无振动、无噪声的静压力将预制桩压入土中的沉桩方法，如图 5-46 所示。静力压桩的方法较多，有锚杆静压、液压千斤顶加压、绳索系统加压等，凡非冲击力沉桩均按静力压桩考虑。

动画：静力压桩

静压沉桩适用于软土、淤泥质土、沉桩截面小于 400 mm×400 mm，桩长 30~35 m 的钢筋混凝土实心桩或空心桩。与普通打桩相比，可以减少挤土、振动对地基和邻近建筑物的影响，桩顶不易损坏、产生偏心沉桩，节约制桩材料和降低工程成本，且能在沉桩施工中测定沉桩阻力，为设计、施工提供参数，并预估和验证桩的承载能力。

图 5-46　静压沉桩

1. 施工准备

（1）压桩前了解土层和地质情况，并据以估算压桩阻力。

（2）根据估算阻力选择压桩设备。

（3）压桩前仔细检查并做好一切准备工作，使压桩工作不间断。

2. 压桩施工

(1)用桩机吊桩时压桩架底盘较宽，必须将桩运至底盘前然后起吊。

(2)吊桩竖直后用撬棍将桩稳住并推到底盘插桩口缓慢落下，离地面 10 cm 左右，再利用撬棍协助对准桩位插桩。

微课：静压沉桩

(3)两台卷扬机同时启动，放下压梁、桩帽套住桩顶顺势下压。两台卷扬机"同步"，确保压梁不偏斜，使桩在压桩过程中保持压梁中轴线与桩中轴线在同一直线上。

(4)多节桩施工时，接桩面应距地面 1 m 以上。

(5)压桩沉入深度是以设计标高或允许静压力值控制，或标高与静压力值同时控制。

(6)压桩时尽量避免中途停歇。

(7)当桩尖到砂层时，可采用最大的压桩力作用在桩顶，采用停车再开、忽停忽开的办法，使桩缓慢下沉穿过砂层。

(8)当桩阻力超过压桩机能力，或由于来不及调整平衡，压桩机发生较大倾斜时，应立即停压并采取安全措施，以免造成断桩或其他事故。

(9)沉桩过程中，桩身倾斜或下沉速度加快时，暂停施压。

(10)施工中应密切关注压桩力是否与桩轴线符合，压梁导轮和龙口的接触是否正常，有无卡住现象。

(11)快达到设计标高时，不能过早停压，严格控制一次成功。

3. 压桩程序和接桩方法

(1)压桩程序。压桩程序为：准备压第一段桩→接第二段桩→接第三段桩→整根桩压平至地面→采用送桩压桩完毕。

(2)接桩方法。接桩方法有焊接法接桩和浆锚法接桩两种。

1)施焊时应两人同时对角对称地进行，以防止节点变形不匀而引起桩身歪斜。

2)一般采用"硫黄胶泥浆锚法"。上下桩对齐，使四根锚筋插入筋孔，落下压梁并套住桩顶，然后将上节桩和压梁同时上升约 200 mm(以四根锚筋不脱离筋孔为度)，安设施工夹箍(由四块木板，内侧用人造革包裹 40 mm 厚的树脂海绵块而成)，将熔化的硫黄胶泥注满锚筋孔内，并使之溢出桩面，然后将上节桩和压梁同时落下，当硫黄胶泥冷却并拆除施工夹箍后，即可继续加荷施压。

硫黄胶泥配合比(质量比)：硫黄：水泥：粉砂：聚硫 780 胶＝44：11：44：1 或硫黄：石英砂：石墨粉：聚硫甲胶＝60：34.3：5：0.7。聚硫 780 胶和聚硫甲胶可以改善胶泥的韧性。硫黄胶泥还可用于接桩。

3)一个墩台桩基中，同一水平面内的桩接头数量不得超过基桩总数的 1/4；但采用法兰盘按等强度设计的接头，可不受此限制。

🔊 **任务实施**

一、预制钢筋混凝土管桩施工专项方案

(1)材料及主要机具。预制钢筋混凝土桩：规格质量必须符合设计要求和施工规范的规定，并有出厂合格证。

1)焊条(接桩用)：型号、性能必须符合设计要求和有关标准的规定，一般宜用 E4303 牌号。

2)钢板(接桩用)材质、规格符合设计要求,宜用低碳钢。

(2)主要机具:柴油打桩机、电焊机、桩帽、运桩小车、索具、钢丝绳。

(3)人员配备:打桩机操作人员(机手)、接桩电焊工必须要有上岗证,每台机2~5人。

(4)作业条件:桩基的轴线和标高均已测定完毕,并经过检查办了预检手续。桩基的轴线和高程的控制桩,应设置在不受打桩影响的地点,并应妥善加以保护。

1)处理完高空和地下的障碍物,如影响邻近建筑物或构筑物的使用或安全时,应会同有关单位采取有效措施,予以处理。

2)根据轴线放出桩位线,用木橛或钢筋头钉好桩位,并用白灰做标记,以便于施打。

3)场地应碾压平整,排水畅通,保证桩机的移动和稳定垂直。

4)打试验桩。施工前必须打试验桩,其数量不少于2根。确定贯入度并校验打桩设备、施工工艺以及技术措施是否适宜。

5)要选择和确定打桩机进出路线和打桩顺序,制订施工方案,做好技术交底。

二、施工工艺流程

施工工艺流程:就位桩机→起吊预制桩→稳桩→打桩→接桩→送桩→中间检查验收→移桩机至下一个桩位。

(1)就位桩机。打桩机就位时,应对准桩位,保证垂直稳定,在施工中不发生倾斜、移动。

(2)起吊预制桩。先拴好吊桩用的钢丝绳和索具,然后应用索具捆住桩上端吊环附近处,一般不宜超过30 cm,再启动机器起吊预制桩,使桩尖垂直对准桩位中心,缓缓放下插入土中,位置要准确;再在桩顶扣好桩帽或桩箍,即可除去索具。

(3)稳桩。桩尖插入桩位后,先用较小的落距冷锤1或2次,桩入土一定深度,再使桩垂直稳定。10 m以内短桩可目测或用线坠双向校正;10 m以上或打接桩必须用线坠或经纬仪双向校正,不得用目测。桩插入时垂直度偏差不得超过0.5%。桩在打入前,应在桩的侧面或桩架上设置标尺,以便在施工中观测、记录。

(4)打桩。用落锤或单动锤打桩时,锤的最大落距不宜超过1.0 m;用柴油锤打桩时,应使锤跳动正常。

1)打桩宜重锤低击,锤重的选择应根据工程地质条件、桩的类型、结构、密集程度及施工条件来选用。

2)打桩顺序根据基础的设计标高,先深后浅;依桩的规格宜先大后小,先长后短。由于桩的密集程度不同,可自中间向两个方向对称进行或向四周进行,也可由一侧向单一方向进行。

(5)接桩。

1)在桩长不够的情况下,采用焊接接桩,其预制桩表面上的预埋件应清洁,上下节之间的间隙应用铁片垫实焊牢;焊接时,应采取措施,减少焊缝变形。A3钢(圆钢筋等)要求使用结442型焊条,锰硅钢、低合金钢应使用结503、结506型焊条,焊件材质应与焊条型号相适应,不得混用。

2)接桩时,一般在距地面1 m左右时进行。上下节桩的中心线偏差不得大于10 mm,节点折曲矢高不得大于0.1‰桩长。接桩处入土前,应对外露铁件,再次补刷防腐漆。焊接后的工件一般应自然冷却(冷却间歇时间为5~8 min),不宜浇水急冷,以免焊缝发生硬脆。

(6)送桩。设计要求送桩时,则送桩的中心线应与桩身吻合一致,才能进行送桩。若桩顶不平,可用麻袋或厚纸垫平。送桩留下的桩孔应立即回填密实。

(7)中间检查验收。每根桩打到贯入度要求,桩尖标高进入持力层,接近设计标高时,或打至设计标高时,应进行中间验收。在控制时,一般要求最后三次10锤的平均贯入度不大于规定的数值（$\phi300$ 的不大于 35 mm、$\phi400$ 的不大于 25 mm、$\phi500$ 的不大于 20 mm），或以桩尖打至设计标高来控制，符合设计要求后，填好施工记录。如发现桩位与要求相差较大时，应会同有关单位研究处理。然后移桩机到新桩位。

打桩过程中，遇见下列情况应暂停，并及时与有关单位研究处理：

1）贯入度剧变。

2）桩身突然发生倾斜、位移或有严重回弹。

3）桩顶或桩身出现严重裂缝或破碎。

4）待全部桩打完后，开挖至设计标高，做最后检查验收，并将技术资料提交总包。

三、保证项目

(1)钢筋混凝土预制桩的质量必须符合设计要求和施工规范的规定，并有出厂合格证。

(2)打桩的标高或贯入度、桩的接头处理，必须符合设计要求和施工规范的规定。

(3)允许偏差项目。

1)垂直基础梁的中心线方向：100(mm)；

2)沿基础梁的中心线方向：150(mm)；

3)桩数为 1～3 根或单排桩：100(mm)；

4)桩数为 4～16 根：边缘桩为 $d/3$，中间桩 $d/2$(d 为桩的直径或截面边长)。

四、强度要求

桩应达到设计强度的 70% 方可起吊，达到 100% 才能运输。

(1)桩在起吊和搬运时，必须做到吊点符合设计要求，应平稳并不得损坏。

(2)桩的堆放应符合下列要求：

1)场地应平整、坚实，不得产生不均匀下沉。

2)垫木与吊点的位置应相同，并应保持在同一平面内。

3)同桩号的桩应堆放在一起，而桩尖应向一端。

4)多层垫木应上下对齐，最下层的垫木应适当加宽。堆放层数一般不宜超过 4 层。

五、轴张和控制桩

妥善保护好桩基的轴线和标高控制桩，不得由于碰撞和振动而位移。

六、打桩要求

打桩时如发现地质资料与提供的数据不符时，应停止施工，并与有关单位共同研究处理。在邻近有建筑物或岸边、斜坡上打桩时，应会同有关单位采取有效的加固措施。施工时应随时进行观测，确保避免因打桩振动而发生安全事故。

七、施工顺序和技术措施

打桩完毕进行基坑开挖时，应制定合理的施工顺序和技术措施，防止桩的位移和倾斜。

(1)预制桩必须提前订货加工，打桩时预制桩强度必须达到设计强度的100%，并应增加养护期一个月后方准施打。

(2)桩身断裂。由桩身弯曲过大、强度不足及地下有障碍物等原因造成，或桩在堆放、起吊、运输过程中产生断裂，没有发现而致。应及时检查。

(3)桩顶碎裂。由桩顶强度不够及钢筋网片不足、主筋距桩顶面大小，或桩顶不平、施工机具选择不当等原因所造成。应加强施工准备时的检查。

(4)桩身倾斜。由场地不平、打桩机底盘不平或稳桩不垂直、桩尖在地下遇见硬物等原因所造成。应严格按工艺操作规定执行。

(5)接桩处拉脱开裂。由连接处表面不干净、连接铁件不平、焊接质量不符合要求、接桩上下中心线不在同一条线上等原因所造成。应保证接桩的质量。

(6)本工艺标准应具备以下质量记录：

1)运至现场的钢筋混凝土预制桩要检查是否有出厂合格证。

2)正式打桩前要先打试桩并做好试验记录。在打桩过程中遇到断(烂)桩，经设计者(或业主)同意后，进行补桩施工时，要有补桩平面示意图。

八、安全措施

该工序要求严格按有关施工规范和《建筑施工安全检查标准》(JGJ 59—2011)执行。

任务四　桩基质量检查与验收

学习任务

某工程，双塔楼21层(地下3层)，建筑面积4万 m^2，钢筋混凝土框架-剪力墙结构，挖孔桩基础。布置挖孔桩102个，直径0.9～1.4 m，其中直径大于1 mm的挖孔桩共72个。该建筑位于长江岸边，地层为侏罗系中统沙溪庙组砂岩、泥岩，地基持力层为中等风化砂岩。工程开工于2002年10月，2003年1月通过地基与基础分部工程验收。

提出问题：

1. 如何对桩身质量进行检验？

2. 本工程是否进行了单桩竖向承载力检测？

3. 桩基础验收应检查哪些资料？

知识链接

一、桩基质量检测

(一)可能存在的质量问题

预制桩：桩位偏差、桩身裂缝过大、断桩等。

微课：桩基础的
质量检测

灌注桩：缩颈、夹泥、断桩、沉渣过厚等。

常见的几种桩基质量问题的原因及处理措施如下。

1. 断桩

原因：邻桩施工时，桩距过小，土体因挤压隆起造成已灌完的尚未达到足够强度的混凝土桩断裂；软硬土层传递水平力大小不同，使桩产生剪应力，推挤桩身造成断桩。

处理措施：控制桩中心距 $\geqslant 3.5d$；打桩方法应用跳打法或控制时间法；发现断桩，应拔去后重新补做桩身。

2. 缩径桩

缩径桩也称瓶颈桩，是指桩身某部分桩径缩小。

原因：拔管时，土体受扰动，产生很高的孔隙水压，桩管拔出后，水压作用于混凝土桩身；混凝土和易性差；桩间距过小，受邻桩沉桩时挤压。

动画：缩颈桩

处理措施：控制拔管速度 $0.8 \sim 1.2$ m/min，慢抽密击 $50 \sim 70$ 次/min；管内混凝土必须略高于地面，保持有足够的重压力；有专人测定混凝土落下情况（浮标法）。用复打法处理。

3. 吊脚桩

吊脚桩是指桩底部混凝土隔空或混凝土混入泥砂而形成软弱夹层。

原因：桩靴打坏挤入管内，拔管时，桩靴未及时脱离桩管；桩靴与桩管连接不密实，泥、砂流入；活瓣桩靴拔管到一定高度才张开，混凝土下落。

动画：吊脚桩

处理措施：控制混凝土桩靴强度；活瓣桩靴应在抽管时注意混凝土下落情况。拔管开始 500 mm 范围，可翻插几下；已灌混凝土时，用复打法处理。

4. 灌注桩的桩头处理

灌注桩养护完毕，混凝土达到规定强度，要把桩头打掉 1 m 左右。

原因：混凝土浇灌时石子先下沉，产生离析，桩头部分基本上是浮浆，强度达不到要求；将桩中的钢筋打出与承台钢筋连接，以形成整体；统一桩顶标高。

(二)常用质量检测方法

开挖检查：只限于对所暴露的桩身进行观察检查。

抽芯检查：在灌注桩桩身内钻孔，取混凝土芯样进行观察，看它的连续性。

反射波法：测混凝土的连续性，是否存在孔洞、断桩等。

动测法：高应变测桩承载力，低应变只能测混凝土质量。

二、灌注桩的质量检查

灌注桩质量质量检查包括成孔及清孔、钢筋骨架制作及安放、混凝土搅拌及灌注三个施工过程的质量检查。施工前应对水泥、砂、石子（如现场搅拌）、钢材等原材料进行检查，对施工组织设计中制定的施工顺序、监测手段（包括仪器、方法）也应检查。

1. 成孔质量检查及要求

(1)灌注桩的桩径、垂直度及桩位允许偏差应符合表5-18的规定。

(2)灌注桩成孔深度的控制要求。

1)锤击套管成孔，桩尖位于坚硬、硬塑黏性土、碎石土、中密以上的砂土、风化岩土层时，应达到设计规定的贯入度；桩尖位于其他软土层时，桩尖应达到设计规定的标高。

表 5-18　灌注桩的桩径、垂直度及桩位允许偏差

序	成孔方法		桩径允许偏差/mm	垂直度允许偏差	桩位允许偏差/mm
1	泥浆护壁钻孔桩	$D\leqslant1\,000\text{ mm}$	$\geqslant0$	$\leqslant1/100$	$\leqslant70+0.01H$
		$D>1\,000\text{ mm}$	$\geqslant0$		$\leqslant100+0.01H$
2	套管成孔灌注桩	$D\leqslant500\text{ mm}$	$\geqslant0$	$\leqslant1/100$	$\leqslant70+0.01H$
		$D>500\text{ mm}$	$\geqslant0$		$\leqslant100+0.01H$
3	干作业成孔灌注桩		$\geqslant0$	$\leqslant1/100$	$\leqslant70+0.01H$
4	人工挖孔桩		$\geqslant0$	$\leqslant1/200$	$\leqslant50+0.005H$

注：1. H 为桩基施工面至设计桩顶的距离(mm)；
　　2. D 为设计桩径(mm)。

2）泥浆护壁成孔、干作业成孔，应达到设计规定的深度。

3）灌注桩的沉渣厚度：当以摩擦力为主时，不得大于 150 mm；当以端承力为主时不得大于 50 mm。

2. 钢筋笼制作及安放要求

(1)钢筋笼制作时，要求主筋沿环向均匀布置，箍筋的直径及间距、主筋的保护层、加劲箍的间距等均应符合设计要求。主筋与箍筋之间宜采用焊接连接。加劲箍应设在主筋外侧，主筋一般不设弯钩，根据施工工艺要求，所设弯钩不得向内圈伸露，以免妨碍施工。

(2)钢筋笼主筋的保护层允许偏差：水下灌注混凝土桩为±20 mm；非水下灌注混凝土桩为±10 mm。

(3)钢筋笼制作、运输、安装过程中，应采取措施防止变形，并应有保护层垫块(或垫管、垫板)。吊放入孔时，应避免碰撞孔壁。灌注混凝土时，应采取措施固定钢筋笼的位置。

3. 混凝土搅拌与灌注

(1)混凝土搅拌主要检查材料质量与配比计量、混凝土坍落度；灌注混凝土应检查防止混凝土离析的措施、浇筑厚度及振捣密实情况。

(2)灌注桩各工序应连续施工。钢筋笼放入泥浆后，4 h 内必须灌注混凝土。

(3)灌注后，桩顶应高出设计标高 0.5 m。灌注桩的实际浇筑混凝土量不得小于计算体积。

(4)灌注桩混凝土强度检验的试件应在施工现场随机抽取。来自同一搅拌站的混凝土，每浇筑 50 m³，必须至少留置 1 组试件；当混凝土浇筑量不足 50 m³ 时，每连续浇筑 12 h 必须至少留置 1 组试件。对单柱单桩，每根桩应至少留置 1 组试件。

三、预制桩的质量检查

(1)桩在现场预制时，应对原材料、钢筋骨架(表 5-19)、混凝土强度进行检查；采用工厂生产的成品桩时，桩进场后应进行外观及尺寸检查。

表 5-19　预制桩钢筋骨架的质量检验标准　　　　　　　　　　　　　　　　mm

项目	序号	检查项目	允许偏差或允许值	检查方法
主控项目	1	主筋距桩顶距离	±5	用钢尺量
	2	多节桩锚固钢筋位置	5	用钢尺量
	3	多节桩预埋铁件	±3	用钢尺量
	4	主筋保护层厚度	±5	用钢尺量

项目	序号	检查项目	允许偏差或允许值	检查方法
一般项目	1	主筋间距	±5	用钢尺量
	2	桩尖中心线	10	用钢尺量
	3	箍筋间距	±20	用钢尺量
	4	桩顶钢筋网片	±10	用钢尺量
	5	多节桩锚固钢筋长度	±20	用钢尺量

(2)施工中应检验接桩质量、锤击及静压的技术指标、垂直度以及桩顶标高等。

(3)施工结束后应对承载力及桩身完整性等进行检验。

(4)钢筋混凝土预制桩质量检验标准应符合表5-20、表5-21的规定。

表5-20 锤击预制桩质量检验标准

项	序	检查项目	允许偏差或允许值		检查方法
			单位	数值	
主控项目	1	承载力	不小于设计值		静载试验、高应变法等
	2	桩身完整性	—		低应变法
一般项目	1	成品桩质量	表面平整,颜色均匀,掉角深度小于10mm,蜂窝面积小于总面积的0.5%		查产品合格证
	2	桩位	见表5-23		全站仪或用钢尺量
	3	电焊条质量	设计要求		查产品合格证
	4	接桩;焊缝质量	标准表5.10.4		标准表5.10.4
		电焊结束后停歇时间	min	≥8(3)	用表计时
		上下节平面偏差	mm	≤10	用钢尺量
	5	节点弯曲矢高	同桩体弯曲要求		用钢尺量
		收锤标准	设计要求		用钢尺量或查沉桩记录
	6	桩顶标高	mm	±50	水准测量
	7	垂直度	≤1/100		经纬仪测量

注：1. 表中标准指《建筑地基基础工程施工质量验收标准》(GB 50202—2018)。
　　2. 括号中为采用二氧化碳气体保护焊时的数值。

表5-21 静压预制桩质量检验标准

项	序	检查项目	允许偏差或允许值		检查方法
			单位	数值	
主控项目	1	承载力	不小于设计值		静载试验、高应变法等
	2	桩身完整性	—		低应变法
一般项目	1	成品桩质量	表面平整,颜色均匀,掉角深度小于10 mm,蜂窝面积小于总面积的0.5%		查产品合格证
	2	桩位	见表5-23		全站仪或用钢尺量
	3	电焊条质量	设计要求		查产品合格证

项	序	检查项目	允许偏差或允许值		检查方法
			单位	数值	
一般项目	4	接桩；焊缝质量	标准表 5.10.4		标准表 5.10.4
		电焊结束后停歇时间	min	≥6(3)	用表计时
		上下节平面偏差	mm	≤10	用钢尺量
		节点弯曲矢高	同桩体弯曲要求		用钢尺量
	5	终压标准	设计要求		现场实测或查沉桩记录
	6	桩顶标高	mm	±50	水准测量
	7	垂直度	≤1/100		经纬仪测量
	8	混凝土灌芯	设计要求		查灌注量

注：1. 表中标准指《建筑地基基础工程施工质量验收标准》(GB 50202—2018)。
2. 括号中为采用二氧化碳气体保护焊时的数值。

(5)预制桩的桩位偏差应符合表 5-22 的规定。斜桩倾斜度的偏差应为倾斜角正切值的 15%。

表 5-22　预制桩的桩位允许偏差

序	检查项目		允许偏差/mm
1	带有基础梁的桩	垂直基础梁的中心线	≤100+0.01H
		沿基础梁的中心线	≤150+0.01H
2	承台桩	桩数为 1~3 根桩基中的桩	≤100+0.01H
		桩数大于或等于 4 根桩基中的桩	≤1/2 桩径+0.01H 或 ≤1/2 边长+0.01H

注：H 为桩基施工面至设计桩顶的距离(mm)。

四、施工验收资料

桩基施工验收应包括下列资料：
(1)工程地质勘查报告、桩基施工图、图纸会审纪要、设计变更单及材料代用通知单等。
(2)经审定的施工组织设计、施工方案及执行中的变更情况。
(3)桩位测量放线图，包括工程桩位线复核签证单。
(4)桩孔、钢筋、混凝土工程施工隐蔽记录及各分项工程质量检查验收单及施工记录。
(5)成桩质量检查报告。
(6)单桩承载力检测报告。
(7)基坑挖至设计标高的桩位竣工平面图及桩顶标高图。
承台工程验收时应提交下列资料：
(1)承台钢筋、混凝土的施工与检查记录。
(2)桩头与承台的锚筋、边桩离承台边缘距离、承台钢筋保护层记录。
(3)承台厚度、长宽记录及外观情况描述等。

五、桩基础工程安全技术

(1)桩基础工程施工区域，应实行封闭式管理，进入现场的各类施工人员，必须接受安全教育，严格按操作规程施工，服从指挥，坚守岗位，集中精力操作。

(2)按不同类型桩的施工特点，针对不安全因素，制定可靠的安全措施，严格实施。

(3)对施工危险区域和机具(冲击、锤击桩机，人工挖掘成孔的周围，桩架下)，要加强巡视检查，对于有险情或异常情况时，应立即停止施工并及时报告，待有关人员查明原因，排除险情或加固处理后，方能继续施工。

(4)打桩过程中可能引起停机面土体挤压隆起或沉陷，打桩机械及桩架应随时调整，保持稳定，防止意外事故发生。

(5)加强机械设备的维护管理，机电设备应有防漏电装置。

◀)) 任务实施

一、桩身混凝土取样和桩身质量检验

直径大于 1 000 mm 的桩每桩取 1 组混凝土试块。对 16 根桩进行了桩身混凝土强度检验(动测法)。《建筑地基基础工程施工质量验收标准》(GB 50202—2018)和《建筑地基基础设计规范》(GB 50007—2011)规定，直径大于 800 mm 的桩，必须 100%地进行桩身质量检验；每桩必须取 1 组试块。检测数量可根据现行行业标准《建筑基桩检测技术规范》(JGJ 106—2014)确定。

二、单桩竖向承载力检测

本工程未进行单桩竖向承载力检测。在地基与基础分部工程验收时，由设计根据桩端持力层报告结合桩身质量检验报告核算合格。

三、挖孔桩基础验收

挖孔桩基础验收应检查下列资料：

(1)地基基础设计交底纪要及首次地基验槽会议纪要。

(2)地基基础方面的设计变更。

(3)桩位测量放线图。

(4)挖孔桩检查记录(一桩一表)。

(5)挖孔桩施工记录。

(6)桩底岩石单轴抗压强度报告。

(7)柱底 3d(或 5 m 深度范围)钻芯报告。

(8)原材料部分(合格证、出厂检验报告、备案证、见证送取委托单、复检报告、配合比报告、钢筋焊接报告等)。

(9)钢筋隐蔽检查记录。

(10)混凝土浇灌许可证。

(11)混凝土试块强度检测报告。

(12)桩身混凝土强度动测报告。

(13)分部工程质量验收记录。

思考与练习

1. 试述桩基础的组成、分类及优缺点。

2. 在什么情况下可以考虑采用桩基础？

3. 何谓单桩竖向承载力？确定单桩竖向承载力的方法有哪些？

4. 已知桩的静载荷试验成果 p-s 曲线，如何确定单桩竖向承载力特征值？

5. 试述桩基础的设计思路及主要步骤。

6. 预制桩的吊点如何确定？

7. 打桩顺序有哪些因素有关？常见的打桩顺序有哪些？如何确定打桩顺序？

8. 人工挖孔桩有何优缺点？施工中应注意哪些安全问题？

9. 某建筑物地基的地质剖面如图 5-47 所示，设上部结构传至基础顶面的荷载为竖向力 $\sum N=1\ 800$ kN，弯矩 $\sum M=300$ kN·m，水平力 $\sum H=50$ kN，已知基础顶面高程为地表下 0.5 m，试设计该桩基础。

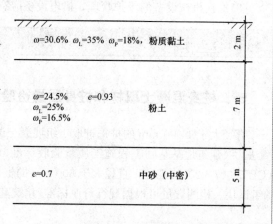

图 5-47 某建筑物地基的地质剖面

项目六　地基处理工程施工

知识目标

◇ 掌握换填垫层法的概念、适用条件及设计。
◇ 熟悉预压法的概念、原理、适用范围。
◇ 掌握强夯及强夯置换法的适用范围及设计要点。
◇ 熟悉振冲法的适用范围及原理。
◇ 掌握 CFG 桩复合地基的原理、适用范围。
◇ 掌握压力灌浆法、高压旋喷法、深层搅拌法等化学加固法的原理、适用范围。

能力目标

◇ 能运用所学知识对软弱地基进行分类。
◇ 能根据实际情况选择合适的地基处理方法。
◇ 能针对所选择的地基处理方法，制订出详细的施工方案。
◇ 能把握地基处理施工管理及质量检验的要点。
◇ 能在本项目学习的基础上，对所涉及方法进一步研究，并了解地基处理技术最新发展。

对于不能满足强度、变形和稳定性要求的软弱地基，须经过人工改良或加固后才能使用，这种改良和加固，就称为地基处理。

一、地基处理的目的

(1)提高地基的强度，增加其稳定性。若地基的抗剪强度不足以支承上部荷载，地基就会发生局部剪切或整体滑动破坏，将影响建筑物的正常使用，甚至导致灾难的发生。如加拿大特朗斯康谷仓、香港宝城滑坡。

(2)降低地基的压缩性，减小其变形。当地基在上部荷载作用下，产生严重沉降或不均匀沉降时，就会影响建筑物的正常使用，甚至发生整体倾斜、墙体开裂、基础断裂等事故。如比萨斜塔、苏州虎丘塔、日本关西国际机场。

(3)改善地基的动力特性，提高其抗震性能。在强烈地震作用下，地下水位下的松散粉细砂和粉土产生液化，使地基丧失承载力。如阪神大地震中的神户码头。

(4)改善地基的渗透性，提高其抗渗性能。如美国的 Teton 坝，1998 年九江大堤决口都可以归结为与土有关的渗透问题。

二、地基处理的程序

1. 准备工作

(1)收集详细的岩土工程勘察资料、上部结构及基础设计资料等。

(2)根据工程的要求和采用天然地基存在的主要问题，确定地基处理的目的、处理范围和处理后要求达到的各项技术经济指标等。

(3)结合工程情况，了解当地地基处理经验和施工条件，对于有特殊要求的工程，尚应了解其他地区相似场地上同类工程的地基处理经验和使用情况等。

(4)调查邻近建筑、地下工程和有关管线等情况。

(5)了解建筑场地的环境情况。

2. 制定并选择地基处理方案

(1)根据结构类型、荷载大小及使用要求，结合地形地貌、地层结构、土质条件、地下水特征、环境情况和对邻近建筑的影响等因素进行综合分析，初步选出几种可供考虑的地基处理方案，包括选择两种或多种地基处理措施组成的综合处理方案。

(2)对初步选出的各种地基处理方案，分别从加固原理、适用范围、预期处理效果、耗用材料、施工机械、工期要求和对环境的影响等方面进行技术经济分析和对比，选择最佳的地基处理方法。

(3)对已选定的地基处理方法，宜按建筑物地基基础设计等级和场地复杂程度，在有代表性的场地上进行相应的现场试验或试验性施工，并进行必要的测试，以检验设计参数和处理效果。

(4)如达不到设计要求，应查明原因，修改设计参数或调整地基处理方法。

3. 方案实施

施工技术人员应掌握所承担工程的地基处理目的、加固原理、技术要求和质量标准等。施工中应由专人负责质量控制和监测，并做好施工记录。当出现异常情况时，必须及时会同有关部门妥善解决。施工过程中应进行质量监理，施工结束后必须按国家有关规定进行工程质量检验和验收。

4. 沉降观测

对于现行国家标准《建筑地基基础设计规范》(GB 50007—2011)规定需要进行地基变形计算的建筑物或构筑物，经地基处理后，应进行沉降观测，直至沉降达到稳定为止。

以下着重阐述几种常用的地基处理方法。

任务一　换填垫层法

学习任务

某电厂主厂房为钢筋混凝土框架结构，柱下基础采用条形基础，基础埋置深度 2.5 m，混凝土强度等级 C15。该电厂厂址位于河漫滩地，自然标高 126 m，地形平坦。土层分布及物理力学性质见表 6-1。根据抗洪、防洪需要，厂区设计地面标高定位 132.8 m；据设计条件和荷载，地基承载力设计值 $f_a = 150$ kPa。

试给出垫层施工要点。

表 6-1　土层分布及物理力学性质

土层	厚度/m	重度/(kN·m⁻³)	压缩模量/MPa	黏聚力/kPa	内摩擦角/(°)	承载力设计值/kPa	渗透系数/(cm·s⁻¹)
砂土层	3	17	5.8		30	150	5.8×10^{-4}
卵石层	5	20	20			400	
坡积粉质黏土	10	19	7	20	25	150	5.8×10^{-5}
砂岩						800	

提出问题：

1. 换填垫层法的适用范围是什么？
2. 垫层的材料有哪些？
3. 如何确定垫层的高度和宽度？
4. 垫层的施工方法有哪些？

知识链接

一、换填垫层法概述

1. 定义

换填垫层法(图 6-1)就是将基础底面一定范围内的软弱土层挖除，再以强度大、压缩性小、性能稳定的材料分层充填，同时分层夯压、振动至密实，成为良好的人工地基。

微课：换填垫层法原理和适用范围

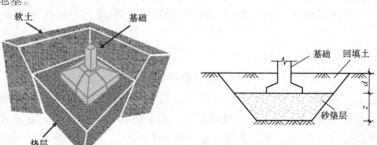

图 6-1　换填垫层法示意

2. 作用

(1)提高地基的承载力。浅基础的地基承载力与基底土的强度有关，若上部荷载超过软弱地基土的强度，则从基础底面开始发生剪切破坏，并向软弱地基的纵深发展。如以强度大的砂石替代软弱土，就可提高地基承载力，避免地基剪切破坏。

（2）减小地基的沉降量。软弱地基的压缩性高、沉降量大。换填压缩性低的砂石，则地基沉降量减小。如湿陷性黄土换成灰土垫层，可消除湿陷性，也可减小地基沉降量。

（3）加速软土的排水固结。砂石垫层透水性大，软弱下卧层在荷载作用下，以砂石垫层作为良好的排水体，可使孔隙水压力迅速消散，从而加速软土的固结过程。

（4）防止冻胀。砂石本身为不冻胀土，垫层切断了下卧土层中地下水的毛细管上升，可以防止冬季结冰造成的冻胀。

（5）消除膨胀土的胀缩作用。在膨胀土地基中采用换土垫层法，应将基础底面和侧面一定范围内的膨胀土挖除，换填非膨胀性材料，消除胀缩作用。

3. 适用范围

换填垫层法适用于处理浅层①较弱土层或不均匀土层的地基，如多层、低层建筑的条形基础、独立基础。当浅层地基土为淤泥、淤泥质土、松散的素填土、杂填土，或是地域性特殊土（膨胀土、湿陷性黄土、季节性冻土），或是遇到土层中有暗沟、古井、古墓需要处理时，均可采用换填垫层法。②换填的厚度宜为 0.5～3.0 m。

工程实践表明，在合适的条件下，采用换填垫层法能有效地解决中小型工程的地基处理问题。本法的优点是：可就地取材，施工方便，不需特殊的机械设备，既能缩短工期，又能降低造价，因此，得到较为普遍的应用。

二、换填材料

换填的材料主要有砂石、粉质黏土、灰土、粉煤灰、矿渣、其他工业废渣、土工合成材料等。

微课：换填材料

1. 砂石

宜选用碎石、卵石、角砾、圆砾、砂砾、粗砂、中砂或石屑，并应级配良好，不含植物残体、垃圾等杂质，当使用粉细砂或石粉时，应掺入不少于总重 30% 的碎石或卵石。砂石的最大粒径不宜大于 50 mm。对湿陷性黄土或膨胀土地基，不得选用砂石等透水性材料。

2. 粉质黏土

土料中有机质含量不得超过 5%，且不得含有冻土和膨胀土。当含有碎石时，其最大粒径不宜大于 50 mm。用于湿陷性黄土或膨胀土地基的粉质黏土垫层，土料中不得夹有砖、瓦、石块等。

3. 灰土

体积配合比宜为 2∶8 或 3∶7。石灰宜选用新鲜的消石灰，其最大粒径不宜大于 50 mm。土料宜选用粉质黏土，不得使用块状黏土，且不得含有松软杂质，土料应过筛且最大粒径不得大于 15 mm。在最优含水量（14%～18%）的情况下，充分拌和，分层回填，夯实或压实。灰土垫层在湿陷性黄土地区使用较为广泛，处理厚度一般为 1～4 m，通过处理基底下的部分湿陷性土层，可达到减小地基的总湿陷量，并控制未处理土层的湿陷量。

4. 粉煤灰

粉煤灰是燃煤电厂排放的工业废弃物，其排放堆积不仅占用土地资源，对生态环境也构成了不同程度的危害，但粉煤灰是一种良好的软土换填材料（自重轻、击实性能好、力学性能和渗透性良好），可用于加固软土地基，并可用于厂房、机场、港区陆域和堆场等大面积填筑工程。

选用的粉煤灰应满足相关标准对腐蚀性和放射性的要求。粉煤灰垫层上宜覆土 0.3～0.5 m。粉煤灰垫层中采用掺加剂时，应通过试验确定其性能及适用条件。粉煤灰垫层中的金属构件、管网应采取防腐措施。大量填筑粉煤灰时应考虑对地下水和土壤的环境影响。

5. 矿渣

垫层使用的矿渣是指高炉重矿渣，可分为分级矿渣、混合矿渣及原状矿渣。矿渣垫层主要用于堆场、道路和地坪，也可用于小型建筑、构筑物地基。选用矿渣的松散重度不小于 11 kN/m³，有机质及含泥总量不超过 5%。设计、施工前必须对选用的矿渣进行试验，在确认其性能稳定并符合安全规定后方可使用。作为建筑物垫层的矿渣应符合对放射性安全标准的要求。易受酸、碱影响的基础或地下管网不得采用矿渣垫层。大量填筑矿渣时，应考虑对地下水和土壤的环境影响。

6. 其他工业废渣

在有可靠试验结果或成功工程经验时，对质地坚硬、性能稳定、无腐蚀性和放射性危害的工业废渣等均可用于填筑换填垫层。被选用工业废渣的粒径、级配和施工工艺等应通过试验确定。

7. 土工合成材料

由分层铺设的土工合成材料与地基土构成加筋垫层。所用土工合成材料的品种与性能及填料的土类应根据工程特性和地基土条件，按照现行国家标准《土工合成材料应用技术规范》（GB/T 50290—2014）的规定，通过设计并进行现场试验后确定。

作为加筋的土工合成材料应采用抗拉强度较高、耐久性好、抗腐蚀的土工带、土工格栅、土工格室、土工垫或土工织物等土工合成材料；垫层填料宜采用碎石、角砾、砾砂、粗砂、中砂或粉质黏土等材料。如工程要求垫层具有排水功能时，垫层材料应具有良好的透水性。

铺设土工合成材料时，下铺地基土层顶面应平整，防止土工合成材料被刺穿、顶破。铺设时应把土工合成材料张拉平直、绷紧，严禁有折皱；端头应固定或回折锚固；切忌曝晒或裸露；连接宜用搭接法、缝接法和胶结法，并均应保证主要受力方向的连接强度不低于所采用材料的抗拉强度。

微课：换填垫层法
设计要点

三、垫层的设计

垫层设计的主要内容包括垫层的厚度、宽度、承载力。

1. 垫层的厚度

垫层的厚度 z，应根据软弱下卧层的深度或软弱下卧层的承载力确定，即垫层底面处的附加应力与自重压力之和不大于软弱下卧层的地基承载力。

$$p_z + p_{cz} \leqslant f_a \tag{6-1}$$

式中　p_z——垫层底面处的附加应力值（相应于与荷载效应标准组合时）(kPa)；

p_{cz}——垫层底面处的自重压力标准值(kPa)；

f_a——垫层底面处经深度修正后的地基承载力设计值(kPa)。

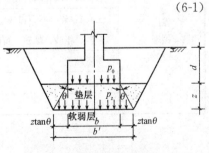

图 6-2　换填垫层设计

有关 p_z 的计算如下（图 6-2）：

条形基础：$p_z = \dfrac{p_0 b}{b + 2z\tan\theta}$

矩形基础（附加应力沿两个方向扩散）：$p_z = \dfrac{p_0 bl}{(b + 2z\tan\theta)(l + 2z\tan\theta)}$

式中 p_0——基础底面处附加应力；

　　　　z——垫层厚度(m)；

　　　　b——基础底面的宽度(m)；

　　　　l——基础底面的长度(m)；

　　　　θ——垫层的压力扩散角，宜通过试验确定，无试验资料时，可按表 6-2 采用。

表 6-2　土和砂石材料压力扩散角 $\theta(°)$

z/b	换填材料		
	中砂、粗砂、砾砂、圆砾、角砾、石屑、卵石、碎石、矿渣	粉质黏土、粉煤灰	灰土
0.25	20	6	28
≥0.50	30	23	

注：1. 当 z/b<0.25 时，除灰土取 $\theta=28°$ 外，其余材料均取 $\theta=0°$，必要时宜由试验确定；

　　2. 0.25<z/b<0.5 时，θ 值可以内插；

　　3. 土工合成材料加筋垫层，其压力扩散角宜由现场静载荷试验确定。

　　垫层的厚度通常不小于 0.5 m，且不大于 3 m。垫层太薄，作用不显著、效果差；垫层太厚，则工程量大、不经济、施工难。一般垫层厚度以 1~2 m 为宜。

2. 垫层的宽度

垫层的宽度应满足基础底面应力扩散的要求。垫层底面宽度的要求：

$$b' \geqslant b + 2z\tan\theta \tag{6-2}$$

垫层顶面宽度的要求：垫层顶面每边宜超出基础底边不小于 300 mm，且从垫层底面两侧向上，按要求放坡。

3. 垫层的承载力

经换填垫层处理的地基，其承载力宜通过试验，尤其是通过现场原位试验(荷载、标贯、触探)确定。中砂、粗砂、砾砂垫层应控制密实度在中密以上。

对于按《建筑地基基础设计规范》(GB 50007—2011)划分安全等级为三级的建筑物及不太重要、小型、轻型或对沉降要求不高的工程，在无试验资料时可按表 6-3 取用承载力特征值。

表 6-3　各种垫层的承载力

施工方法	换填材料	压实系数 λ_c	承载力标准值 f_k/kPa
碾压振密或夯实	碎石、卵石	≥0.97	200~300
	砂夹石(碎、卵石占 30%~50%)		200~250
	土夹石(碎、卵石占 30%~50%)		150~200
	中砂、粗砂、砾砂、角砾、圆砾、石屑		150~200
	粉质黏土		130~180
	灰土	≥0.95	200~250
	粉煤灰		150~200

四、垫层的施工

垫层的施工与项目二中"土方回填"基本相同。

施工工艺流程：基坑开挖→分层铺土→分层夯压→分层检测→基础施工→基础回填。

1. 基坑开挖

(1)基坑开挖时应避免坑底土层受扰动。可保留 180～220 mm 厚的土层暂不挖去。待铺填垫层前再由人工挖至设计标高。严禁扰动垫层下的软弱土层，应防止软弱土层被践踏、受冻或受水浸泡。在碎石或卵石垫层底部宜设置厚度为 150～300 mm 的砂垫层或铺一层土工织物，并应防止基坑边坡塌土混入垫层中。

微课：换填垫层法施工与质量检验

(2)换填垫层施工时，应采取基坑排水措施。除砂垫层宜采用水撼法施工外，其余垫层施工均不得在浸水条件下进行。工程需要时应采取降低地下水位的措施。

(3)垫层底面应在同一标高上，如深度不同，坑底土层应挖成阶梯或斜坡搭接，并按"先深后浅"的顺序施工垫层，搭接处应夯压密实。

(4)当垫层底部存在古井、古墓、洞穴、旧基础、暗塘时，应根据建筑物对不均匀沉降的控制要求予以处理，并经检验合格后，方可铺填垫层。

2. 分层铺土

(1)填料的含水量与最优含水量比较，粉质黏土和灰土宜控制在±2%的范围内，粉煤灰垫层宜控制在±4%的范围内。最优含水量可通过击实试验确定，也可按当地经验取用。

(2)垫层的施工机械、分层铺填厚度、每层压实遍数宜通过现场试验确定。除接触下卧软土层的垫层底部应根据施工机械及下卧层土质条件确定厚度外，其他垫层分层铺填厚度宜为 200～300 mm。

(3)粉质黏土及灰土垫层分段施工时，不得在柱基、墙角及承重窗间墙下接缝；垫层上下两层的缝距不得小于 500 mm，且接缝处应夯压密实；灰土拌匀后应当日铺填夯压，灰土夯压密实后，3 d 内不得受水浸泡；粉煤灰垫层铺填后，宜当日压实，每层验收后及时铺填上层或封层，并应禁止车辆碾压通行。

3. 分层夯压

(1)垫层施工按压密采用的不同机械和工艺，一般可分为机械碾压法（如压路机、推土机、平碾、羊足碾或其他碾压机械）、重锤夯实法（用起重机将夯锤提升到一定高度，然后自由下落）、平板振动法（处理无黏性土或黏粒含量少，透水性好的松散杂填土地基）。

(2)垫层施工应根据不同的换填材料选择施工机械。粉质黏土、灰土宜采用平碾、振动碾或羊足碾，中小型工程也可采用蛙式夯、柴油夯；砂石等宜用振动碾；粉煤灰宜采用平碾、振动碾、平板振动器、蛙式夯；矿渣宜采用平板振动器或平碾，也可采用振动碾。

每层铺填厚度、碾压遍数见表 6-4。

表 6-4　每层铺填厚度及压实遍数

施工机械	每层铺填厚度/mm	每层压实遍数	碾压速度/(km·h⁻¹)
平碾（8～12 t）	200～300	6～8	2
羊足碾（5～16 t）	200～350	8～16	3
蛙式夯（200 kg）	200～250	3～4	
振动碾（8～15 t）	600～1 300	6～8	2
振动压实机（2 t 振动力 98 kN）	1 200～1 500	10	0.5
冲击碾压机	700～1200		
插入式振动器	200～500		
平板式振动器	150～250		

4. 分层检测

(1)垫层的施工质量检验必须分层进行。应在每层的压实系数符合设计要求后铺填上层土。压实系数:

$$\lambda_c = \frac{\rho_d}{\rho_{dmax}} \tag{6-3}$$

式中　λ_c——压实系数,各种垫层的压实标准详见表6-3;

　　　ρ_d——垫层材料施工要求达到的干密度(g/cm^3);

　　　ρ_{dmax}——垫层材料能够压密的最大干密度,由室内击实试验测定(g/cm^3)。

(2)对粉质黏土、灰土、砂石和粉煤灰垫层的施工质量检验可用环刀取样、静力触探、轻型动力触探或标准贯入试验等方法;对碎石、矿渣垫层可用重型动力触探试验进行检验,压实系数也可采用灌砂法、灌水法或其他方法检验。

1)环刀法:用容积不小于200 cm^3的环刀压入垫层中取样,测定其干密度ρ_d。ρ_d与室内采用击实试验得到的最大干密度ρ_{dmax}的比值(压实系数)应符合要求。取样点应位于每层厚度的2/3深度处。检验点数量,条形基础下垫层每10~20 m不应少于1个点,独立基础、单个基础下垫层不应少于1个点,其他基础下垫层每50~100 m^2不应少于1个点。采用标准贯入试验或动力触探法检验垫层的施工质量时,每分层平面上检验点的间距不应大于4 m。

2)标准贯入测定法:检查时先将表面的垫层刮去3 cm左右,并用贯入仪、钢叉或钢筋等以贯入度大小检验砂垫层的质量。具体做法:用直径为20 mm,长1.25 m的平头光圆钢筋,距离表层70 cm自由下落,插入的深度称为实测贯入度。实测贯入度不大于通过试验所确定的控制干土质量密度的标准贯入度为合格。每分层检验点的间距小于4 m。

3)灌水法:如为卵石或碎石垫层,可采用灌水法。选代表性部位挖试坑:直径250 mm,深300 mm。挖出的卵石全部装入小桶,可得卵石的质量。用塑料薄袋平铺试坑,注水入袋至试坑口齐平,注入水量为试坑体积。如此得出其干密度。

(3)竣工验收应采用静载荷试验检验垫层承载力,且每个单体工程不宜少于3个点;对于大型工程应按单体工程的数量或工程划分的面积确定检验点数。

5. 垫层施工后

垫层竣工验收合格后,应及时进行基础施工与基坑回填。

6. 施工常见问题

地基不密实或形成橡皮土。

原因:换填材料选用不当或其中混有垃圾;有水(地表水或明沟水)流入换填区,或填料含水量过大;填筑以前未清除耕植土、腐殖土或坑底淤泥;施工中排水不当,或无防雨设施;分层铺筑厚度过大;未按要求碾压等。

预防及治理:填料和分层厚度要符合要求;严格控制含水量;彻底清除不良土层;要有排水设施和防雨设施;按要求碾压;挖除质量不合要求的填料,掺入石灰、碎石后,重新碾压或夯实;含水量过大时,可将填料翻松、晾晒后重新夯实。

🔊 任务实施

填料用河漫滩的砂卵石,卵石粒径20~30 mm,强度等级大于MU20。缝隙间用砂填充。

施工前整平地面,清除草皮、浮土及杂物。

铺砂前先用8 t碌子碾压两遍,然后分两次铺砂,每次铺15 cm,采用中粗砂或粗砂,分层浇水,浇至不再下沉为止。再用碌子,每层碾压4遍。

然后分层铺设砂卵石，每层厚 40 cm，先用拖拉机碾压 4 或 5 遍，再用磙子碾压 6～8 遍，至基础底面位置。

进行基础施工，待基础混凝土强度达到 70% 后，再继续往上铺填碾压至室外地面标高。

思考与练习

1. 什么是填换垫层法？
2. 换填垫层法的作用有哪些？
3. 垫层施工完成后，如何进行质量检验？

任务二 预压法

学习任务

山东省济南遥墙机场跑道加固工程，该工程主跑道长 2 600 m、宽 60 m，该地基表面为 2～3 m 粉砂，以下为粉质黏土，深 7.5～11.5 m 处为淤泥质黏土及淤泥。

试分析其地基加固方法。

提出问题：

1. 预压法加固地基的原理是什么？
2. 预压法的适用范围及分类分别是什么？
3. 预压法的施工和质量控制要点有哪些？

知识链接

一、预压法概述

1. 定义

在建筑场地上正式修筑工程之前，堆砂石等材料(堆载预压法)或者通过覆盖于竖井的不透气薄膜内抽真空(真空预压法)使地基固结的地基处理方法，称为预压法。

2. 作用

使地基产生大量沉降而压密，从而提高地基的强度，减少实际工程的沉降量。

3. 适用范围

预压法适用于处理淤泥、淤泥质土和冲填土等饱和黏性土地基。

4. 预压法分类

预压地基按处理工艺可分为堆载预压、真空预压、真空和堆载联合预压。

(1)堆载预压：地基上堆加荷载使地基土固结压密。

(2)真空预压：通过铺设水平排水砂垫层和设置在软基中的竖向排水体，再在砂垫层上铺设不透气的薄膜封闭装置，借助于埋设在砂垫层内的管道，通过抽真空装置，使土体中形成负压，将土体孔隙中的孔隙水抽出，从而降低孔隙水压力，增加有效应力，使土体产生固结，减少后期沉降，提高地基承载能力(图6-3)。

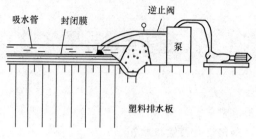

图6-3 真空预压法

(3)真空和堆载联合预压：当建筑物的荷载超过真空预压的压力(大于80 kPa)，或建筑物对地基变形有严格要求时，可采用联合预压法。施工时先抽真空，当真空压力达到设计要求并稳定后，再进行堆载，并继续抽真空。

二、堆载预压法施工

动画：堆载预压法

施工工艺流程：排水竖井施工→铺排水砂垫层→预压载荷→加载→预压→卸荷。

1. 排水竖井施工

(1)堆载预压可设排水竖井，也可不设。对深厚的软黏土地基，应设置；当软土层厚度较小或软土层中含较多薄粉砂夹层，且固结速率能满足工期要求时，可不设置排水竖井。

(2)排水竖井分普通砂井、袋装砂井和塑料排水带。普通砂井直径一般为300～500 mm，袋装砂井直径一般为70～120 mm，塑料排水带是专门用于土体排水的专用材料，用于竖向排水有A、B、C、D型四种规格，见表6-5。

表6-5 同型号塑料排水带的厚度

cm

型号	A	B	C	D
厚度	>3.5	>4.0	>4.5	>6
注：1.A型排水带适用于插入深度小于15 m； 2.B型排水带适用于插入深度小于25 m； 3.C型排水带适用于插入深度小于35 m。				

(3)详细把握堆载预压设计资料：砂井或塑料排水带的断面尺寸、间距、排列方式和深度。

(4)砂井成孔施工方法有振动沉管法、射水法、螺旋钻成孔法、爆破法。具体见表6-6。

打砂井顺序应从外围或两侧向中间进行，砂井间距较大的可逐排进行。打砂井后基坑表层会产生松动隆起，应进行压实。

(5)砂井的砂料应选用中粗砂，其黏粒含量不应大于3%。塑料排水带的性能指标必须符合设计要求。塑料排水带在现场应妥善保护，防止阳光照射、破损或污染，破损或污染的塑料排水带不得在工程中使用。

表 6-6　砂井成孔的方法

砂井施工	振动沉管法	以振动锤为动力，将套管沉到预定深度，灌砂后振动、提管形成砂井； 优点：避免管内砂随管带上，保证砂井连续；砂受到振密，砂井质量较好
	射水法	高压水通过射水管形成高速水流，切削土体，形成一定直径和深度的砂井孔，然后灌砂； 适用土质较好且均匀的黏性土地基； 优点：设备简单，对土的扰动小； 缺点：泥浆排放、塌孔、缩颈、串孔、灌砂方面存在一定问题
	螺旋钻成孔法	动力螺旋钻钻孔，提钻后孔内灌砂； 适用于陆上工程、砂井长度 10 m 以内、土质较好，不会出现缩颈、塌孔的软弱地基，不适用很软弱的地基； 优点：设备简单而机动、成孔较规整； 缺点：灌砂质量难掌握
	爆破法	先用直径 73 mm 的螺纹钻成一个达设计深度的细孔，孔中放置条形药包，爆破后将孔扩大，然后灌砂； 施工简易，不需要复杂的机具； 适用于深度为 6～7 m 的浅砂井
袋装砂井施工	锤击打入法	将成孔用的无缝钢管作为套管埋入土层，到达规定标高，然后放入砂袋，再拔出套管
	水冲法	
	静力压入法	
	钻孔法	
	振动贯入法	

(6)灌砂：灌入砂袋中的砂宜用干砂，并应灌制密实。

灌砂量应按井孔的体积和砂在中密状态时的干密度计算，其实际灌砂量不得小于计算值的 95%，对灌砂量未达到设计要求的砂井，应在原位将桩管打入灌砂，复打一次。

井砂中的含水量应加以控制，对饱和水的土层，砂可采用饱和状态，对非饱和土和杂填土，或能形成直立孔的土层，含水量可采用 7%～9%。

袋装砂井施工所用套管内径宜略大于砂井直径。砂袋放入孔内至少应高出孔口 200 mm，以便埋入砂垫层中。

塑料排水带施工所用套管应保证插入地基中的带子不扭曲。塑料排水带需接长时，应采用滤膜内芯带平搭接的连接方法，搭接长度宜大于 200 mm。

塑料排水带和袋装砂井施工时，平面井距偏差不应大于井径，垂直度允许偏差为 ±1.5%，深度应满足设计要求。

塑料排水带和袋装砂井砂袋埋入砂垫层中的长度不应小于 500 mm。

2. 铺设排水砂垫层

(1)砂井顶面铺设排水砂垫层，厚度不应小于 500 mm。

(2)砂料宜选用中粗砂，黏粒含量不应大于 3%，砂料中可含有少量粒径不大于 50 mm 的砾石；砂垫层的干密度应大于 1.5 t/m³，渗透系数应大于 1×10^{-2} cm/s。

(3)砂料分层铺设、夯实。其摊铺方法有机械分堆摊铺法、机械顺序推进摊铺法、人工或轻便机械顺序排进铺设法。

3. 堆载预压

(1)详细把握堆载预压设计资料：预压区的范围、预压荷载的大小、荷载分级、加载速率、预压时间。规范规定预压荷载顶面的范围应不小于建筑物基础外缘的范围。

(2)堆载材料一般以散料为主，如采用施工场地附近的土、砂、石子、砖、石块等。堤坝、路基的预压一般以堤坝、路基填土本身作为堆载；大型油罐、水池地基常以内部充水对地基进行预压。

(3)加载应分期分级进行，确保每级荷载下的地基稳定，并加强观测。对地基竖向变形、水平位移和孔隙水压力等应逐日观测并做好记录。

(4)大面积可采用自卸汽车与推土机联合作业。对超软土的地基的堆载预压，第一级荷载宜用轻型机械或人工作业。

4. 卸荷

对主要以变形控制设计的建筑物，当地基土经预压所完成的变形量和平均固结度满足设计要求时，方可卸载；对以地基承载力或抗滑稳定性控制设计的建筑物，当地基土经预压后其强度满足建筑物地基承载力或稳定性要求时，方可卸载。

5. 质量检验及验收

(1)质量检验标准。

1)施工前应检查施工监测措施和监测初始数据、排水设施和竖向排水体等。

2)施工中应检查堆载高度、变形速率，真空预压施工时应检查密封膜的密封性能、真空表读数等。

3)施工结束后，应进行地基承载力与地基土强度和变形指标检验。

4)预压地基质量检验标准应符合表6-7的规定。

表6-7 预压地基质量检验标准

项	序	检查项目	允许偏差或允许值		检查方法
			单位	数值	
主控项目	1	地基承载力	不小于设计值		静载试验
	2	处理后地基土的强度	不小于设计值		原位测试
	3	变形指标	设计值		原位测试
一般项目	1	预压荷载(真空度)	%	≥-2	高度测量(压力表)
	2	固结度	%	≥-2	原位测试(与设计要求比)
	3	沉降速率	%	±10	水准测量(与控制值比)
	4	水平位移	%	±10	用测斜仪、全站仪测量
	5	竖向排水体位置	mm	≤100	用钢尺量
	6	竖向排水体插入深度	mm	+200 0	经纬仪测量
	7	插入塑料排水带时的回带长度	mm	≤500	用钢尺量
	8	竖向排水体高出砂垫层距离	mm	≥100	用钢尺量
	9	插入塑料排水带的回带根数	%	<5	统计
	10	砂垫层材料的含泥量	%	≤5	水洗法

(2)关键控制点的控制方法。关键控制点的控制方法见表6-8。

表 6-8　关键控制点的控制方法

序号	关键控制点	主 要 控 制 方 法
1	砂井数量、排列、孔径、深度	按设计图施工
2	灌砂密实度	砂井灌砂应自上而下保持连续，要求不出现颈井，且不扰动砂井周围土的结构。对灌砂量未达到设计要求的砂井，应在原位将桩管打入灌砂，复打一次，灌砂量不少于 95%
3	位移观测和沉降观测	地基预压前应设置垂直沉降观测点，水平位移观测桩，测斜仪及孔隙水压力计，其设置数量、位置及测试方法，应符合设计要求； 地基的稳定性加载速率、位移控制在 3~5 mm/d； 控制观防速度最大沉降速率不超过 10 mm/d，从而控制堆载速率
4	砂井井体强度	采用标准贯入检验砂井井体强度

(3)质量记录。工序交接检验记录、预压地基工程检验批质量验收记录表、分项工程检验记录、质量检验评定记录、施工记录。

三、真空预压法施工

真空预压法施工内容主要由下列四部分组成：

(1)施工一个垂直的和水平的排水通道，即施工塑料排水板和砂垫层。

(2)要施工一个使被加固地基与大气隔绝的保证不透气的密封层。

(3)要设置一套高效率的抽真空装置，即在砂垫层内铺设主管和滤管管网和在密封系统外安装真空泵等设备。

(4)要设置一套保证能按设计要求进行施工的检测系统。

施工工艺如下：

1. 工作垫层

对于表面软弱的地基，必须先做工作垫层，以使加固工作得以进行。工作垫层由铺荆笆和填干土两道工序组成。

真空预压法施工工艺示例如图 6-4 所示。

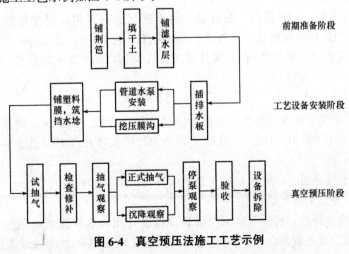

图 6-4　真空预压法施工工艺示例

2. 滤水层

滤水层即水平排水层，的材料通常用中粗砂，也可用不带利刃的其他小颗粒材料代替（如电厂的工业废料、液态渣等），其作用是在土体上表面形成水平排水通道，滤水层厚度为 400 mm，作业要求表面平整，厚度均匀，厚度误差不大于 ±20 mm，如原来地势高低起伏太大，在铺干土和铺滤水层时设法调整。铺滤水层也必须由人工用小推车进行。

3. 排水竖井

真空预压处理地基应设置排水竖井。竖井的断面尺寸、间距、排列方式和深度按设计资料。排水竖井的平面布置和埋置深度应严格控制，水平间距允许误差不大于 ±100 mm，埋置深度允许误差不大于 ±200 mm。

4. 铺管网和设备安装

真空预压的抽气设备宜采用射流真空泵，真空泵空抽吸力不应低于 95 kPa。真空泵的设置应根据地基预压面积、形状、真空泵效率和工程经验确定，每块预压区不应少于 2 台。

真空管路设置应符合下列规定：管路连接应密封，设置止回阀和截门；水平向分布的滤水管可采用条状、梳齿状及羽毛状等形式，滤水管布置宜形成回路；滤水管应设在砂垫层中，上覆砂层厚度宜为 100～200 mm；滤水管可采用钢管或塑料管，管壁上按每 60 mm 钻一圈 $\phi10$ 小孔。外包尼龙纱或土工织物等滤水材料。滤水管的间距不大于 8 m，外侧管距膜沟中心线距离不大于 4 m。

5. 密封膜

加固单元的划分：加固地基面积较大时，宜采取分区加固，每块预压面积尽可能大且呈方形，分区面积宜为 20 000～40 000 m³。单元面积过大增加施工难度，过小则加大工程成本。具体分块应满足设计要求。

真空预压区边缘：应大于建筑物基础轮廓线，每边增加量不得小于 3.0 m。加固区边线与相邻建筑物、地下管线等的距离不宜小于 20 m，当距离较近时，应对相邻建筑物、地下管线等采取保护措施。

密封膜应采用抗老化性能、韧性、抗穿刺能力都要好的不透气的材料；密封膜热合时，宜采用双热合缝的平搭接，搭接宽度应大于 15 mm；密封膜应铺设三层，膜周边可用挖沟埋膜，平铺并用黏土覆盖压边、围埝沟内及膜上覆水铺等方法进行密封。铺膜工作应选择无风天气，在白天一次完成。第一层膜修补后才能铺第二层、第三层。相邻两层膜的合缝必须错开 500 mm以上，严禁焊接缝重叠。

地基土渗透性强时，应设置黏土密封墙。黏土密封墙宜采用双排搅拌桩，搅拌桩直径不宜小于 700 mm；当搅拌桩深度小于 15 m 时，搭接宽度不宜小于 200 mm；当搅拌桩深度大于 15 m 时，搭接宽度不宜小于 300 mm。搅拌桩成桩应均匀，黏土密封墙的渗透系数应满足设计要求。

6. 预压

真空预压可以采用一次连续抽真空至最大压力的加载方式。真空预压的膜下真空度应稳定的维持在 86.7 kPa(650 mmHg) 以上，且应均匀分布，排水竖井范围内土层平均固结度应大于 90%。具体过程如下：

（1）试抽气：抽气开始时，将所有抽气泵同时开动，并认真观察真空度的变化，如有漏气，停泵进行修理工，直至无漏气点为止。

（2）抽气：经检查修理，再抽气时真空度提高很快，此时更应注意观察整个预压区内有无异常，因为随着真空度的提高，一旦发生故障，情况比较突然，会造成较大的损坏，而且不易修复。经过 24 h 抽气，如情况正常，便可向墒内灌水密封；亦可采用膜上全面覆水密封，可提高膜的密封性能；防止塑料膜直接暴晒，减缓膜的老化；冬期施工可以起到保温防冻作用。

(3)观测与检测：施工单位一般只负责表面沉降观测，其他诸如分层沉降观测、分层孔隙水压检测、侧向位移等测试项目一般由设计单位委派的监测单位负责，其目的是对设计方案和加固效果进行评估。沉降观测每天应观测一次。如遇到大风天气，应在观测记录中注明。观测时必须按平面图中的编号顺序进行，并做好记录。

7. 验收

施工单位认为达到加固要求后，应立即将上述资料送交建设单位，待建设单位、设计单位认可后，即可办理交工签证手续。

8. 清理、拆除

办理交工手续后，即可拆除设施，所有的机械、管网都应进行保护性拆除，滤水管网取出后，应将管内的泥土用水冲洗干净，晾干后集中堆放以备再用。射流泵和清水泵都应检修保养。真空表应进行校验。塑料薄膜也应清理干净，挡水墒应就地平整，滤水层所用的砂子可与建设单位方协商处理，必要时可以部分回收。

9. 质量标准

(1)真空预压地基和塑料排水带质量检验标准应符合表 6-7 的规定。

(2)质量检验。对于以抗滑移控制的重点工程，应在预压区内选择代表性地点预留孔位，在加载不同阶段进行不同深度的十字板抗剪强度试验和取土进行室内试验，以验算地基的抗滑移稳定性，并检验地基的处理效果。

预压期应及时整理变形与时间、孔隙水压力与时间等关系曲线，推算地基的最终固结变形量、不同时间的固结度和相应的变形量，作为分析处理效果并为确定卸载时间提供依据。

真空预压处理地基除应进行地基变形和孔隙水压力观测外，尚应量测膜下真空度和砂井不同深度的真空度，真空度应满足设计要求。

预压后的地基应进行十字板抗剪强度试验及室内土工试验等，以检验处理效果。

真空预压地基竣工后的承载力必须达到设计要求的标准。检验数量：每单位工程不应少于 3 点，1 000 m² 以上工程，每 100 m² 至少应有一点，3 000 m² 以上工程，每 300 m² 至少应有一点。

🔊 任务实施

采用真空预压法加固。

在地基上铺设砂垫层，垫层中布设滤管，设塑料排水板作竖向排水通道，其上铺设密封膜。

利用真空装置(射流泵)抽真空，使膜下形成负压，并通过砂垫层传递到打设在淤泥土中的排水通道内，促使排水通道及边界孔隙水压力降低，与土中的孔隙水压力形成压差和水力梯度，发生由土中向边界的渗流，加速地基固结。

表层 2～3 m 粉土对采用真空预压十分不利，如不采取特殊密封措施，很难达到并维持较高的真空度。为此，在每个加固单元周围的表层粉砂中用深层拌合机设置了黏土拌合密封墙，抽真空 80～90 d，地基固结沉降 20～25 cm，固结度大于 95%，各项物理力学指标均有明显提高。

全部工程仅用 14 个月完成，比原定工期缩短 1 个月。该机场 1992 年投产，跑道运行正常。

1. 预压法中的排水系统有哪些类型？
2. 堆载预压法施工中，预观测和记录的内容有哪些？
3. 真空预压法中哪些要点可保证密封系统稳定的真空度？

任务三　强夯法和强夯置换法

学习任务

上海浦东国际机场位于长江入海口南岸的濒海地带，是我国和上海市九五期间重大的基础设施建设项目。其中机坪、滑行道为"围海促淤"造成，本次地基处理大部分位于稻田内，地表水系发育，沟浜纵横。在地基处理强夯影响深度范围内地层有粉质黏土、淤泥质粉质黏土，含水量为36%～47%，孔隙比大于1，黏粒含量高，黏性较强，且呈流塑状，基本承载力很低，采用强夯加固法。

试分析其地基加固要点。

提出问题：

1. 强夯法加固地基的原理是什么？
2. 强夯法的适用范围和分类是什么？
3. 强夯法的施工和质量控制要点有哪些？

知识链接

一、概述

(一)定义

强夯法又名动力固结法，是一种快速加固的地基处理方法(图6-5)。用起重机将重锤提到一定高度，利用自动脱钩法使重锤自由下落，冲击能夯实地基，从而提高地基土的强度、降低土的压缩性。

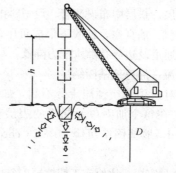

动画：强夯法

(二)加固机理

强夯法在工程实践中得到广泛应用，但目前仍然没有一套完善的指导理论和

图6-5　强夯法

设计方法，对于不同的土基有不同的加固机理。综合归纳，强夯法主要有三个加固机理方式。

1. 动力密实

对于多孔隙、粗颗粒、非饱和土，加固是基于动力密实的机理。利用冲击型动力荷载，减小土体的孔隙体积，从而使土体密实。工程实践表明，经夯击一遍后，夯坑深度可达 0.6～1.0 m，夯击后的地基承载力可提高 2～3 倍。

微课：强夯法
加固机理

2. 动力固结

为解释饱和黏性土的强夯效应，Louis Menard 提出了动力固结模型。

动力固结理论与静力固结理论的区别见表 6-9。

表 6-9 动力固结理论与静力固结理论的区别

动力固结理论	静力固结理论
含有少量气泡的可压缩液体	不可压缩的气体
固结时液体排出所通过的小孔，其孔径是变化的	固结时液体排出所通过的小孔，其孔径是不变的
弹簧刚度为变数	弹簧刚度为常数
活塞有摩阻力	活塞没有摩阻力

地基土的强度的变化规律与孔隙水压力的状态有关。进行夯击时，孔隙水压力增大，土体冲击变形而强度减小，在液化阶段，强度降低为零；孔隙水排出时孔隙水压力减小，此时为土的强度增长阶段；孔隙水压力涨幅为零，此时为土的触变恢复阶段。

3. 动力置换

对于软黏土，向强夯形成的夯坑中填充碎石、砂等粗颗粒材料，强行夯击，填料挤入软土中并排开土体，形成砂、碎石桩与软土的复合地基，这种方法称为强夯置换法。动力置换分为桩式置换和整体置换，桩式置换的机理类似于振冲法的碎石桩，利用碎石的内摩擦角和桩间土的侧限维持桩体平衡，并与软土形成复合地基；整体置换的机理类似于换土垫层。

(三)适用范围

强夯法适用于处理碎石土、砂土、低饱和度的粉土与黏性土、湿陷性黄土、素填土和杂填土等地基，也可用于防止粉土和粉砂的液化，清除或降低大孔土的湿陷等级。强夯置换法适用于高饱和度的粉土与软塑～流塑的黏性土等地基上对变形控制要求不严格的工程。

(四)加固效果

提高地基承载力：通常地基承载力可提高 1～5 倍，$f_k = 180～250$ kPa。

深层地基加固：通常有效加固深度为 5～10 m，高能量加固法加固深度可超过 10 m。

消除液化：饱和疏松砂土和粉细砂地基，经强夯后可以消除液化。

消除湿陷性：湿陷性黄土地基，经强夯后可以消除其湿陷性。

减少地基沉降量：强夯加固地基，使土的密度增大，孔隙比减小，压缩系数降低，地基沉降量可大幅度减小，有时可达数倍，并可消除不均匀沉降的危害。

二、设计要点

(一)强夯法设计

强夯法施工参数一般包括：有效加固深度、单位夯击能、选用夯锤与落距、确定每个夯点重复夯击次数、夯点平面布置、夯击遍数与间歇时间、夯击范围等。

微课：强夯法
设计要点

1. 有效加固深度

根据有效加固深度可以选择锤重与落距。

公式法：根据我国各单位的实践经验，修正了法国梅纳最初提出的公式：

$$Z = \alpha \sqrt{Wh} \tag{6-4}$$

式中　Z——有效加固深度(m)；

　　　W——夯锤重(t)；

　　　h——落距(m)；

　　　α——修正系数，一般黏性土取 0.5，砂性土取 0.7，黄土取 0.35～0.5。

经验统计法：实际影响有效加固深度的因素很多，除锤重和落距外，还有地基土层的性质、不同土层的厚度和埋藏顺序、地下水位以及强夯的设计参数等。根据大量实测资料总结，也可按表 6-10 预估。

表 6-10　强夯的有效加固深度　　　　　　　　　　　m

单击夯击能 /(kN·m⁻¹)	碎石土、砂土等粗颗粒土	粉土、黏性土、湿陷性黄土等细颗粒土
1 000	5.0～6.0	4.0～5.0
2 000	6.0～7.0	5.0～6.0
3 000	7.0～8.0	6.0～7.0
4 000	8.0～9.0	7.0～8.0
5 000	9.0～9.5	8.0～8.5
6 000	9.5～10.0	8.5～9.0
8 000	10.0～10.5	9.0～9.5

注：强夯的有效加固深度应从最初起夯面算起。

现场试夯法：按上述两种方法初步确定的有效加固深度与夯击能的关系，选用强夯的锤重与落距，进行现场试夯，并以此为准。

2. 强夯的单位夯击能

强夯的单位夯击能，应根据地基土的类别、结构类型、荷载大小和要求处理的深度等综合考虑，并通过现场试夯确定，一般情况下，粗颗粒土可取 1 000～3 000 kN·m，细颗粒土可取 1 500～4 000 kN·m。

3. 选用夯锤与落距

根据有效加固深度和单位夯击能，最后选择夯锤与落距。实践表明：在单位夯击能相同的情况下，增加落距 h 比增加锤重更有效。

我国常用锤重 8～25 t，世界最大锤重 200 t，锤重大小根据加固要求由计算与现场试验确定。夯锤的材料要求坚固、耐久、不变形(可频繁重复使用)，理想材料为铸钢，也可用厚钢板外壳，内部焊接骨架后灌注混凝土制成。夯锤底面宜采用圆形。锤底面积宜按土的性质确定，锤底静压力值可取 25～40 kPa。夯锤的底面宜对称设置若干个与其顶面贯通的排气孔，以消除高空下落时的气垫，且便于从坑中起锤，孔径可取 250～300 mm。

4. 确定每个夯点重复夯击次数

通常每个夯点应多次重复夯击，才能达到有效加固深度，但次数太多又不经济。单点夯击次数根据试夯得出的夯击次数与夯沉量关系曲线来确定，同时满足下列条件：

(1)最后两击的平均夯沉量不大于下列数值：当单击夯击能量小于 4 000 kN·m 时为 50 mm；当单击夯击能量为 4 000~6 000 kN·m 时为 100 mm；当单击夯击能量大于 6 000 kN·m 时为 200 mm。

(2)夯坑周围地面不应发生过大的隆起。

(3)不因夯坑过深而导致起锤困难。

5. 夯点平面布置

首先按起重机开行路线，顺序布置夯击点。

通常夯击点位置可根据基底平面形状及施工方便，采用正方形(行列式)、等边三角形(梅花形)布置。

夯点间距一般根据地基土的情况和要求处理的深度而定。对加固土层厚、土质差、透水性弱、含水率高的黏性土夯距宜大。因为夯击黏性土时，一般在夯坑周围会产生辐射向裂隙，这些裂隙是动力固结的主要因素。如果夯距过小，产生的裂隙重新闭合。而对加固土层薄、透水性好、含水率低的砂质土，夯点间距宜小。

第一遍夯击点间距可取夯锤直径的 2.5~3.5 倍，第二遍夯击点位于第一遍夯击点之间。以后各遍夯击点间距可适当减小。对处理深度较深或单击夯击能较大的工程，第一遍夯击点间距宜适当增大。

6. 夯击遍数

在整个强夯场地中，将夯点夯完算作一遍。夯击遍数应根据地基土的性质确定，一般情况下可采用点夯 2 或 3 遍，对于渗透性较差的细颗粒土，必要时夯击遍数可适当增加。最后再以低能量满夯 2 遍，满夯可采用轻锤或低落距锤多次夯击，锤印搭接。

为了减少机械的移动或开行距离，提高台班效率，应尽量减少夯击遍数，而且适当增加每遍的夯击能或缩小夯点间距。

7. 两遍夯击间隔时间

两遍夯之间应有一定的时间间隔，间隔时间取决于土中超静孔隙水压力的消散时间。当缺少实测资料时，可根据地基土渗透性确定，对于渗透性较差的黏性土地基，孔隙水压力消散较慢，间隔时间应为 3~4 周；对于渗透性好的地基，孔隙水压力瞬间消散，可连续夯击。

8. 加固范围

如果夯击后的土中出现的不均匀边界邻近建筑物基础，会引起建筑物的差异沉降，因此必须对夯击面积增加一个附加值，使夯击边界远离建筑物基底边缘。强夯处理范围应大于建筑物基础范围，每边超出基础外缘的宽度宜为基底下设计处理深度的 1/2~2/3，并不应小于 3 m。对于可液氏地基，不应小于 5 m。

9. 现场测试调整

初定强夯参数后，应在现场有代表性的场地上选取一个或几个试验区，进行试夯或试验性施工，检验强夯效果。调整后确定正式强夯参数。

(二)强夯置换法设计

强夯置换法的设计参数与强夯法大部分一致，另外还包括置换材料、桩(墩)体参数、夯击次数。

(1)置换材料：对于整体置换法，宜采用级配良好、最大粒径不超过 1 m、结构密实、不透淤泥、抗剪强度高的块石或石碴。对于桩式置换法，桩体材料宜采用级配良好、粒径大于 0.3 m 的颗粒含量不超过 30%、抗剪强度高的块石、碎石、石碴、建筑垃圾等粗颗粒材料。

(2)桩(墩)体参数：对桩(墩)式置换法，桩(墩)的深度由土质条件确定。除厚层饱和粉土外，桩(墩)底穿透软弱土层，到达较硬土层上，深度不宜超过 10 m。桩(墩)直径可取1.1~1.2

倍的夯锤直径。桩(墩)间距由荷载大小和地基土承载力确定,一般取 3 倍的桩(墩)直径。桩(墩)顶应铺设不小于 500 mm 厚的压实垫层,垫层材料可与桩(墩)体相同,粒径不大于 100 mm。

(3)夯击次数:通过现场试夯确定夯点的夯击次数,同时还应满足:桩(墩)底透过软土层且达到设计桩(墩)长;累计夯沉量总和为设计桩(墩)长的 1.5~2.0 倍;最后两击的夯沉量应满足规定。

(三)其他设计要求

对于地下水位较高的饱和黏土地基,土体会发生流动,因此须铺设垫层,起到支撑起重机、扩散"夯击能"的作用。垫层的材料可以选用砂、碎石、卵石等,但不能含有黏土。垫层的厚度根据地基土质、夯锤质量及形状结构等条件确定,一般为 0.5~2.0 m。

强夯引起的振动与爆破的振动相似,但不同于地震。在一定范围内要考虑强夯引起的振动,即安全距离。当单点夯击能为 1 000~2 000 kN·m 时,安全距离取 12~15 m;当夯击能大于 2 000 kN·m 时,安全距离宜大于 15 m;对于沟槽、管线等地下建筑,可取 8~12 m。强夯地点在距离建筑物较近时,应采取必要的防震措施,如设防震沟,具体的设计尺寸由现场试验决定。

可以采用砂垫层、袋装砂井、塑料板排水法等排水措施,降低孔隙水压力。

三、施工

微课:强夯法
施工与质量检验

为了保证强夯加固地基的预期效果,需要严格的、科学的施工技术与管理制度。

(一)施工准备

施工准备工作包括技术准备、平整场地、施工机械和夯点放线。

(1)技术准备:应有工程地质勘查报告、强夯场地平面图及设计对强夯的效果要求等技术资料;结合场区内的具体情况,编制施工组织设计或施工方案;对现场施工人员进行技术交底,专业工种应进行短期专业技术培训;进行测量基准交底、复测及验收工作。

(2)平整场地:清除障碍物,施工现场要保证场地平整。测量人员放出加固地基的中线,根据加固深度放出强夯范围边线。强夯范围内铺设一定厚度的垫层,可取 0.5 m 厚碎石垫层。测量场地高程。

(3)施工机械:根据地基条件、设计要求,选择合适的机械设备,包括起重机、自动脱钩装置、夯锤、推土机。

(4)夯点放线:根据设计要求和试夯结果布置第一遍夯点位置,夯点中心用石灰标识,并测量场地高程。

(二)施工流程

1. 强夯法施工

强夯法的主要施工工艺流程如图 6-6 所示。

(1)机具就位:起重机就位,将夯锤用自动脱钩装置连接起重机,并提升至预定高度。将夯锤对准夯点中心,测量夯锤锤顶高程。

(2)重锤下落:启动自动脱钩装置,夯锤自由下落夯击地基,再次测量锤顶高程。若发现因坑底倾斜而造成夯锤歪斜,应及时将坑底整平。

提升夯锤,按设计规定的夯击次数和控制标准,完成一个夯点的夯击。

(3)点夯:按设计顺序,换夯点,重复工序(2),完成第一遍所有夯点的夯击。

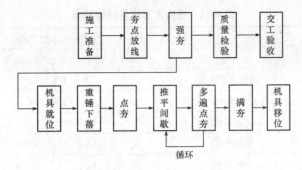

图 6-6 强夯法施工工艺流程

(4)推平间歇：用推土机将夯坑填平，并测量场地高程，标出第二遍夯点位置。等待孔隙水压力消散。间歇时间一般为 2~4 周。按照施工的流水顺序，当一遍点夯完时进行第二遍夯击的间隔可以达到要求，允许进行连续夯击。

(5)多遍点夯：重复工序(3)、(4)，对上一遍夯点的中间取二遍夯点。夯击遍数根据设计要求决定。对跳打夯击，取 3~5 遍；对连续夯击，取 2 或 3 遍。

(6)满夯：最后用低能量满夯，将场地表层松土夯实，锤印彼此重叠搭接，并测量场地高程。

2. 强夯置换法施工

基本步骤与强夯法相同，不同点在于：

完成一个夯点的过程中，当夯坑过深发生起锤困难时停夯，向坑内填料直至与坑顶平，记录填料数量，如此重复，直至满足规定的夯击次数及控制标准，完成一个墩(桩)体的夯击。当夯点周围软土挤出影响施工时，可随时清理并在夯点周围铺垫碎石，继续施工。

夯击顺序：按隔行跳打原则完成全部夯点的施工。

满夯之后铺设垫层，并分层碾压密实。

四、质量检验

强夯施工结束后应间隔一定时间方能对地基加固质量进行检验。砂土和碎石地基，间隔时间为 1~2 周，低饱和的粉土或黏性土地基可取 2~4 周，强夯置换地基间隔时间可取 4 周。检查施工过程中的各项测试数据和施工记录，不符合设计要求时应补夯或采取其他有效措施。

强夯处理后的地基竣工验收时，承载力检验应采用原位测试和室内土工试验。强夯置换后的地基竣工验收时，承载力检验除应采用单墩荷载试验检验外，尚应采用动力触探等有效手段查明置换墩着底情况及承载力与密度随深度的变化，对饱和粉土地基允许采用单墩复合地基荷载试验代替单墩荷载试验。

竣工验收承载力检验的数量，应根据场地复杂程度和建筑物的重要性确定，对于简单场地上的一般建筑物，每个建筑地基的荷载试验检验点不应少于 3 点；对于复杂场地或重要建筑地基，应增加检验点数。强夯置换地基荷载试验检验和置换墩着底情况检验数量均不应少于墩点数的 1%，且不应少于 3 点。检验深度应不小于设计要求加固的深度。

强夯地基质量检验标准应符合表 6-11 的规定。

表 6-11　强夯地基质量检验标准

项目	序	检查项目	允许偏差或允许值		检查方法
			单位	数值	
主控项目	1	地基承载力	不小于设计值		静载试验
	2	处理后地基土的强度	不小于设计值		原位测试
	3	变形指标	设计值		原位测试
一般项目	1	夯锤落距	mm	±300	钢索设标志
	2	夯锤质量	kg	±100	称重
	3	夯击遍数	不小于设计值		计数法
	4	夯击顺序	设计要求		检查施工记录
	5	夯击击数	不小于设计值		计数法
	6	夯点位置	mm	±500	用钢尺量
	7	夯击范围(超出基础范围距离)	设计要求		用钢尺量
	8	前后两遍间歇时间	设计值		检查施工记录
	9	最后两击平均夯沉量	设计值		水准测量
	10	场地平整度	mm	±100	水准测量

🔊 任务实施

(1)首先进行强夯试验,通过试夯,确定适合本地质条件的强夯施工措施。试夯区位置选择在地基条件具有代表性的滑行道上,面积约 10 000 m²,分四个区试夯。

试夯机具为强夯机 W1001-25 型履带式起重机,自动脱钩,夯锤质量 15 t,直径2.52 m,锤底静压力 25～30 kPa,圆柱形铸铜锤,带有四个排气孔。

强夯垫层材料及其摊铺,采用山皮土(碎石土)作为强夯垫层,最大粒径小于 10 cm,山皮石(碎石),粒径 2～10 cm 的质量大于总质量的 50%,含水、含泥量小于 20%,不均匀系数 $C_u \geqslant 5$,曲率系数 $C_c = 1 \sim 3$。试夯区首次摊铺厚度为(60±5)cm 或(70±5)cm,末次摊铺厚度(40±5)cm 和(30±5)cm,设计总厚度为 1.0 m。

试夯参数根据《上海浦东国际机场飞行区机坪、滑行道工程地基处理技术文件》选择,见表 6-12。

表 6-12　强夯参数

分区名称	垫层材料	垫层厚度/cm	夯型	单击夯能 E/kJ	夯击遍数	单点击数/击	夯点间距 l/m	夯点布置
滑行道站坪停机坪	山皮土	60+40	点夯	1 500	第一遍	6～8	4.0	正方形
				1 200～1 500	第二遍	4～6		
			满夯	500	一遍	2 或 3		搭接 $d/4$
道肩	山皮土	60+40	点夯	1 000	第一遍	6～8	3.5	正方形
				1 000	第二遍	4～6		
			满夯	500	一遍	2 或 3		搭接 $d/4$

（2）大面积强夯施工。本次地基处理采用夯填料分二次摊铺，并对强夯参数、施工工艺在试夯试验基础上做了相应的调整。坚持按分区分段施工特点，采用试夯降排水方案实施大面积强夯降排水。

1）点夯分两遍完成，隔点不隔行，单点击数一次完成，满夯一次完成。

2）点夯停夯标准，原则上夯 8 击，夯坑深度不足 1.0 m 时夯 10 击，以确保能量，再辅以最后两击平均夯沉量不大于 10 cm 控制。

3）控制间歇时间，两遍夯击的间歇时间不少于 20 d，点夯与满夯的间歇时间不少于 15 d。

4）夯垫料铺筑，分两次摊铺，第一次摊铺厚度为(60±5)cm，第二次摊铺厚度为(40±5)cm。

5）为使地基反应模量达设计要求，满夯后将表层 20～40 cm 深推、耙松、晾晒后再拌和、碾压、回填，补填 40 cm 山皮土至道槽设计标高。

6）每次铺料前强夯后均要适度碾压，以减少能量损失。

7）满夯前夯坑积水和地表水要及时抽排，每 8 m 和 16 m 挖主次盲沟，并和外围排水沟形成排水网络。

思考与练习

1. 简述强夯与强夯置换法的适用范围。
2. 简述强夯法中单点夯击次数的确定方法。
3. 强夯施工与地基加固质量检验的间隔时间为多少？

任务四 振冲碎石桩复合地基

学习任务

某房产公司综合楼位于县城中心繁华地段，北侧、西侧邻路，东侧与某公司综合楼相望。综合楼地上层数 12 层，基础埋深 3.5 m，采用框架结构，筏形基础。

场地地层主要为第四纪冲积形成的粉土、砂土，根据土层特征及组合关系可划分五层，各土层岩性特征描述如下：

第①层为素填土：厚度 0.90～2.30 m，层底标高 1 054.31～1 055.64 m，湿～很湿；松散～稍密，埋深 2.3 m。

第②层为细砂：厚度 1.10～3.50 m，层底标高 1 051.45～1 053.64 m，很湿～饱和，松散～稍密，埋深 5.8 m。

第③层为粉质黏土：厚度 0.30～2.90 m，层底标高 1 049.67～1 052.44 m，软塑～可塑，埋深 8.7 m。

第④层为细砂：厚度 11.2～12.50 m，层底标高 1 039.94～1 040.25 m，饱和，稍密～中密，埋深 21.2 m。

第⑤层为细砂：厚度 2.50～2.70 m，层顶标高 1 039.94～1 040.25 m，饱和，密实，埋深 23.9 m。

据勘察报告，场地砂土判别为中等液化，液化深度 7.4 m，属建筑抗震不利地段。

场地地下水属潜水，水位埋深为自然地面以下 2.29～3.33 m。

试给出地基处理方法。

提出问题：

1. 振冲法加固地基的原理是什么？
2. 振冲法的适用范围和分类是什么？
3. 振冲法设计思路和要点如何？
4. 振冲法施工工艺流程如何？

🔊 知识链接

一、概述

1. 定义

动画：振冲法

振冲法又称振动水冲法，是以起重机吊起振冲器，启动潜水电机带动偏心块，使振动器产生高频振动，同时启动水泵，通过喷嘴喷射高压水流，在边振边冲的共同作用下，将振动器沉到土中的预定深度，经清孔后，从地面向孔内逐段填入碎石，在振动作用下被挤密实，达到要求的密实度后即可提升振动器，如此重复填料和振密，直至地面，在地基中形成一个大直径的密实桩体与原地基构成复合地基，从而提高地基的承载力，减少沉降和不均匀沉降，是一种快速、经济有效的加固方法。

振冲加固施工工序如图 6-7 所示。

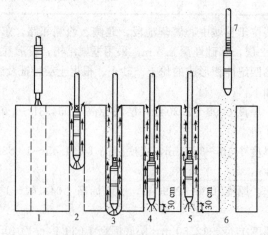

图 6-7　振冲加固施工工序示意

1—就位；2—造孔；3—造孔完毕；4—上提 30 cm；
5—填料振冲；6—逐层加固完毕；7—振冲器提出孔口

加固机理：在地基土中借振冲器成孔，振密填料置换，制造一群以碎石、砂砾等散粒材料组成的桩体，与原地基土一起构成复合地基，使地基承载力提高，沉降减少。

2. 适用范围

振冲法加固地基特点是：技术可靠，机具设备简单，操作技术易于掌握，施工简便，可节省三材，因地制宜，就地取材，采用碎石、卵石、砂或矿渣等作填料；加固速度快，节约投资；碎石桩具有良好的透水性，可加速地基固结，使地基承载力可提高 1.2～1.35 倍；振冲过程中的预震效应，可使砂土地基增加抗液化能力。

振冲碎石桩适用于挤密处理松散的砂土、粉土①粉质黏土、素填土、杂填土等地基，以及用于处理可液化地基。对大型的、重要的或场地复杂的工程，以及不排水抗剪强度不小于 20 kPa 的饱和黏性土和饱和黄土地基时，应在正式施工前进行试验确定其处理效果。

振冲法不适于在地下水位较高、土质松散易塌方和含有大块石等障碍物的土层中使用。

国内应用振冲法加固地基的深度一般为 14 m，最大达 18 m，置换率一般在 10%～30%，每米桩的填料量为 0.3～0.7 m³，直径为 0.7～1.2 m。

二、设计要点

振冲置换法：

1. 处理范围

振冲桩处理范围应根据建筑物的重要性和场地条件确定，通常都大于基底面积。当用于多层建筑和高层建筑时，宜在基础外缘扩大 1～3 排桩。当要求消除地基液化时，在基础外缘扩大宽度不应小于基底下可液化土层厚度的 1/2，且不应小于 5 m。

2. 桩位布置

对大面积满堂基础和独立基础，可采用三角形、正方形、矩形布桩；对条形基础，可沿基础轴线采用单排布桩或对称轴线为排布桩。

3. 桩位间距

振冲桩的间距应根据上部结构荷载大小和场地土层情况，并结合所采用的振冲器功率大小综合考虑。30 kW 振冲器布桩间距可采用 1.3～2.0 m；55 kW 振冲器布桩间距可采用 1.4～2.5 m；75 kW 振冲器布桩间距可采用 1.5～3.0 m。荷载大或对黏性土宜采用较小的间距，荷载小或对砂土宜采用较大的间距。

4. 桩长

当相对硬层埋深较浅时，应按相对硬层埋深确定；当相对硬层埋深较大时，应按建筑物地基变形允许值确定；对按稳定性控制的工程，桩长应不小于最危险滑动面以下 2.0 m 的深度；在可液化地基中，桩长应按要求处理的液化深度确定。桩长不宜小于 4 m。

5. 桩体材料

可用含泥量不大于 5% 的碎石、卵石、矿渣或其他性能稳定的硬质材料，不宜使用风化易碎的石料。常用的填料粒径为：30 kW 振冲器 20～80 mm；55 kW 振冲器 30～100 mm；75 kW 振冲器 40～150 mm。在桩顶和基础之间宜铺设一层 300～500 mm 厚的垫层，垫层材料宜用中砂、粗砂、级配砂石和碎石等，最大料径不宜大于 30 mm，夯填度不应大于 0.9。

6. 桩径

振冲桩的平均直径可按每根桩所用填料量计算，一般为 0.8～1.2 m。

7. 承载力标准值

振冲桩复合地基承载力特征值应通过现场复合地基荷载试验确定，初步设计时也可用单桩和处理后桩间土承载力特征值估算。

8. 变形计算

振冲处理地基的变形计算应符合现行国家标准《建筑地基基础设计规范》(GB 50007—2011)有关规定。

三、施工

1. 施工准备

(1)设备机具。振冲施工可根据设计荷载的大小、原土强度的高低、设计桩长等条件选用不同功率的振冲器。施工前应在现场进行试验，以确定水压、振密电流和留振时间等各种施工参数。

振冲机具设备包括振冲器、起重机和水泵。振冲器类似混凝土插入式振动器，其工作原理是利用电机旋转一组偏心块产生一定频率和振幅的水平振动，压力水通过空心竖轴从振冲器下端喷口喷出。振冲器构造如图 6-8 所示，技术参数见表 6-13。

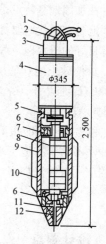

图 6-8 振冲器构造

1—吊具；2—水管；3—电缆；
4—电机；5—联轴器；6—轴；
7—轴承；8—偏心块；9—壳体；
10—翅片；11—头部；12—水管

表 6-13 振冲器的技术参数

型号	ZCQ—13	ZCQ—30	ZCQ—55	BL—75
电动功率/kW	13	30	55	75
转速/(r·min^{-1})	1 450	1 450	1 450	1 450
额定电流/A	25.5	60	100	150
不平衡重量/kg	29.0	66.0	104.0	150
型号振动力/kN	35	90	200	160
振幅/mm	4.2	4.2	5.0	7.0
振冲器外径/mm	274	351	450	426
长度/mm	2 000	2 150	2 500	3 000
总质量/t	0.78	0.94	1.6	2.05

操纵振冲器的起吊设备可采用 8～10 t 履带式起重机、轮胎式起重机、汽车吊或轨道式自行塔架等。水泵要求水压力为 400～600 kPa，流量 20～30 m³/h，每台振冲器备用一台水泵。

控制设备包括控制电流操作台、150 A 电流表、500 V 电压表以及供水管道、加料设备(吊斗或翻斗车)等。

(2)振冲成孔方法。振冲成孔方法见表 6-14。

表 6-14 振冲成孔方法

成孔方法	步　骤	优缺点
排孔法	由一端开始，依次逐步造孔到另一端结束	易于施工，且不易漏掉孔位。但当孔位较密时，后打的桩易发生倾斜和位移

成孔方法	步　骤	优缺点
跳打法	同一排孔采取隔一孔造一孔	先后造孔影响小，易保证桩的垂直度。但要防止漏掉孔位，并应注意桩位准确
围幕法	先造外围2～3圈（排）孔，然后造内圈（排）。采用隔圈（排）造一圈（排）或依次向中心区造孔	能减少振冲能量的扩散，振密效果好，可节约桩数10%～15%，大面积施工常采用此法。但施工时应注意防止漏掉孔位和保证其位置准确

2. 工艺流程

振冲碎石桩施工工艺如图 6-9 所示，振冲挤密法施工工艺如图 6-10 所示。

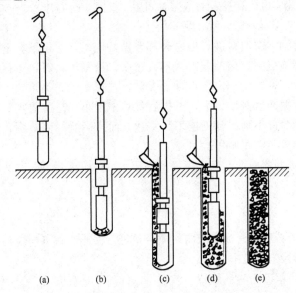

(a)　　(b)　　(c)　　(d)　　(e)

图 6-9　振冲碎石桩施工工艺

（a）定位；（b）振冲下沉；（c）振冲至设计标高并下料；（d）边振边下料，边上提；（e）成桩

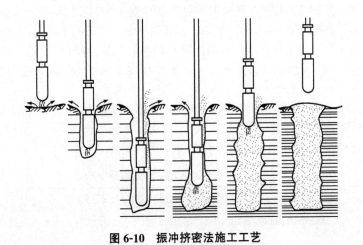

图 6-10　振冲挤密法施工工艺

（1）定位起动。将振冲器对准桩位，先开水，后开电，检查水压、电压及振冲器的空载电流是否正常。

(2)造孔。水压宜为 200～600 kPa，水量宜为 40～200 L/min，使振冲器以 0.5～2.0 m/min 的速度在土层中徐徐下沉，当负荷接近或超过电机的额定电流值时，必须减速下沉，或向上提升一定距离，使振冲器悬留 5～10 s 进行扩孔，待孔内泥浆溢出时再继续下沉。如造孔困难，可加大水压到 1 300 kPa 左右。开孔后应做好造孔深度、时间、电流值水压、留振时间等方面记录。电流值的变化反映了上层的强度变化。振冲器距桩底标高 30～50 cm 时，应减小水压到 400 kPa，并上提振冲器。

(3)清孔护壁。当振冲器距桩底标高 30～50 cm 时应留振 10 s，水压在 300～500 kPa，然后以 5～6 m/min 速度均匀上提振冲器至孔口，然后反插到原始振冲器位置，这样反复 2 或 3 次，使泥浆变稀准备填料。

(4)填料制桩。大功率振冲器可不提出孔口面在孔口加料，称为连续加料法；小功率振冲器提出孔口下料，称为间断下料法。每次填料厚度不宜大于 500 mm。将振冲器沉入填料中进行振密制桩。

当电流达到规定的密实电流和规定的留振时间后，将振冲器提升 300～500 mm。重反以上步骤至孔口留振时间。

要注意的是：①每倒一次填料进行振密时都要做好记录，记录下振密深度、填料数、留振时间和电流量。②实际施工中提振冲器次数不宜过多，否则填料时再下振冲器困难，且易出现断桩漏振现象。③如果不是试验规定的振冲器参数，选择参数尤为重要。振冲器选定后，电机额定电流也就确定了，振冲器振动力大，电机后备功率则小，易造成实际电流过大超过额定电流，而损坏电机。振动力过小则遇到硬层不易穿透，而且影响加固范围，达不到加固目的。因此，振冲器振动力的参数一定要调合适。

(5)移位。先关闭振冲器电源，后关振冲器高压水，移位准备下一桩的施工。

四、质量检验

(1)施工前应检查砂石料的含泥量及有机质含量等。振冲法施工前应检查振冲器的性能，应对电流表、电压表进行检定或校准。

(2)施工中应检查每根砂石桩的桩位、填料量、标高、垂直度等。振冲法施工中尚应检查密实电流、供水压力、供水量、填料量、留振时间、振冲点位置、振冲器施工参数等。

(3)施工后，应间隔一定时间方可进行质量检验。对粉质黏土地基，间隔时间不宜少于 21 d，对粉土地基，不宜少于 14 d，对砂土和杂填土地基，不宜少于 7 d。

(4)施工质量的检验，对桩体可采用重型动力触探试验；对桩间土可采用标准贯入、静力触探、动力触探或其他原位测试等方法；对消除液化的地基检验应采用标准贯入试验。桩间土质量的检测位置应在等边三角形或正方形的中心。检验深度不应小于处理地基深度，检测数量不应少于桩孔总数的 2%。

(5)竣工验收时，地基承载力检验应采用复合地基静载荷试验，试验数量不应少于总桩数的 1%，且每个单体建筑不应少于 3 点。

(6)砂石桩复合地基质量检验标准应符合表 6-15 的规定。

表 6-15　砂石桩复合地基质量检验标准

项	序	检查项目	允许偏差或允许值		检查方法
			单位	数值	
主控项目	1	复合地基承载力	不小于设计值		静载试验
	2	桩体密实度	不小于设计值		重型动力触探
	3	填料量	%	≥-5	实际用料量与计算填料量体积比
	4	孔深	不小于设计值		测钻杆长度或用测绳

项	序	检查项目	允许偏差或允许值		检查方法
			单位	数值	
一般项目	1	填料的含泥量	%	<5	水洗法
	2	填料的有机质含量	%	≤5	灼烧减量法
	3	填料粒径	设计要求		筛析法
	4	桩间土强度	不小于设计值		标准贯入试验
	5	桩位	mm	≤0.3D	全站仪或用钢尺量
	6	桩顶标高	不小于设计值		水准测量,将顶部预留的松散桩体挖除后测量
	7	密实电流	设计值		查看电流表
	8	留振时间	设计值		用表计时
	9	褥垫层夯填度	≤0.9		水准测量

注:1. 夯填度指夯实后的褥垫层厚度与虚铺厚度的比值;
    2. D为设计桩径(mm)。

任务实施

采用振动砂桩法。

一、砂桩设计

依据《岩土工程勘察报告》、综合楼设计施工图、《建筑地基处理技术规范》(JGJ 79—2012)、《建筑基坑支护技术规程》(JGJ 120—2012)计算。

桩径:根据当地施工条件确定砂桩直径 500 mm;

桩距:根据拟建物平面尺寸,按等边三角形布置,桩距 1.2 m。

承载力:根据规范确定振冲桩复合地基承载力特征为 $f_{ak} \geqslant 200$ kPa,在施工完毕后,应对复合地基承载力进行检测,承载力以检测结果为准。

桩长:根据勘察报告,液化土的深度小于 8 m,确定桩长为 8 m。

桩体材料:根据规范要求,可用碎石、卵石、角砾、圆砾、砾砂、粗砂、中砂或石屑等硬质材料,含泥量不得大于 5%,最大粒径不宜大于 50 mm,砂桩填料量由现场试验确定,砂石桩顶部铺设一层厚度为 300~500 mm 的砂石垫层。

地基最终变形量估算:根据规范,最终变形量为 10.1 mm。

二、砂桩施工步骤

砂桩施工步骤:砂桩定位→振冲下沉至预定深度成孔,边振边下料,边上提,成桩→移机到下一个孔位→按此循环,直至完成全部砂石桩→检测,合格后,铺设砂石褥垫。

1. 简述振冲碎石桩的加固原理及适用范围。

2. 简述振冲碎石桩桩长如何确定？

3. 振冲碎石桩复合地基的质量检验有哪些内容？

任务五　水泥粉煤灰碎石(CFG)桩复合地基

学习任务

某大厦共 23 层，底部商用，地下室 1 层，设计室外地坪标高为 8.7 m，基底标高 2.3 m，箱形基础，设计荷载 497 337 kN，基底压力 455 kPa。

根据地质报告，建筑场地地势平坦，标高约为 8.7 m，地基土主要为第四系冲、洪积土构成。箱基持力层为粉质黏土混钙核(其下为中密的细～中粗砂及硬塑状黏土)，厚约 4 m，呈软塑～可塑状，承载力特征值为 160 kPa，经宽深修正后设计值为 330 kPa，不能满足要求，采用人工地基，即采用 CFG 桩处理软弱持力层，形成 CFG 桩复合地基。

试给出 CFG 桩主要参数及施工要点。

提出问题：

1. CFG 桩加固地基的原理是什么？

2. CFG 桩处理地基的适用范围是什么？

3. CFG 桩的施工方法和要点有哪些？

知识链接

一、概述

1. 定义

水泥粉煤灰碎石桩是在碎石桩的基础上发展起来的，以一定配合比率的水泥、粉煤灰、碎石、石屑或砂等混合料加水拌和形成高黏结强度桩体，并由桩、桩间土和褥垫一起组成复合地基的地基处理方法。由它组成的复合地基能够较大幅度提高承载力。

2. 适用范围

水泥粉煤灰碎石桩法适用于处理黏性土、粉土、砂土和已自重固结的素填土等地基。对淤泥质土，应按地区经验或通过现场试验确定其适用性。

水泥粉煤灰碎石桩法既可适用于条形基础、独立基础，也可适用于箱形基础、筏形基础；既用于工业厂房，也用于民用建筑；不仅适用于承载力较低的土，对承载力较高(如承载力 $f_{ak} = 200$ kPa)但变形不能满足要求的地

微课：CFG 桩加固
机理与适用范围

基，也可采用。

3. 特点

改变桩长、桩径、桩距等设计参数，可使承载力在较大范围内调整。

可使地基的承载力提高幅度达到 200％～300％，对软土地基的承载力提高更大。

沉降量小，变形稳定快，如将水泥粉煤灰碎石桩落在坚硬土层上，可较严

微课：CFG 桩设计

格地控制地基沉降（在 10 mm 以内）。

工艺性好，由于大量采用粉煤灰，桩体材料具有良好的流动性与和易性，灌注方便，易于控制施工质量。

节约大量水泥、钢材、利用工业废料，消耗大量粉煤灰，降低工程费用，与预制钢筋混凝土桩加固相比，可节省投资 30％～40％。

二、施工

1. 施工准备

资料和条件如下：

微课：CFG 桩施工

(1)建筑物场地工程地质勘查报告和必要的水文资料。

(2)设计资料：桩径、桩间距、桩布置、桩长等各项参数。

(3)建筑物场地邻近的高压电缆、电话线、地下管线、地下构筑物及障碍物等调查资料。

(4)具备"三通一平"条件。

施工技术措施如下：

(1)确定施工机具和配套设施。

(2)编制材料供应计划，标明所用材料的规格、质量要求和数量。

(3)试成孔不小于 2 个，以复核地质资料以及设备、工艺是否适宜，核定选用的技术参数。

(4)按施工平面图放好桩位。

(5)确定施打顺序及桩机行走路线。

(6)施工前，施工单位放好桩位、CFG 桩的轴线定位及测量基线，并由监理、业主复核。

(7)在施工机具上做好进尺标志。

2. 施工工艺

(1)水泥粉煤灰碎石桩的施工，应根据现场条件选用下列施工工艺。

1)长螺旋钻孔灌注成桩，适用于地下水位以上的黏性土、粉土、素填土、中等密实以上的砂土地基。

2)长螺旋钻中心压灌成桩，适用于黏性土、粉土、砂土，和素填土地基对噪声或泥浆污染要求严格的场地。可优先选用；穿过卵石夹层时通过试验确定适用性。

3)振动沉管灌注成桩，适用于粉土、黏性土及素填土地基。挤土造成地面隆起量大时，采用较大桩基。

4)泥浆护壁成孔灌注桩，适用于地下水位以下的黏性土、粉土、砂土、填土、碎石土及风化岩层等地基；桩长范围和桩端有承压水的土层通过试验确定适用性。

(2)长螺旋钻中心压灌成桩施工和振动沉管灌注成桩施工除应符合下列要求：

1)施工前应按设计要求由试验室进行配合比试验，施工时按配合比配制混合料。长螺旋钻中

心压灌成桩施工的坍落度宜为 160～200 mm，振动沉管灌注成桩施工的坍落度宜为 30～50 mm，振动沉管灌注成桩后桩顶浮浆厚度不宜超过 200 mm。

2) 长螺旋钻中心压灌成桩施工在钻至设计深度后，应准确掌握提拔钻杆时间，混合料泵送量应与拔管速度相配合，遇到饱和砂土或饱和粉土层，不得停泵待料；沉管灌注成桩施工拔管速度应按匀速控制，拔管速度应控制在 1.2～1.5 m/min，如遇淤泥或淤泥质土，拔管速度应适当放慢。

3) 施工桩顶标高宜高出设计桩顶标高不少于 0.5 m。

4) 成桩过程中，抽样做混合料试块，每台机械一天应做一组(3 块)试块(边长为 150 mm 的立方体)，标准养护，测定其立方体抗压强度。

(3) 对于振动沉管机施工，其振动成桩工艺如下。

1) 沉管。

① 桩机就位须水平、稳固、调整沉管与地面垂直，确保垂直度偏差不大于 1%。

② 若采用预制钢筋混凝土桩尖，需埋入地表以下 300 mm 左右。

③ 启动马达，开始沉管过程中注意调整桩机的稳定，严禁倾斜和错位。

④ 沉管过程中须做好记录。激振电流每沉 1 m 记录一次，对土层变化处应特别说明，直到沉管至设计标高。

2) 投料。

① 在沉管过程中可用料斗进行空中投料，待沉管至设计标高后须尽快投料，直到管内混合料面与钢管料口平齐。

② 如上料量不多，须在拔管过程中进行孔中投料，以保证成桩桩顶标高满足设计要求。

③ 混合料配比应严格执行规定，碎石和石屑含杂质不大于 5%。

④ 按设计配比配制混合料，投入搅拌机加水拌和，加水量由混合料坍落度控制，一般坍落度为 30～50 mm，成桩后桩顶浮浆厚度一般不超过 200 mm。

⑤ 混合料的搅拌须均匀，搅拌时间不得少于 1 min。

3) 拔管。

① 当混合料加至钢管投料口平齐后，开动马达，沉管原地留振 10 s 左右，然后边振动边拔管。

② 拔管速度按均匀线速控制，一般控制在 1.2～1.5 m/min，如遇淤泥或淤泥质土，拔管速率可适当放慢。

③ 当桩管拔出地面，确认成桩符合设计要求后用粒状材料或湿黏土封顶，然后移机继续下一根桩施工。

④ 施工顺序。连续施打可能造成的缺陷是桩径被挤扁或缩颈，但很少发生桩完全断开的情况；跳打一般很少发生已打桩桩径被挤小或缩颈现象，但土质较硬时，在已打桩中间补打新桩时，已打桩可能被振断或振裂。

在软土中，桩距较大可采用隔桩跳打；在饱和的松散粉土中施打，如桩距较小，不宜采用隔桩跳打方案；满堂布桩，无论桩距大小，均不宜从四周向内推进施工。施打新桩时与已打桩间隔时间不应少于 7 d。

⑤ 混合料坍落度。为避免桩顶浮浆过多，混合料坍落度一般为 3～5 cm。

⑥ 保护桩长。所谓保护桩长，是指成桩时预先设定加长的一段桩长，基础施工时将其剔掉。

保护桩长越长，桩的施工质量越容易控制，但浪费的料也越多。

设计桩顶标高与地表距离不大于 1.5 m 时，保护桩长可取 50～70 cm，上部用土封顶。

桩顶标高与地表距离较大时，保护桩长可设置 70～100 cm，上部用粒状材料封顶直到地表。

⑦褥垫铺设。为了调整 CFG 桩和桩间土的共同作用，宜在基础和桩顶间铺设一定厚度的褥垫层。褥垫材料多为粗砂、中砂或级配砂石，限制最大粒径不超过 3 cm。

褥垫层铺设宜采用静力压实法，当基础底面下桩间土的含水量较小时，也可采用动力夯实法，夯填度(夯实后的褥垫层厚度与虚铺厚度的比值)不得大于 0.9。

施工垂直度偏差不应大于 1%；对满堂布桩基础，桩位偏差不应大于 0.4 倍桩径；对条形基础，桩位偏差不应大于 0.25 倍桩径，对单排布桩桩位偏差不应大于 60 mm。

三、质量检验

(1)施工前应对入场的水泥、粉煤灰、砂及碎石等原材料进行检验。

(2)施工质量检验应检查施工记录、桩身混合料的配合比、坍落度和成孔深度、混合料充盈系数、桩数、桩位偏差、褥垫层厚度、夯填度和桩体试块抗压强度等。

(3)竣工验收时，水泥粉煤灰碎石桩复合地基承载力检验应采用复合地基静载荷试验和单桩静载荷试验。

(4)承载力检验宜在施工结束 28 d 后进行，其桩身强度应满足试验荷载条件；复合地基静载荷试验和单桩静载荷试验的数量不应少于总桩数的 1%，且每个单体工程的复合地基静载荷试验的试验数量不应少于 3 点。

(5)采用低应变动力试验检测桩身完整性，检查数量不低于总桩数的 10%。

(6)水泥粉煤灰碎石桩复合地基的质量检验标准应符合表 6-16 的规定。

表 6-16　水泥粉煤灰碎石桩复合地基质量检验标准

项目	序	检查项目	允许偏差或允许值		检查方法
			单位	数值	
主控项目	1	复合地基承载力	不小于设计值		静载试验
	2	单桩承载力	不小于设计值		静载试验
	3	桩长	不小于设计值		测桩管长度或用测绳测孔深
	4	桩径	mm	+50 0	用钢尺量
	5	桩身完整性	—		低应变检测
	6	桩身强度	不小于设计要求		28 d 试块强度
一般项目	1	桩位	条基边桩沿轴线	≤1/4D	全站仪或用钢尺量
			垂直轴线	≤1/6D	
			其他情况	≤2/5D	
	2	桩顶标高	mm	±200	水准测量，最上部 500 mm 劣质桩体不计入
	3	桩垂直度	≤1/100		经纬仪测桩管
	4	混合料坍落度	mm	160～220	坍落度仪
	5	混合料充盈系数	≥1.0		实际灌注量与理论灌注量的比
	6	褥垫层夯填度	≤0.9		水准测量

一、CFG 桩的主要参数

根据《建筑地基基础设计规范》(GB 50007—2011)的规定，按处理后复合地基承载力特征值不小于 300 kPa，进行设计计算。

CFG 桩桩体标号 C10，桩径采用 400 mm，以下部砂层为桩尖持力层，桩顶、桩底标高分别为 2.1 m 和−2.3 m，进入持力层 0.4 m。

CFG 桩采用等边三角形布置，桩心距 1.2 m，实际共布桩 1 093 根，置换率 10%。

桩顶与基础间设 200 mm 厚密实级配砂石垫层。

二、CFG 桩的施工

施工机械为振动沉管打桩机，在原地面整平后施工，沉管深度约为 10.9 m，灌注材料超灌设计标高 1 m，采取连续施打方式成桩，桩长以贯入度控制为主，标高控制为辅，每天完成 30 余根，35 d 完成。

三、加固效果检验

CFG 桩施工完成后 1 个月，进行了地基处理效果检验。检验手段为静力触探和静载试验。静力触探试验表明：桩间土有一定挤密效果，锥尖阻力提高了 10%～20%。静载试验为单桩复合地基，共 2 个点，承载力基本值为 310 kPa 和 320 kPa，满足设计要求。

思考与练习

1. 水泥粉煤灰桩与碎石桩的区别有哪些？
2. 水平褥垫层放置的位置及作用是什么？
3. 水泥粉煤灰桩的成桩方法有哪几种？

任务六　化学加固法

学习任务

天津某织物厂新建后整理车间，采用单层门式刚架，局部为两层框架结构。门架跨度 12 m；占地面积 918 m²，建筑面积 1 138 m²。框架顶高 9.4 m，柱距 6 m，独立杯形基础。

新建车间位于两座老厂房中间，与老厂房基础边仅相距 0.3 m。新建厂房难度较大，特别是拟建场地土质十分不均匀，如果地基质量不好，对上部结构影响很大。原设计采用钢筋混凝土预制桩基础，但怕打桩振动影响，使老厂房的生产不能正常进行，最后决定改用深层搅拌法加固地基。

拟建场地属于海相沉积土层，两个钻孔资料，表明土层分布极不均匀。由钻孔所提供的土层主要物理力学指标见表 6-17。

表 6-17　土层主要物理力学指标

钻孔	层次	土名	埋藏深度 /m	含量水 w/%	重度 γ /(kN·m^{-3})	孔隙比 e	塑性指数 I_P	液性指数 I_L	压缩模量 E_s	承载力特征值 f_a/kPa
1号	1	素填土	0.0~2.5	27.6	18.6	0.86	12.0	0.8	3.9	74
	2	黏土	2.5~4.0	34.5	18.7	0.98	18.4	0.7	3.6	140
	3	粉质黏土	4.0~5.5	22.8	20.0	0.66	1.3	0.6	7.3	264
	4	轻粉质黏土	5.5~9.5	27.3	19.2	0.79	9.6	0.7	13.8	174
	5	粉质黏土	9.5~10.0	27.2	19.3	0.78	11.1	1.1	8.4	153
2号	1	杂填土	0.1~1.5	—						
	2	素填土	1.5~2.0	39.3	17.4	1.20	19.4	0.9	2.9	93
	3	黏土	2.0~4.5	36.4	18.0	1.08	1.08	19.0	0.7	3.5
	4	轻粉质黏土	4.5~6.5	27.3	19.4	0.78	8.8	0.9	—	162
	5	粉质黏土	6.5~10.0	30.7	19.0	0.87	12.0	1.1	7.0	124

初步设计后整理车间采用钢筋混凝土杯形基础。上部结构所产生的轴向荷载 $N=610$ kN，弯矩 $M=194$ kN·m 及剪力 $Q=45$ kN，设计要求加固后地基承载力特征值 $f_{ak}=180$ kPa。

试给出深层搅拌桩的平面布置、施工参数及施工工艺流程。

提出问题：

1. 深层搅拌桩加固地基的原理和适用范围是什么？
2. 深层搅拌桩法施工工艺流程如何？

◄» 知识链接

化学加固法是用各种机具将化学浆液灌入地基中，并与地基土发生化学反应，胶结成新的坚硬的物质，从而提高地基土强度，消除液化，减少沉降量。此处仅介绍两种常见的化学加固法。

一、高压喷射注浆法

(一)定义

高压喷射注浆就是利用钻机钻孔，把带有喷嘴的注浆管插至土层的预定位置后，以高压设备使浆液成为 20 MPa 以上的高压射流，从喷嘴中喷射出来冲

动画：粉体
喷射搅拌法

击破坏土体。部分细小的土料随着浆液冒出水面，其余土粒在喷射流的冲击力、离心力和重力等作用下，与浆液搅拌混合，并按一定的浆土比例有规律地重新排列。浆液凝固后，便在土中形成一个固结体，与桩间土一起构成复合地基，从而提高地基承载力，减少地基的变形，达到地基加固的目的。

高压喷射有旋喷注浆(固结体为圆柱状或圆盘状)、定喷注浆(固结体为墙壁状)和摆喷注浆(固结体为扇状)三种基本形式，它们均可用下列方法实现：

单管法：喷射高压水泥浆液一种介质。

二重管法：喷射高压水泥浆液和气流复合流或分别喷射高压水流和灌注水泥浆液两种介质。

三重管法：喷射高压水流和气流复合流并灌注水泥浆液三种介质。

由于上述三种喷射流的结构和喷射的介质不同，有效处理长度也不同，以三重管法最长，二重管法次之，单管法最短。实践表明，旋喷桩施工应根据工程需要和土质条件选用单管法、二重管法和三重管法。

(二)适用范围

实践表明，本法对淤泥、淤泥质土、黏性土(流塑、软塑和可塑)、粉土、黄土、砂土、碎石土和素填土等地基都有良好的处理效果。

但对于含有较多的大粒径块石或有大量植物根茎的地基，因喷射流可能受到阻挡或削弱，冲击破碎力急剧下降，影响处理效果。而对于含有过多有机质的土层，其处理效果取决于固结体的化学稳定性。鉴于上述几种土的组成复杂、差异悬殊，高压喷射注浆处理的效果差别较大，不能一概而论，故应根据现场试验结果确定其适应程度。对于湿陷性黄土地基，因当前试验资料和施工实例较少，亦应预先进行现场试验。

高压喷射注浆有强化地基和防水止渗的作用，可卓有成效地用于已有建筑和新建工程的地基处理，深基坑地下工程的支挡和护底，筑造地下防水帷幕，减振防止砂土液化，增大土的摩擦力和黏聚力，以及防止基础冲刷等方面。对地下水流速过大和已涌水的防水工程，由于工艺、机具和瞬时速凝材料等方面的原因，应慎重使用。必要时应通过现场试验确定。

高压喷射注浆处理深度较大，我国建筑地基高压喷射注浆处理深度目前已达到 30 m 以上。

(三)施工

1. 施工准备

水泥：宜采用强度等级为 42.5 级的普通硅酸盐水泥，水泥进场时应检验其产品合格证，出厂检验报告和进场复检报告，保证其质量符合现行国家标准规定。

配比：一般泥浆水胶比为 0∶8～1.2，为消除离析，一般加入水泥采用量 3% 的陶土、0.9% 的碱，或者为了工程目的可以加入一些其他的添加剂，如水玻璃、氯化钙、三乙醇胺等。

浆液宜在旋喷前 1 h 以内配制，使用时滤去硬块、砂石等，以免堵塞管路和喷嘴。

主要工机具设备包括：高压泵、钻机、泥浆搅拌器等，辅助设备包括操纵控制系统、高压管路系统、材料储存系统以各种材、阀门、接头安全设施等。

作业条件：应具有岩土工程勘察报告基础施工图和施工组织设计；施工场地内的地上和地下障碍已消除或拆迁；平整场地，挖好排浆沟、排水沟，设置临时设施；测量放线，并设置桩位标志；取现场大样，在室内按不同含水量和配合比进行配方试验，选取最优、最合理的浆液配方；机具设备已配齐，进场，并进行维修安装就位，进行试运转、现场试桩，确定桩的施工各项施工参数和工艺。

作业人员：机械操作人员、壮工。机械操作人员必须经过专业培训，并取得相应资格证书，主要作业人员已经过安全培训，并接受了施工技术交底(作业指导书)。

2. 施工工艺

施工工艺流程如图 6-11 所示。

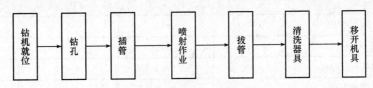

图 6-11 施工工艺流程

钻机就位：根据设计的平面坐标位置进行钻机就位，要求将钻头对准孔位中心，同时钻机平面应放置平稳、水平，钻杆角度和设计要求的角度之间偏差应不大于 1%～1.5%。

钻孔：在预定的旋喷桩位钻孔，以便旋喷杆可以放置到设计要求的地层中，钻孔的设备可以用普遍的地质钻孔或旋喷钻机。

插管：当采用旋喷管进行钻孔作业时，钻孔和插管二道工序可合二为一，钻孔达到设计深度时，即可开始旋喷，而采用其他钻机钻孔时，应拔出钻杆，再插入旋喷管，在插管过程中，为防止泥砂堵塞喷嘴，可以用较小的压力边下管边射水。

喷射作业：自下而上地进行旋喷作业，旋喷头部边缘或在一定的角度范围内来回摆动并上升，此时旋喷作业系统的各项工艺参数都必须严格按照预先设定的要求加以控制，并随时做好关于旋喷时间，用浆量、冒浆情况，压力变化等的记录。喷射管分段提升的搭接长度不得小于 100 mm。根据设计的桩径或喷射范围的要求，还可以采用复喷的方法扩大加固范围，在第一次喷射完成后，重新将旋喷管插到设计要求复喷位置，进行第二次喷射。

拔管：旋喷管被提升到设计标高顶部时，清孔的喷射注浆即告完成。旋喷注浆完毕，应迅速拔出喷射管。为防止浆液凝固收缩影响桩顶高程，可在原孔位采用骨浆回灌或第二次注浆等措施。

清洗器具：拔出旋喷管应逐节拆下，进行冲洗，以防浆液在管内凝结堵塞。一次下沉的旋喷管可以不必拆卸，直接在喷浆的管路中泵送清水，即可达到清洗的目的。施工中做好废弃泥浆处理，及时浆废泥浆运出或在现场短期堆放向作土方运出。

移开钻机：将钻机移到下一孔位。

3. 工艺参数

工艺参数见表 6-18。

表 6-18 工艺参数

技术参数		单管法	二重管法	三重管法	
				CJG 法	RJPI 法
高压水	压力/MPa			20～40	20～40
	流量/(L·min⁻¹)			80～120	8～120
	喷嘴孔径/mm			1.7～2.0	1.7～2.0
	喷嘴个数			1～4	1
压缩空气	压力/MPa		0.7	0.7	0.7
	流量/(m³·min⁻¹)		3	3～6	3～6
	喷嘴间隙/m		2～4	2～4	2～4

技术参数		单管法	二重管法	三重管法	
				CJG 法	RJPI 法
水浆泥液	压力/MPa	20～40	20～40	3	20～40
	流量/(L·min⁻¹)	80～120	8～120	70～150	8～120
	喷嘴孔径/mm	2～3	2～3	8～14	2.0
	喷嘴个数	2	1～2	1～2	1～2
注浆管	提升速度/(cm·min⁻¹)	20～25	10～20	5～12	5～12
	转转速度/(r·min⁻¹)	约20	10～20	5～10	5～10
	外径/mm	$\phi42$、$\phi50$	$\phi50$、$\phi75$	$\phi75$、$\phi90$	$\phi90$

(四)质量检验

高压喷射注浆复合地基质量检验标准应符合表 6-19 的规定。

表 6-19　高压喷射注浆复合地基质量检验标准

项	序	检查项目	允许偏差或允许值		检查方法
			单位	数值	
主控项目	1	复合地基承载力	不小于设计值		静载试验
	2	单桩承载力	不小于设计值		静载试验
	3	水泥用量	不小于设计值		查看流量表
	4	桩长	不小于设计值		测钻杆长度
	5	柱身强度	不小于设计值		28 d 试块强度或钻芯法
一般项目	1	水胶比	设计值		实际用水量与水泥等胶凝材料的重量比
	2	钻孔位置	mm	≤50	用钢尺量
	3	钻孔垂直度	≤1/100		经纬仪测钻杆
	4	桩位	mm	≤0.2D	开挖后桩顶下 500 mm 处用钢尺量
	5	桩径	mm	≥—50	用钢尺量
	6	桩顶标高	不小于设计值		水准测量,最上部 500 mm 浮浆层及劣质桩体不计入
	7	喷射压力	设计值		检查压力表读数
	8	提升速度	设计值		测机头上升距离及时间
	9	旋转速度	设计值		现场测定
	10	褥垫层夯填度	≤0.9		水准测量

注:D 为设计桩径(mm)。

①施工前应检验水泥、外掺剂等的质量,桩位,浆液配比,高压喷射设备的性能等,并应对压力表、流量表进行检定或校准。

②施工中应检查压力、水泥浆量、提升速度、旋转速度等施工参数及施工程序。

③施工结束后,应检验桩体的强度和平均直径,以及单桩与复合地基的承载力等。

1. 质量记录

材料的出厂合格证及复检报告、室内浆液配比试验记录、现场注浆试验记录、施工记录、注浆点平面示意图、隐蔽工程记录、施工自检记录。

2. 应注意的质量问题

冒浆：在旋喷桩施工过程中，往往有一定数量的土颗粒随着一部分浆液沿着注浆管管壁冒出地面。通过对冒浆的观察，可及时了解地层状况，判断旋喷的大致效果和确定旋喷参数的合理性等。根据经验，冒浆(内有土粒、水及浆液)量小于注浆量20%为正常注浆，超过20%或完全不冒浆时，应查明原因及时采取相应措施。

流量不变而压力突然下降时，应检查各部位的泄露情况，必要时拔出注浆管，检查封密性能；出现不冒浆或断续冒浆时，若土质松软，则视为正常现象，可适当进行复喷，若附近有空洞、通道，则应提升注浆管继续注浆直到冒浆为止，或拔出注浆管待浆液凝固后重新注浆，直至冒浆为止，或采用速凝剂，使浆液在注浆管附近凝固。

减少冒浆的措施：冒浆量过大一般是有效喷射范围与注浆量不相适应，注浆量大大超过旋喷固结所需的浆量所致。

收缩：当采用纯水泥浆液进行喷射时，在浆液与土粒搅拌混合后的凝固过程中，由于浆液有析水作用，一般均有不同程度的收缩，造成固结体顶部出现一个凹穴，凹穴的深度随地层性质、浆液的析出性、固结体的直径和全长等因素不同而不同，喷射10 m长固结体一般凹穴深度为0.3～1.0 m，单管旋喷的凹穴最小，为0.1～0.3 m，二重管旋喷次之，三重管旋喷最大，为0.3～1.0 m。

这种凹穴现象，对于地基加固或防渗堵水，是极为不利的，必须采取有效措施予以消除。

为防止因浆液凝固收缩，产生凹穴使已加固地基与建筑基础出现不密实或脱穴等现象，应采取超高旋喷。

(五)成品保护

桩体施工完成后，不得随意堆放重物，防止桩变形。

高压喷射注浆体施工完成后，未达到养护龄期28 d时不得投入使用。

二、深层搅拌法

(一)定义

深层搅拌法指利用水泥(石灰)等材料作为固化剂，通过深层搅拌机在地基深部就地将软土和固化剂(浆体或粉体)强制拌和，利用固化剂和软土发生一系列物理、化学反应，使之凝结成具有整体性、水稳性和较高强度的水泥加固体，与天然地基形成复合地基。

动画：深层搅拌法

其加固机理为：由于水泥加固土中水泥用量很少，水泥的水化反应是在土的围绕下产生的，因此凝结速度比混凝土缓慢。水泥与软黏土拌和后，水泥矿物和土中的水分发生强烈的水解和水化反应，生成硅酸三钙($3CaO \cdot SiO_2$)、硅酸二钙($2CaO \cdot SiO_2$)、铝酸三钙($3CaO \cdot Al_2O_3$)、铁铝酸四钙($4CaO \cdot Al_2O_3 \cdot Fe_2O_3$)、硫酸钙($CaSO_4$)等水化物，有的自身继续硬化形成水泥石骨架，有的则因有活性的土进行离子交换而发生硬凝反应和碳酸化作用等，使土颗粒固结、结团，颗粒间形成坚固的连接，并具有一定强度。

(二)适用范围

深层搅拌法特点：在地基加固过程中无振动、无噪声，对环境无污染；对土壤无侧向挤压，对邻近建筑物影响很小；可按建筑物要求做成柱状、壁状、格子状和块状等加固形状；可有效提高地基强度(当水泥掺量为8%和10%时；加固体强度分别为0.24 MPa和0.65 MPa，而天然软土地基强度仅 0.006 MPa）；施工期较短，造价低廉，效益显著。

深层搅拌法适用的土质：

（1）水泥土搅拌法适用于处理正常固结的淤泥与淤泥质土、粉土（稍密、中密）、饱和黄土、素填土、黏性土（软塑、可塑）。

（2）不适用于含大弧石或障碍物较多且不易清除的杂填土、欠固结的淤泥和淤泥质土、硬塑及坚硬的黏性土、密实的砂类土，以及地方水渗流引影响成桩质量的土层。

（3）当地基土的天然含水量小于 30%（黄土含水量小于 25%）时不宜采用粉体搅拌法。冬期施工时，应注意负温对处理效果的影响。

水泥土搅拌法用于处理泥炭土、有机质土、塑性指数大于 25 的黏土，地下水具有腐蚀性时以及无工程经验的地区，必须通过现场试验确定其运用性。

适用工程：

（1）加固地基：加固较深较厚的淤泥，淤泥质土、粉土和含水量较高且地基承载力不大于 120 kPa 的黏性土地基，对超软土效果更为显著，多用于墙下条形基础、大面积堆料厂房地基。

（2）挡土墙：深基坑开挖时防止坑壁及边坡塌滑。

（3）坑底加固：防止坑底隆起。

（4）做地下防渗墙或隔水帷幕。

深层搅拌形成的桩体的直径一般为 200～800 mm，形成的连续墙的厚度一般为 120～300 mm。加固深度一般大于 5.0 m，国内最大加固深度已达 27 m，国外最大加固深度可达 60 m。

（三）施工

深层搅拌桩施工有干法和湿法两种。

施工工艺流程如图 6-12 所示。

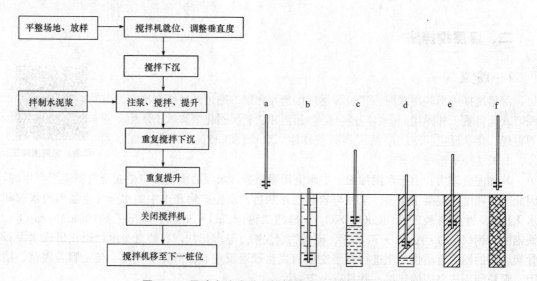

图 6-12　用动力头式深层搅拌桩机施工搅拌桩流程

a—桩机就位；b—喷浆钻进搅拌；c—喷浆提升搅拌；

d—重复喷浆钻进搅拌；e—重复喷浆提升搅拌；f—成桩完毕

复合地基施工参数见表 6-20。

表 6-20 复合地基施工参数

项目	参数	备注
水灰比	0.5～1.2	土层天然含水量大取小值，否则取大值
供浆压力/MPa	0.3～1.0	根据供浆量及施工深度确定
供浆量/(L·min⁻¹)	20～50	与提升搅拌速度协调
钻进速度/(m·min⁻¹)	0.3～0.8	根据地层情况确定
提升速度/(m·min⁻¹)	0.6～1.0	与搅拌速度及供浆量协调
搅拌轴转速/(r·min⁻¹)	30～60	与提升速度协调
垂直度偏差/%	<1.0	指施工时机架垂直度偏差
桩位对中偏差/m	<0.01	指施工时桩机对中的偏差

在复合地基深层搅拌施工中应注意以下事项：

(1)拌制好的水泥浆液不得离析，存放时间不应过长。当气温在 10 ℃ 以下时，不宜超过 5 h；当气温在 10 ℃ 以上时，不宜超过 3 h；浆液存放时间超过有效时间时，应按废浆处理；存放时应控制浆体温度在 5～40 ℃ 范围内。

(2)搅拌中遇有硬土层，搅拌钻进困难时，应启动加压装置加压，或边输入浆液边搅拌钻进成桩，也可采用冲水下沉搅拌。采用后者钻进时，喷浆前应将输浆管内的水排尽。

(3)搅拌桩机喷浆时应连续供浆，因故停浆时，须立即通知操作者。为防止断桩，应将搅拌桩机下沉至停浆位置以下 0.5 m(如采用下沉搅拌送浆工艺，则应提升 0.5 m)，待恢复供浆时再喷浆施工。因故停机超过 3 h，应拆卸输浆管，彻底清洗管路。

(4)当喷浆口被提升到桩顶设计标高时，停止提升，搅拌数秒，以保证桩头均匀密实。

(5)施工时，停浆面应高出桩顶设计标高 0.5 m，开挖时再将超出桩顶标高部分凿除。

(6)桩与桩搭接的间隔时间不应大于 24 h。间隔时间太长，搭接质量无保证时，应采取局部补桩或注浆措施。

(7)技术要求。单桩喷浆量少于设计用量的重量不大于 8%，导向架与地面垂直度偏离不应超过 0.5%，桩位偏差不得大于 10 cm。

(8)应做好每一根桩的施工记录。深度记录误差应不大于 5 cm，时间记录误差不大于 5 s。

(四)质量检验

1. 检验方法

成桩 7 d 后，采用浅部开挖桩头(深度宜超过停浆面下 0.5 m)，目测检查搅拌的均匀性，量测成桩直径，检查量不少于总桩数的 5%。

成桩后 3 d，可用轻型动力触探检查上部桩身的均匀性。检验数量为施工总桩数的 1%，且不少于 3 根。

2. 一般规定

水泥土搅拌桩的质量控制应贯穿在施工的全过程，并应坚持全过程施工监理。施工过程中必须随时检查施工记录和计量记录，并对照规定的施工工艺对每根桩进行质量评定。检查重点是：水泥用量、桩长、搅拌头转数、提升速度、复搅次数、停浆处理方法等。

竖向承载水泥土搅拌桩地基竣工验收时，承载力试验应采用复合地基荷载试验和单桩荷载试验。

荷载试验必须在桩身强度满足试验荷载条件时，并宜在成桩 28 d 后进行，检验数量不少于桩总数的 1%，且每项单体工程不应少于 3 点。

经触探和荷载试验后对桩身质量有怀疑时或变形有严格要求时，应在成桩 28 d 后，用双管单动取样器钻取芯样做抗压强度试验，检验数量为施工总桩数的 0.5%，且不少于 6 点。

对相邻桩搭接要求严格的工程，应在成桩 15 d 后选取数根桩进行开挖，检查搭接情况。

基槽开挖后，应检验桩位、桩数与桩顶质量，如不符合设计要求，应采取有效补强措施。

水泥土搅拌桩地基质量检验标准见表 6-21。

表 6-21　泥土搅拌桩地基质量检验标准

项	序	检查项目	允许偏差或允许值		检查方法
			单位	数值	
主控项目	1	复合地基承载力	不小于设计值		静载试验
	2	单桩承载力	不小于设计值		静载试验
	3	水泥用量	不小于设计值		查看流量表
	4	搅拌叶回转直径	mm	±20	用钢尺量
	5	桩长	不小于设计值		测钻杆长度
	6	桩身强度	不小于设计值		28 d 试块强度或钻芯法
一般项目	1	水胶比	设计值		实际用水量与水泥等胶凝材料的重量比
	2	提升速度	设计值		测机头上升距离及时间
	3	下沉速度	设计值		测机头下沉距离及时间
	4	桩位	条基边桩沿轴线	≤1/4D	全站仪或用钢尺量
			垂直轴线	≤1/6D	
			其他情况	≤2/5D	
	5	桩顶标高			水准测量，最上部 500 mm 浮浆层及劣质桩体不计入
	6	导向架垂直度	≤1/150		经纬仪测量
	7	褥垫层夯填度	≤0.9		水准测量

🔊 **任务实施**

一、设计及平面布置

根据《建筑地基基础设计规范》(GB 50007—2011)的规定，进行设计计算得到搅拌桩参数：桩径取 600 mm，桩长采用 $L=8.5$ m，桩置换率为 28.6%，总桩数取 9 根。

基底地基土修正后的地基承载力为 236.6 kPa。

深层搅拌桩的平面布置如图 6-13 所示。

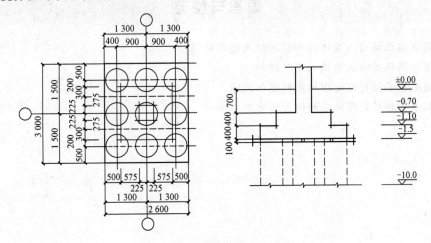

图 6-13 深层搅拌桩平面布置

二、施工参数

(1)选用机械 GZB—600 型深层搅拌机，单根搅拌轴长 10 m，搅拌头叶片直径 600 mm；320H 型履带式打桩机；PMz—15 型水泥制备、泵送系统等。

(2)固化剂配方。水泥掺入比 12%，选用 42.5 级矿渣水泥。外掺剂：NCI 早强剂，用量为水泥质量的 0.2%；三乙醇胺，用量为水泥重量的 0.05%。水胶比为 0.5。

(3)喷浆提升搅拌速度。按搅拌工艺要求提升速度为 1 m/min。

三、施工工艺流程

(1)将深层搅拌机移至加固位置，定位对中，启动电机。

(2)待搅拌头转动速度正常后，边旋转切削破碎土体边下沉，直至达到设计深度。

(3)配置水泥浆，将搅拌机略提起些，泵送水泥浆使之压开橡皮阀门，水泥浆便进入软土中。

(4)边旋转提升边输浆搅拌，直至提升到设计桩顶。

(5)按设计要求，桩顶 2 m 范围为加强段，将搅拌机沉入土中，输浆并搅拌，待剩余浆液喷入土中后停止喷浆。将深层搅拌机再沉至设计加固深度。

(6)将深层搅拌机边旋转搅拌边提升，直至提出地面。

(7)清除附在搅拌头上的泥团，并将深层搅拌机不旋转沉入土中，借机器自重压实桩顶，再提出地面，移至新的加固地点。

1. 简述高压旋喷注浆法的加固原理及适用范围。
2. 简述高压旋喷注浆法的工艺流程。
3. 简述深层搅拌桩处理地基的适用范围。
4. 深层搅拌桩处理地基的检验内容有哪些?

附录　土工试验指导书

土工试验是学习土力学基础理论不可缺少的一个重要教学环节。

试验一　含水率试验

土的含水率(也称土的湿度)是土在温度105℃~110℃下烘到恒重时失去的水分质量与达到恒重后干土质量的比值,以百分数表示。

一、试验目的

测定土的含水率,以了解土的含水情况,是计算土的孔隙比、液性指数、饱和度和其他物理力学性质指标不可缺少的一个基本指标。

二、试验方法

本试验采用烘干法测定。烘干法适用于测定黏性土、砂土和有机质含量土类的含水量。

三、仪器设备

(1)烘箱。采用温度能保持在105℃~110℃的电热烘箱。

(2)天平。称量500 g,感量0.01 g。

(3)其他。干燥器、铝盒等。

四、操作步骤

(1)称量空铝盒的质量,准确至0.01 g。

(2)取代表性的试样15~30 g,放入铝盒内,并立即盖好盒盖,称量出试样加铝盒的质量,准确至0.01 g。

(3)揭开盒盖,将盒盖套在盒底下,一起放入烘箱,在105℃~110℃下烘至恒定质量。烘干时间:对黏性,不得少于8 h,对砂性土,不得少于6 h;对有机质含量为5%~10%的土,应将烘干温度控制在65℃~70℃的恒温下烘至恒重。

(4)将烘干的试样与盒取出,盖好盒盖放入干燥器内冷却至室温,称干样加铝盒的质量,准确至0.01 g。

五、试验注意事项

(1)刚刚烘干的土样要冷却后才可以称重。

(2)称重时精确至小数点后两位。

(3)本试验需进行两次平行测定,取其算术平均值,最大允许平行差值应符合附表1的规定。

附表1 含水率测定的最大允许平行差值(%)

含水率 w	<10	10~40	>40
最大允许平行差值	±0.5	±1.0	±2.0

六、计算公式

按下式计算土的含水率:

$$w = \frac{m_1 - m_2}{m_2 - m_0} \times 100 \qquad (计算至 0.1\%)$$

式中 w——含水率(%);

m_1——铝盒加湿土质量(g);

m_2——铝盒加干土质量(g);

m_0——铝盒质量(g)。

七、含水率试验记录

含水率试验记录见附表2。

附表2 含水率试验记录

任务单号								试验者		
试验日期								计算者		
天平编号								校核者		
烤箱编号										
试样编号	试样说明	盒号	盒质量/g	盒加湿土质量/g	盒加干土质量/g	水分质量/g	干土质量/g	含水率 w/%	平均含水率 $\overline{w}$/%
			(1)	(2)	(3)	(4)=(2)−(3)	(5)=(3)−(1)	(6)=$\frac{(4)}{(5)}$×100	(7)

试验二　密度试验(环刀法)

土的密度是指土的单位体积质量。

一、试验目的

测定土的湿密度，以了解土的疏密和干湿状态，供换算土的其他物理性质指标和供工程设计及控制施工质量使用。

二、试验方法

一般常用环刀法或蜡封法测定黏性土的密度，两者的主要区别在于测定土的体积的方法不同。环刀法适用于细粒土；蜡封法适用于土中含有粗粒或者坚硬易碎且难以用环刀切割的土，或者土的试样量少，只有小块形状不规则的坚硬土。

三、仪器设备

(1)环刀。内径6~8 cm，高2~3 cm。
(2)天平。感量0.1 g。
(3)其他。切土刀、钢丝锯、凡士林等。

四、操作步骤

(1)测量环刀的容积V，在天平上称量环刀的质量。
(2)按工程需要取原状或人工制备所需要求的扰动土样，其直径和高度应大于环刀的尺寸，整平两端放在玻璃板上。
(3)将环刀的刀口向下放在土样上面，然后用手将环刀垂直下压，边压边削，至土样上端伸出环刀为止，削去两端余土修平，两端盖上平滑的圆玻璃片，以免水分蒸发。
(4)擦净环刀外壁，拿去圆玻璃片，称量环刀加土的质量，准确至0.1 g。

五、试验注意事项

(1)密度试验应进行两次平行测定，其最大允许平行差值应为±0.03 g/cm³，取两次试验结果的算术平均值；
(2)密度计算准确至0.01 g/cm³。

六、计算公式

(1)湿密度 ρ_0。

$$\rho_0 = \frac{m}{V} = \frac{m_1 - m_0}{V} \qquad (计算至 0.01\ \text{g/cm}^3)$$

式中 ρ_0——湿密度（g/cm³）；

m——土的质量（g）；

V——环刀的体积（cm³）；

m_1——环刀加土的质量（g）；

m_0——环刀质量（g）。

（2）干密度 ρ_d。

$$\rho_d = \frac{\rho_0}{1+0.01w}$$

式中 ρ_d——干密度（g/cm³）；

ρ_0——湿密度（g/cm³）；

w——土的含水率（%）。

七、密度试验记录

密度试验记录见附表 3。

附表 3　密度试验记录表（环刀法）

任务单号				试验者		
试验日期				计算者		
天平编号				校核者		
烤箱编号						
试样编号	环刀号	环刀体积 /cm³	湿土质量 /g	湿密度 ρ_0 /(g·cm⁻³)	含水率 w /%	干密度 ρ_d /(g·cm⁻³)	平均干密度 $\overline{\rho_d}$/%

试验三 土粒比重试验(比重瓶法)

土粒比重是试样在105 ℃～110 ℃下烘至恒重时,土粒质量与同体积4 ℃水的质量之比,亦称为土粒的相对密度。

一、试验目的

土粒比重是土的基本物理性质指标之一。测定土粒比重,可为计算土的孔隙比、饱和度及进行土的其他物理性质试验提供必需的数据。

二、试验方法

按照土粒粒径可分别用下列方法进行比重测定:粒径小于5 mm的土,用比重瓶法进行。粒径不小于5 mm的土,且其中粒径大于20 mm的颗粒含量小于10%时,应用浮称法;粒径大于20 mm的颗粒含量不小于10%时,应用虹吸筒法。

本次试验采用比重瓶法(适用于粒径小于5 mm的土)。

三、试验仪器

(1)比重瓶。容量100 mL或50 mL,分长颈和短颈两种。

(2)天平。称量200 g,分度值0.001 g。

(3)恒温水槽。最大允许误差应为±ll℃。

(4)砂浴。应能调节温度。

(5)真空抽气设备。真空度—98 kPa。

(6)温度计。测量范围0 ℃～50 ℃,分度值0.5 ℃。

(7)筛。孔径5 mm。

(8)其他。烘箱、纯水、中性液体、漏斗、滴管。

四、操作步骤

(1)将比重瓶烘干。当使用100 mL比重瓶时,应称粒径小于5 mm的烘干土15 g装入;当使用50 mL比重瓶时,应称粒径小于5 mm的烘干土12 g装入。

(2)可采用煮沸法或真空抽气法排除土中的空气。向已装有干土的比重瓶注入纯水至瓶的一半处,摇动比重瓶,将瓶放在砂浴上煮沸,煮沸时间自悬浮液沸腾起,砂土不得少于30 min,细粒土不得少于1 h。煮沸时应注意不使土液溢出瓶外。

(3)将纯水注入比重瓶,当采用长颈比重瓶时,注水至略低于瓶的刻度处;当采用短颈比重瓶时,应注水至近满,有恒温水槽时,可将比重瓶放于恒温水槽内。待瓶内悬液温度稳定及瓶上部悬液澄清。

(4)当采用长颈比重瓶时,用滴管调整液面恰至刻度处,以弯液面下缘为准,擦干瓶外及瓶内壁刻度以下部分的水,称瓶、水、土总质量;当采用短颈比重瓶时,塞好瓶塞,使多余水分自瓶塞毛细管中溢出，将瓶外水分擦干后，称瓶、水、土总质量。称量后应测定瓶内水的温度。

(5)根据测得的温度，从已绘制的温度与瓶、水总质量关系中查得瓶、水总质量。

(6)当土粒中含有易溶盐、亲水性胶体或有机质时，测定其土粒比重应用中性液体代替纯水，用真空抽气法代替煮沸法，排除土中空气。抽气时真空度应接近一个大气负压值(- 98 kPa)，抽气时间可为1～2 h，直至悬液内无气泡逸出时为止。其余步骤应按上述第(3)～第(5)条的规定进行。

五、试验注意事项

(1)用中性液体，不能用煮沸法。

(2)煮沸排气(或抽气)时，必须防止悬液溢出瓶外，火力要小，并防止煮干。必须将土中气体排尽，否则影响试验成果。

(3)必须使瓶中悬液与纯水的温度一致。

(4)称量必须准确，必须将比重瓶外水分擦干。

(5)若用长颈比重瓶，液体灌满比重瓶时，液面位置前后几次应一致，以弯液面下缘为准。

(6)本试验必须进行两次平行测定，两次测定的最大允许平行差值应为±0.02，取两次测值的平均值，精确至0.01 g/cm³。

六、计算公式

土粒比重按下式计算：

$$G_s = \frac{m_d}{m_b + m_d - m_{bs}} G_T$$

式中　　m_d——干土质量(g)；

　　　　m_b——比重瓶、水(或中性液体)总质量(g)；

　　　　m_{bs}——比重瓶、水(或中性液体)、干土总质量(g)；

　　　　G_T——T℃时纯水(或中性液体)的比重。

水的密度见附表4，中性液体的密度应实测，称量准确至0.001 g。

附表4　不同温度时水的密度

水温/ ℃	4～5	6～15	16～21	22～25	26～28	29～32	33～35	36
水的密度/(g·cm⁻³)	1.000	0.999	0.998	0.997	0.996	0.995	0.994	0.993

七、土粒比重试验记录

土粒比重试验记录见附表5。

附表 5   比重试验记录表(比重瓶法)

任务单号							试验环境		
试验日期							试验者		
试验标准							校核者		
烤箱编号							天平编号		

试样编号	比重瓶号	温度/℃	液体比重	干土质量/g	瓶+液总质量/g	瓶+液+干土总质量/g	与干土同体积的液体质量/g	比重	平均比重
		(1)	(2)	(3)	(4)	(5)	(6)=(3)+(4)—(5)	(7)=(3)/(6)×(2)	

试验四   界限含水率试验(液塑限联合测定法)

一、试验目的

细粒土由于含水量不同,分别处于流动状态、可塑状态、半固体状态和固体状态。液限是区分黏性土可塑状态和流动状态的界限含水率;塑限是区分黏性土可塑状态与半固体状态的界限含水率。

测定土的液限,用以计算土的塑性指数和液性指数,作为黏性土的分类以及估算地基土承载力等的依据之一；测定土的塑限，并与液限试验和含水率试验结合，来计算土的塑性指数和液性指数，作为黏性土的分类以及估算地基土承载力的依据之一。

二、试验方法

土的液限试验：采用锥式法。

土的塑限试验：采用搓条法。

土的液、塑限试验：采用液塑限联合测定法。

本次试验采用液塑限联合测定法（适用于粒径小于 0.5 mm 及有机质含量不大于干土质量5％的土）。

三、仪器设备

(1)液、塑限联合测定仪。包括带标尺的圆锥仪、电磁铁、显示屏、控制开关。

(2)试样杯。直径 40~50 mm，高 30~40 mm。

(3)天平。称量200 g，分度值0.01 g。

(4)筛。孔径 0.5 mm。

(5)其他。烘箱、干燥缸、铝盒、调土刀、凡士林等。

四、操作步骤

(1)液塑限联合试验宜采用天然含水率的土样制备试样，可用风干土制备试样。

(2)当采用天然含水率的土样时，应剔除粒径大于 0.5 mm 的颗粒，再分别按接近液限、塑限和二者的中间状态制备不同稠度的土膏，静置湿润，静置时间可视原含水率的大小而定。

(3)当采用风干土样时，取过 0.5 mm 筛的代表性土样约200 g，分成3份，分别放入3个盛土皿中，加入不同数量的纯水，使其分别达到上述第(2)条中所述的含水率，调成均匀土膏，放入密封的保湿缸中，静置24 h。

(4)将制备好的土膏用调土刀充分调拌均匀，密实地填入试样杯中，应使空气逸出。高出试样杯的余土用刮土刀刮平，将试样杯放在仪器底座上。

(5)取圆锥仪，在锥体上涂以薄层润滑油脂，接通电源，使电磁铁吸稳圆锥仪。当使用游标式或百分表式时，提起锥杆，用旋钮固定。

(6)调节屏幕准线，使初读数为零。调节升降座，使圆锥仪锥角接触试样面，指标灯亮时圆锥在自重下沉入试样内，当使用游标式或百分表式时，用手扭动旋扭，松开锥杆，经5 s后测读圆锥下沉深度。然后取出试样杯，挖去锥尖入土处的润滑油脂，取锥体附近的试样不得少于10 g，放入称量盒内，称量，准确至0.01 g，测定含水率。

(7)应按上述第(4)~(6)条的规定，测试其余两个试样的圆锥下沉深度和含水率。

五、试验注意事项

(1)土样分层装杯时，注意土中不能留有空隙。

(2)每种含水率设3个测点，取平均值作为这种含水率所对应土的圆锥入土深度，如三点下沉深度相差太大，则必须重新调试土样。

六、计算与制图

(1)计算含水率。

$$w=\frac{m_1-m_2}{m_2-m_0}\times100$$ （计算至0.1%）

式中　w——含水率（%）；

　　　m_1—— 盒加湿土质量（g）；

　　　m_2——盒加干土质量（g）；

　　　m_0——盒质量（g）。

(2)绘制圆锥下沉深度 h 与含水率 w 的关系曲线。以含水量为横坐标，圆锥下沉深度为纵坐标，在双对数坐标纸上绘制关系曲线。三点连一直线（附图1中的A线）。当三点不在一直线上，通过高含水率的一点与其余两点连成两条直线，在圆锥下沉深度为2 mm处查得相应的含水率，当两个含水率的差值小于2%时，应以该两点含水率的平均值与高含水率的点连成一线（附图1中的B线）。当两个含水率的差值不小2%时，应补做试验。

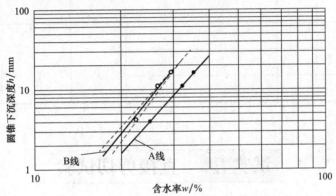

附图1　圆锥下沉深度与含水率关系图曲线

(3)确定液限、塑限。通过圆锥下沉深度与含水率关系图，查得下沉深度为17 mm所对应的含水率为液限，下沉深度为10 mm所对应的含水率为10 mm液限；查得下沉深度为2 mm所对应的含水率为塑限，以百分数表示，准确至0.1%。

(4)塑性指数和液性指数应按下列公式计算：

$$I_P=w_L-w_P$$

$$I_L=\frac{w_0-w_P}{I_P}$$

式中　I_P——塑性指数；

　　　I_L——液性指数，计算至0.01；

　　　w_L——液限（%）；

　　　w_P——塑限（%）。

七、界限含水量试验记录（液塑限联合测定法）

界限含水量试验记录（液塑限联合测定法）见附表6。

任务单号				试验者		
试验日期				计算者		
天平编号				校核者		
烤箱编号				液塑限联合测定仪编号		

试样编号	圆锥下沉深度 h/mm	盒号	湿土质量/g	干土质量/g	含水率/%	液限 w_L/%	塑限 w_P/%	塑性指数 I_P
	—	—	(1)	(2)	$(3)=\left[\dfrac{(1)}{(2)}-1\right]\times100$	(4)	(5)	$(6)=(4)-(5)$

试验五　直接剪切试验

一、试验目的

直接剪切试验是测定土的抗剪强度的一种常用方法。通常采用 4 个试样为一组，分别在不同的垂直压力 σ 下，施加水平剪应力进行剪切，求得破坏时的剪应力 τ，然后根据库仑定律确定土的抗剪强度参数(内摩擦角 φ 和凝聚力 c)。直接剪切试验分为快剪(Q)、固结快剪(CQ)和慢剪(S)三种试验方法。

二、试验方法

快剪试验是在试样上施加垂直压力后，立即快速施加水平剪切力，以 0.8~1.2 mm/min 的速率剪切，一般使试样在 3~5 min 内剪破。在整个试验过程中，不允许试样的原始含水率有所改变(试样两端用隔水纸)，即在试验过程中孔隙水压力保持不变。快剪法适用于测定黏性土天然强度。

三、仪器设备

(1)应变控制式直接剪切仪。如附图2所示,有剪力盒、垂直加压框架、测力计及推动机构等。

(2)其他。量表、砝码等。

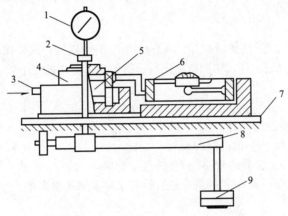

附图2 应变控制式直剪仪结构示意
1—垂直变形百分表;2—垂直加压框架;3—推动座;4—剪切盒;
5—试样;6—测力计;7—台板;8—杠杆;9—砝码

四、试验步骤

(1)快剪试验:

1)对准上下盒,插入固定销。在下盒内放不透水板。将装有试样的环刀平口向下,对准剪切盒口,在试样顶面放不透水板,然后将试样徐徐推入剪切盒内,移去环刀。对砂类土,应按规定制备和安装试样。

2)转动手轮,使上盒前端钢珠刚好与负荷传感器或测力计接触。调整负荷传感器或测力计读数为零。顺次加上加压盖板、钢珠、加压框架,安装垂直位移传感器或位移计,测记起始读数。

3)按规定施加垂直压力。

4)施加垂直压力后,立即拔去固定销。开动秒表,宜采用0.8~1.2 mm/min的速率剪切,每分钟4~6转的均匀速度旋转手轮,使试样在3—5 min内剪损。当剪应力的读数达到稳定或有显著后退时,表示试样已剪损,宜剪至剪切变形达到4 mm。当剪应力读数继续增加时,剪切变形应达到6 mm为止,手轮每转一转,同时测记负荷传感器或测力计读数,并根据需要测记垂直位移读数,直至剪损为止。

5)剪切结束后,吸去剪切盒中积水,倒转手轮,移去垂直压力、框架、钢珠、加压盖板等,取出试样。需要时,测定剪切面附近土的含水率。

(2)固结快剪试验:

1)试样安装和定位应符合相关规定和要求。试样上下两面的不透水板改放湿滤纸和透水板。

2)当试样为饱和样时，在施加垂直压力 5 min 后，往剪切盒水槽内注满水；当试样为非饱和土时，仅在活塞周围包以湿棉花，防止水分蒸发。

3)在试样上施加规定的垂直压力后，测记垂直变形读数。当每小时垂直变形读数变化不大于 0.005 mm 时，认为已达到固结稳定。试样也可在其他仪器上固结，然后移至剪切盒内，继续固结至稳定后，再进行剪切。

4)试样达到固结稳定后，剪切应按上述"快剪试验"第 4)条的规定执行，剪切后取试样测定剪切面附近试样的含水率。

(3)慢剪试验：

1)安装试样应符合上述"快剪试验"第 1)条和第 2)条的规定；试样固结应符合上述"固结快剪试验"第 1)~3)条的规定。待试样固结稳定后进行剪切。剪切速应小于 0.02 mm/min。也可按下式估算剪切破坏时间：

$$t_f = 50 t_{50}$$

式中　t_f——达到破坏所经历的时间(min)；

　　　t_{50}——固结度达到 50% 的时间(min)。

2)剪损标准应按上述"快剪试验"第 4)条的规定选取。

3)应按上述"快剪试验"第 5)条的规定进行拆卸试样及测定含水率。

五、试验注意事项

(1)先安装试样，再安装量表。安装试样时要用透水石把土样从环刀推进剪切盒里，试验前量表中的大指针调至零。

(2)加荷时，不要摇晃砝码；剪切时要拔出销钉。

六、计算及制图

(1)试样的剪应力应按下式计算：

$$\tau = \frac{CR}{A_0} \times 10$$

式中　τ——剪应力(kPa)；

　　　C——测力计率定系数(N/0.01 mm)；

　　　R——测力计读数(0.01 mm)；

　　　A_0——试样初始的面积(cm²)。

(2)以剪应力为纵坐标，剪切位移为横坐标，绘制剪应力 τ 与剪切位移 ΔL 关系曲线。

(3)选取剪应力 τ 与剪切位移 ΔL 关系曲线上的峰值点或稳定值作为抗剪强度 S。当无明显峰点时，取剪切位移 $\Delta L = 4$ mm 对应的剪应力作为抗剪强度 S。

(4)以抗剪强度 S 为纵坐标，垂直单位压力 p 为横坐标，绘制抗剪强度 S 与垂直压力 p 的关系曲线。根据图上各点，绘一视测的直线。直线的倾角为土的内摩擦角 φ，直线在纵坐标轴上的截距为土的黏聚力 c。各种试验方法所测得的 c、φ 值，快剪试验应表示为 c_q 及 φ_q；固结快剪试验应表示为 c_{cq} 及 φ_{cq}；慢剪试验应表示为 c_s 及 φ_s。

七、直接剪切试验记录

直接剪切试验记录见附表 7、附表 8。

附表 7　直接剪切试样记录表(一)

任务单号													试验者			
试样编号													计算者			
试样说明													校核者			
试验日期													仪器名称及编号			

			1			2			3			4		
			起始	饱和后	剪后	起始	饱和后	剪后	起始	饱和后	剪后	起始	饱和后	剪后
湿密度/(g·cm⁻³)	(1)	(1)												
含水率/%	(2)	(2)												
干密度/(g·cm⁻³)	(3)	$\frac{(1)}{1+0.01\times(2)}$												
孔隙比 e	(4)	$\frac{G_s}{(3)}-1$												
饱和度/%	(5)	$\frac{G_s\times(2)}{(4)}$												

附表 8　直接剪切试样记录表(二)

任务单号		计算者	
试样编号		校核者	
试验方法		试验者	
		试验日期	
试样编号		剪切前固结时间/min	
仪器名称及编号		剪切前压缩量/mm	
垂直压力 p/kPa		剪切历时/min	

手轮转数/转	测力计读数 R (0.01 mm)	剪切位移 Δl (0.01 mm)	剪应力 τ /kPa	垂直位移 (0.01 mm)
(1)	(2)	(3)=(1)×20-(2)	(4)=$\frac{(2)\times C}{A_0}\times10$	(5)
1				
2				
3				
4				
5				
6				
7				
8				
⋮				
32				

317

试验六　土的标准固结试验 *

土的固结(压缩)试验是测定土样在各级垂直压力作用下，其体积逐渐缩小的过程。土的固结试验是将土样放在金属容器内，在有侧限的条件下施加垂直压力，观察土在不同压力作用下的压缩变形量，并测定土的压缩性指标。

一、试验目的

测定土的压缩性指标(压缩系数和压缩模量)，了解土的压缩性，为地基变形计算提供依据。本试验采用杠杆式压缩仪。

二、仪器设备

(1)固结容器：由环刀、护环、透水板、加压上盖和量表架等组成(附图 3)。

(2)加压设备：可采用量程为 5～10 kN 的杠杆式、磅秤式或其他加压设备，其最大允许误差应符合现行国家标准《土工试验仪器 固结仪 第 1 部分：单杠杆固结仪》(GB/T 4935.1—2008)、《土工试验仪器 固结仪 第 2 部分：气压式固结仪》(GB/T 4935.2—2008)的有关规定。

(3)变形测量设备：百分表量程为 10 mm，分度值为 0.01 mm，或最大允许误差应为 ±0.2%F.S 的位移传感器。

(4)其他：刮土刀、钢丝锯、天平、秒表。

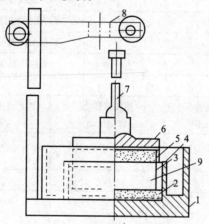

附图 3　固结容器示意

1—水槽；2—护环；3—环刀；4—导环；5—透水板；6—加压上盖；
7—位移计导杆；8—位移计架；9—试样

三、试验步骤

(1)根据工程需要，切取原状土试样或制备给定密度与含水率的扰动土试样。

(2)冲填土应先将土样调成液限或 1.2~1.3 倍液限的土膏，拌和均匀，在保湿器内静置 24 h，然后把环刀倒置于小玻璃板上用调土刀把土膏填入环刀，排除气泡刮平，称量。

(3)试样的含水率及密度的测定应符合规定。对手扰动试样需要饱和时，应按规定将试样进行饱和。

(4)在固结容器内放置护环、透水板和薄滤纸，将带有环刀的试样小心装入护环，然后在试样上放薄滤纸、透水板和加压盖板，置于加压框架下，对准加压框架的正中，安装量表。

(5)为保证试样与仪器上下各部件之间接触良好，应施加 1 kPa 的预压压力，然后调整量表，使读数为零。

(6)确定需要施加的各级压力。加压等级宜为 12.5 kPa，25 kPa、50 kPa、100 kPa、200 kPa、400 kPa、800 kPa、1 600 kPa、3 200 kPa，最后一级的压力应大于上覆土层的计算压力 100~200 kPa。

注：本次试验由于受课时的限制，统一按 50、100、200、400 kPa 等四级荷重顺序施加压力。学生做试验应限于课内时间，可缩短固结时间，每级荷重历时为 9 分钟，即每加一级荷重测至 9 分钟的读数。记录下百分表的读数之后再加下一级荷重，直至第四级荷重施加完毕为止。

(7)需要确定原状土的先期固结压力时，加压率宜小于 1，可采用 0.5 或 0.25，最后一级压力应使 $e-\lg p$ 曲线下段出现较长的直线段。

(8)第 1 级压力的大小视土的软硬程度宜采用 12.5 kPa、25.0 kPa 或 50.0 kPa(第 1 级实加压力应减去预压压力)。只需测定压缩系数时，最大压力不小于 400 kPa.

(9)如系饱和试样，则在施加第 1 级压力后，立即向水槽中注水至满。对非饱和试样，须用湿棉围住加压盖板四周，避免水分蒸发。

(10)需测定沉降速率时，加压后宜按下列时间顺序测记量表读数：6 s、15 s、1 min、2 min 15 s、4 min、6 min15 s、9 min、12 min15 s、16 min、20 min15 s、25 min、30 min15 s、36 min、42 min15 s、49 min、64 min、100 min、200 min、400 min、23 h 和 24 h 至稳定为止。

(11)当不需要测定沉降速率时，稳定标准规定为每级压力下固结 24 h 或试样变形每小时变化不大于 0.01 mm。测记稳定读数后，再施加第 2 级压力。依次逐级加压至试验结束。

(12)需要做回弹试验时，可在某级压力(大于上覆有效压力)下固结稳定后卸压，直至卸至第 1 级压力。每次卸压后的回弹稳定标准与加压相同，并测记每级压力及最后一级压力时的回弹量。

(13)需要做次固结沉降试验时，可在主固结试验结束继续试验至固结稳定为止。

(14)试验结束后，迅速拆除仪器各部件，取出带环刀的试样。需测定试验后含水率时，则用干滤纸吸去试样两端表面上的水，测定其含水率。

四、试验注意事项

(1)首先装好试样，再安装百分表。在装量表的过程中，小指针需调至整数位，大指针调至零，量表杆头要有一定的伸缩范围，固定在量表架上。

(2)加荷时，应按顺序加砝码；试验中不要震动试验台，以免指针产生移动。

五、试验成果整理

(1)计算试样的初始孔隙比：

$$e_0=\frac{G_S(1+01.01\omega_0)\rho_\omega}{\rho_0}-1$$

式中　G_s——土粒的比重；

　　　ω_0——压缩前试样的含水量（%）；

　　　ρ_0——压缩前试样的密度（g/cm³）；

　　　ρ_ω——水的密度（g/cm³）。

（2）计算各级压力下试样固结稳定后的孔隙比：

$$e_i = e_0 - (1 + e_0)\frac{\sum \Delta h_i}{h_0}$$

式中　h_0——试样初始高度，等于环刀高度 20 mm；

　　　$\sum \Delta h_i$——某级压力下试样的高度总变形量（cm）。

（3）计算某一压力范围内的压缩系数 a_v：

$$a_v = \frac{e_i - e_{i+1}}{p_{i+1} - p_i} \times 10^3$$

式中　a_v——压缩系数（MPa⁻¹）；

　　　p_i——某一单位压力值（kPa）。

　　求压缩系数 a_v 时，一般取 $p_1 = 100$ kpa，$p_2 = 200$ kpa，用压缩系数 a_{1-2} 表示。可以用来判定土的压缩性：若 $a_{1-2} < 0.1$ MPa⁻¹，为低压缩性；0.1 MPa⁻¹ $\leqslant a_{1-2} < 0.5$ MPa⁻¹，为中压缩性；$a_{1-2} \geqslant 0.5$ MPa⁻¹，为高压缩性。

　　（4）计算某一压力范围内的压缩模量 E_s、和体积压缩系数 m_v：

$$E_s = \frac{1 + e_0}{a_v}$$

$$m_v = \frac{1}{E_s} = \frac{a_v}{1 + e_0}$$

式中　E_s——压缩模量（MPa）；

　　　m_v——体积压缩系数（MPa⁻¹）。

　　（5）计算压缩指数 C_c 及回弹指数 C_s（C_c 即 $e - \lg p$ 曲线直线段的斜率。用同法在回弹支上求其平均斜率，即 C_s）：

$$C_c \text{ 或 } C_s = \frac{e_i - e_{i+1}}{\lg p_{i+1} - \lg p_i}$$

　　（6）以孔隙比 e 为纵坐标、单位压力 p 为横坐标，绘制孔隙比与压力的 $e \sim p$ 曲线（附图4）。

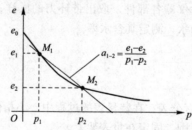

附图 4　$e \sim p$ 曲线

六、标准固结试验记录

标准固结试验记录见附表9、附表10。

附表 9　土的标准固结试验记录（一）

工程编号_____　　　　　　　　　试验日期_____
试样编号_____　　　　　　　　　试　验　者_____
仪器编号_____　　　　　　　　　计　算　者_____

压力	0.05/MPa		0.1/MPa		0.2/MPa		0.39/MPa		0.4/MPa	
经过时间/min	时间	变形读数	时间	变形读数	时间	变形读数	时间	变形读数	时间	变形读数
0										
0.1										
0.25										
1										
2.25										
4										
6.25										
9										
12.25										
16										
20.25										
25										
30.25										
36										
42.25										
49										
64										
100										
200										
23(h)										
24(h)										
总变形量/mm										
仪器变形量/mm										
试样总变形量/mm										

附表 10　土的标准固结试验记录（二）

工程编号＿＿＿＿＿　　　试样面积＿＿＿＿＿　　　试验者＿＿＿＿＿

仪器编号＿＿＿＿＿　　　土粒相对密度＿＿＿＿＿　计算者＿＿＿＿＿

试样编号＿＿＿＿＿　　　试验前孔隙比 e_0 ＿＿＿＿＿　校核者＿＿＿＿＿

试验日期＿＿＿＿＿　　　试验前试样高度 h_0 ＿＿＿＿＿ mm

含水率试验记录

项目	盒号	湿土质量/g	干土质量/g	含水率/%	平均含水率/%
试验前					
试验后					

密度试验记录

环刀号	湿土质量/g	环刀容积/cm³	湿密度/(g·cm⁻³)

压缩模量计算

加压历时 /h	压力 p /MPa	试样变形量 /mm	压缩后试样高度 h/mm	孔隙比 e_i	压缩系数 a_V/MPa⁻¹	压缩模量 E_s/MPa
		$\sum \Delta h_i$	$h_0 - \sum \Delta h_i$			

322

参 考 文 献

[1] 中华人民共和国住房和城乡建设部. GB 50021—2001 岩土工程勘察规范(2009 年版)[S]. 北京：中国建筑工业出版社，2009.

[2] 中华人民共和国住房和城乡建设部. GB 50007—2011 建筑地基基础设计规范[S]. 北京：中国建筑工业出版社，2012.

[3] 龚晓南. 土力学[M]. 北京：中国建筑工业出版社，2002.

[4] 赵明华，余晓. 土力学与基础工程[M]. 2 版. 武汉：武汉理工大学出版社，2000.

[5] 肖明和，王渊辉，张毅. 地基与基础[M]. 北京：北京大学出版社，2009.

[6] 中华人民共和国建设部，中华人民共和国国家质量监督检验检疫总局. GB 50202—2018 建筑地基基础工程施工质量验收规范[S]. 北京：中国建筑工业出版社，2018.

[7] 中华人民共和国住房和城乡建设部. JGJ 94—2008 建筑桩基技术规范[S]. 北京：中国建筑工业出版社，2008.

[8] 陈晋中. 土力学与地基基础[M]. 北京：机械工业出版社，2008.

[9] 陈书申，陈晓平. 土力学与地基基础[M]. 3 版. 武汉：武汉理工大学出版社，2006.

[10] 裴利剑，郭秦渭. 地基基础工程施工[M]. 北京：科学出版社，2010.

[11] 王玮，孙武. 基础工程施工[M]. 北京：中国建筑工业出版社，2010.

[12] 许富华. 地基与基础工程施工[M]. 北京：北京理工大学出版社，2011.

[13] 王杰. 土力学与基础工程[M]. 北京：中国建筑工业出版社，2009.

[14] 陈希哲. 土力学地基基础[M]. 3 版. 北京：清华大学出版社，1998.

[15] 中华人民共和国住房和城乡建设部. JGJ 79—2012 建筑地基处理技术规范[S]. 北京：中国建筑工业出版社，2012.

[16] 《简明地基基础结构设计施工资料集成》编委会. 简明地基基础结构设计施工资料集成[M]. 北京：中国电力出版社，2006.

[17] 中华人民共和国住房和城乡建设部. JGJ 120—2012 建筑基坑支护技术规程[S]. 北京：中国建筑工业出版社，2012.

[18] 《建筑施工手册》编写组. 建筑施工手册[M]. 4 版. 北京：中国建筑工业出版社，2003.

[19] 刘国斌. 基坑工作手册[M]. 北京：中国建筑工业出版社，2009.

[20] 姚天强，等. 基坑降水手册[M]. 北京：中国建筑工业出版社，2006.

[21] 江正荣. 建筑施工工程师手册[M]. 3 版. 北京：中国建筑工业出版社，2009.